高等职业教育示范专业系列教材
数控技术专业

数控机床原理、结构与维修

张平亮　编

机 械 工 业 出 版 社

本书按照数控技能型紧缺人才的数控机床操作、维护和维修岗位的能力要求编写的。全书共分9章，内容包括数控机床概述，数控机床的主体结构，数控机床的主传动系统，数控机床的进给传动系统，回转工作台与自动换刀系统，数控机床的液压与气动系统，数控机床的选用、安装和验收，数控机床的维修管理与维护、普通机床的数控技术改造。

教材结构体系科学，内容全面、综合，深入浅出，既考虑到目前数控机床应用的实际情况，又考虑到数控机床的发展趋势，紧扣数控机床操作、维护和维修的岗位（群）需求，将职业证书考核内容融入到课程体系中。从学生的认知规律出发，通过大量典型数控机床结构实例和维修实例的讲解，提升学生的职业素质和应用技能。每章后附有技能实训题、思考与练习题，可供学生期末考试和职业证书考核时参考，又可供教学参考。

本书可作为高职高专院校数控技术专业、机电一体化技术专业和模具设计与制造专业的教材，也可作为本科、职工大学、业余大学、电大机械类和近机类等相关专业教学参考教材，还可作为企业数控机床操作、维护与维修等职业技能的培训参考教程，并可供有关工程技术人员和其他对数控机床感兴趣的读者阅读参考。

图书在版编目（CIP）数据

数控机床原理、结构与维修/张平亮编．—北京：机械工业出版社，2010（2022.1重印）
高等职业教育示范专业系列教材．数控技术专业
ISBN 978-7-111-31233-8

Ⅰ.①数…　Ⅱ.①张…　Ⅲ.①数控机床-结构-高等学校：技术学校-教材②数控机床-维修-高等学校：技术学校-教材　Ⅳ.①TG659

中国版本图书馆CIP数据核字（2010）第130850号

机械工业出版社（北京市百万庄大街22号　邮政编码100037）
策划编辑：郑　丹　王英杰　责任编辑：王英杰
版式设计：霍永明　责任校对：程俊巧
封面设计：鞠　杨　责任印制：李　昂
北京捷迅佳彩印刷有限公司印刷
2022年1月第1版·第7次印刷
184mm×260mm·18印张·441千字
14 801—15 800册
标准书号：ISBN 978-7-111-31233-8
定价：49.80元

电话服务　网络服务
客服电话：010-88361066　机　工　官　网：www.cmpbook.com
010-88379833　机　工　官　博：weibo.com/cmp1952
010-68326294　金　书　网：www.golden-book.com
封底无防伪标均为盗版　机工教育服务网：www.cmpedu.com

前　　言

随着计算机、通信、电子、检测、控制和机械等相关技术的发展，数控技术也日新月异，并已成为现代先进制造系统（FMS、CIMS 等）中不可缺少的基础技术。数控机床是集机、电、液、计算机和自动控制及测试技术为一身的现代机电一体化的典型设备，具有技术密集和知识密集的特点。近年来，各种数控机床在自动化加工领域中的占有率也越来越高，为了适应我国高等职业技术教育的发展及数控应用型技术人才培养的需要，急需培养一大批数控技术应用型高级人才。为了让更多的人全面了解和掌握数控机床的结构与工作原理，为数控机床的使用、故障诊断与维修建立良好的基础，基于目前数控教学的特点，编者根据多年的数控机床研发、制造和教学经验，并借鉴数控机床操作人员的经验，编写了本教材。

在编写过程中力求做到“理论先进，内容实用、可操作，理论实践紧密结构”，把教学改革实践的最新成果在教材中体现出来。本教材的主要特色有：

（1）以培养综合素质为基础，以能力为本位，把提高学生的职业能力放在突出位置。为此，在编写的过程查阅了大量的资料，力求使教材结构体系科学，内容上覆盖了数控机床的机电结构，论述翔实，将近年来数控机床结构方面的最新发展并已成熟的结构，在书中有所体现，比如高速电主轴等。

（2）内容实用、可操作。按照内容实用、可操作的原则精选内容，先剖析典型的部件结构，后讲整个数控机床的结构，达到触类旁通、举一反三的效果。

（3）理论与实践紧密结合。结合教学中的经验，教材始终保持理论与实践结合紧密的特点，每章都分析具体实例，并开发出实训题，通过理论讲解—实例分析—实训的过程，学生可以较好地掌握数控机床结构及维修技术。

（4）注意与其他课程的衔接。注意与先修课机械设计基础、液压与气动等和后续课数控机床故障诊断与维修技术的衔接，尽量减少内容的简单重复，把教学改革实践的最新成果在教材中体现出来。

在本教材的编写过程中得到了学院领导、教研室和现代制造实训中心老师的大力支持和帮助，在此深表谢意。限于编者的水平和经验，书中欠妥和错误之处在所难免，恳请读者批评指正。

本教材取材新颖，内容由浅入深、循序渐进，图文并茂，实例丰富，着重于应用，理论部分突出简明性、系统性、实用性和先进性，适于作为高职高专院校机电一体化、数控技术、机械制造及自动化、模具设计与制造等专业的数控机床课程教学和技能培训用书，又能适应其他不同层次的学习者学习数控机床的要求，也可以作为生产企业中有关技术人员的参考书。

编　者

目　录

第1章　数控机床概述

学习目的与要求

- 掌握数控机床的组成与工作原理。
- 掌握数控机床的特点与分类。
- 掌握机床数控系统的定义、组成与工作原理。
- 熟悉数控系统常见的硬、软件结构形式。
- 了解常见数控系统，熟悉 FANUC 0i 数控系统。
- 了解数控加工技术的发展。

【学习导引示例】　DMU80FD 型五轴加工中心和虚轴加工中心

德国 DMG 集团生产的 DMU80FD 型五轴加工中心，具有铣削和车削的复合加工能力。机床上的立式主轴可以摆动（B 轴），图 1-1a 所示为铣头摆动的工作状态。数控回转工作台采用直接驱动方式，工件一次装夹不仅可以实现五面加工和五轴联动加工，而且对直径尺寸大、轴向尺寸小的回转体零件可以实现铣削和车削的复合加工，同时满足高精度和高效率的加工要求。图 1-1b 所示为该机床加工回转体零件的实例。

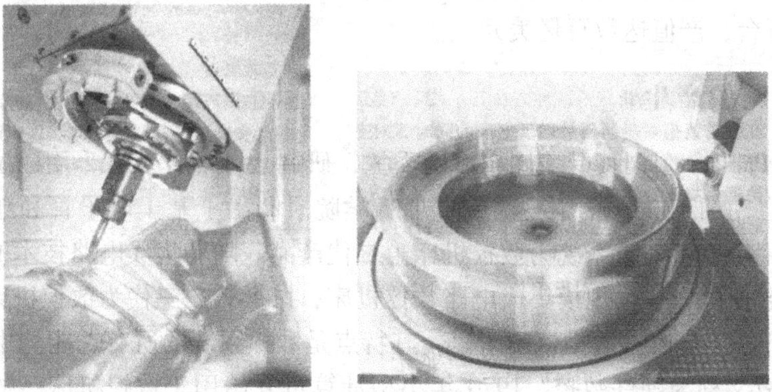

a)　　　　b)

图 1-1　德国的 DMU80FD 五轴加工中心

为了改变了以往传统机床的结构，通过连杆的运动，实现主轴多自由度运动，完成工件复杂曲面的加工。虚轴加工中心一般采用六根可以伸缩的伺服轴，支承并连接装有主轴头的上平台与装有工作台的下平台的构架结构形式，取代传统的床身、立柱等支承结构。图 1-2 为 Hexa 6X 虚轴加工中心。虚轴加工中心同样可采用六根轴端装有滑板，滑板可上下移动的长度固定的轴的形式，它可代替六根可以伸缩的伺服轴。图 1-3 为 Linapod 立式虚轴加工中心，它的杆件位移由滑板移动来实现。

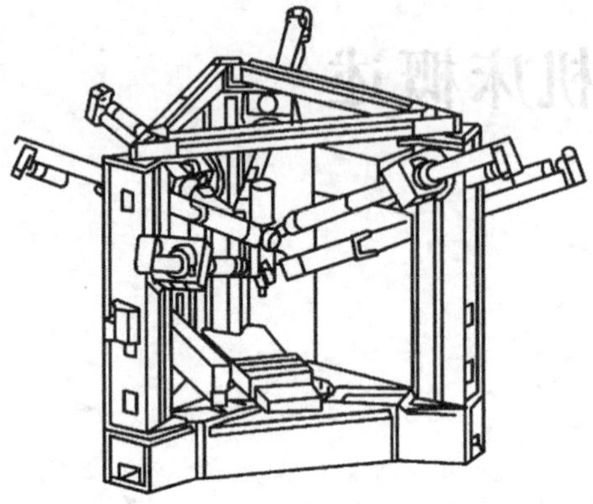

图 1-2　Hexa 6X 虚轴加工中心

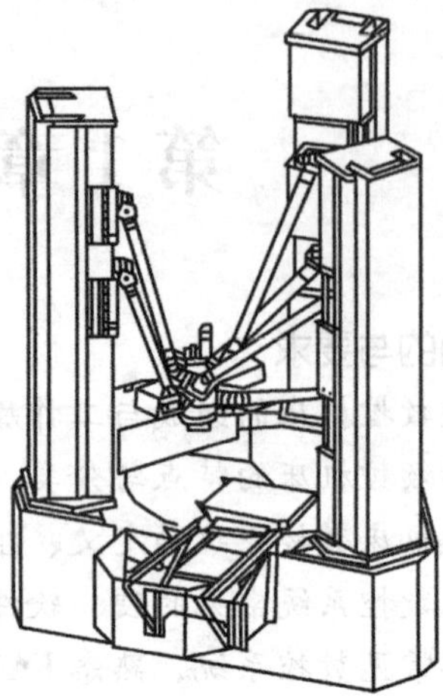

图 1-3　Linapod 立式虚轴加工中心

1.1　数控机床的产生、特点和应用范围

2 0 世纪人类社会最伟大的科技成果之一是计算机的发明与应用，计算机及控制技术在机械制造设备中的应用是制造业发展最重大的技术进步。自从 1 9 5 2 年美国第一台数控机床问世至今已经历了半个多世纪，现在数控设备已包括车、铣、加工中心、镗、磨、冲压、电加工以及各类专用加工设备，形成了庞大的数控制造设备家族，每年全世界数控设备的产量有 15 万 ~25 万台，产值达数百亿美元。

1.1.1　数控机床的产生

1949 年美国 Parsons 公司接受美国空军的委托，研制一种计算装置，用以实现日益复杂的飞机零部件的自动加工。1952 年美国麻省理工学院研制出了基于电子管和继电器的机床数字控制装置，用于控制铣床系统为数控机床第二代产品。随着集成电路技术的发展，1965 年出现了第三代数控机床—小规模集成电路数控机床，以上第二三代为数控机床发展的第一阶段，称为 NC 阶段，即逻辑数字控制阶段，其特点是数控系统的所有功能均由硬件（数控装置）来实现，故又称为硬件数控。1970 年小型计算机开始用于数控机床，数控机床的发展由此进入第二阶段，称为 CNC 阶段，即计算机数字控制阶段。

1.1.2　数控机床的特点和应用范围

数控机床是采用了数控技术的机床，或者说是装备了数控系统的机床。国际信息处理联盟（International Federation of Information Processing，IFIP）第五技术委员会对数控机床定义如下：数控机床是一个装有程序控制系统的机床，该系统能够逻辑地处理具有使用号码或其他符号编码指令规定的程序。

机床控制也是数控技术应用最早、最广泛的领域，因此，数控机床的水平代表了当前数控技术的性能、水平和发展方向。

数控机床是一种综合应用了微电子技术、计算机技术、自动控制、精密测量和机床结构等方面的最新成就而发展起来的高效自动化精密机床，是一种典型的机电一体化产品。它集高效率、高精度和高柔性于一身，代表了机床的主要发展方向。

带有自动刀具交换装置（Automatic Tool Change，ATC）的数控机床（带有回转刀架的数控车床除外）称为加工中心（Machine Center，MC）。它通过刀具的自动交换，可以一次装夹完成多工序的加工，实现了工序的集中和工艺的复合，从而缩短了辅助加工时间，提高了机床的效率，减少了零件安装、定位次数，提高了加工精度。加工中心是目前数控机床中产量最大、应用最广的数控机床。

在加工中心的基础上，通过增加多工作台（托盘）自动交换装置（Auto Pallet Changer，APC）以及其他相关装置组成的加工单元称为柔性加工单元（Flexible Manufacturing Cell，FMC）。FMC不仅实现了工序的集中和工艺的复合，而且通过工作台（托盘）的自动交换和较完善的自动检测、监控功能，可以进行一定时间的无人化加工，从而进一步提高了设备的加工效率。FMC既是柔性制造系统的基础，又可以作为独立的自动化加工设备使用，因此其发展速度较快。

在FMC和加工中心的基础上，通过增加物流系统、工业机器人以及相关设备，并由中央控制系统进行集中、统一控制和管理，这样的制造系统称为柔性制造系统（Flexible Manufacturing System，FMS）。FMS不仅可以进行长时间的无人化加工，而且可以实现多品种零件的全部加工或部件装配，实现了车间制造过程的自动化，它是一种高度自动化的先进制造系统。

随着科学技术的发展，为了适应市场需求多变的形势，对现代制造业来说，不仅需要实现车间制造过程的自动化，而且要实现从市场预测、生产决策、产品设计、产品制造直到产品销售的全面自动化。将这些要求综合所构成的完整的生产制造系统，称为计算机集成制造系统（Computer Integrated Manufacturing System，CIMS），CIMS将一个工厂的生产、经营活动进行了有机的集成，实现了更高效益、更高柔性的智能化生产，是当今自动化制造技术发展的最高阶段。

为了了解数控机床的基本组成，首先需要分析数控机床加工零件的工作过程，如图1-4所示。

1）根据零件加工图样进行工艺分析，确定加工方案、工艺参数和位移数据。

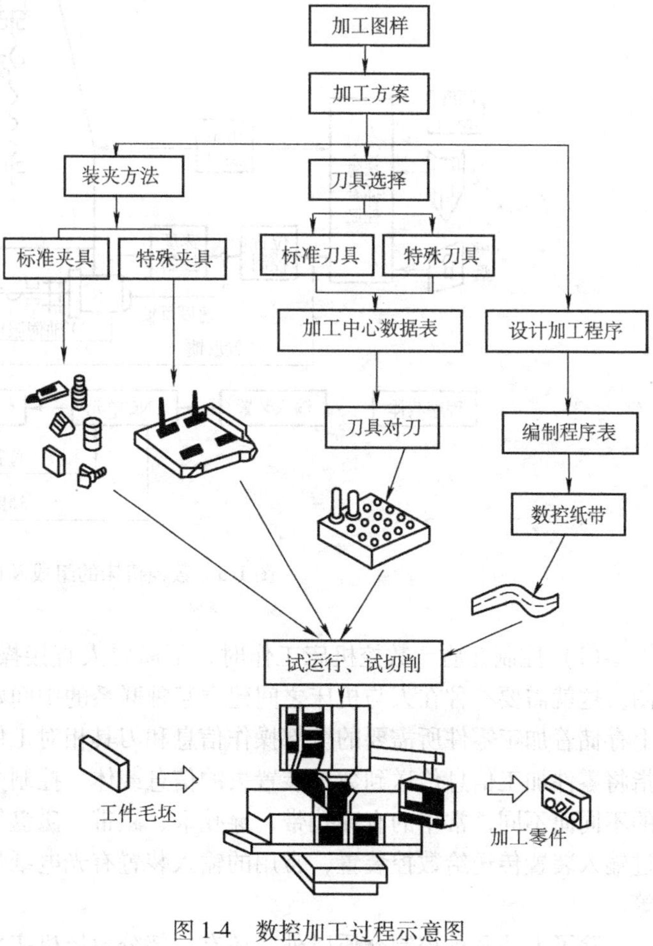

图1-4　数控加工过程示意图

2）用规定的程序代码和格式编写零件加工程序单，或用自动编程软件，进行 CAD/CAM 工作，直接生成零件的加工程序文件。

3）程序的输入。由手工编写的程序，可以通过数控机床面板的操作，从面板输入；由编程软件生成的程序，可通过计算机的串行通信接口直接传输到数控机床的 MCU。

4）运行加工程序，进行机床加工试运行、刀具路径模拟等。

5）通过对机床的正确操作，运行程序，完成零件的加工。

1.2　数控机床的组成、分类和典型的数控机床

1.2.1　数控机床的组成

由零件的加工过程可知，作为数控机床的基本组成，它应包括：控制介质（输入/输出设备）、数控装置、伺服驱动和测量反馈装置、辅助控制装置以及工作本体等部分，如图 1-5 所示。

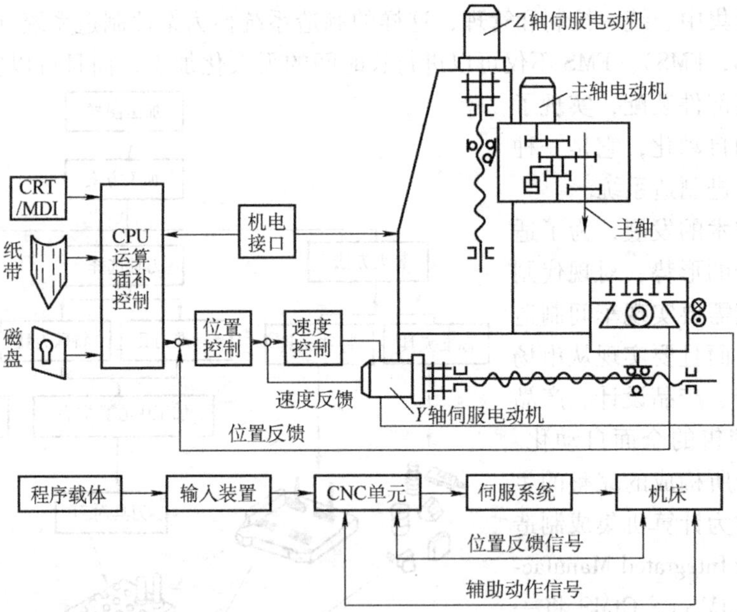

图 1-5　数控机床的组成及框图

（1）控制介质　数控机床工作时，不需要人直接操纵机床，但机床又必须执行人的意图。这就需要一种在人与机床之间建立某种联系的中间媒介物，称为控制介质。在控制介质上存储着加工零件所需要的全部操作信息和刀具相对工件的位移信息。因此，控制介质就是指将零件加工信息传送到数控装置去的信息载体。控制介质有多种形式，随着数控装置类型的不同而不同，常用的有穿孔带、穿孔卡、磁带、磁盘等。控制介质上记载的加工信息要经过输入装置传送给数控装置，常用的输入装置有光电纸带输入机、磁带录音机和磁盘驱动器等。

除了上述几种控制介质以外，还有一部分数控机床采用数码拨盘、数码插销或利用键盘

直接将程序及数据输入。另外，随着CAD/CAM技术的发展，有些数控设备利用CAD/CAM软件在其他计算机上编程，然后通过计算机与数控系统通信，将程序和数据直接传送给数控装置。

（2）数控装置　数控装置（CNC单元）是数控机床的控制中心，被喻为“中枢系统”。数控装置由输入装置、CPU（运算器和控制器）和输出装置等构成。数控装置的功能是接受控制介质上的各种信息，经过识别与译码后，送到CPU进行计算处理，再经过输出装置将CPU发出的控制命令送到伺服系统，带动机床完成相应的运动。数控机床配置的数控装置不同，其功能和性能也有很大差异。就目前应用来看，FANUC（日本）、SIEMENS（德国）、FAGOR（西班牙）、HEIDENHAIN（德国）、MITSUBISHI（日本）等公司的数控装置及相关产品，在数控机床行业占据主导地位。我国数控产品以华中数控、航天数控为代表，也已将高性能数控系统产业化。常见数控装置如图1-6，图1-7所示。

图1-6　FANUC数控装置

图1-7　SIEMENS数控装置

目前均采用微型计算机作为数控装置。微型计算机的中央处理单元（CPU）又称为微处理器，是一种大规模集成电路，它将运算器、控制器集成在一块集成电路芯片中。在微型计算机中，输入与输出电路也采用大规模集成电路，即所谓的I/O接口。微型计算机拥有较大容量的寄存器，并采用高密度的存储介质，如半导体存储器和磁盘存储器等。

（3）伺服系统　伺服系统是数控系统的执行机构，包括驱动、执行和测量反馈装置。伺服系统接受数控系统的指令信息，并按照指令信息的要求与位置、速度反馈信号相比较后，带动机床的移动部件或执行部件动作，加工出符合图样要求的零件。伺服系统直接影响数控机床的速度、位置、加工精度、表面粗糙度等。

当前数控机床的伺服系统，常用的位移执行机构有功率步进电动机、直流伺服电动机和交流伺服电动机。后两者都带有光电编码器等位置测量元件，可用来精确控制工作台的实际位移量和移动速度。

（4）机床本体　数控机床的本体是指其机械结构实体，是实现加工零件的执行部件。它主要由主运动部件（主轴、主运动传动机构）、进给运动部件（工作台、溜板及相应的传动机构)、支承件（立柱、床身等）以及特殊装置、自动工件交换（APC）系统、自动刀具交换（ATC）系统和辅助装置（如冷却、润滑、排屑、转位和夹紧装置等）组成。它与普通机床相比较有所改进，具有以下特点：

1）数控机床采用了高性能的主轴及伺服系统，机械传动结构简化，传动链较短。

2）机械结构具有较高的刚度、阻尼精度及耐磨性，热变形小。

3）更多地采用高效传动部件，如滚珠丝杠副、直线滚动导轨等。

与普通机床相比，数控机床的外部造型、整体布局、传动系统与刀具系统的部件结构及操作机构等都已发生了很大的变化，其部分部件如图 1-8、图 1-9 所示。

图 1-8　床身

图 1-9　APC

（5）辅助装置　辅助装置主要包括换刀机构、工件自动交换机构、工件夹紧机构、润滑装置、冷却装置、照明装置、排屑装置、液压气动系统、过载保护与限位保护装置等。数控机床附件的品种主要有为经济型数控车床配套的各种简易数控刀架；为全功能数控车床配套的各种全功能数控刀架、动力卡盘、自定心中心架；为数控铣床及加工中心配套的各种数控分度头、数控回转工作台、数控刀杆；为数控磨床等配套的各类吸盘；角度转换镗铣头、各类机用虎钳及自动排屑、过滤、恒温装置等，其部分部件如图 1-10、图 1-11 所示。

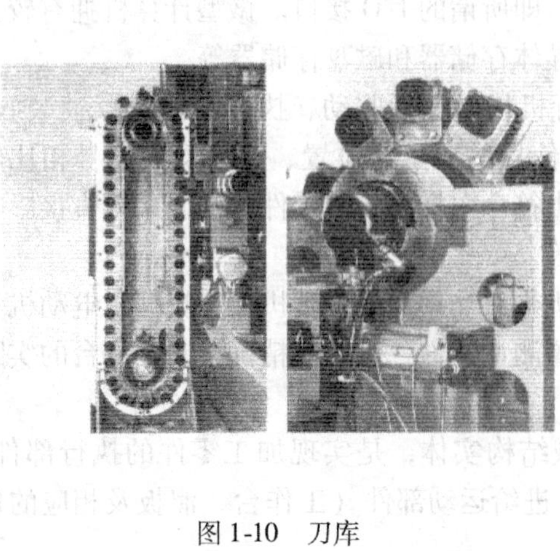

图 1-10　刀库

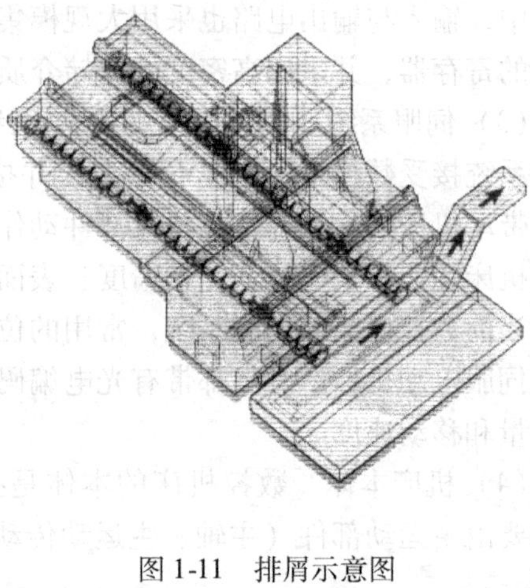

图 1-11　排屑示意图

1.2.2　数控机床的分类

数控机床通常按以下最基本的几个方面进行分类：

1. 按加工方式和工艺用途分类

按加工方式不同，可分为数控车床、数控铣床、数控钻床、数控镗床、数控磨床等。有些数控机床具有两种以上切削功能，例如以车削为主兼顾铣、钻削的车削中心；具有铣、镗、钻削功能，带刀库和自动换刀装置的镗铣加工中心（简称加工中心）。另外，还有数控电火花线切割、数控电火花成形、数控激光加工、等离子弧切割、火焰切割、数控板材成形、数控冲床、数控剪床、数控液压机等各种功能和不同种类的数控加工机床。

2. 按加工路线分类

数控机床按其刀具与工件相对运动的方式，可以分为点位控制、直线控制和轮廓控制。

（1）点位控制数控机床　点位控制方式就是刀具与工件相对运动时，只控制从一点运动到另一点的准确性，而不考虑两点之间的运动路径和方向，如图 1-12a 所示。这种控制方式多应用于数控钻床、数控冲床、数控坐标镗床和数控点焊机等。

（2）直线控制数控机床　直线控制方式就是刀具与工件相对运动时，除控制从起点到终点的准确定位外，还要保证平行坐标轴的直线切削运动，如图 1-12b 所示。由于只作平行坐标轴的直线进给运动，因此不能加工复杂的工件轮廓。这种控制方式用于简易数控车床、数控铣床、数控磨床。

（3）轮廓切削（连续轨迹）控制数控机床　轮廓控制就是刀具与工作相对运动时，能对两个或两个以上坐标轴的运动同时进行控制。因此可以加工平面曲线轮廓或空间曲面轮廓，如图 1-12c 所示。采用这类控制方式的数控机床有数控车床、数控铣床、数控磨床、加工中心等。

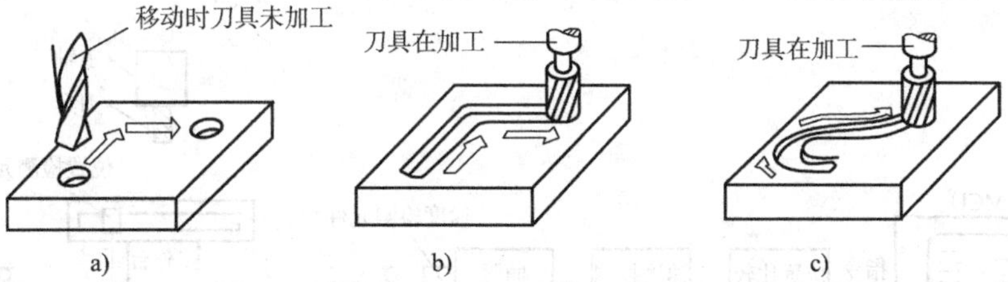

图 1-12　数控机床分类

a）点位控制　b）直线控制　c）轮廓控制

3. 按伺服系统类型的分类

这种分类方法是根据伺服系统测量反馈形式来划分的。

（1）开环伺服系统数控机床　开环伺服系统是不带测量反馈装置的控制系统，如图 1-13 所示。数控装置将工件经加工程序处理后，输出数字指令信号给伺服驱动系统，驱动机床运动，但不检测运动的实际位置，即没有位置反馈信号。开环控制的伺服系统主要使用步进电动机。插补器进行插补运算后，发出指令脉冲（又称进给脉冲），经驱动电路放大后，驱动步进电动机转动。一个进给脉冲使步进电动机转动一个角度，通过齿轮传动和丝杠传动使工作台移动一定距离，因此工作台的位移量与步进电动机转动角位移成正比，即与进给脉冲的数目成正比。改变进给脉冲的数目和频率，就可以控制工作台的位移量和速度。由图 1-13 可见，指令信息单方向传送，并且指令发出后不再反馈回来，故称开环控制。受步进电动机的步距精度和工作频率以及传动机构的传动精度影响，开环系统的速度和精度都较低。但由于开环控制结构简单，调试方便，容易维修，成本较低，因此仍被广泛应用于经济型数控和对旧机床的改造上。

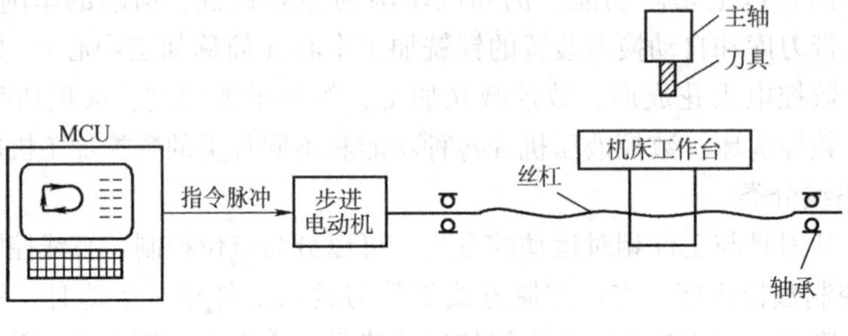

图 1-13　开环伺服系统框图

（2）闭环伺服系统数控机床　闭环伺服系统如图 1-14 所示，它在机床移动部件的位置上直接装有直线位置检测装置，检测刀具或工作台的实际位移值并将检测到的位移值及时反馈到 CNC 装置中，与所要求的位移指令值进行比较，用比较的差值进行控制，直到差值消除为止。可见，闭环控制方式的运动精度和定位精度，主要取决于检测装置的精度。但由于机床床身和运动部件也在位置检测装置的检测反馈环路内，因此对机床结构的固有频率、结构阻尼、传动间隙、导轨爬行等方面的要求也较为严格，否则会增加数控机床调试的难度，甚至会使伺服系统产生振荡而导致机床无法正常工作。所以，闭环伺服系统数控机床主要用于一些精度要求很高的镗铣床、超精车床、超精铣床等。

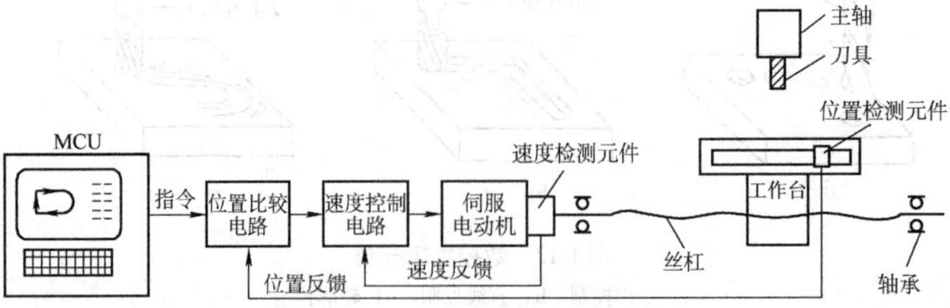

图 1-14　闭环伺服系统框图

（3）半闭环伺服系统数控机床　半闭环控制系统如图 1-15 所示，它在开环控制系统的丝杠端头或电动机端头上装有检测装置，通过检测丝杠的角位移（转角）和转速，间接地检测移动部件的实际位移量，然后反馈到 CNC 装置中进行位置比较，用比较的差值进行控制。由于反馈环内没有包含工作台，故称半闭环控制。半闭环控制精度较闭环控制差，但稳定性好，且由于角位移检测装置比直线移检测装置的结构更为简单，造价较低，同时由于滚珠丝杠制造精度的提高，丝杠、螺母之间侧隙采用了补偿方法，因此，配备精密滚珠丝杠的半闭环控制系统得到了广泛的应用。

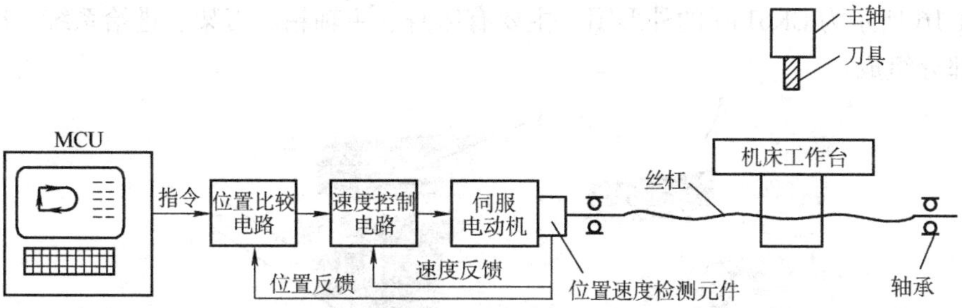

图 1-15　半闭环伺服系统框图

4. 按数控系统功能水平的分类

按数控系统功能水平数控机床可分为低、中、高三档。就目前的发展水平来看，大体可从以下几方面区分，见表 1-1。

表 1-1　数控机床分类表

功　　能	低档数控机床	中档数控机床	高档数控机床
进给当量和进给速度	进给当量为 10μm，进给速度为 8 ~ 15m/min	进给当量为 1μm，进给速度为 15 ~ 24m/min	进给当量为 0.1μm，进给速度为 15 ~ 100m/min
伺服进给系统	开环、步进电动机	半闭环直流伺服系统或交流伺服系统	闭环伺服系统，交流、直流伺服电动机
联动轴数	2 ~ 3 轴	3 ~ 4 轴	3 轴以上
通信功能	无	RS232 或 DNC 接口	RS232、RS485、DNC、MAP 接口
显示功能	数码管显示或简单的 CRT 字符显示	功能较齐全的 CRT 显示或液晶显示	功能齐全的 CRT（三维动态图形显示）
内装 PLC	无	有	有强功能的 PLC，有轴控制的扩展功能
主 CPU	8 位或 16 位 CPU	由 16 位向 32 位 CPU 过渡	32 位向 64 位 CPU 发展

1.2.3　典型的数控机床

1. CK6140 数控车床

（1）总体布局　CK6140 数控车床的总体布局是在 C6140 普通车床的基础上设计开发的数控产品。它基本没有脱离普通车床的结构形式，保留了原卧式平床身的布局方式，使原来普通车床操作向数控车床操作的过渡易于为操作者所接受。实现了计算机数字控制（CNC）后，大大提高了机床的效率和自动化程度，操作简单，使用方便，价格经济。

数控车床 CK6140 型号的含义如下：

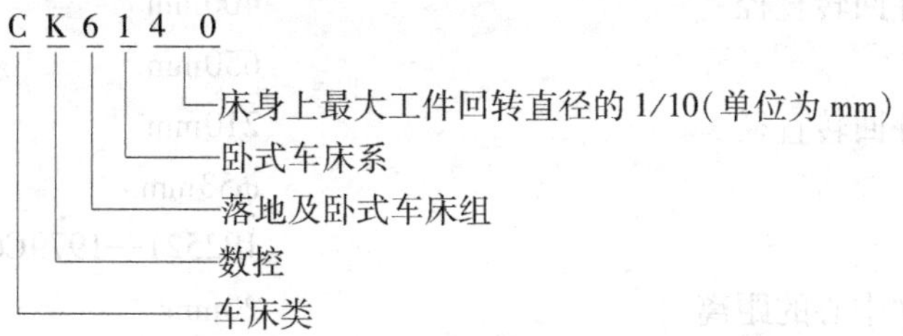

如图 1-16 所示为 CK6140 的外形图，主要有床身、主轴箱、刀架、进给系统、冷却和润滑系统等部分组成。

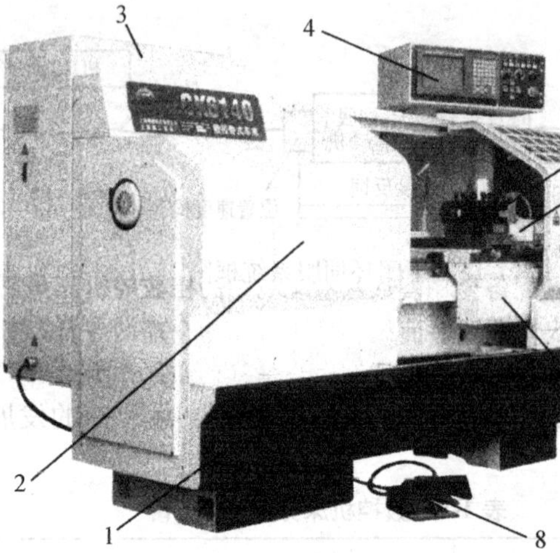

图 1-16　CK6140 数控车床的外形图

1—床身　2—主轴箱　3—电气控制箱　4—数控操作箱　5—刀架
6—尾座　7—床鞍及中滑板　8—卡盘脚踏开关

1）床身部件：包括床身与床身底座。底座为整台机床的支承与基础，所有机床部件均安装于其上，主电动机与冷却箱置于床身底座内部。

2）主轴箱：主轴箱用于固定机床主轴。主电动机通过 V 带及齿轮把运动传给主轴。

3）床鞍：床鞍包括床鞍与床鞍滑板，床鞍滑板俗称“中滑板”。床鞍位于床身上，可实现纵向（Z 轴）运动；中滑板位于床鞍上，可实现横向（X 轴）运动。床鞍前方安装一个手动润滑器，用于润滑机床的导轨。

4）刀架：刀架固定于床鞍滑板上。为四工位立式电动刀架，用于安装车削刀具，通过自动转位来实现刀具的交换。

5）尾座：尾座在长轴类零件加工时，起支承作用。

6）数控操作箱：安装显示器、机床操作按钮与部分控制芯板。作为数控系统与外界信息输入的媒介，可进行机床的各种操作。

7）电气控制箱：电气控制箱内部用于安装各种机床电气控制元件、数控伺服控制单元及部分控制芯板。

（2）主要技术参数

1）主机的主要规格

床身上最大工件回转直径	400mm
最大车削长度	650mm
床鞍上最大工件回转直径	210mm
主轴孔径	ϕ53mm
主轴头部	JB2521—1979C6
装刀基面至主轴中心的距离	20mm

主轴孔锥度	Morse No. 68
尾座顶尖套锥孔	Morse No. 48
主轴转速（无级变速）	200 ~ 2000r/min
进给量与螺距范围	0.01 ~ 20mm/r
最大进给行程	*X* 轴：330mm；*Z* 轴：480mm
快速移动速度	*X* 轴：4m/min；*Z* 轴：6 m/min
刀架可装刀具数	8 或 12 把
刀架工位数	4 或 6 位

2）电动机功率：

主电动机（变频）	5.5kW
进给伺服电动机	*X* 轴、*Z* 轴：0.9kW
刀架电动机	0.12kW
冷却泵电动机	0.12kW
润滑泵电动机	0.40kW

3）数控装置主要参数：

数控轴数目	2
同时控制轴的数目	2
脉冲分配方式	直线和圆弧插补
数字记入方式	绝对式或增量式
分辨率	0.001mm
自动回原点机能	有
程序外的进给量调节范围	0 ~ 150%

（3）主传动部件特点　主传动部件是机床结构中最主要的部件之一，CK6140 的主电动机采用交流变频电动机，实现主轴无级变速，主轴的支承采用双支承结构，前支承采用高精密双列短圆柱滚子轴承，后支承采用向心推力球轴承与推力球轴承的组合，使主轴具有足够的刚度。轴承的润滑采用油脂润滑，依靠非接触式迷宫密封。CK6140 的纵、横向进给均是由交流伺服电动机通过联轴器直接与滚珠丝杠连接来实现的。CK6140 数控车床配置的是立式四工位回转刀架。CK6140 配备的数控系统为 BEIJING—FANUC Power Mate 0 系统。

2. XKA5750 数控铣床

XKA5750 数控立式铣床是北京第一机床厂生产的带有万能铣头的立卧两用数控铣床，可以实现三坐标联动，能够铣削具有复杂曲线轮廓的零件，如凸轮、模具、样板、叶片、弧形槽零件等。

（1）机床的基本构成及基本运动　图 1-17 是 XKA5750 数控立式铣床的外形图，该机床由机床本体部分和控制部分构成。对于机床本体部分，由底座 1、床身 5、升降滑座 16、滑枕 8、工作台 13、万能铣头 9、各个方向的伺服进给机构、限位装置等构成，而控制部分则包括数控柜 10、操作面板 11 等。

在图 1-17 所示的坐标系中，数控铣床存在以下三种运动：工作台 13 由伺服电动机 15 带动在升降滑座 16 上作纵向移动（*X* 轴方向）；伺服电动机 2 带动升降滑座 16 作垂直升降运动（*Z* 轴方向）；滑枕 8 作横向进给运动（*Y* 方向）。

XKA5750 数控立式铣床是立卧两用的数控铣床，其万能铣头不仅可以将铣头主轴调整到立式或卧式位置，而且还可以在前半球面内使主轴中心线处于任意空间角度。

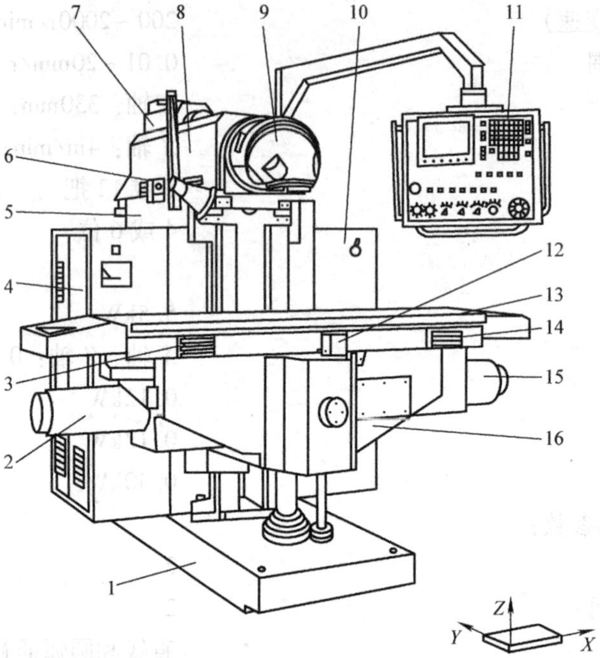

图 1-17　XKA5750 数控立式铣床

1—底座　2—伺服电动机　3、14—行程限位挡铁　4—强电柜　5—床身　6—横向限位开关　7—后壳体　8—滑枕　9—万能铣头　10—数控柜　11—操作面板　12—纵向限位开关　13—工作台　15—伺服电动机　16—升降滑座

（2）机床的主要技术参数

工作台面积（宽×长）	500mm×1600mm
工作台纵向行程	1200mm
滑枕横向行程	700mm
工作台垂直行程	500mm
主轴锥孔	ISO50
主轴端面到工作台面距离	50～550mm
主轴中心线到床身立导轨面距离	28～728mm
主轴转速	50～2500r/min
进给速度：纵向（*X* 向）、横向（*Y* 向）	6～3000mm/min
纵向（*Z* 向）	3～1500 mm/min
快速移动速度：纵向、横向	6000mm/min
纵向	3000mm/min
主轴电动机功率	11kW
进给电动机转矩：纵向、横向	9.3N·m
纵向	13N·m

润滑电动机功率	60W
冷却电动机功率	125W
机床外形尺寸（长×宽×高）	2393mm×2264mm×2180mm
控制轴数	3（可选 4 轴）
最大同时控制轴数	3
最小设定单位	0.001mm/0.0001in
插补功能	直线/圆弧
编程功能	多种固定循环、用户宏程序
程序容量	64KB
显示方法	9in 单色 CRT

3. VMC-15 加工中心的布局与组成

（1）VMC-15 加工中心的布局　VMC-15 加工中心是美国 FADAL 公司的产品，布局形式为立式。具有 11.2kW 的交流变频主电动机，高精度的直线滚动导轨，具有能容纳 21 把刀具的刀库，能可靠完成自动刀具交换。另外，还具有第四回转坐标轴，能实现四轴联动，一次装夹完成 21 道工序的加工。

VMC-15 型号的含义：

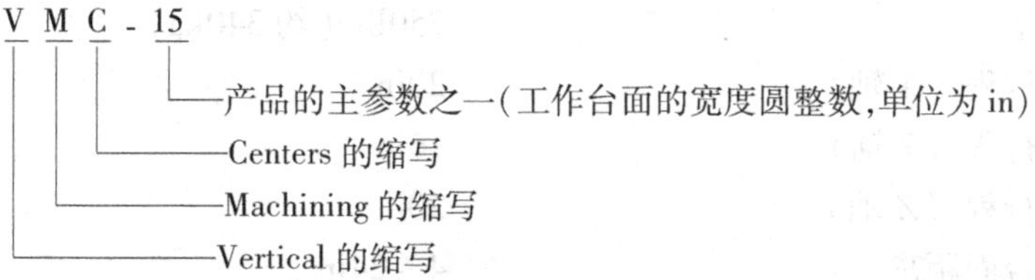

（2）VMC-15 加工中心的组成　如图 1-18 所示为 VMC-15 型加工中心的外形图，其基本组成如下：

1）主传动驱动：主电动机通过传动比为 1∶1 的 V 带直接驱动主轴，无齿轮传动，具有噪声小、热量少、振动较小及功率损失小等优点。其主轴中具有自动刀具放松和锁紧装置，确保刀具在强力切削时可靠锁紧。

2）刀库：21 把刀具的刀库，其换刀过程靠刀库的移动、转位以及主轴箱的上、下移动来完成，无须机械手交换刀具，结构简单，动作可靠。

3）进给驱动：*X*、*Y*、*Z* 向的进给运动是由交流伺服电动机通过联轴器直接驱动滚珠丝杠来实现的，其最高移动速度为 400in/min（英寸每分钟，1 in = 2.54 cm）。*X*、*Y*、*Z* 向的支承导轨均采用直线滚动导轨。

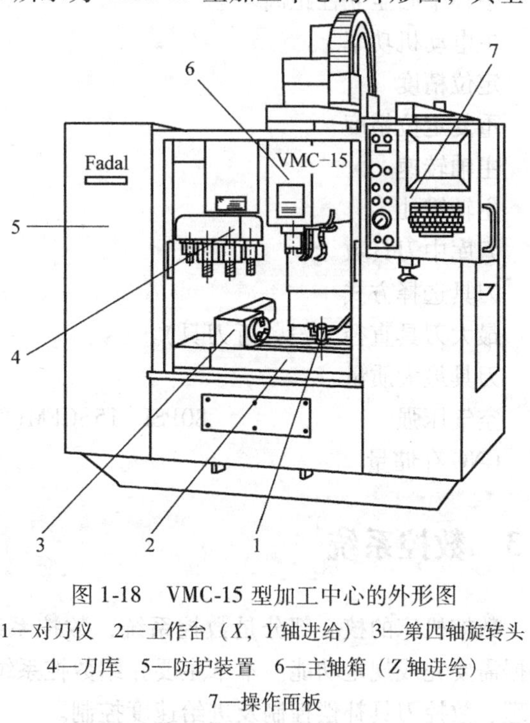

图 1-18　VMC-15 型加工中心的外形图
1—对刀仪　2—工作台（*X*，*Y* 轴进给）　3—第四轴旋转头　4—刀库　5—防护装置　6—主轴箱（*Z* 轴进给）　7—操作面板

4）高性能交流向量驱动主轴电动机：具有主轴周向定位即准停功能，变频无级调速，低速挡范围为150～2500r/min，恒转矩；高速挡范围2500～7500r/rain，恒功率。

5）FADALCNC 88HS数控系统：由机床制造公司生产的数控系统，所有的机床功能以菜单形式用英文快速显示，不需要繁琐的键盘输入，具有功能强大、易于使用的特点，另外还具有图形显示功能。

6）VH-65第四轴旋转头：除了VMC-15型的标准配置以外，该加工中心还具有第四轴旋转头和对刀仪两项附加部件。第四轴A/B/C由伺服电动机通过传动比为1:90的蜗杆副来控制转位，放置在工作台上，可用于螺旋线类曲线的加工。

7）TS-27R对刀仪：英国RENISHAW的TS-27R对刀仪能测量刀具直径、长度，并对其进行补偿。该对刀仪还可检测刀具是否损坏。

（3）VMC-5型自动换刀数控镗铣床的技术性能

台面尺寸	29.5in×16in
台面至地面的高度	30.5in
T形槽规格（槽数×槽宽×间隔距）	3×0.562in×4.33in
切削进给速度（*X*轴/*Y*轴/*Z*轴）	0.01～250in/min
快速进给速度（*X*轴/*Y*轴/*Z*轴）	400in/min
工件最大质量	750lb（约340kg）
工作台纵向行程（*X*轴）	20in
工作台横向行程（*Y*轴）	16in
主轴箱垂向行程（*Z*轴）	20in
主轴端部至台面距离	4～24in
主轴中心至立柱距离	17in
主电动机功率	11.2kW
定位精度	±0.0002in
重复定位精度	±0.0001in
主轴转速	150～7500r/min
主轴锥孔	No.40
刀库中刀具数	21把
刀具选择方式	双向任意式
最大刀具直径（没邻近刀具）	3in（4.5in）
刀具最大质量	15lb（约6.8kg）
空气压强	80PSI，15SCFM（8.0kgf/cm^2（约800kPa），0.15cm^3/min）
CNC存储量	38kB

1.3　数控系统

数控机床的核心部分是数控系统，数控系统在软件和硬件有机结合下，控制数控机床根据需要完成规定功能。本章主要介绍数控系统的组成与特点、硬件和软件结构、数控插补原理、数控刀具补偿控制及进给速度控制。

1.3.1　CNC 系统的组成

CNC 系统（又称计算机数控系统）是数控机床的重要部分，它随着计算机技术的发展而发展。现在的数控装置都是由计算机完成以前由硬件数控所做的工作。数控系统是由操作面板、输入输出设备、CNC 装置、可编程序控制器（PLC）、主轴伺服单元、进给伺服单元、主轴驱动装置和进给驱动装置（包括检测装置）等组成，有时也称为 CNC 系统。CNC 系统框图见图 1-19 所示。CNC 系统的核心是 CNC 装置。CNC 装置由硬件和软件组成，CNC 装置的软件在硬件的支持下，合理地组织、管理整个系统正常运行。随着计算机技术的发展，CNC 装置性能越来越优，价格越来越低。

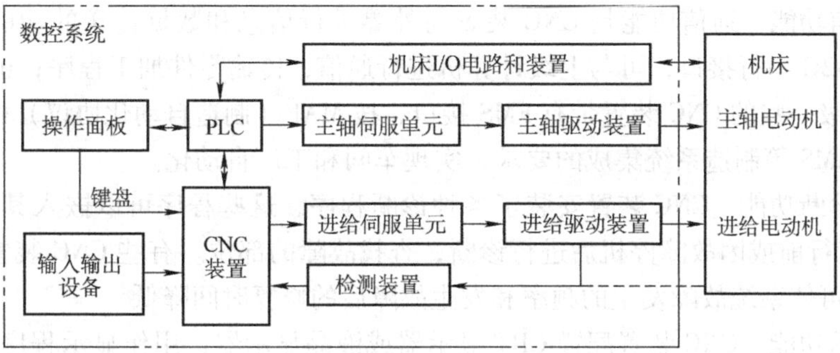

图 1-19　CNC 系统框图

1.3.2　CNC 装置的功能特点

CNC 装置的硬件采用计算机式微处理器，它靠执行系统内的软件来实现许多复杂的功能。CNC 装置的功能通常包括基本功能和选择功能。基本功能是数控系统必备的功能；而选择功能是供用户根据机床特点和用途进行选择的功能。不同类型、档次的数控机床，其 CNC 装置的功能有很大差异，但主要功能是相同的。下面介绍 CNC 装置的一些主要功能。

（1）控制功能　控制功能是指 CNC 装置能够控制的以及能够同时控制联动的轴数，它是 CNC 装置的重要性能指标，也是档次之分的重要依据。控制轴有移动轴和回转轴、基本轴和附加轴。数控机床一般控制轴数不少于两轴（即两轴联动）。联动轴数越多，CNC 装置的功能越强，加工的零件越复杂。

（2）主轴功能　主轴功能又称主轴转速功能。用来指令机床主轴转速、主轴恒定线速度和主轴准停等功能，用地址符及其后的数字表示。

（3）进给功能　进给功能给出各进给轴的进给速度。进给速度包括切削进给速度、同步进给速度和快速进给速度等，用地址符及其后的数字表示。

（4）准备功能　准备功能用来指明机床下一步如何动作。它包括基本移动、程序暂停、平面选择、坐标设定、刀具补偿、镜像、固定循环加工、米英制转换、子程序等指令，用地址符和其后的数字表示。

（5）插补功能　插补功能用于对零件轮廓加工的控制，一般的 CNC 装置有直线插补、圆弧插补功能，特殊的还有其他二次曲线和样条曲线的插补功能。实现插补运算的方法有逐点比较法和数字积分法等。

（6）固定循环功能　固定循环功能指令是将一些典型的加工工序（如钻孔、铰孔、攻螺纹、深孔钻削、切螺纹等）事先编好程序并储存在内存中，用代码进行指定。数控机床进行这些典型的加工工序时，使用固定循环功能指令加工可以使编程工作简化。

（7）辅助功能　辅助功能主要用于指定主轴的正转、反转、停止，冷却泵的打开和关闭及换刀等动作，用地址符和其后的两位数表示。

（8）刀具功能　刀具功能用来选择刀具并且指定有效刀具的几何参数地址。

（9）补偿功能　补偿包括刀具补偿（刀具半径补偿、刀具长度补偿、刀具磨损补偿）和丝杠螺距误差补偿等。CNC 装置采用补偿功能可以把刀具长度或半径的相应补偿量、丝杠的螺距误差的补偿量输入到其内部储存器，在控制机床进给时按一定的计算方法补上这些补偿量。

（10）通信功能　通信功能是 CNC 装置与外界进行信息和数据传送的功能。通常 CNC 装置带有 RS232C 串行接口，可与上级计算机进行通信，传输零件加工程序；也可实现 DNC 方式加工。高级一些的 CNC 装置带有 FMS 接口，按 MAP（制造自动化协议）通信，以适应 FMS、CIMS、IMS 等制造系统集成的要求，实现车间和工厂自动化。

（11）自诊断功能　CNC 装置安装了各种诊断程序，这些程序可以嵌入其他功能程序，在 CNC 装置运行前或因故障停机后进行诊断，查找故障的部位。有些 CNC 装置可以进行远程诊断，从而可使系统故障发生的频率和发生故障后的修复时间降低。

（12）显示功能　CNC 装置配置 CRT 显示器或液晶显示器，用作显示程序、零件图形、人机对话编程菜单、故障信息等。

1.3.3　CNC 装置的硬件结构

当前，常用的各种微机数控系统皆以 1974 年出现的微处理器作为基础，它使机床的数控系统由硬件连接过渡到软件连接，导致机床内部结构的巨大变化，一些原来由机械承担的功能已转化为电气功能。

采用微机数控（MNC）后，数控机床可靠性有了明显的提高，故障发生率大为下降，因为硬连接减少，焊点、接插件触点以及外部连线显著减少。同时灵活性也加强了，由于 MNC 硬件是通用的、标准化的，对于不同用途的机床控制要求，仅需改变可编程只读存储器中的系统控制程序即可，而且又采取了模块化结构，更便于系统的扩展。此外，也实现了机电一体化。由于采用了超大规模集成电路 VLSI 之后，使数控装置体积缩小，采用可编程接口，又将 S、M、T（主轴转速控制、辅助机能及刀具参数用量）等控制部分的逻辑电路与数控装置合二为一，使全部控制箱进入机床内部，减少了机床占用空间和占地面积，不仅减少了管理费用，而且机床本身的成本也大为降低。典型的数控系统如图 1-20、图 1-21、图 1-22 所示。

数控系统主要包括微处理器、存储器、外围逻辑电路及数控系统与其他组成部分联系的接口等。其原理是根据输入的数据段插补出理想的运动轨迹，然后输出到执行部件（伺服单元、驱动装置和机床），加工出所需要的零件。因此，输入、轨迹插补、位置控制是数控装置的三个基本部分（即一般计算机的输入、决策、输出三个方面）。而所有这些工作都由数控装置内的系统程序（亦称控制程序）合理组织，使整个系统有条不紊地工作。

下面将从功能方面来讨论如图 1-20、图 1-21、图 1-22 所示的数控装置中各硬件模块的作用。

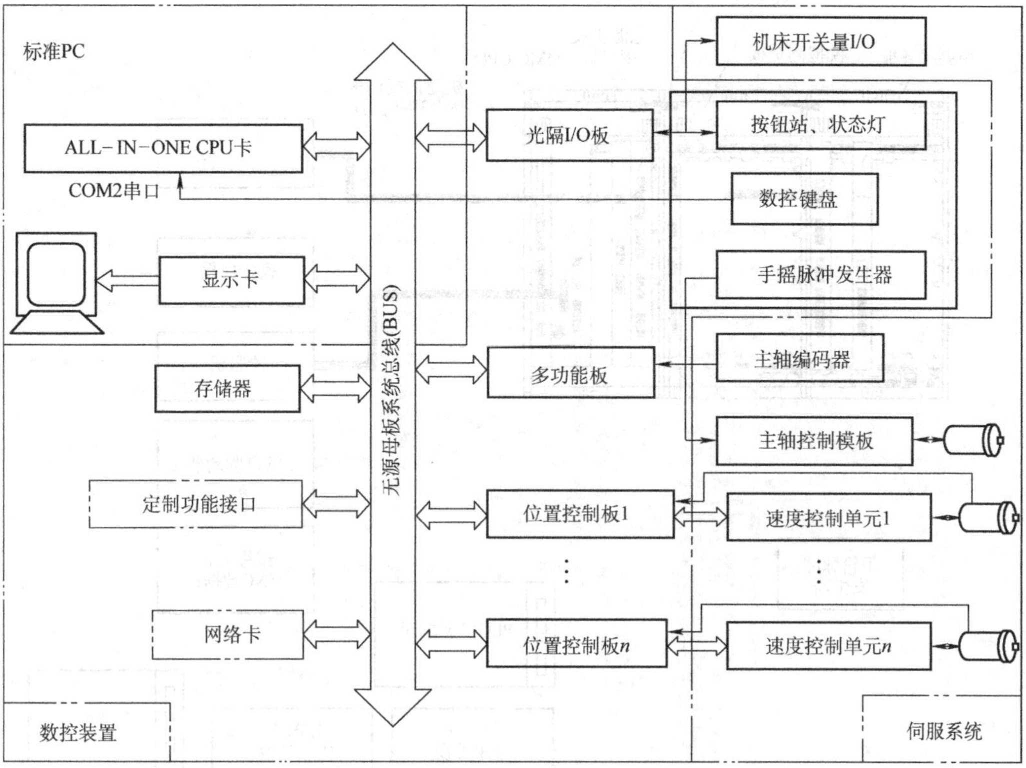

图 1-20　华中 I 型数控系统硬件结构图

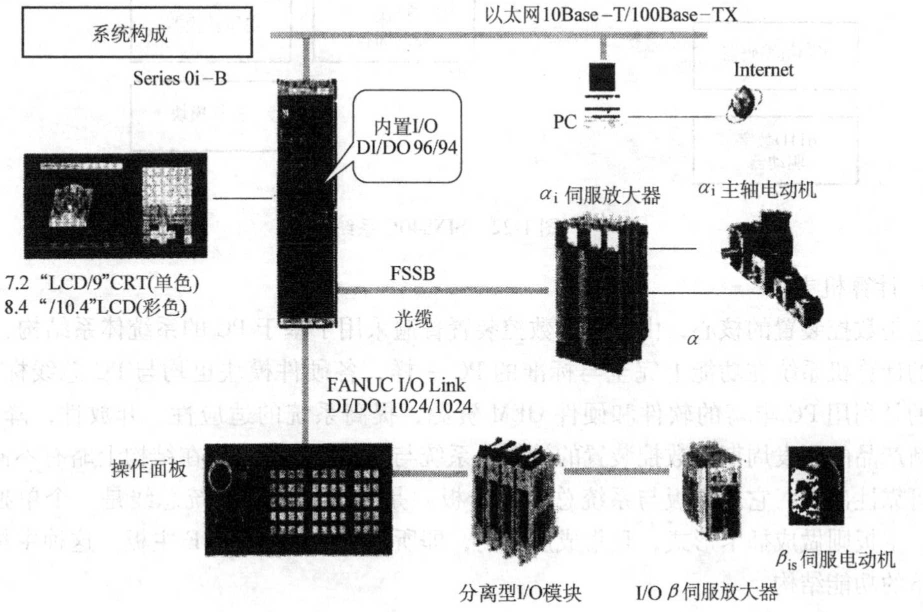

图 1-21　FANUC　0i 数控系统

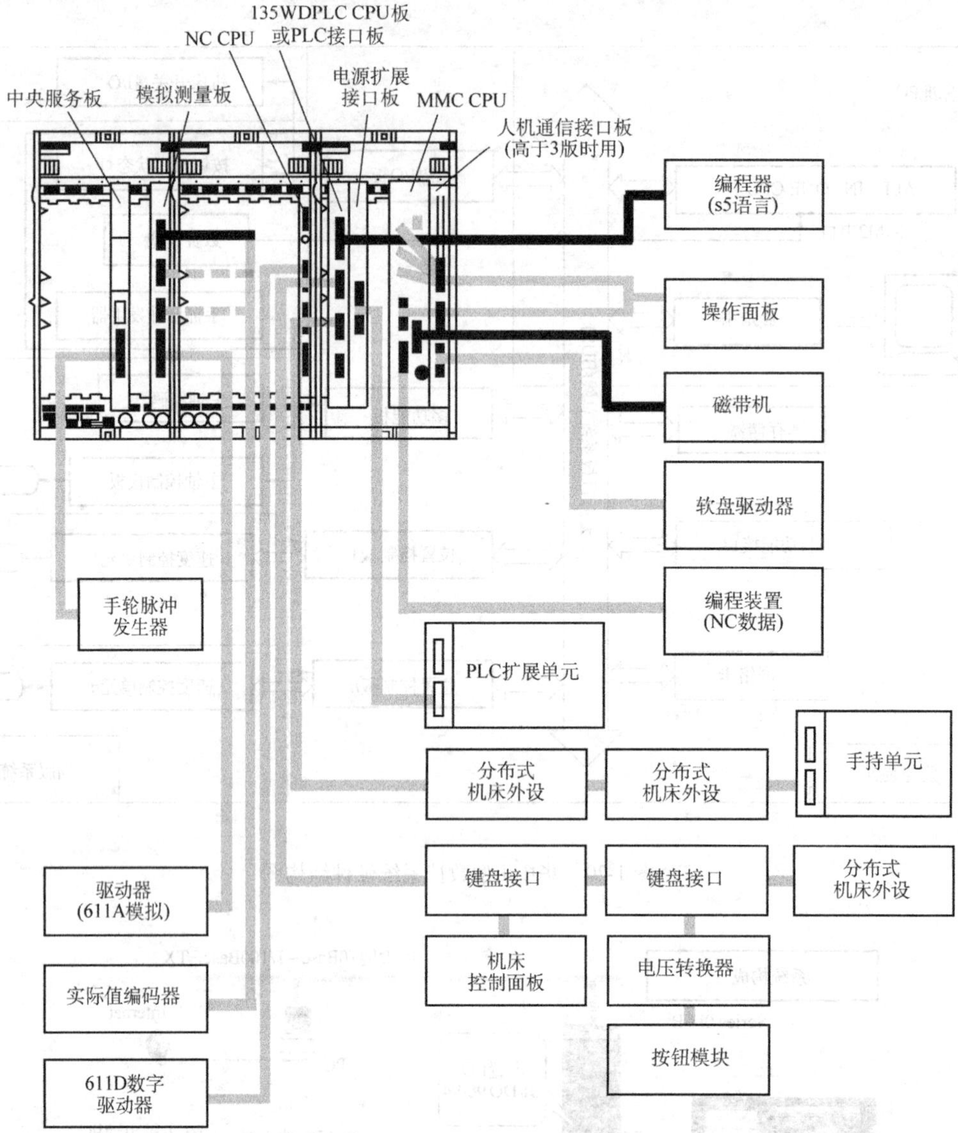

图 1-22　SIN840C 系统

1. 计算机主板

它是数控装置的核心，由于目前数控装置普遍采用了基于 PC 的系统体系结构，即 CNC 装置的计算机系统在功能上完全与标准的 PC 一样，各硬件模块也均与 PC 总线标准兼容。其目的是利用 PC 丰富的软件和硬件 OEM 资源，提高系统的适应性、开放性，降低价格，缩短新产品的开发周期。数控装置的计算机系统与普通的商用 PC 在结构上略有不同，从系统的可靠性出发，它的主板与系统总线（母板）是分离的，即系统总线是一个单独的无源母板，主板则做成插卡形式，且集成度更高，即所谓的 ALL-IN-ONE 主板。这种主板主要包括以下的功能结构：

1）CPU 芯片及其外围芯片。

2）内存单元、Cache 及其外围芯片。

3）通信接口（串口、并口、键盘接口）。

4）软、硬驱动器接口。

各功能模块的组成原理与普通微型计算机的原理完全一样。计算机主板的主要作用是：对输入到数控装置中的各种数据、信息（零件加工程序，各种I/O信息等）进行相应的算术和逻辑运算，并根据其处理结果，向其他功能模块发出控制命令，传送数据，使用户的指令得以执行。

2. 系统总线（母板）

总线是将微处理器、存储器和I/O接口等相对独立的装置或功能部件联系起来，并传送信息的公共通道。从功能上来讲，它可分以下三组。

1）数据总线：它是各模块间数据交换的通道，线的根数与数据宽度相等，它是双向总线。

2）地址总线：它是传送数据存放地址的总线，与数据总线结合，可以确定数据总线上的数据的来源地或目的地，它是单向总线。

3）控制总线：它是一组传送管理或控制信号的总线（如数据的读、写、控制、中断、复位、I/O读写及各种确认信号等），它是单向总线。

一般作为工业用PC的总线母板是独立的无源4层印制电路板，即该板的两面为信号线走线面，中间为电源和地线，它的可靠性高于两层板。其规格有6槽、8槽、12槽、14槽等，用户可根据数控装置功能板的多少进行选择。

3. 显示模块（显示卡）

显示卡是一个通用性很强的模块。现在市场上出售的有VGA卡、SVGA卡，早期的有CGA、EGA等。在数控装置中，CRT显示是一个非常重要的功能，它是人机交流的重要媒介，它给用户提供了一个直观的操作环境，可使用户能快速地熟悉、适应其操作过程。

显示卡的主要作用是：接收来自CPT的控制命令和显示用的数据，经与CRT的扫描信号调制后，产生CRT显示器所需要的画面。

显示卡可以在市场上买到，还有非常丰富的支持软件，无须用户自己开发。

4. 输入/输出模块（多功能卡）

该模块也是标准的PC模块，一般不需要用户自己开发。它是数控装置与外界进行数据和信息交换的接口板，即数控装置中的CPU通过该接口可以从外部输入设备获取数据，也可以将数控装置中的数据输送给外部设备。

这些输入/输出设备包括如下几种。

1）输入设备：纸带阅读机。

2）输出设备：打印机、纸带穿孔机。

3）输入/输出设备：磁盘驱动器、录音机、磁带机等。

4）通信接口：RS232。

如果计算机主板选用的是ALL-IN-ONE主板，则此板可省略。

以上四部分，再配上键盘、电源、机箱，实际上就是一部通用的微型计算机系统，这个系统是数控装置的核心，从某种意义上讲，它的档次和性能决定了数控装置的档次和性能，因此，数控装置中计算机子系统的合理选用是至关重要的。

5. 存储模块

数控装置中的存储模块，用来存放下列数据和参数：

1）系统软件、系统固有数据。

2）系统的配置参数（系统所能控制的进给轴数、轴的定义、系统增益等）。

3）用户的零件加工程序。

目前在计算机领域所用存储器件有以下三类：

1）磁性存储器件，如软磁盘、硬磁盘，它们都是可随机读写的。

2）光存储器件，如光盘。

3）半导体存储器件，又称电子存储器件，如 RAM、ROM、FLASH 等。

前两类一般用作外存储器，其特点是容量大、价格低。电子存储器件一般用作内存储器，其价格高于前两类。

在数控装置中，常采用电子存储器件作为外存储器，而不采用磁性存储器件，主要是考虑到数控装置的工作环境有可能受到电磁干扰，磁性器件的可靠性低，而电子存储器件的抗电磁干扰能力相对来讲要强一些。因为这些由电子器件组成的存储单元是按磁盘的管理方式进行的，故又称其为电子盘。

1.3.4　CNC 装置的软件结构

CNC 装置的软件是为完成 CNC 数控机床的各项功能而专门设计和编制的，是一种专用软件，其结构取决于软件的分工，也取决于软件本身的工作特点。软件功能是 CNC 装置的功能体现。

1. CNC 软件的组成

CNC 装置的软件又称系统软件，由管理软件和控制软件两部分组成。管理软件包括零件程序的输入/输出程序、显示程序和 CNC 装置的自诊断程序等；控制软件包括译码程序、刀具补偿计算程序、插补计算程序和位置控制程序等。CNC 装置的软件框图如图 1-23 所示。下面就几个主要程序作一介绍。

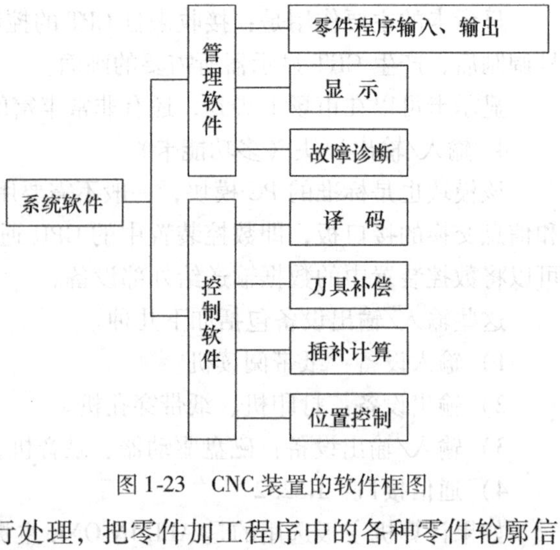

图 1-23　CNC 装置的软件框图

（1）输入程序　CNC 系统中的零件加工程序，一般都是通过键盘、磁盘、纸带阅读机或通信等方式输入的。在软件设计中，这些输入方式大都采用中断方式来完成，且每一种输入法均有一个相对应的中断服务程序，无论哪一种输入方法，其存储过程总是要经过零件程序的输入，然后将输入的零件程序存放到缓冲器中，再经缓冲器到达零件程序存储器。

（2）译码程序　译码程序对零件程序进行处理，把零件加工程序中的各种零件轮廓信息（如起点、终点、直线或圆弧等）、加工速度信息和其他辅助信息按照一定的语法规则解释成计算机能够识别的数据形式，并以一定的数据格式存放在指定的内存单元里。在译码过程中，还要完成对程序段的语法检查，若发现语法错误便立即报警。

（3）数据处理和插补计算　数据处理即预计算，通常包括刀具长度补偿、刀具半径补偿、反向间隙补偿、丝杠螺距补偿、过象限及进给方向判断、进给速度换算、加减速控制及机床辅助功能处理等。数据处理是为了减轻插补工作的负担及速度控制程序的负担，提高系统的实时处理能力。插补计算的任务是在一条给定起点、终点和形状的曲线上进行“数据点的密化”。根据规划的进给速度和曲线形状，计算一个插补周期中各坐标轴进给的长度。数控系统的插补精度直接影响工件的加工精度，而插补速度决定了工件的表面粗糙度和加工速度。所以插补是一项精度要求较高、实时性很强的运算。通常插补是由粗插补和精插补组成，精插补的插补周期，一般取伺服系统的采样周期，而粗插补的插补周期是精插补的插补周期的若干倍。

（4）伺服（位置）控制　伺服（位置）控制的主要任务是在伺服系统的每个采样周期内，将精插补计算出的理论位置与实际反馈位置进行比较，其差值作为伺服调节的输入，经伺服驱动器控制伺服电动机。在位置控制中通常还要完成位置回路的增益调整、各坐标的螺距误差补偿和反向间隙补偿，以提高机床的定位精度。

（5）管理与诊断程序　管理程序是实现计算机数控装置协调工作的主体软件。CNC 系统的管理软件主要包括 CPU 管理和外设管理，如前后台程序的合理安排与协调工作、中断服务程序之间的相互通信、控制面板与操作面板上各种信息的监控等。诊断程序可以防止故障的发生或扩大，而且在故障出现后，可以帮助用户迅速查明故障的类型和部位，减少故障停机时间。在设计诊断程序时，诊断程序可以包括在系统运行过程中进行检查与诊断，也可以作为服务程序在系统运行前或故障发生停机后进行诊断。

2. CNC 软件与硬件的关系

在 CNC 装置中，一些由硬件完成的工作可由软件完成，而一些软件工作也可由硬件完成，但是软件和硬件各有不同的特点。硬件处理速度快，但造价高。软件设计灵活，适应性强，但处理速度较慢。因此在 CNC 装置中，软件和硬件的分工是由性能价格比决定的。

早期的数控装置中，数控系统中的全部信息处理都是由硬件来实现，现代 CNC 装置中，软件和硬件处理信息的分工是不固定的。图 1-24 列出了三种典型 CNC 装置的软硬件分工。

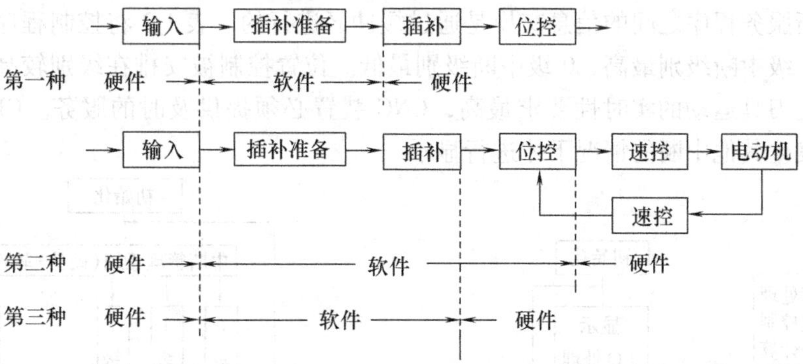

图 1-24　三种典型 CNC 装置的软硬件分工关系

3. CNC 软件的结构特点

CNC 系统是一个专用的实时多任务系统，在其控制软件设计中，采用了许多现今计算机软件设计的先进思想和技术，其中多任务并行处理、前后台型软件结构和中断型软件结构三个特点最为突出。

（1）多任务并行处理　CNC 系统软件一般包含管理软件和控制软件。数控加工时，多数情况下 CNC 装置要同时进行管理和控制的多个任务。例如，CNC 装置控制加工的同时，还要向操作人员显示其工作状态，因此，管理软件中的显示模块，必须与控制软件的插补、位置控制等任务同时处理，即并行处理。并行处理是指计算机在同一时刻或同一时间间隔内完成两种或两种以上性质相同或不相同的工作。并行处理分为“时间重叠”并行处理方法和“资源共享”并行处理方法。资源共享是根据“分时共享”的原则，使多个用户按时间顺序使用同一套设备。时间重叠是根据流水线处理技术，使多个处理过程在时间上相互错开，轮流使用同一套设备的几个部分。并行处理的显著特点是运行速度高。图 1-25 所示为多任务的并行处理，双箭头表示两个模块之间存在并行处理关系。

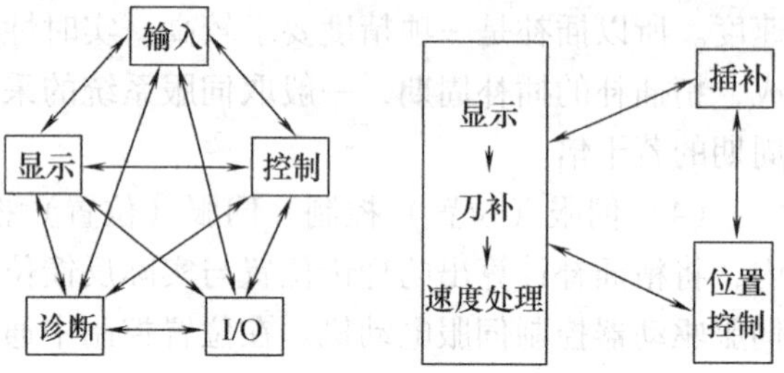

图 1-25　多任务的并行处理

（2）前后台型软件结构　前后台型软件结构适合于采用集中控制的单微处理器 CNC 装置。在这种软件结构中，前台程序是一个实时中断服务程序，承担了几乎全部的实时功能，实现与机床动作直接相关的功能，如插补、位置控制和监控等。后台程序是一个循环执行程序，一些适时性要求不高的功能，如显示、系统的输入/输出、插补预处理（译码、刀补处理、速度预处理）和零件加工程序的编辑管理程序等均由后台程序承担，又称背景程序。在背景程序循环运行的过程中，前台的实时中断程序不断定时插入，二者密切配合，共同完成零件加工任务。如图 1-26 所示，程序一经启动，经过一段初始化程序后便进入后台程序循环。同时开放定时中断，每隔一定时间间隔发生一次中断，执行一次实时中断服务程序，执行完毕后返回后台程序。如此循环往复，共同完成数控的全部功能。

（3）中断型软件结构　中断型软件结构（见图 1-27）没有前后台之分，其特点是除了初始化程序之外，整个系统软件的各种任务模块分别安排在不同级别的中断程序中，整个软件就是一个大的中断系统。其管理的功能主要通过各级中断服务程序之间的相互通信来解决，各级中断服务程序之间的信息交换是通过缓冲区进行的。表 1-2 将控制程序分成为 8 级中断，其中 7 级中断级别最高，0 级中断级别最低。位置控制被安排在级别较高的中断程序中，其原因是刀具运动的实时性要求最高，CNC 装置必须提供及时的服务。CRT 显示级别最低，在不发生其他中断的情况下才进行显示。

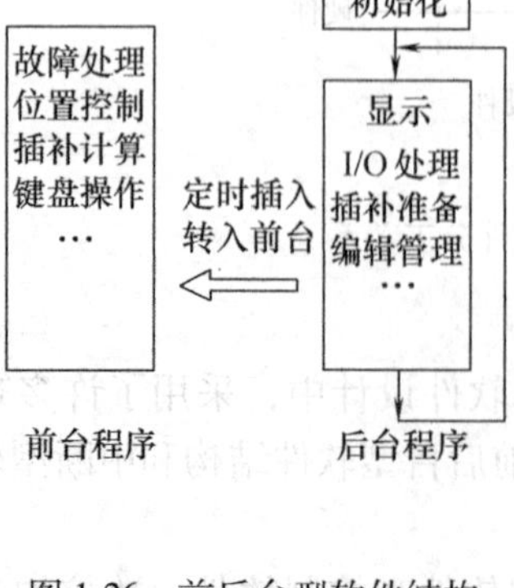

图 1-26　前后台型软件结构

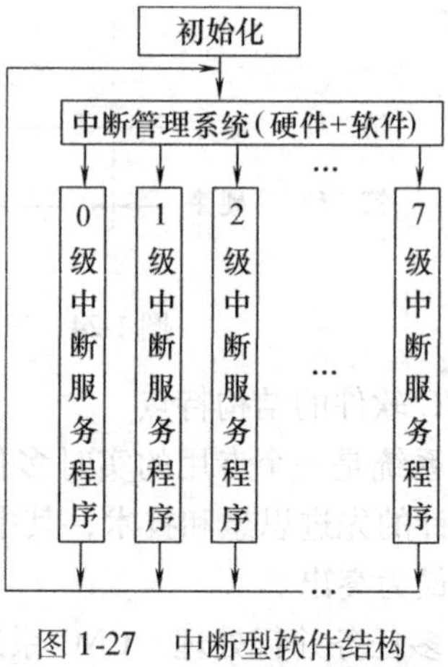

图 1-27　中断型软件结构

表1-2　控制程序中断级别

中断级别	主要功能	中断源
0	控制CRT显示	硬件
1	译码、刀具中心轨迹计算、显示处理	软件,16ms定时
2	键盘监控、I/O信号处理、穿孔机控制	软件,16ms定时
3	外部操作面板、电传打字机处理	硬件
4	插补计算、终点判别及转段处理	软件,8ms定时
5	阅读机中断	硬件
6	位置控制	4ms硬件时钟
7	测试	硬件

1.3.5　辅助控制接口模块

数控装置对设备的控制分为两类：一类是对各坐标轴的速度和位置的“轨迹控制”；另类是对设备动作的“顺序控制”。对数控机床而言，“顺序控制”是指在数控机床运行过程中，以CNC内部和机床各行程开关、传感器、按钮、继电器等开关量信号状态为条件，并按预先规定的逻辑顺序对诸如主轴的起停、换向，刀具的更换，工件的夹紧、松开，液压、冷却、润滑系统的运行等进行控制。

在数控装置中实现顺序控制的模块是设备辅助控制接口模块。设备辅助控制接口模块主要接收来自操作面板、机床上的各行程开关、传感器、按钮、强电柜里的继电器以及主轴控制、刀库控制的有关信号，经处理后输出去控制相应器件的运行。

通过对以上信号进行分析可知，数控装置与被控设备之间要交换的信息有三类：开关量信号、模拟量信号和脉冲量信号。然而上述信号一般不能直接与数控装置相连，需要一个接口（即设备辅助控制接口）对这些信号进行变换处理，其目的如下：

1）对上述信号进行相应的转换，以满足数控装置输入/输出的要求。输入时，必须将被控设备有关的状态信息转换成数字形式，以满足计算机对输入信号的要求；输出时，应满足各种有关执行元件的输入要求。一般CNC系统的信号是TTL电平，而控制机床的不一定是TTL电平，其负载较大，因此要进行必要的信号电平转换和功率放大。信号转换主要包括电平转换、数字量与模拟量的相互转换、数字量与脉冲量的相互转换以及功率匹配等。

2）阻断外部的干扰信号进入计算机，防止噪声引起误动作。在电气上将数控装置与外部信号进行隔离，以提高数控装置运行的可靠性，要用光耦合器或继电器将CNC系统和机床之间的信号电气上加以隔离。输入接口是接收机床操作面板的各开关、按钮信号及机床的各种限位开关信号。因此有经触点输入的接收电路和以电压输入的接收电路，触点输入信号是从机床送入数控系统的信号，要消除其抖动。输出接口是将各种机床工作状态灯的信息送到机床操作面板，把控制机床动作信号送到强电柜，因此有继电器输出电路和无触点输出电路，继电器输出由数控系统输出到机床的信号，用于显示指示灯、驱动继电器等。

由上可知，设备辅助控制接口的功能必须能完成两个任务：一是电平的转换和功率放大；二是电气隔离。

1.3.6　数控系统的PLC

PLC是由计算机简化而来的，为适应顺序控制的要求，PLC省去了计算机的一些数字运算功能，而强化了逻辑运算功能，是一种介于继电器控制和计算机控制之间的自动控制装置。PLC代替数控机床上的继电器逻辑，使顺序控制的控制功能、响应速度和可靠性大大提高，而且柔性好。PLC已成为现代数控系统重要的组成部分。

目前，设备辅助控制接口的实现方式由PLC（Programmable Logic Controller）控制。这种控制是目前CNC装置用得最广泛的方式，基本结构框图如图1-28所示。数控机床用的PLC一般分为以下两类。一类是数控系统的生产厂家为实现数控机床的顺序控制，而将CNC和PLC综合起来设计，称为内装型（Built—inmype）PLC（或称集成式、内含式）。内装型PLC是数控装置的一部分，它与CNC中CPU的信息交换是在CNC内部进行的。这种类型的PLC一般不能独立工作，它是CNC装置的一个功能模块，是数控装置功能的扩展，两者是不能分离的。在硬件上，内装型PLC既可与数控装置共用一个CPU，也可使用专用的CPU，使控制处理速度更快，并能增加控制功能。为了进一步增强可编程序控制器的功能，近年来采用多个CPU控制，如一个CPU分管逻辑运算与专用的功能指令，另一个CPU管理输入/输出模块，甚至还采用单独的CPU作为故障处理和诊断，以增加可编程序控制器的工作速度及功能，如日本FANUC的0系统和15系统、美国A. B公司的8400系统和8600系统等。如FANUC公司还开发了PLC专用的处理器，使得PLC的基本指令为0. 25μm/步，这样FANUC FS15系列的CNC系统就具备了M、S、T的高速处理功能，因此允许在一个加工程序段内多次指令M、S、T功能，大大缩短了加工循环时间。由于CNC装置的功能和PLC的功能在设计时就统一考虑，因而内装型PLC在硬件和软件的整体结构上合理、实用，性能价格比高，适用于类型变化不大的数控机床。

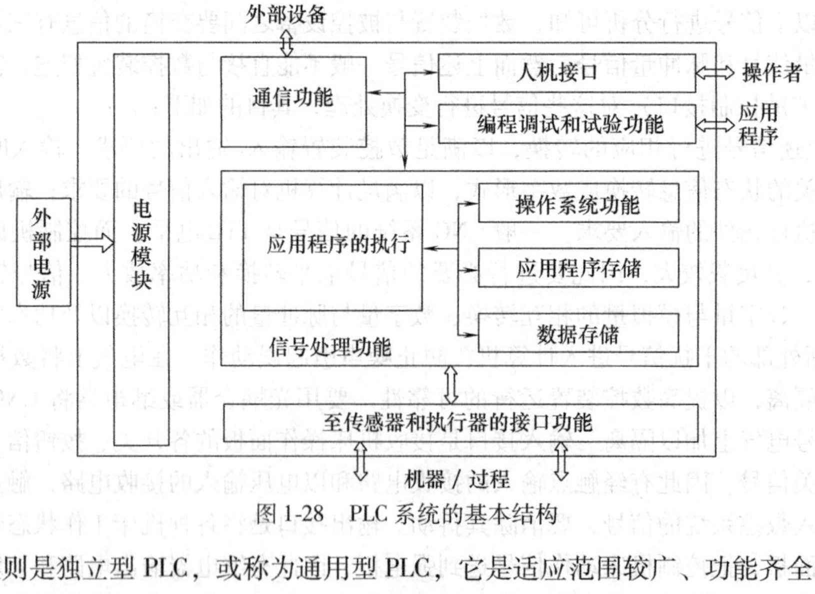

图1-28 PLC系统的基本结构

另一类则是独立型PLC，或称为通用型PLC，它是适应范围较广、功能齐全、通用化程度较高的PLC。如西班牙的FAGOL4500，西门子的810D和840D系统等。

PLC主要完成与逻辑运算有关的一些动作，没有轨迹上的具体要求，它接受数控装置的控制代码M（辅助功能）、S（主轴转速）、T（选刀、换刀）等顺序动作信息，对其进行译码，转换成对应的控制信号，控制辅助装置完成机床相应的开关动作，如工件的装夹、刀具的更换、切削液的开关等一些辅助动作；它还可接受机床操作面板的指令，一方面直接控制机床动作，另一方面将指令送往数控装置用于加工过程的控制。

在实际应用中，一般都是根据输入/输出的点数多少和程序存储器容量的大小来选择可编程控制器的规模。可编程控制器按规模可分为小型、中型、大型三类。

一般说来，数控铣床、数控车床、加工中心、机器人等单机数控设备，所需的输入/输出的点数都在 128 点内；少数复杂数控设备需要 128 点以上；而大型数控设备、FMC、FMS、CIMS 等则需要采用中、大型规模的可编程序控制器。

程序存储器容量的大小决定存储用户程序的步数和语句条数的多少，输入/输出的点数与程序存储器容量之间有内在联系。输入/输出的点数越多，顺序控制程序处理的信息量增大，程序加长，因而所需的程序存储器容量就越大。

除此之外，数控系统的 PLC 还可完成故障报警处理，M、S、T 处理，急停和复位处理，虚拟轴驱动处理，刀具寿命管理，操作面板开关处理，指示灯及突发事件处理等。

1.3.7　位置控制模块（伺服系统）

伺服驱动通常由伺服放大器（亦称驱动器、伺服单元）和执行机构等部分组成。在数控机床上，目前一般都采用交流伺服电动机作为执行机构：在先进的高速加工机床上，已经开始使用直线电动机。另外，在 20 世纪 80 年代以前生产的数控机床上，也有采用直流伺服电动机的情况；对于简易数控机床，步进电动机也可以作为执行器件。伺服放大器的形式决定于执行器件，它必须与驱动电动机配套使用。

1. 位置控制模块的工作过程

伺服驱动系统的工作过程为：伺服单元接受来自数控装置的进给指令，经变换和放大后通过驱动装置转变成机床工作台的位移和速度。因此伺服单元是数控装置和机床本体的联系环节，它把来自数控装置的微弱指令信号放大成控制驱动装置的大功率信号。根据接受指令的不同伺服单元有脉冲式和模拟式之分，而模拟式伺服单元按电源种类又分为直流伺服单元和交流伺服单元。伺服驱动系统包括主轴驱动和进给伺服驱动两个部分。

1）进给伺服驱动把放大的指令信号变成为机械运动，通过机械联接部件驱动机床工作台，使工作台精确定位或按规定的轨迹做严格的相对运动，最后加工出符合图样要求的零件。与伺服单元相对应，驱动装置有步进电动机、直流伺服电动机和交流伺服电动机。

2）主轴驱动和进给伺服驱动有很大的差别，主轴驱动系统主要是旋转运动。现代数控机床对主轴驱动系统提出了更高的要求，包括很高的主轴转速和很宽的无级调速范围以及很大的输出功率等。为满足上述要求，现在绝大多数数控机床均采用笼型异步电动机配矢量变换变频调速的主轴驱动系统。

主轴驱动系统和进给伺服驱动系统可合称为伺服驱动系统，它是机床工作的动力装置。从某种意义上说，数控机床功能的强弱主要取决于数控装置，性能的好坏主要取决于伺服驱动系统。

2. 位置控制模块的组成原理

位置控制模块由三个部分组成，其原理框图如图 1-29 所示。

1）速度指令转换部分：它由锁存器、光电隔离器、D/A 转换器和方向控制与功率放大电路组成。锁存器接受 CPU 计算出的速度指令值并进行锁存，为 D/A 转换器提供数据；该数据经光电隔离器进行电气隔离；D/A 转换器将速度指令值（数字量）转换成模拟量；经功率放大后得到速度指令电压，由它控制进给速度的大小；进给速度方向的控制则由方向控制电路来实现。

2）位置反馈脉冲回收部分：它由幅值比较电路、反馈脉冲倍频电路、展宽选通电路、光电隔离器和计数器组成。

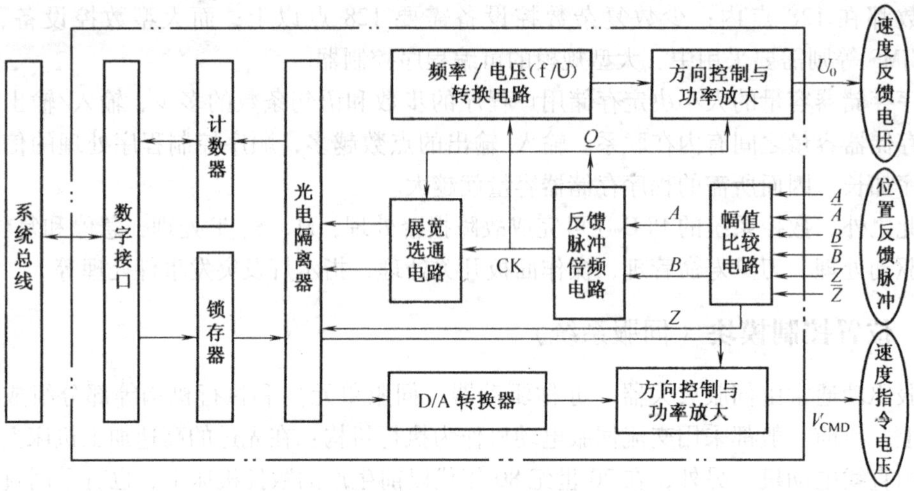

图 1-29 闭环位置控制模块原理框图

3）速度反馈电压转换部分：进给伺服系统的速度控制单元需要一个速度反馈电压，以形成速度闭环。如图 1-29 的右上部分所示，由四倍频器 CK 端输出的脉冲频率正比于电动机转速，利用线性的频率/电压转换（f/U 变换）电路可将该脉冲信号转换成正比于电动机转速的电压信号，经后面的方向控制和功率放大电路变换，即可获得带极性的速度反馈电压信号 Vo。

图 1-29 所示的闭环位置控制模块是不带 CPU 的，因此，位置环的调节运算是由 CNC 装置的 CPU 进行的，由于时间的限制，调节运算的算法只能采用较简单的，以满足 CNC 系统实时性的要求，一般采用比例调节。现在也有些位置控制模块自带 CPU，调节运算就在模块内进行，因而具有较大的灵活性，它可利用 CPU 的处理能力，采用一些调节效果好的算法，如比例加前馈算法、变结构算法、模糊控制算法等，以提高进给伺服系统的性能。

3. 测量反馈装置

反馈装置是闭环（半闭环）数控机床的检测环节，其作用是检测数控机床坐标轴的实际位置和移动速度，并反馈到数控装置或伺服驱动系统中，构成闭环调节系统。检测装置的安装、检测信号反馈的位置，决定于数控系统的结构形式，伺服电动机内装式脉冲编码器、测速器以及直线光栅都是数控机床常用的检测器件，它把机床工作台的实际位移或主轴的旋转角度转变成电信号反馈给数控装置，供数控装置与指令值比较产生误差信号以控制机床向消除误差的方向移动，或控制主轴定向准停。此外，由测量装置和数显环节构成数显装置，可在线显示机床坐标值，可以大大提高工作效率和工件的加工精度。常见测量装置有光电编码器、光栅尺、旋转变压器等。

1.3.8 功能接口模块

该模块是实现用户特定功能要求的接口板，如对仿形数控铣床，需增加仿形控制器，激光切割机的焦点自动跟踪功能（Z 轴浮动控制器）和刀具监控系统中的信号采集器等。所有增加的功能，必须在 CNC 装置中增加相应的接口板才能实现。就目前的情况而言，用户特殊的功能要求，必须向 CNC 系统的生产厂家定制，一般来讲用户是无法自行开发的。其原因是由于现在的 CNC 系统是封闭的，而不是开放的。现在数控技术的发展趋势之一就是研究开放式结构的 CNC 系统，一旦研制成功并推广使用，用户即可根据自己的要求来增减 CNC 系统的功能，这正是人们所追求的目标。

【实例 1-1】 FANUC 0i 系列数控系统

表 1-3 为我国目前使用 FANUC 0i 系列的部分数控机床；下面说明 FANUC 0i 系列具有的主要特点、基本构成和部件连接。

表 1-3　我国目前使用 FANUC 0i 系列的部分数控机床

机床名称	型　号	生产厂家
车削中心	CH6132	沈阳第一机床厂
数控铣床	XK5032	南通纵横国际股份有限公司
立式加工中心	TH56 系列	江苏多棱数控机床股份有限公司
立式加工中心	XHA78 系列	北京第一机床厂

1. 主要特点

1）FANUC　0i 系统与 FS16/18 等系统的结构相似，均为模块化结构。主 CPU 板上集成了 FROM&SRAM 模块、PMC 控制模块、存储器和主轴模块、伺服模块等。其集成度较 FANUC　0i 系统的集成度更高，因此 FANUC　0i 控制单元的体积更小，便于安装排布。

2）可用 B 类宏程序编程，使用方便。用户程序区容量比 FANUC　0MD 系统的大一倍，有利于较大程序的加工。

3）使用编辑卡编写或修改梯形图，携带与操作都很方便，特别是在用户现场扩充功能或实施技术改造时更为便利。

4）使用存储卡存储或输入机床参数、PMC 程序以及加工程序，操作简单方便，使复制参数、梯形图和机床调试程序过程十分快捷，缩短了机床调试时间，明显提高了数控机床的生产效率。

5）系统具有 HRV（高速矢量响应）功能，伺服增益设定比 FANUC　0MD 系统高一倍，理论上可使轮廓加工的误差减小一半。

6）FANUC　0i 系统可预读 12 个程序段，比 FANUC　0MD 系统多。结合预读控制及前馈控制等功能的应用，可减少轮廓误差。其小线段高速加工的效率、效果优于 FANUC　0MD 系统，对模具三维立体加工有利。

7）与 FANUC　0MD 系统相比，FANUC　0i 系统的 PMC 程序基本指令执行周期短，容量大，功能指令更丰富，使用更方便。

8）FANUC　0i 系统比 FANUC　0M、FANUC　0T 等系统配备了更强大的诊断功能和操作信息显示功能，给机床用户使用和维修带来了极大方便。

9）在软件方面，FANUC　0i 系统比 FANUC　0M 系统也有很大提高，特别在数据传输方面有很大改进，如 RS232 通信波特率可达 19200b/s，可以通过 HSSB 与 PC 机相连，使用存储卡实现数据的输入/输出。

2. 基本构成

FANUC　0i 系统由主板模块和 I/O 模块两个模块构成。主板模块包括主 CPU、内存、

PMC 控制、I/O Link 控制、伺服控制、主轴控制、内存卡 I/F 和 LED 显示等；I/O 模块包括电源 I/O 接口、通信接口、MDI 控制、显示控制、手摇脉冲发生器控制和高速串行总线等。FANUC　0i 系统控制单元图如图 1-30 所示。

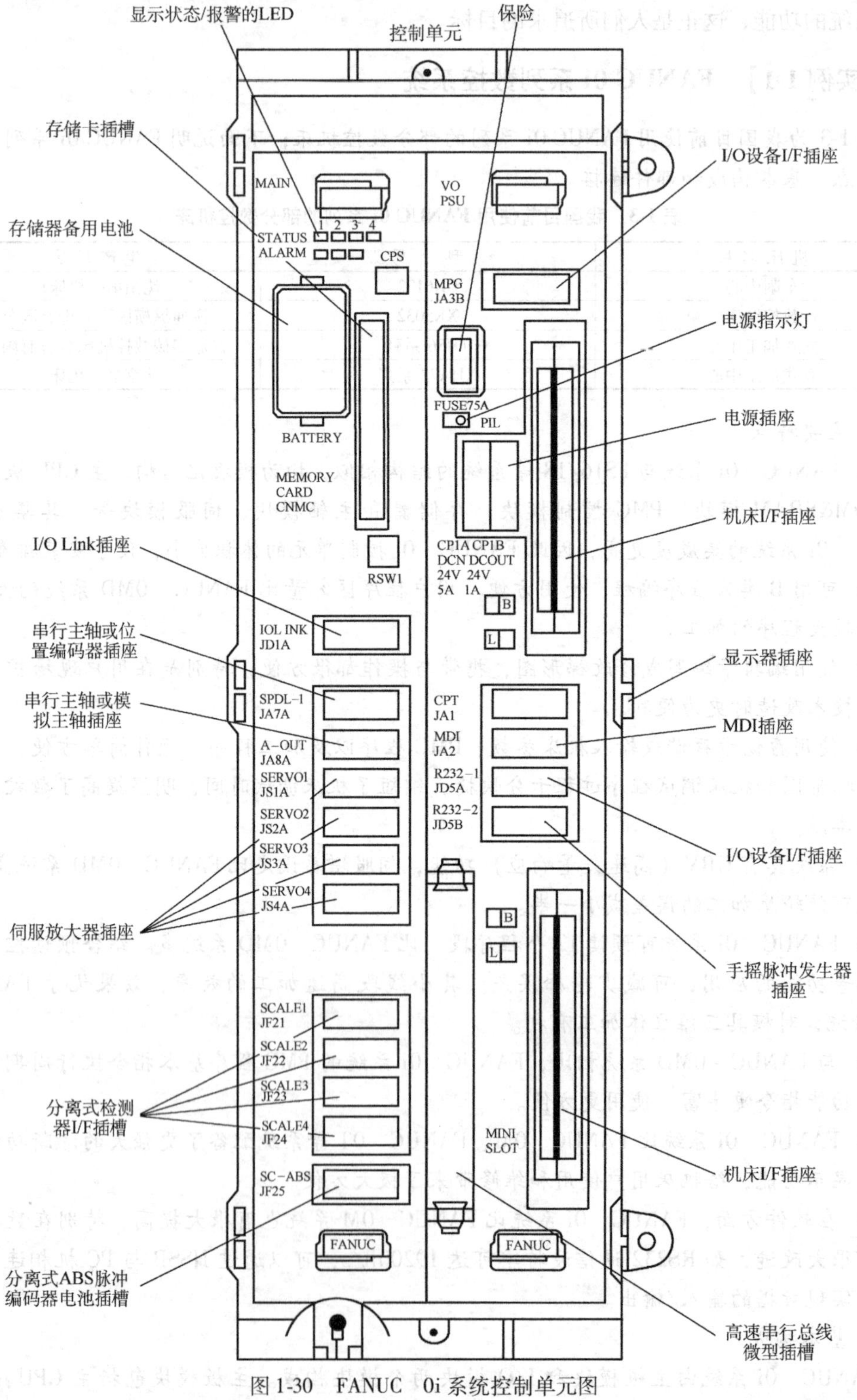

图 1-30　FANUC　0i 系统控制单元图

3. 部件连接

FANUC　0i 系统连接图如图 1-31 所示。系统输入电压为 DC(24 ± 10%)V，电流约为 7A。伺服和主轴电动机为 AC 200V。

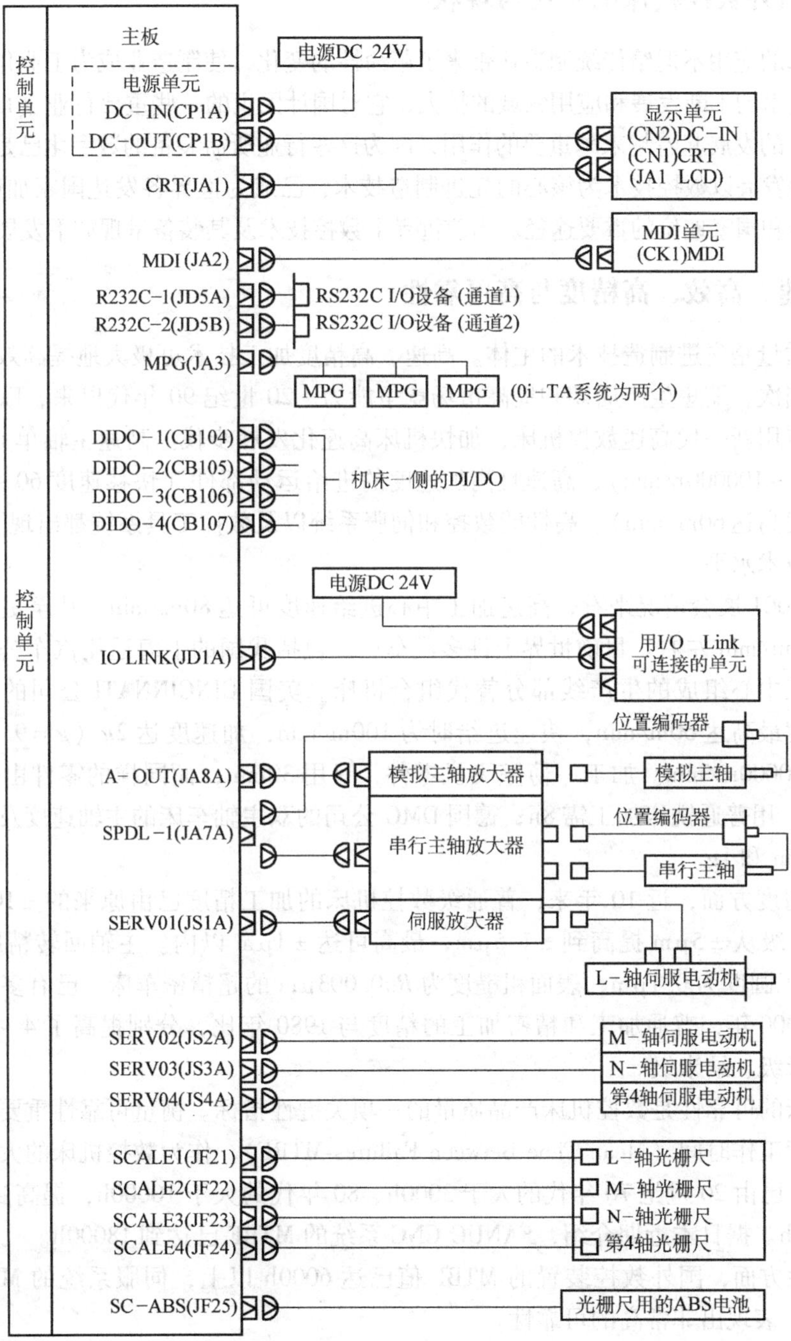

图 1-31　FANUC　0i 系统连接图

1.4　数控机床的现状和发展趋势

1.4.1　国内外数控机床的发展与现状

数控技术的应用不但给传统制造业带来了革命性的变化，使制造业成为工业化的象征，而且随着数控技术的不断发展和应用领域的扩大，它对国计民生的一些重要行业（IT、汽车、轻工、医疗等）的发展起着越来越重要的作用，因为这些行业所需装备的数字化已是现代发展的大趋势。大力发展以数控技术为核心的先进制造技术，已成为世界各发达国家加速经济发展、提高综合国力和国家地位的重要途径。当前世界上数控技术及其装备呈现如下发展趋势：

1.4.2　高速、高效、高精度与高可靠性

效率、质量是先进制造技术的主体。高速、高精度加工技术可极大地提高效率，提高产品的质量和档次，缩短生产周期和提高市场竞争能力。20 世纪 90 年代以来，欧、美、日各国争相开发应用新一代高速数控机床，加快机床高速化发展步伐。高速主轴单元（电主轴，转速为 15000 ~ 100000r/min）、高速且高加速度的进给运动部件（快移速度 60 ~ 120m/min，切削进给速度高达 60m/min）、高性能数控和伺服系统以及数控工具系统都出现了新的突破，达到了新的技术水平。

从 EMO2001 展会情况来看，高速加工中心进给速度可达 80m/min，甚至更高，空运行速度可达 100m/min 左右。目前世界上许多汽车厂，包括我国的上海通用汽车公司，已经使用以高速加工中心组成的生产线部分替代组合机床。美国 CINCINNATI 公司的 Hyper-Mach 机床进给速度最高达 60m/min，快速进给时为 100m/min，加速度达 $2g$（$g=9.8\text{m/s}^2$），主轴转速已达 60000m/min。加工一薄壁飞机零件，只用 30min，而同样的零件由一般高速铣床加工需 3h，用普通铣床加工需 8h；德国 DMG 公司的双主轴车床的主轴速度及加速度分别达 12000m/min 和 $1g$。

在加工精度方面，近 10 年来，普通级数控机床的加工精度已由原来的 ±10μm 提高到 ±5μm；精密级从 ±5μm 提高到 ±1.5μm，最高可达 ±1μm 以内。主轴回转精度为 0.02 ~ 0.05μm、加工圆度为 0.1μm、表面粗糙度为 *Ra*0.003μm 的超精密车床，已有多种产品在市场上出现。2000 年，普通加工和精密加工的精度与 1980 年比，分别提高了 4 ~ 5 倍，定位精度达到微米级、纳米级。

数控机床的可靠性是数控机床产品质量的一项关键性指标。衡量可靠性重要的量化指标是平均无故障工作时间（Mean Time Between Failures-MTBF）。作为数控机床的大脑——数控系统的 MTBF 已由 20 世纪 70 年代的大于 3000h、80 年代的大于 10000h，提高到 90 年代初的大于 30000h。据日本近期介绍，FANUC CNC 系统的 MTBF 已达到 18000h。

在可靠性方面，国外数控装置的 MTBF 值已达 6000h 以上，伺服系统的 MTBF 值达到 30000h 以上，表现出非常高的可靠性。

1.4.3　多功能化、复合化、智能化、网络化、柔性化、集成化

1. 多功能化

随着计算机技术的飞速发展，数控机床的功能越来越多，具体体现在：

（1）用户界面图形化　图形用户界面极大地方便了非专业用户的使用，人们可以通过窗口和菜单进行操作，便于蓝图编程和快速编程、三维彩色立体动态图形显示、图形模拟、图形动态跟踪和仿真、不同方向的视图和局部显示比例缩放功能的实现。

（2）科学计算可视化　科学计算可视化可用于高效处理数据和解释数据，使信息交流不再局限于用文字和语言表达，而可以直接使用图形、图像、动画等可视信息。在数控技术领域，可视化技术可用于CAD/CAM，如自动编程设计、参数自动设定、刀具补偿和刀具管理数据的动态处理和显示以及加工过程的可视化仿真演示等。

（3）插补和补偿方式多样化　多种插补方式包括直线插补、圆弧插补、圆柱插补、空间椭圆曲面插补、螺纹插补、极坐标插补、2D＋2螺旋插补、NANO插补、多项式插补等。多种补偿功能包括间隙补偿、象限误差补偿、螺距和测量系统误差补偿、与速度相关的前馈补偿、温度补偿等。

（4）内装高性能PLC数控系统　可直接用梯形图或高级语言编程，具有直观的在线调试和在线帮助功能。

（5）多媒体技术应用　应用多媒体技术可以做到信息处理综合化、智能化，在实时监控系统和生产现场设备的故障诊断、生产过程参数监测等方面有着重大的应用价值。

2. 复合化

复合化包括工序复合化和功能复合化。数控机床的发展已模糊了粗、精加工工序的概念。加工中心（包括车削中心、磨削中心、电加工中心等）的出现，又把车、铣、镗、钻等类的工序集中到一台机床来完成，打破了传统的工序界限和分开加工的工艺规程。一台具有自动换刀装置、自动交换工作台和自动转换立卧主轴头的镗铣加工中心，不仅一次装夹可以完成镗、铣、钻、铰、攻螺纹和检验等工序，而且还可以完成箱体五个面粗、精加工的全部工序。

在EMO2001展会上，新日本工机的5面加工机床采用复合主轴头，可实现4个垂直平面的加工和任意角度的加工，使得5面加工和5轴加工可在同一台机床上实现，还可实现倾斜面和倒锥孔的加工。德国DMG公司展出DMUVoution系列加工中心，可在一次装夹下完成5面加工和5轴联动加工，由CNC系统控制或CAD/CAM直接或间接控制。

3. 智能化、网络化、柔性化、集成化

数控系统引入了自适应控制、模糊系统和神经网络的控制机理，不但具有模糊控制、学习控制、自适应控制、三维刀具补偿、运动参数动态补偿等功能，而且具有故障诊断专家系统使自诊断和故障监控功能更趋完善。

数控装备的网络化将极大地满足生产线、制造系统、制造企业对信息集成的需求，也是实现新的制造模式如敏捷制造、虚拟企业、全球制造的基础单元，如在EMO2001展会中，日本山崎马扎克（Mazak）公司展出的CPC（Cyber-Production Center，智能生产控制中心）；日本大隈（Okuma）机床公司展出IT广场（信息技术广场）；德国西门子（Siemens）公司展出的OME（Open Manufacturing Environment开放制造环境）等。

数控机床向柔性自动化系统从点（数控单机、加工中心和数控复合加工机床）、线（FMC、FMS、EIL、FML）向面（工段车间独立制造岛、FA）向体（CIMS、分布式网络集成制造系统）的方向发展，数控机床及其构成柔性制造系统能方便地与CAD、CAM、

CAPP、MTS 连接，向信息集成方向发展；网络系统向开放、集成和智能化方向发展。

1.4.4 新技术标准化、规范化

美国、欧共体和日本等国纷纷实施战略发展计划，并进行开放式体系结构数控系统规范（OMAC、OSACA、OSEC）的研究和制定，我国在 2000 年也开始进行中国的 ONC 数控系统的规范框架的研究和制定。

目前，国际上正在研究和制定一种新 CNC 系统标准 ISO14649（STEP-NC），其目的是提供一种不依赖于具体系统的中性机制，能够描述产品整个生命周期内的统一数据模型，从而实现整个制造过程，乃至各个工业领域产品信息的标准化。STEP-NC 系统还可大大减少加工图样（约 75%）、加工程序编制时间（约 35%）和加工时间（约 50%）。

技能实训题

到图书馆或互联网上查询资料，了解数控加工技术的最新发展趋势及目前国内外有哪些高性能的数控机床面世，它们各自有哪些特点？并以书面形式做一小结。

可访问中国数控在线网站 WWW. cnco1. com 或 info. machine. hc360. com/html/b-jichuang . htm。

本 章 小 结

1. 数控机床是一个装有程序控制系统的机床。该系统能够逻辑地处理具有使用号码或其他符号编码指令规定的程序。它是一种综合应用了微电子技术、计算机技术、自动控制、精密测量和机床结构等方面的最新成就而发展起来的高效自动化精密机床，是一种典型的机电一体化产品。它集高效率、高精度和高柔性于一身，代表了机床的主要发展方向。

2. 数控机床是由数控装置、伺服单元、驱动装置和测量装置、可编程序控制器（PLC）、机床 I/O（输入/输出）电路和装置、控制面板、控制介质与程序输入/输出设备、机床本体组成。

3. 数控系统由硬件和软件构成。机床数控系统的硬件通常由输入/输出装置、数控装置（CNC 装置）、伺服驱动装置、辅助控制装置等部分组成。通过程序输入、译码、数据处理、插补运算、位置控制等完成数控加工过程。

数控系统的硬件，按 CNC 装置中各电路板的插接方式可分为大板式结构和功能模块式结构；按微处理器的个数可分为单微处理器结构和多微处理器结构；按硬件的制造方式可分为专用型结构和个人计算机式结构；按 CNC 装置的开放程度可分为封闭式结构、PC 嵌入 NC 式结构、NC 嵌入 PC 式结构和软件型开放式结构。其中，单微处理器采用集中控制、分时处理的工作方式；多微处理器结构采用多任务并行处理的工作方式。

数控系统的软件分为系统软件和应用软件。系统软件是为实现 CNC 系统各项功能所编制的专用软件，由管理软件和控制软件两部分组成。其中管理软件包括零件程序的输入/输出程序、显示程序和 CNC 装置的自诊断程序等；控制软件包括译码程序、刀具补偿计算程序、插补计算程序和位置控制程序等。应用软件包括零件数控加工程序或其他辅助软件。

思考与练习题

1. 填空题

（1）机床数控系统是一种包含计算机在内的用________技术实现的自动控制系统，其被控对象可以是________。

（2）机床数控系统一般由________、数控装置（CNC 装置）、________、________等四部分组成。其中数控装置是数控系统的核心部分。

（3）数控装置由硬件和软件两大部分共同构成，硬件主要包括________、________和各种接口；软件主要有________和________。

（4）辅助装置主要包括________、________、________、________、________、________、________、________、________与________等。

（5）数控机床按运动轨迹分类，有________数控机床、________数控机床与________数控机床。

（6）数控机床按伺服类型分类，有________数控机床、________数控机床和________数控机床以及________数控机床。

（7）点位控制数控机床的特点是控制________或________等移动部件的________位置，即控制移动部件由________准确地移动到________，而________与________之间的________没有严格要求。

（8）直线控制数控机床的特点是________相对于________的运动，既要控制________与________之间的准确位置，又要控制________在这________之间运动的________和________。

（9）轮廓切削控制功能的特点是这类数控机床能控制________或________的轴，________时严格地________控制，不仅要控制每个坐标的________，还要控制每个坐标的________，这样可以加工出由任意________、________或________组成的________。

（10）________年，在美国麻省理工学院研制出基于________的机床数字控制装置，用于控制铣床系统，它标志着第一代数控机床——电子管数控机床的诞生。

（11）数控机床的伺服系统由________和________两个部分组成。

（12）数控机床是一种装有________的机床，该系统能逻辑地处理具有特定代码、编码指令规定的程序。

2. 判断题（正确的打“√”，错误的打“×”）

（1）运动轴数直接与表面成形运动和机床的加工功能有关。（　　）

（2）数控车床可以是点位控制数控机床。（　　）

（3）数控铣床可以是四轴联动数控机床。（　　）

（4）加工中心必须具有刀库或自动换刀装置。（　　）

（5）闭环伺服系统的数控机床不直接测量机床工作台的位移量。（　　）

（6）闭环进给伺服系统必须采用绝对式检测装置。（　　）

（7）半闭环进给伺服系统只能采用增量式检测装置。（　　）

（8）半闭环伺服系统数控机床直接测量机床工作台的位移量。（　　）

（9）分辨率在 0.0001mm 的数控机床属于高档数控机床。（　　）

（10）数控机床中把脉冲信号转换成机床移动部件运动的组成部分称为数控装置。（　　）

（11）数控机床中，所有的控制信号都是从可编程序控制器发出的。（　　）

（12）绘图仪设备不是图形输入设备。（　　）

（13）在数控机床中，机床坐标系的 X 和 Y 轴可以联动。当 X 和 Y 轴固定时，Z 轴可以有上、下的移动，这种加工方法称为五轴加工。（　　）

3. 选择题（只有一个选项是正确的，请将正确答案的代号填入括号）

（1）第一台工业用数控机床是在（　　）生产出来的。

A. 1948 年　B. 1952 年　C. 1954 年　D. 1958 年

(2) 点位控制机床可以是（　　）。

A. 数控车床　B. 数控铣床　C. 数控冲床　D. 数控加工中心

(3) 只有间接测量机床工作台的位移量的伺服系统是（　　）。

A. 开环伺服系统　B. 半闭环伺服系统

C. 闭环伺服系统　D. 混合环伺服系统数控机床

(4) 中档数控机床的分辨率一般为（　　）。

A. 0.1mm　B. 0.01mm　C. 0.001mm　D. 0.0001mm

(5) 高档数控机床的联动轴数一般为（　　）。

A. 2 轴　B. 3 轴　C. 4 轴　D. 5 轴

(6)（　　）不属于数控机床。

A. 加工中心　B. 车削中心　C. 组合机床　D. 计算机绘图仪

(7) 对于闭环的进给伺服系统，可采用（　　）作为检测装置。

A. 增量式编码器　B. 绝对式编码器　C. 圆光栅　D. 长光栅

(8) 在开环数控机床上，一般采用（　　）。

A. 小惯量直流电动机　B. 大惯量直流电动机

C. 交流伺服电动机　D. 步进电动机

(9) 数控机床一般不适宜加工（　　）。

A. 小批量复杂零件　B. 生命周期短，产品更新换代快的零件

C. 生命周期较长且批量大的零件　D. 大批量复杂零件

(10) 适宜加工形状特别复杂（曲面叶轮）、精度要求较高的零件的数控机床是(　　)

A. 数控车床　B. 数控铣床　C. 床身铣床　D. 加工中心

(11) 数控机床的数控装置包括（　　）。

A. 控制介质和光电阅读机　B. 伺服电动机和驱动系统

C. 信息处理和输入/输出装置　D. 位移、速度检测装置和反馈系统

(12) 数控机床的旋转轴之一的轴是绕（　　）旋转的轴。

A. X 轴　B. Y 轴　C. Z 轴　D. W 轴

4. 简答题

(1) 数控机床的特点是什么？

(2) 数控机床与普通机床有什么不同？

(3) 数控机床主要由哪几部分组成？各有什么作用？

(4) 简要说明数控机床的主要工作过程。

(5) 开环伺服系统的工作特点是什么？

(6) 半闭环伺服系统的工作特点是什么？

(7) 数控系统由哪些部分构成？各部分的作用是什么？

(8) 数控系统的软件一般包括哪几部分？各完成什么工作？

(9) 数控系统的软件有几种构造模式？分别适合于什么样的硬件结构？

(10) 举例说明数控机床的应用范围。

(11) 数控机床结构同普通机床相比有何发展？

第 2 章　数控机床的主体结构

学习目的与要求

- 了解数控机床的总体布局及其应用。
- 理解总体布局与机床结构性能和机床的使用要求。
- 掌握数控机床床身、导轨、刀架的布局。
- 了解数控机床的结构特点与结构要求。
- 理解数控机床床身结构刚度、抗振性与防热变形的性能。
- 掌握选择合适床身支承、床身截面形状和肋板布置的方式。

【学习导引示例】 HM-077 型车削加工中心的主体结构

图 2-1 所示为 HM-077 型车削加工中心的外形，其主要组成部件有主轴电动机、主轴箱、排屑器、液压卡盘、全封闭防护罩、尾座、12 工位卧式刀架、床鞍与中滑板、床身、操作面板，配备 FANUC 0-TC 数控系统。

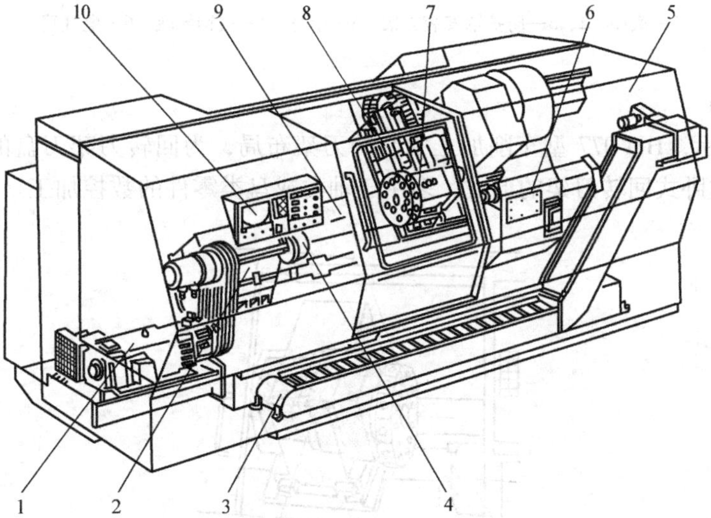

图 2-1　HM-077 型车削加工中心的外形

1—主轴电动机　2—主轴箱　3—排屑器　4—液压卡盘　5—全封闭防护罩

6—尾座　7—12 工位卧式刀架　8—床鞍与中滑板　9—床身　10—操作面板

1. HM-077 型车削加工中心的床身布局与特点

（1）布局形式　HM-077 型车削加工中心采用斜床身的总体布局形式，与水平面倾斜角度为 60°，排屑流畅，人机关系合理，采用封闭式防护，能实现单机自动化。

（2）结构特点　HM-077 型车削加工中心的床身与底座为分体结构，床身为中间空心的管状结构，如图 2-2 所示，整个截面呈三角形，具有良好的静态和动态刚性，能承受较大的切削负荷。机床底座型腔内有砂芯，具有良好的吸振性。

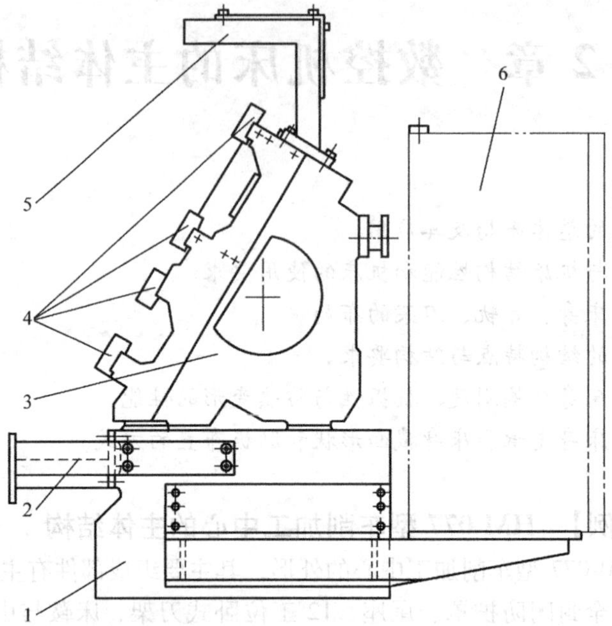

图 2-2　HM-077 数控车削加工中心床身布局

1—底座　2、5—防护罩安装支架　3—床身　4—镶钢导轨　6—电气箱

2. 刀架布局

如图 2-3 所示，HM-077 型车削加工中心的刀架布局，为回转刀架刀盘的回转轴线与主轴平行，12 工位卧式回转刀架的形式，多用于轴类或盘类零件的数控加工。

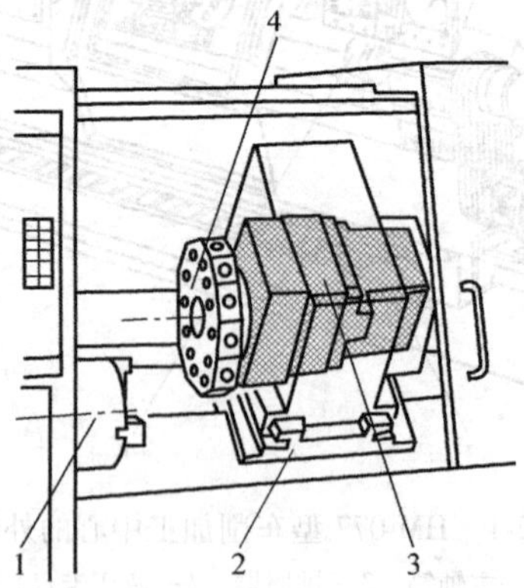

图 2-3　HM-077 型车削加工中心的刀架布局

1—卡盘　2—中滑板　3—刀架体　4—刀盘

2.1　数控机床的总体布局

数控机床的总体布局是机床设计中的全局性问题，它的好坏对机床的制造和使用都有很

大的影响。设计机床的总体布局时，需要考虑和确定各部件形状、尺寸，安排机床各部件的相互位置，协调各部件间的尺寸关系，设计机床外形和人机界面，处理好操作维修、生产管理和人机关系等问题。机床总体布局是机床设计过程中的一个十分繁琐和复杂的工作，它直接影响着机床设计的效率和质量等多方面的问题。

多数数控机床的总体布局与和它类似的普通机床的总布局是基本相同或相似的，并且已经形成了传统的、经过考验的固定形式，只是随着生产要求与科学技术的发展，还会不断有所改进。近年来，由于大规模集成电路、微处理机和微型计算机技术的发展，数控装置和强电路日趋小型化，使数控机床实现了机、电、液一体化结构，从而减少了机床占地面积，又便于操作管理。通过将机床做成全封闭结构，防止切屑与切削液飞溅，避免润滑油外泄，只在工作区留有可以自动开闭的门窗，用于观察和装卸工件。下面归纳一些系统的、普遍适用的数控机床总体布局的内容供数控机床总体布局设计时的参考。

2.1.1　总体布局与工件形状、尺寸和质量的关系

数控机床加工工件所需的运动仅是相对运动，因此对执行部件的运动分配可以有多种方案。例如，刨削加工可由工件来完成主运动而由刀具来完成进给运动（如龙门刨床），或者相反，由刀具完成主运动而由工件完成进给运动（如牛头刨床），这样就影响到部件的配置和总体关系。当然，这都取决于被加工工件的尺寸、形状和质量。图 2-4 中，同是用于铣削加工的机床，根据工件质量与尺寸的不同，可以有四种不同的布局方案。图 2-4a 所示是加工工件较轻的升降台铣床，由工件完成的三个方向的进给运动，分别由工作台、滑鞍和升降台来实现。当加工工件较重或者尺寸较大时，则不宜由升降台带着工件作垂直方向的进给运动，而是改由铣刀头带着刀具来完成垂直进给运动，如图 2-4b 所示。这种布局方案，机床的尺寸参数即加工尺寸范围可以取得大一些。

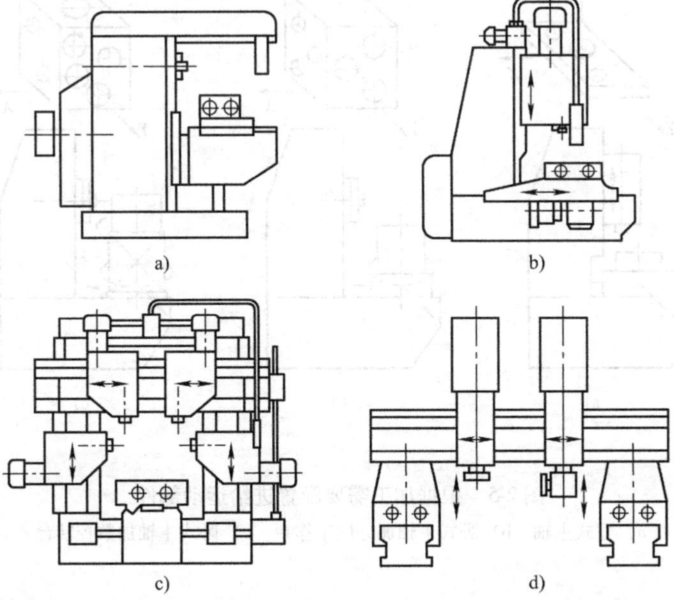

图 2-4　工件尺寸和质量对铣床结构布局的影响

如图 2-4c 所示的龙门式数控铣床，工作台带动工件做一个方向的进给运动，其他两个方向的进给运动由多个刀架（即铣头部件）在立柱与横梁上移动来完成。这样的布局不仅适用于质量大的工件加工，而且由于增多了铣头，使机床的生产效率得到很大的提高。当加工质量大的工件时，由工件做进给运动在结构上是难以实现的，故采用如图 2-4d 所示的布局方案，全部进给运动均由铣头运动来完成，这种布局形式可减小机床的结构尺寸和质量。再如车床类的机床，有普通车床、端面车床、单立柱立式车床和龙门框架式立式车床等不同的布局方案，也是由加工件的尺寸与质量的不同所决定的。

2.1.2　运动分配与部件的布局

运动数目，尤其是进给运动数目的多少，直接与表面成形运动和机床的加工功能有关。运动的分配与部件布局是机床总布局的中心问题。以数控镗铣床为例，一般都有四个进给运动的部件，要根据加工的需要来配置这四个进给运动部件。如需要对工件的顶面进行加工，则机床主轴应布局成立式的，如图 2-5a 所示。在三个直线进给坐标之外，再在工作台上加一个既可立式也可卧式安装的数控转台或分度工作台作为附件。如果需要对工件的多个侧面进行加工，则主轴应布置成卧式的，同样是在三个直线进给坐标之外再加一个数控转台，以便在一次装夹之后能集中完成多面的铣、镗、钻、铰、攻螺纹等多工序加工，如图 2-5b、c 所示。而且数控卧式镗铣床的一个很大差异是：没有镗杆，也没有后主柱。因为在自动定位镗孔时要将镗杆装调到后立柱中去是很难实现的。对于跨距较大的多层壁孔的镗削，只有依靠数控转台或分度工作台转动工件进行调镗头镗削来解决。因此，对分度精度和直线坐标的定位精度都要提出较高的要求，以保证调头镗孔时轴孔的同轴度要求。

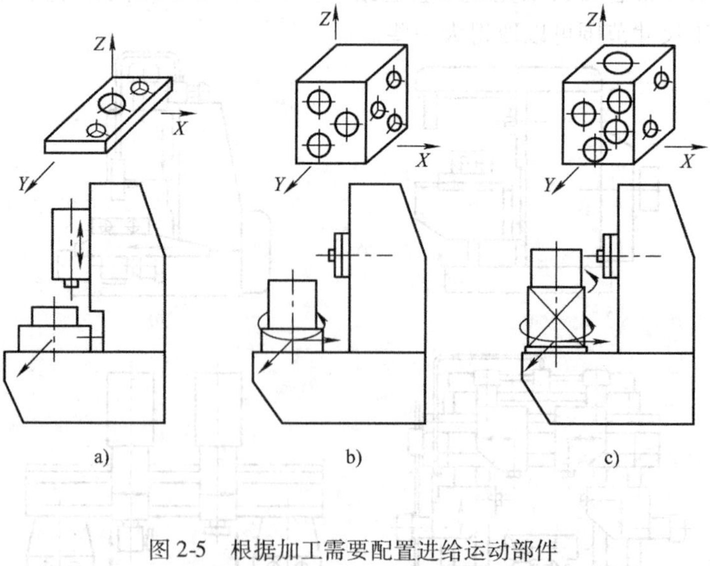

图 2-5　根据加工需要配置进给运动部件

a）立式主轴　b）卧式主轴加分度工作台　c）卧式主轴加数控转台

在数控镗铣床上用面铣刀加工空间曲面形工件，是一种最复杂的加工情况，除主运动以外，一般需要有三个直线进给坐标 X、Y、Z，以及两个回转进给坐标（即圆周进给坐标），以保证刀具轴线向量与被加工表面的法线重合，这就是所谓的主轴联动的数控镗铣床。由于进给运动的数目较多，而且加工工件的形状、大小、质量和工艺要求差异也很大，因此，这类数控机床的布局形式更是多种多样的，很难有某种固定的布局模式。在布局时可以遵循的原则是：

1）获得较好的加工精度、较低的表面粗糙度值和较高的生产率。

2）转动坐标的摆动中心到刀具端面的距离不要过大，这样可使坐标轴摆动引起的刀具切削点直角坐标的改变量小，最好是能布局成摆动时只改变刀具轴线量的方位，而不改变切削点的坐标位置。

3）工件的尺寸与质量较大时，摆角进给运动由装有刀具的部件来完成，反之由装夹工件的部件来完成，这样做的目的是使摆动坐标部件的结构尺寸较小，质量较轻。

4）两个摆角坐标合成矢量应能在半球空间范围的任意方位变动；同样，布局方案应保证机床各部件总体上有较好的结构刚度、抗振性和热稳定性；由于摆动坐标带着工件或刀具摆动的结果，将使加工工件的尺寸范围有所减少，这一点也是在总体布局时需要考虑的问题。

图 2-6 所示为五坐标数控镗铣床的几种布局方案。图 2-6a 的方案与数控卧式镗铣

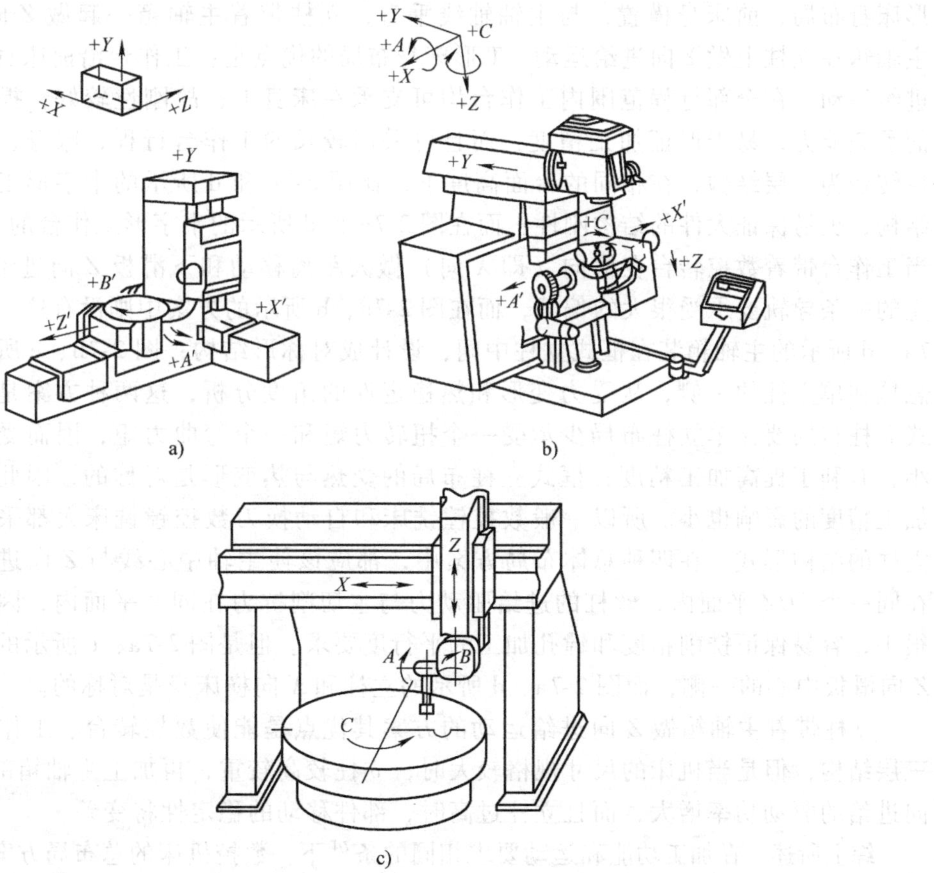

图 2-6　五坐标数控镗铣床的几种布局方案

a）由三个直线运动加两个转动运动 B' 和 A' 构成的数控镗铣床　b）由三个直线运动加两个转动运动 A 和 C 构成的数控镗铣床　c）由三个回转运动加两个直线运动构成的数控镗铣床

床、普通卧式镗铣床的布局形式极其相似，只是在转动坐标 B'之外增加了一个转动 A'。如 A'的摆角 $\alpha \geqslant 90°$，配合 β'坐标的转角 $\beta' \geqslant 360°$，便可以实现刀具轴线向量与工件表面法矢量在半球空间内处处重合的要求。图 2-6b 的方案也是由两个摆动坐标 A 和 C 带着工作台和工件进行运动，以使刀具向量和工件法矢量相重合的，这种方案可以由升降台式数控铣床稍加改变而成。图 2-6c 为五坐标数控铣床，有三个回转进给运动和两个直线进给运动，C 坐标轴带着工作台和工件作圆周进给，易于实现工件的设计基准与安装基准相重合，而且连续的圆周进给易于控制工件的表面粗糙度值。刀具完成另外的两个转动进给和两个直线进给运动。运动多而且集中，结构比较复杂，也难于保证刀具系统的刚度。这种布局形式的五坐标数控铣床，多用于加工水轮机叶轮这一类工件。

2.1.3　总体布局与机床的结构性能

数控机床的总体布局应能兼顾机床有良好的精度、刚度、抗振性和热稳定等结构性能。如图 2-7 所示的几种数控卧式镗铣床，其运动要求与加工功能是相同的，但是结构的总体布局却各不相同，因而结构性能是有差异的。图 2-7a 和 b 所示的方案采用了 T 形床身布局，前床身横置，与主轴轴线垂直，立柱带着主轴箱一起做 Z 向进给运动，主轴箱在立柱上做 Y 向进给运动。T 形床身布局的优点是：工作台沿前床身方向作 X 向进给运动，在全部行程范围内工作台均可支承在床身上，故刚性较好，提高了工作台的承载能力，易于保证加工精度，而且可采用较长的工作台行程，床身、工作台及数控转台为三层结构，在相同的台面高度下，比图 2-7c 和 d 所示的十字形工作台的四层结构，更易保证大件的结构刚性；而在图 2-7c 和 d 所示的十字形工作台的布局方案中，当工作台带着数控转台在横向（即 X 向）做大距离移动和下滑板 Z 向进给时，Z 向床身的一条导轨要承受很大的偏载，而在图 2-7a、b 所示的方案中则没有这一问题。图 2-7a、d 所示的主轴箱装在框式立柱中间，设计成对称形结构；图 2-7b、c 所示的主轴箱悬挂在单立柱的一侧，从受力变形和热稳定性的角度分析，这两种方案是不同的。框式立柱布局要比单立柱布局少承受一个扭转力矩和一个弯曲力矩，因而受力后变形就小，有利于提高加工精度；框式立柱布局的受热与热变形是对称的，因此，热变形对加工精度的影响也小。所以一般数控镗铣床和自动换刀数控镗铣床大都采用这种框式立柱的结构形式。在四种总体布局方案中，都应该使主轴中心线与 Z 向进给丝杠布置在同一个 YOZ 平面内，丝杠的进给驱动力与主切削抗力在同一平面内，因而扭转力矩很小，容易保证铣削精度和镗孔加工的平行度要求。但是图 2-7a、c 所示的立柱将偏在 Z 向滑板中心的一侧，而图 2-7a、d 所示的立柱和 X 向横床身是对称的。

立柱带着主轴箱做 Z 向进给运动的方案其优点是能使数控转台、工作台和床身为三层结构，但是当机床的尺寸规格较大时，立柱较高较重，再加上主轴箱部件，将使 Z 向进给的驱动功率增大，而且立柱过高时，部件移动的稳定性将变差。

综上所述，在加工功能和运动要求相同的条件下，数控机床的总布局方案是多种多样的，以机床的刚度、抗振性和热稳定性等结构性能作为评价指标，可以判别出布局方案的优劣。

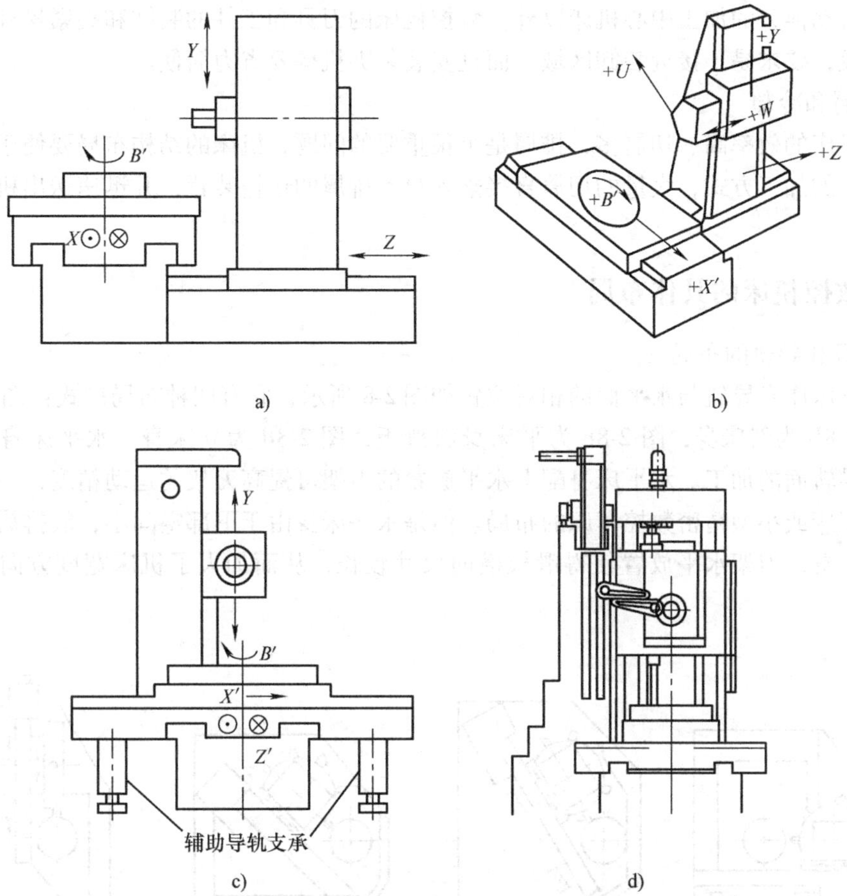

图 2-7　几种数控卧式镗铣床的不同结构布局方案
a) T 形床身加框式立柱　b) T 形床身加单立柱　c) 十字形工作台加单立柱　d) 十字形工作台加框式立柱

2.1.4　总体布局与机床的使用要求

数控机床是一种全身自动化的机床，但是像装卸工件和刀具（加工中心可以自动装卸刀具）、清理切屑、观察加工情况和调整等辅助工作，还得由操作者来完成，因此，在考虑数机床总体布局时，除遵循机床布局的一般原则外，还应考虑在使用方面的特定要求。

1. 便于同时操作和观察

数控机床的操作按钮和开关都放在数控装置上，对于小型数控机床，将数控装置放在机床的近旁，一边在数控装置上进行操作，一边观察机床的工作情况，还是比较方便的。但是对于尺寸较大的机床，这样的布局方案，因工作区与数控装置之间距离较远，容易导致操作与观察顾此失彼。因此，要设置吊挂按钮站，可由操作者移至需要的位置，对机床进行操作和观察。对于重型数控机床来说，这一点尤为重要，在重型数控机床上，总是设有接近机床工作区域（刀具切削加工区）并且可以随工作区变动而移动的操作台，吊挂按钮站或数控装置应放置在操作台上，以便同时操作和观察。

2. 刀具、工件装卸、夹紧方便

除了自动换刀的加工中心机床以外，数控机床的刀具和工件的装卸和夹紧松开，均由操作者来完成，要求易于接近装卸区域，而且安装装夹机构要省力简便。

3. 排屑和冷却

数控机床的效率高、切屑多，排屑是个很重要的问题，机床的结构布局要便于排屑。如果采用反车的加工方式，大量的切屑直接落入自动排屑的运输装置，并迅速送出机床床身之外。

2.1.5　数控机床的具体布局

1. 床身和导轨的布局

数控车床床身导轨与水平面的相对位置如图 2-8 所示，它有四种布局形式：图 2-8a 为平床身，图 2-8b 为斜床身，图 2-8c 为平床身斜滑板，图 2-8d 为立床身。水平床身的工艺性好，便于导轨面的加工。水平床身配上水平放置的刀架可提高刀架的运动精度，一般可用于大型数控车床或小型精密数控车床的布局。但是水平床身由于下部空间小，故排屑困难。从结构尺寸上看，刀架水平放置使得滑板横向尺寸较长，从而加大了机床宽度方向的结构尺寸。

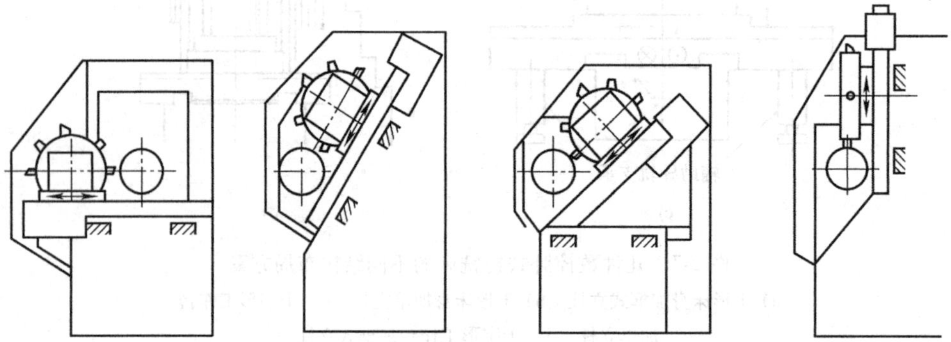

a)　　b)　　c)　　d)

图 2-8　数控车床的布局形式

水平床身配上倾斜放置的滑板和斜床身配置斜滑板布局形式被中、小型数控车床所普遍采用。这是由于此两种布局形式排屑容易，热切屑不会堆积在导轨上，也便于安装自动排屑器；操作方便，易于安装机械手，以实现单机自动化；机床占地面积小，外形简洁、美观，容易实现封闭式防护。

斜床身其导轨倾斜的角度分别为 30°、45°、60°、75°和 90°（称为立式床身）。倾斜角度小，排屑不便；倾斜角度大，导轨的导向性差，受力情况也差。导轨倾斜角度的大小还会直接影响机床外形尺寸高度与宽度的比例。综合考虑上面的诸因素，中小规格的数控车床，其床身的倾斜度以 60°为宜。

图 2-9 所示是一种包含切屑清理、清扫工作台和工作台自动交换功能的旋转式交换工作台自动排屑系统的工作过程示意图。

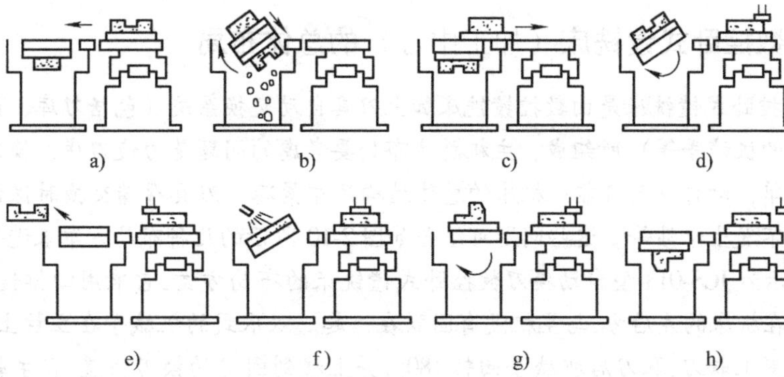

图 2-9　旋转式交换工作台自动排屑系统工作过程示意图

a）步骤一　b）步骤二　c）步骤三　d）步骤四　e）步骤五　f）步骤六　g）步骤七　h）步骤八

2. 刀架的布局

刀架作为数控车床的重要部件，其布局形式对机床整体布局及工作性能影响很大。目前两坐标联动数控车床多采用 12 工位的回转刀架，也有采用 6 工位、8 工位、10 工位回转刀架的。回转刀架在机床上的布局有两种形式：一种是用于加工盘类零件的回转刀架，其回转轴垂直于主轴；另一种是用于加工轴类和盘类零件的回转刀架，其回转轴平行于主轴。

四坐标控制的数控车床，床身上安装有两个独立的滑板和回转刀架，故称为双刀架四坐标数控车床。其上每个刀架的切削进给量是分别控制的，因此两刀架可以同时切削同一工件的不同部位，既扩大了加工范围，又提高了加工效率。四坐标数控车床的结构复杂，且需要配置专门的数控系统实现对两个独立刀架的控制。这种机床适合加工曲轴、飞机零件等形状复杂、批量较大的零件。表 2-1 为某公司 CNC 车床和车削加工系列布局图。

表 2-1　某公司 CNC 车床和车削加工系列布局图

TT25	TM25	TM25Y
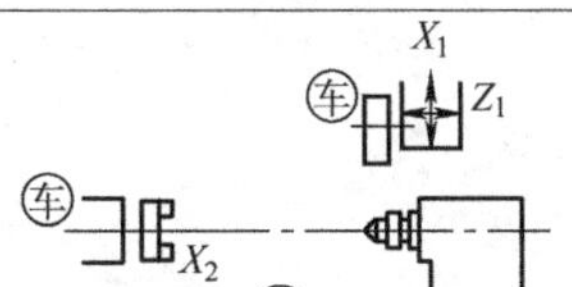	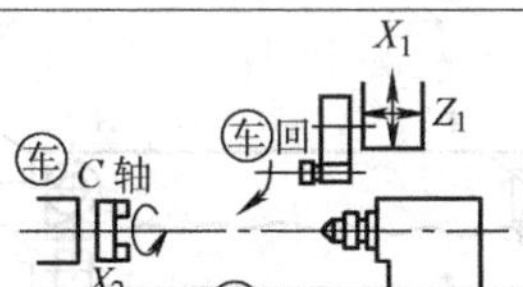	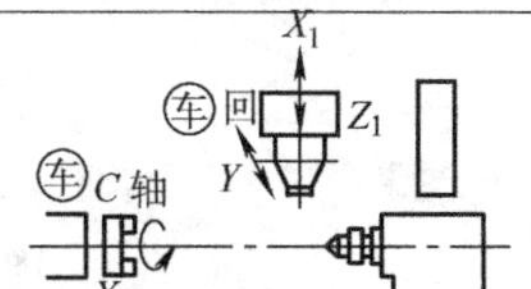
·多刀平衡车削	·铣削 ·动力刀具	·上刀架有 Y 轴、ATC 和动力刀具
TT25S	TM25S	TM25YS
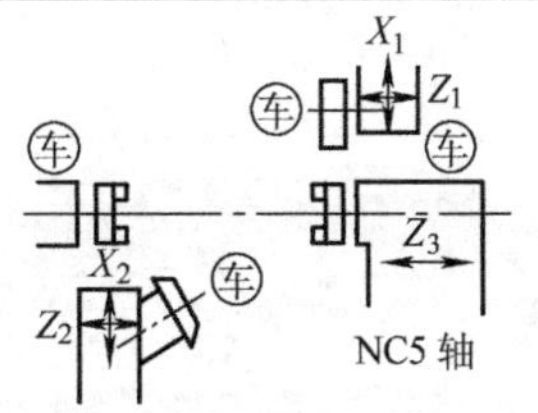	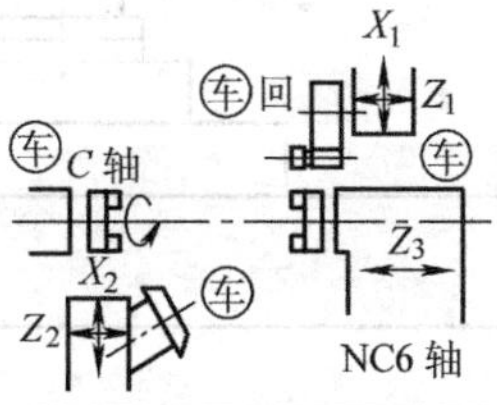	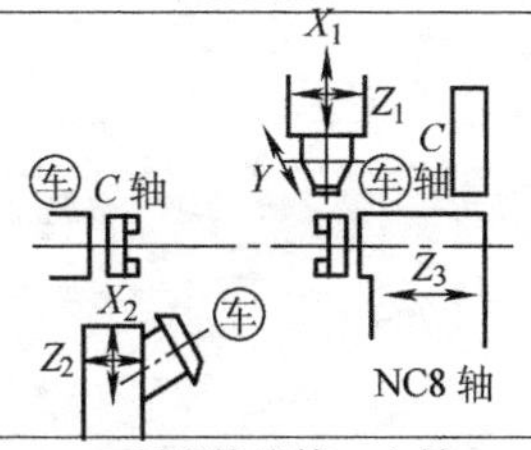
·尾座换为第二主轴	·尾座换为第二主轴	·尾座换为第二主轴
·1 台机床上完成 1、2 工序全部加工 ·附上下料装置可完成无人加工		·第 1 主轴送棒料 ·第 2 主轴拉棒料可完成无人加工

【实例 2-1】 数控卧式镗铣床（加工中心）的总体布局

自动换刀数控卧式镗铣床是由数控镗铣床加上刀具自动交换系统（包括刀库、识辨刀具的识刀器和刀具交换的机械手等）所组成，主机总体布局要考虑的问题是力使刀库、换刀机械手与识刀装置的结构简单，动作少而可靠；机床的总体结构尺寸紧凑，刀具存储交换时保证刀具与工件和机床部件之间不发生干涉等。这些问题可结合如图 2-10 所示的几种布局方案来进行分析。

图 2-10a 所示为 JCS-013 型自动换刀数控卧式镗铣床的布局方案，它采用四排链式刀库，装刀容量为 60 把，放在机床的左后方，与主机没有固联在一起。双爪式的机械手在立柱上移动，可在四排刀库的固定位置上取刀，取刀后机械手回转 180°，并上移到固定的换刀位置，在主轴上进行刀具交换。这种方案的刀库容量可以选得较大，放在主机之外对主机的工作没有影响；但要保证刀库、换刀机械手与主机之间的尺寸联系精度，安装、调整较费时间；机械手的换刀动作也较多，尽管有些可与加工时间重合，但动作太多，可靠性较难保证；整机占地面积较大，机床在整体上显得有些松散；只能实现固定位置换刀，主轴箱重复定位精度将影响加工台肩轴孔的同轴度精度。

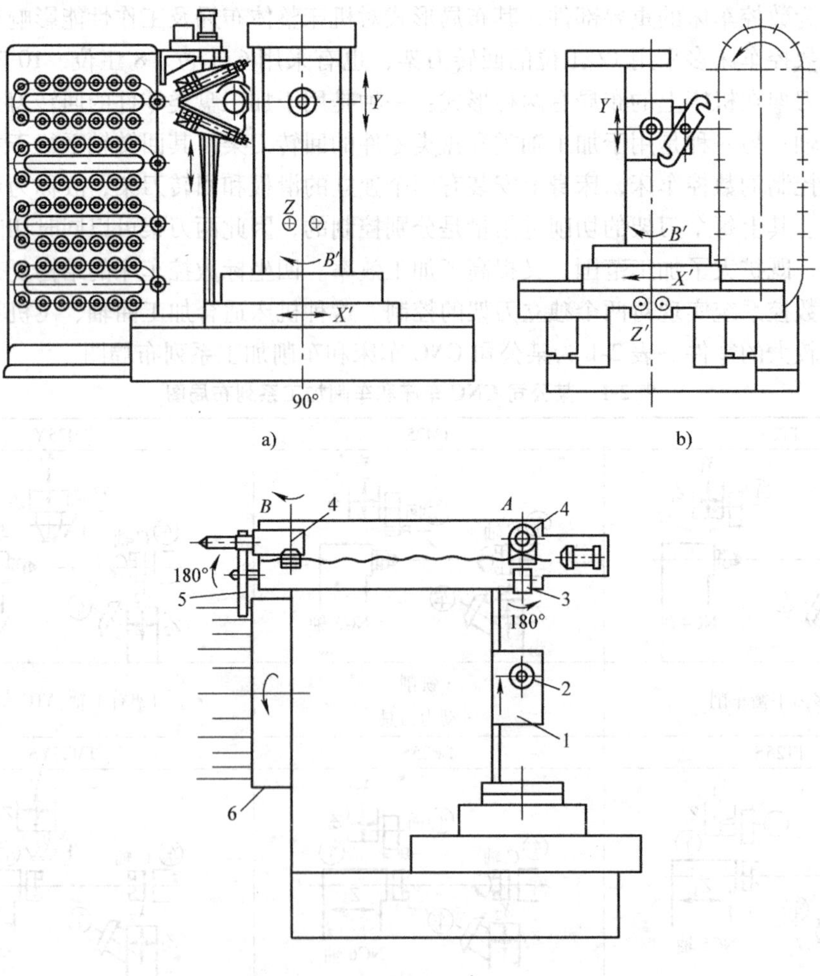

图 2-10 带自动换刀装置的数控卧式镗铣床的布局方案

a）链式刀库与主机分离布置 b）链式刀库安装在主机右前方 c）圆盘式刀库安装在立柱后侧

在图 2-10b 所示是另一种加工中心的布局方案，链式刀库放置在主机的前方，对主机的操作有妨碍；换刀机械手装在主轴箱上，可以实现任意位置换刀，因而换刀动作少，立柱的 Z 向退刀动作就是回到换刀位置的动作。

在图 2-10c 所示的方案中，圆盘式刀库安装在立柱的后侧，与主轴箱距离较远，因此采用了前后两个换刀机械手。后机械手将刀具从刀库中取出，先是装入一个运刀装置中，随运刀装置移到固定的位置，再由前换刀机械手在主轴与运刀装置之间进行刀具交换，这样的设计与布局方案所用的结构部件较多，而且换刀的动作也较多，过程也较长，只能在固定位置换刀，同样存在加工台肩孔的不同轴问题。还有把刀库装在立柱的左侧面，刀库中刀具的轴线与机床的主轴轴线垂直交叉，因此，换刀机械手可作 90°旋转，将刀库中取下的刀具转到与主轴中心线平行的位置进行换刀，并且换刀的机械手是装在主轴箱上，可以实现任意位置换刀。这种方案的换刀动作少，结构布局紧凑，外观较好，占地面积也较小。现代许多卧式加工中心，尽管所采用的刀库与换刀机械手的结构方案可以不同，但是大都采用这种形式的总体布局方案。

2.2　数控机床的结构特点与结构要求

与普通机床一样，数控机床也包括床身、箱体、导轨、主轴、进给机构等机械部件。数控机床与同类普通机床虽然在外形上相似，但在结构和功能方面却有着很大差异，这是由数控机床的加工原理和加工特点所决定的。数控机床的结构特点如下：

1）由于采用了高性能的无级变速主轴及伺服传动系统，数控机床的机械传动结构大为简化，传动链也大大缩短。

2）为适应连续的自动化加工和提高加工生产率，数控机床机械结构具有较高的静、动刚度和阻尼精度，以及较高的耐磨性，而且热变形小。

3）为减小摩擦、消除传动间隙和获得更高的加工精度，更多地采用了高效传动部件，如滚珠丝杠副和滚动导轨、消隙齿轮传动副等。

4）为了改善劳动条件、减少辅助时间、改善操作性、提高劳动生产率，采用了刀具自动夹紧装置、刀库与自动换刀装置及自动排屑装置等辅助装置。

根据以上数控机床的结构特点，对数控机床的结构要求可归纳为如下几个方面：

1）具有大的切削功率，较高的静、动刚度和良好的抗振性能。

2）具有较高的几何精度、传动精度、定位精度和热稳定性。

3）具有实现辅助操作自动化的结构部件。

2.2.1　较高的结构刚度

机床的结构刚度是指机床在切削力和其他力的作用下抵抗变形的能力。数控机床比普通机床要求具有更高的静刚度和动刚度，有关标准规定数控机床的刚度系数应比类似的普通机床高 50%。

机床在切削加工过程中，要承受各种外力的作用，承受的静态力有运动部件和被加工零件的自重；承受的动态力有切削力、驱动力、加减速时引起的惯性力、摩擦阻力等。组成机床的结构部件在这些力的作用下，将产生变形，如固定联接表面或运动啮合表面的接触变形、各支承零件部的弯曲和扭转变形以及某些支承件的局部变形等，这些变形都会直接或间接地引起刀具和工件之间的相对位移，从而导致工件的加工误差，或者影响机床切削过程的特性。由于加工状态的瞬时多变和情况复杂，通常很难对结构刚度进行精确的理论计算。设计者只能对部分构件（如轴、丝杠等）用计算方法计算其刚度，而对床身、立柱、工作台和箱体等零件的弯曲和扭转变形、结合面的接触变形等，只能将其简化后进行近似计算，其计算结果往往与实际相差很大，故只能作为定性分析的参考。近年来，虽然在机床结构设计中采用有限元法分析计算，但是一般来讲，在设计时仍需要对模型、实物或类似的样机进行试验、分析和对比，以确定合理的结构方案。尽管如此，遵循下列原则和措施，仍可以合理地提高机床的结构刚度。

1. 合理选择构件的结构形式

（1）正确选择截面的形状和尺寸　构件承受弯曲和扭转载荷后，其变形大小取决于抗弯和抗扭截面二次矩（又称惯性矩），惯性矩大的其刚度就高。形状相同的断面，当保持相同的截面积时，应减小壁厚、加大截面的轮廓尺寸；圆形截面的抗扭刚度比方形截面的大，抗弯刚度则比方形截面的小；封闭式截面的刚度比不封闭截面的刚度大很多；壁上开孔将使刚度下降，在孔周加上凸缘可使抗弯刚度得到恢复。断面积相同时各断面形状的惯性矩见表2-2。

表2-2　断面积相同时各断面形状的惯性矩

序号	截面形状	惯性矩/cm⁴		序号	截面形状	惯性矩/cm⁴	
		抗弯	抗扭			抗弯	抗扭
1	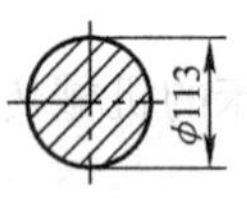 $\phi113$	800	1600	6	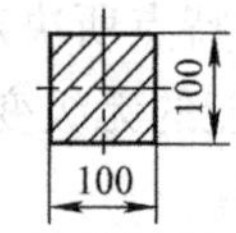 100×100	833	1400
2	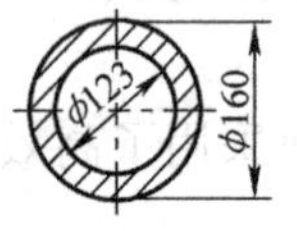 $\phi123$ $\phi160$	2420	4840	7	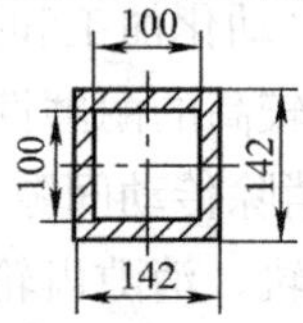 100 100 142 142	2563	2040
3	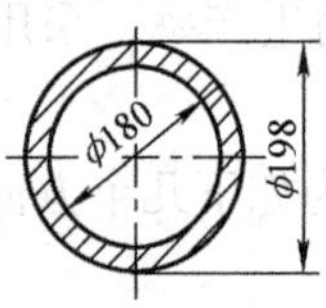 $\phi180$ $\phi198$	4030	8060	8	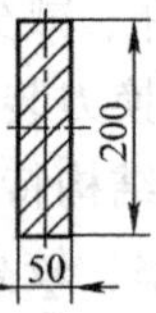 200 50	3333	680
4	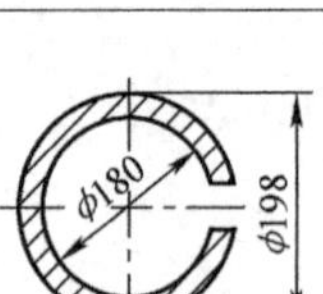 $\phi180$ $\phi198$		108	9	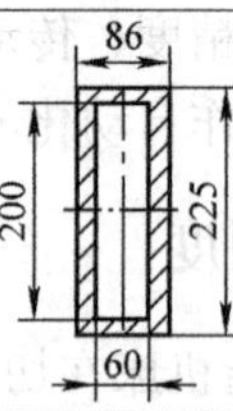 86 200 225 60	5867	1316
5	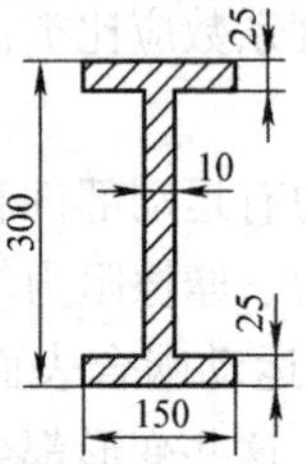 25 300 10 25 150	15517	143	10	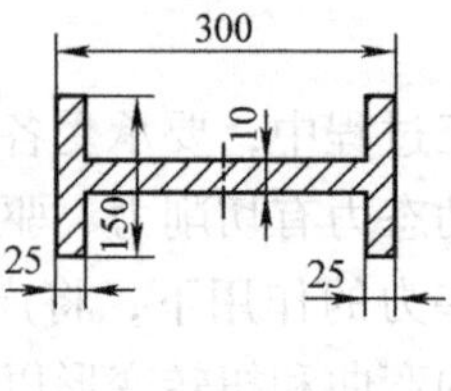 300 10 150 25 25	2720	

（2）合理选择并布置隔板和肋板　合理布置支承件的隔板和肋板，可提高构件的静、动刚度。图2-11所示的几种立柱结构，在内部布置有纵、横和对角肋板，将使结构静、动刚度得到提高，对它们进行静、动刚度试验的结果列于表2-3中，其中以交叉肋板（见图2-11e）的作用最好。

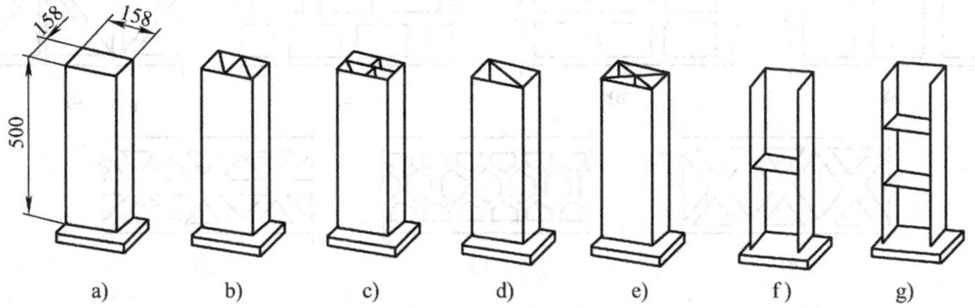

图2-11　内部布置纵、横和交叉肋板的立柱

表2-3　立柱结构的静、动刚度

模型类别		静刚度				动刚度		
		抗弯刚度		抗扭刚度		抗弯刚度相对值	抗扭刚度相对值	
序号	模型简图	相对值	单位重力刚度相对值	相对值	单位重力刚度相对值		振型Ⅰ	振型Ⅱ
a		1 1	1 1	1 7.9	1 7.9	1 2.3	1.2	7.7 44
b	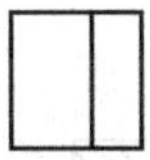	1.17 1.13	0.94 0.90	1.4 7.9	1.1 6.5	1.2		
c	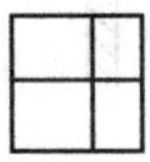	1.14	0.76	2.3 7.9	1.5 5.7	3.8	3.8	6.5
d		1.21 1.19	0.90	10 12.2	7.5 9.3	5.8	10.5	
e		1.32	0.81 0.83	18 19.4	10.8 12.2	3.5		61
f	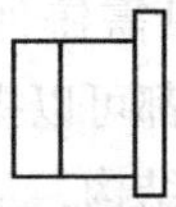	0.91	0.85	15	14	3.0	12.2	6.1 42
g	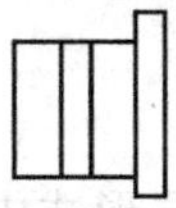	0.85	0.75	17	14.6	2.8 3.0	11.7	6.1 26

注：1. 每一序号中，第一行为无顶板的，第二行为有顶板的。

2. 振型Ⅰ指断面形状有严重畸变的扭振，振型Ⅱ指纯扭转的扭振。

对一些薄壁构件，为减小壁面的翘曲和构件截面的畸形，可以在壁板上设置如图 2-12 所示的肋条，其中以蜂窝状加强肋的效果最好，如图 2-12f 所示。它除了能提高构件刚度外，还能减小铸造时的收缩应力。

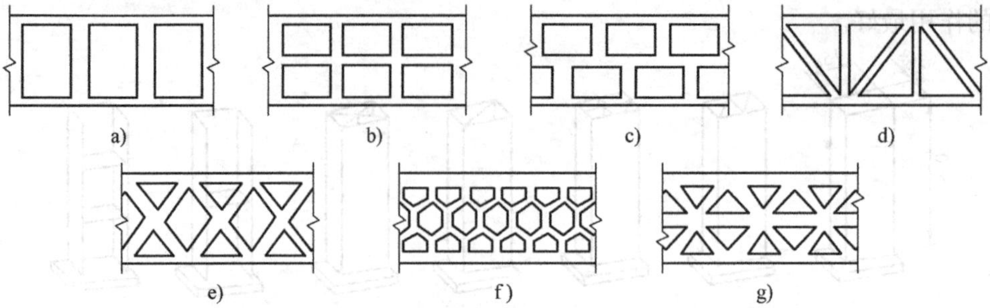

图 2-12　壁板上的肋条种类

（3）提高构件的局部刚度　机床的导轨和支承件的联接部件往往是局部刚度最弱的部分，联接方式对局部刚度的影响很大，图 2-13 所示为导轨和床身联接的几种形式。如果导轨的尺寸较宽，则应采用双壁联接形式，如图 2-13d、e、f 所示。导轨较窄时，可用单壁或加厚的单壁连接，或在单壁上增加垂直肋条以提高局部刚度。

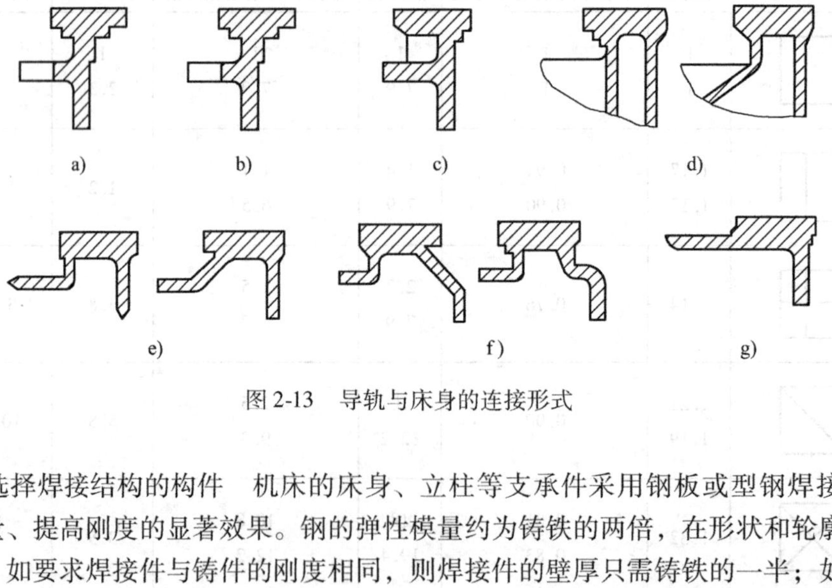

图 2-13　导轨与床身的连接形式

（4）选择焊接结构的构件　机床的床身、立柱等支承件采用钢板或型钢焊接而成，具有减小质量、提高刚度的显著效果。钢的弹性模量约为铸铁的两倍，在形状和轮廓尺寸相同的情况下，如要求焊接件与铸件的刚度相同，则焊接件的壁厚只需铸铁的一半；如果要求局部刚度相同，则因局部刚度与壁厚的三次方成正比，所以焊接件的壁厚只需铸件刚度的 80% 左右。此外，无论是刚度相同以减轻质量，还是质量相同以提高刚度，都可以提高构件的谐振频率，使共振不易发生。用钢件焊接有可能将构件做成全封闭的箱形结构，从而有利于提高构件的刚度。

2. 合理的结构布局可以提高刚度

以卧式镗床或卧式加工中心为例进行分析，在如图 2-14 所示的几种布局形式中，图 2-14a、b、c 三种方案的主轴箱单面悬挂在立柱侧面，主轴箱的自重将使立柱产生弯曲变形，切削力将使立柱产生弯曲和扭转变形。这些变形将影响到加工精度。图 2-14d 中的主轴箱中心位于立柱的对称面内，主轴箱的自重不再引起立柱的变形，相同的切削力所引起的立柱的弯曲和扭转变形均大为减小，这就相当于提高了机床的刚度。

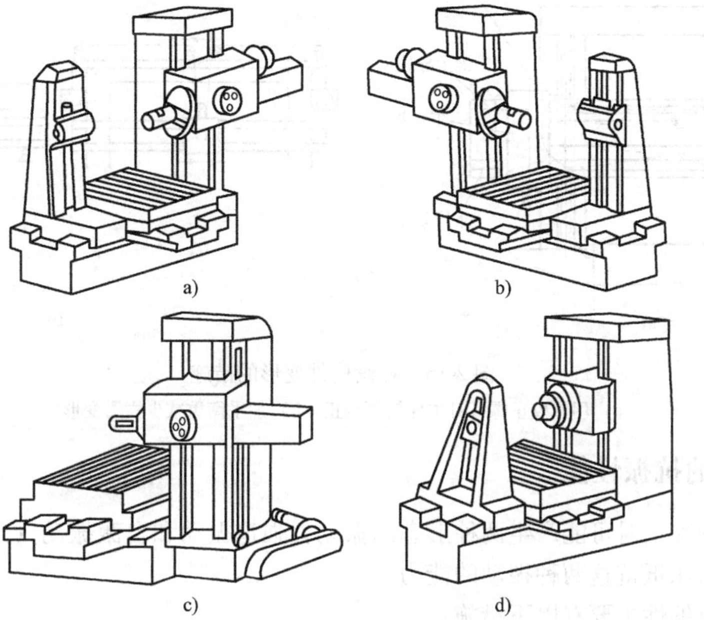

图 2-14　卧式加工中心的几种布局形式

数控机床的滑板或工作台，由于结构尺寸的限制，厚度尺寸不能设计得太大，但是宽度或跨度又不能减小，因而刚度不足，为弥补这个缺陷，除主导轨外，在悬伸部位增设辅助导轨，可大大提高滑板或工作台的刚度，如图 2-15 所示就是采用辅助导轨的结构实例。

3. 采取补偿构件变形的结构措施

当能够测出着力点的相对变形的大小和方向，或者能预知构件的变形规律时，便可以采取相应的措施来补偿变形以消除其影响，补偿的结果相当于提高了机床的刚度。图 2-16a 所示的大型龙门铣床结构中，当主轴部件移到横梁的中部时，横梁的弯曲变形最大。为此，可将横梁导轨作成“拱形”，即中部为凸起的抛物线形，可使其变形得到补偿；或者通过在横梁内部安装的辅助横梁和预校正螺钉对主导轨进行预校正；也可以用加平衡重的办法，减少横梁因主轴箱自重而产生的变形，如图 2-16b 所示。落地镗床主轴套筒伸出时的自重下垂，卧式铣床主轴滑枕伸出时的自重下垂，均可用加平衡重的办法来减少或消除其下垂。

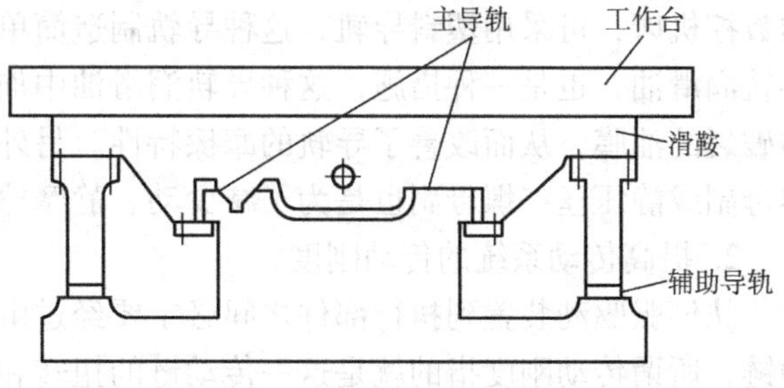

图 2-15　采用辅助导轨结构

总之，为了提高数控机床的刚度，在主轴上经常采用三支承结构，而且选用刚性很好的双列短圆柱滚子轴承和角接触向心推力轴承，以减小主轴的径向和轴向变形。为了提高机床大件的刚度，往往采用封闭界面的床身，并采用液力平衡减少移动部件因位置变动而造成的机床变形。为了提高机床各部件的接触刚度，增加机床的承载能力，也可采用刮研的方法增加单位面积上的接触点，并在结合面之间施加足够大的预加载荷，以增加接触面积。这些措施都能有效地提高接触刚度。

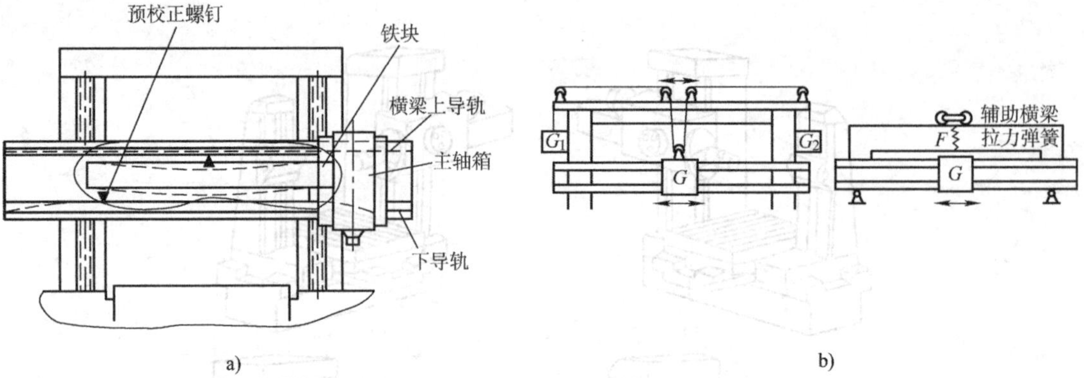

图 2-16　补偿构件变形的措施

a）用预校正螺钉对主导轨预校正　b）加平衡重减少横梁变形

2.2.2　良好的抗振性能

机床在切削加工时可能产生两种形态的振动：强迫振动和自激振动（或称颤振）。机床的抗振性是指机床抵抗这两种振动的能力。

提高机床抗振性主要有以下措施：

1. 减少动、静摩擦因数之差

执行部件所受的摩擦阻力主要来自导轨副，一般的滑动导轨副不仅静、动摩擦因数大，而且差值也大。因此，现代数控机床上广泛采用滚动导轨、卸荷导轨、静压导轨、塑料导轨，精度要求特高的数控机床，如数控三坐标测量机则多采用气浮导轨。滚动导轨虽然动、静摩擦因数之差小，但是阻尼也小，因而抗振性差，一般采用预紧措施。对于一般精度要求的数控机床，可采用塑料导轨，这种导轨制造简单，价格低廉，此外采用具有防爬行作用的导轨润滑油，也是一种措施，这种导轨润滑油中加有极性添加剂，能在导轨表面形成一层不易破裂的油膜，从而改善了导轨的摩擦特性。另外，在进给传动系统中，广泛采用滚珠丝杠螺母副或静压丝杠螺母副也是为了减少动、静摩擦因数之差。

2. 提高传动系统的传动刚度

从伺服驱动装置到执行部件之间必定要经过由齿轮副、丝杠螺母副或蜗杆副等组成的传动链，所谓传动刚度指的就是这一传动链的扭转和拉压刚度。为提高其刚度，应尽可能缩短传动链，适当加大传动轴的直径，加强支承座的刚度。此外，对轴承、丝杠螺母副和丝杠本身进行预紧也可以提高传动刚度。

2.2.3　减小机床的热变形

机床的热变形，特别是数控机床的热变形，是影响加工精度的重要因素。引起机床热变形的热源主要是机床的内部热源，如主电动机、进给电动机发热，摩擦以及切削热等。热变形影响加工精度的原因，主要是由于热源分布不均匀，热源产生的热量不等，各处零部件的质量不均，形成各部位的温升不一致，从而产生不均匀的温度场和不均匀的热膨胀变形，以致影响刀具与工件的正确相对位置。减少机床热变形及其影响的措施如下：

1. 减少机床内部热源和发热量

主运动采用直流或交流调速电动机，减少传动轴与传动齿轮；采用低摩擦因数的导轨和轴承；液压系统中采用变量泵，这样可以减少摩擦和能耗发热。

2. 改善散热和隔热条件

主轴箱或主轴部件用强制润滑冷却，甚至采用制冷后的润滑油进行循环冷却。液压系统（尤其是液压油泵站）是一个热源，最好放置在机床之外，如若必须放在机床上，也应采取隔热或散热措施；对于发热大的部件，应加大散热面积。

3. 合理设计机床的结构及布局

设计热传导对称的结构，如图 2-14d 所示的卧式镗床，采用双柱对称结构时，热变形对主轴轴线变位的影响要小，如果用立柱主轴箱悬挂的结构形式，则热变形对主轴影响要大。结构设计时，应设法使热量比较大的部位的热向热量小的部位传导或流动，使结构部件的各部位能够均热，也是减少热变形的有效措施。

4. 进行热变形补偿

首先预测热变形的规律，建立变形的数学模型，或测定其变形的具体数值，然后存入数控装置的内存中，用以进行实时补偿校正。如传动丝杠的热伸长误差、导轨平行度和平直度的热变形误差等，都可以采用软件实时补偿来消除其影响。

一些高精度的机床，可安装在恒温车间，并在使用前进行预热，使机床达到热稳定状态后再进行加工，这是在使用时防止热变形影响的一种措施。

2.3　床身

床身是机床的基础件，要求具有足够高的静、动刚度和精度保持性。在满足总体设计要求的前提下，应尽可能做到既要结构合理、肋板布置恰当，又要保证良好的冷、热加工工艺性。

2.3.1　床身结构

根据数控机床的类型不同，床身的结构有各种各样的形式。例如，数控车床床身的结构形式有平床身、斜床身、平床身斜导轨和直立床身四种类型，如图 2-8 所示。为提高其刚性，一般采用斜床身，斜床身可以改善切削加工时的受力情况，截面可以形成封闭的腔形结构，其内部可以充填泥芯和混凝土等阻尼材料，在振动时利用相对磨损来耗散振动能量。

数控铣床、加工中心等数控机床的床身结构与数控车床有所不同。加工中心的床身有固定立柱式和移动立柱式两种。固定立柱式床身一般适用于中小型立式和卧式加工中心，而移动立柱式床身又分为整体 T 形床身和前后床身分开组装的 T 形床身。

所谓 T 形床身是指床身是由横置的前床身（亦称横床身）和与它垂直的后床身（亦称纵床身）组成的。整体式床身刚性和精度保持性都比较好，但是却给铸造和加工带来很大不便，尤其是大、中型机床的整体床身，制造时需用大型设备，而分离式 T 形床身，铸造工艺性和加工工艺性都大大改善。分离式 T 形床身在前后床身联接时，要刮研联接处，然后采用定位键和专用定位销定位，再沿截面四周用大螺栓紧固。这样联接的床身，在刚度和精度保持性方面，基本能满足使用要求，适用于大、中型卧式加工中心。

1. 对支承件的基本要求

支承件的种类很多，它们的形态、几何尺寸和材料是多种多样的，但它们都应满足下列基本要求：

（1）刚度　支承件刚度是指支承件在恒定载荷和交变载荷作用下抵抗变形的能力。前者称为静刚度，后者称为动刚度。静刚度取决于支承件本身的结构刚度和接触刚度。动刚度不仅与静刚度有关，而且与支承件系统的阻尼、固有频率有关。支承件要有足够的刚度，即在外载荷作用下，变形量不得超过允许值。

（2）抗振性　支承件的抗振性是指其抵抗受迫振动和自激振动的能力。机床在切削加工时产生振动，将会影响加工质量和刀具的寿命，影响机床的生产率。振动常成为机床噪声的主要原因之一。因此，支承件应有足够的抗振性，具有合乎要求的动态特性。

（3）热变形和内应力　支承件应具有较小的热变形和内应力，这对于精密机床更为重要。

（4）其他　支承件设计时还应便于排屑，吊运安全，合理安置液压、电器部件，并具有良好的工艺性。

2. 支承件的自身刚度、抗振性与热变形

（1）支承件的自身刚度　支承件的自身刚度是指抵抗支承件自身变形的能力。支承件的变形主要有弯曲变形和扭转变形，因此支承件的自身刚度，主要是指支承件的弯曲刚度和扭转刚度。它的大小与支承件的材料、结构形状、几何尺寸以及肋板的布置有关。

1）为提高支承件自身刚度，在车床上会采用不同方式的肋板来支承机床部件。如图 2-17 所示为卧式车床肋板的基本形式。

如图 2-17a 所示为床身前后壁采用 T 形肋板联接，主要是提高水平面抗弯强度，多用在强度要求不高的床身上，但这种床身结构简单，铸造工艺性好。

如图 2-17b 所示的Ⅱ形肋板具有一定的宽度和高度，在垂直平面内和水平面的抗弯强度都比前一种好，铸造工艺性也较好，在很多大中型车床上都可看到。

如图 2-17c 所示的斜向肋板在床身的前后壁间呈 W 形，能较大地提高水平面的抗弯和抗扭强度。它对中心距超过 1500mm 的长床身效果最为显著。当中心距为 750～1000mm 时，斜肋板的强度与Ⅱ形肋板的差不多，但铸造较困难，故斜肋板只在长床身中才采用，相邻两斜肋板间的夹角一般为 60°～100°。

2）肋条的作用与肋板相同，一般将它配置在支承件的内壁上，主要是为了提高局部强度，减少局部变形和薄壁振动。

如图 2-18 所示，肋条也有纵向、横向和斜向的。

如图 2-18a 所示的“口”字形肋条最简单，易制造，可用于窄壁和受载较小的床身壁上。

如图 2-18b 所示的纵横肋条直角相交，也易制造，但易产生内应力，广泛用于箱形截面的床身上。

如图 2-18c 所示的肋条呈三角形分布，能保证足够的强度，多用于矩形截面床身的宽壁处。

如图 2-18d 所示的肋条交叉布置，能提高强度，常用于重要床身的宽壁上。

如图 2-18e 所示为蜂窝形肋条，用于平板上，由于各方面能均匀收缩，所以内应力很小。

如图 2-18f 所示为“米”字形肋条，如图 2-18g 所示为“井”字肋条，一般铸铁床身采用“井”字形，焊接床身用“米”字形。

通常肋条的厚度一般是床身壁厚的 0.7 ~ 0.8 倍，肋条的高度一般不大于支承件壁厚的。

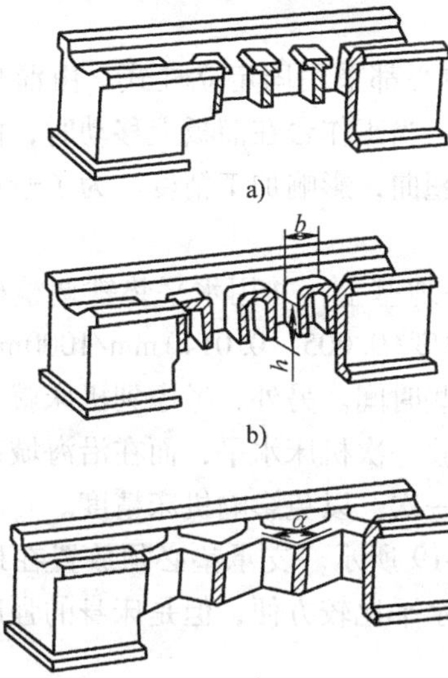

图 2-17　车床肋板

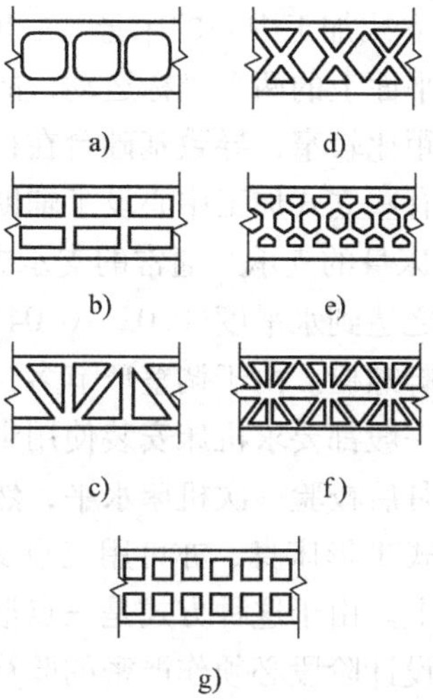

图 2-18　肋条形式

（2）支承件的抗振性　在设计支承件时，支承件应该具有较高的阻抗性或动强度，使得它在一定幅值周期性激振力作用下，振幅较小，即应该满足静强度和动态特性的需要，并对支承件进行动态分析。

（3）支承件的热变形　机床工作时产生热量，同时又发散热量。一般情况下，开始机床温度较低，与环境之间温差小，散热较少，故温度升高较快。随着机床温度升高，温差加大，散热也增加，温度的升高逐步减慢，最后稳定到某一温度，这时单位时间内的发热量等于散热量，即达到了热平衡。

机床的温度变化是复杂的周期性变化。温度的变化使机床产生热变形。机床的热变形可分为两类，即自由状态热变形和非自由状态热变形。每一类热变形又可包括：由于均匀温升而引起的直线伸长及由于温差或变形引起的弯曲变形。

因为精密机床加工精度要求高，自动机床在加工中不易调整及重型机床较小的温差将起较大的误差，所以需通过控制发热或使热量均匀分布及改善支承件散热条件等措施来减小热变形对精度的影响，主要有以下几个措施：

1）散热和隔热。适当加大散热面积，采用风扇、冷却器来加快散热，将主要热源如电动机、液压油箱、变速器移出机床，在液压马达、液压缸等热源处加隔热罩，以减少热量辐射。高精度的机床可安装在恒温室内。

2）均衡温度场。温度不均也影响到机床精度。如当机床床身内油箱温度高于导轨处温度时，应将箱内的油供应给机床导轨润滑，使其流经油沟，保证温度场温度均匀。

3）对称结构。采用对称结构，可使热变形后对称中心线的位置基本不变，因而有可能减少对精度的影响。如床身采用对称的双山形导轨，则可减少车床溜板箱在水平面内的位移和倾斜。

另外，采用热膨胀系数小的材料可以减少热伸长量，采用双层壁结构可以减少热变形等。

3. 床身支承

（1）立式加工中心的床身　一般中小型立式加工中心都采用固定立柱式，由溜板和工作台实现平面上的两个坐标运动，故床身结构比较简单。当工作台在溜板上移动时，由于床身导轨跨距比较窄，导致基础台在行程两端时容易出现翘曲，影响加工精度。为了避免工作台翘曲，有些立式加工中心设了辅助导轨。

（2）床身的支承　通常的支承方式是把床身固定在地基上，并用水平垫铁调整机床的水平，使之达到水平度(0.02～0.04)mm/1000mm、扭曲度(0.005～0.014)mm/1000mm，然后拧紧地脚螺栓。由于调整环节多，调机床水平颇费一些时间。另外，考虑到机床就位后地基变化，一般都要求机床安装使用半年后，必须重新校验一次机床水平，而在沿海城市则要求用3个月后校验一次机床水平，然后过半年后再校验一次，以免影响机床精度。

整体式T形床身，亦可用三点支承法支承，如图2-19所示。支承垫必须放置在地基上的大钢板上。由于这种方式是三点形成的平面，调机床水平比较方便，但是床身的强度是否足够，在设计阶段必须作严密的验算。

4. 立柱

（1）对立柱的要求　加工中心的立柱主要用来支承主轴箱，使之沿垂直方向上下移动，并在承受切削力、振动、温度变化等恶劣的条件下工作。因此，加工中心的立柱要求具有足够的构件强度和良好的抗振性以及抗热变形性。

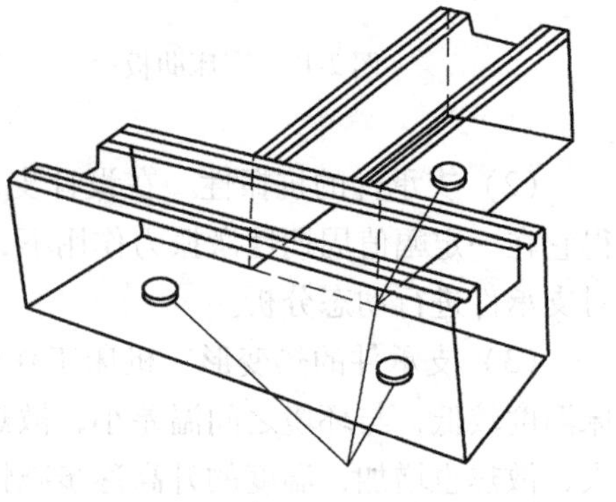

图2-19　床身三点支承法

（2）立柱的结构

1）立式加工中心的立柱。因为主轴箱吊挂在立柱一侧，立式加工中心的立柱通常采用图2-20所示形式。平衡主轴箱重量的平衡重块，一般设在立柱内腔，随主轴箱升降。采取这种平衡方式的加工中心，其立柱内腔是空的，如图2-21所示。

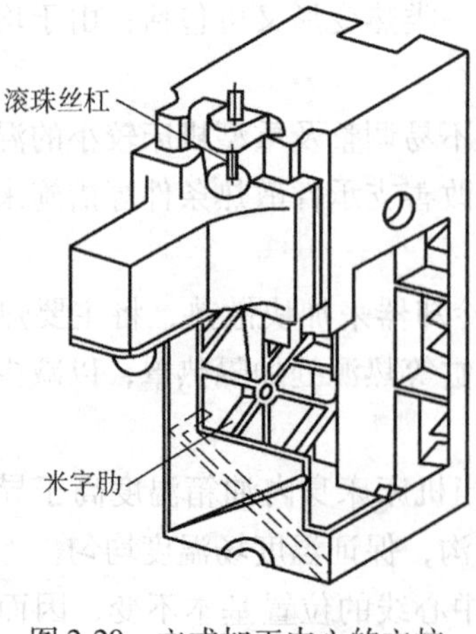

图2-20　立式加工中心的立柱

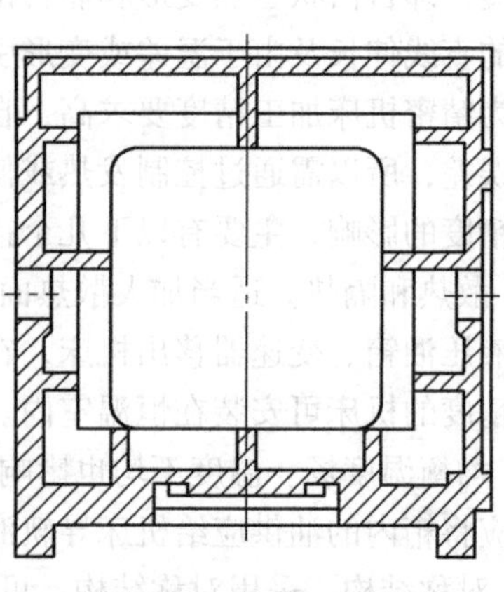

图2-21　立柱横截面

另外，在设计立柱时，还要考虑在运输中固定平衡重物的稳妥可靠的方法。

2）卧式加工中心的立柱。目前普遍采用的是如图 2-22 所示的双立柱框架结构形式。小型卧式加工中心，立柱直接固定于床身上，而大、中型卧式加工中心的移动式立柱，则固定于滑座上。

主轴箱装在双立柱的开挡间，如图 2-23 所示，沿立柱导轨上下运动。双立柱框架结构的优点是刚性好，主轴承受切削力时，力的作用点在立柱中央，因此立柱受扭力的因素少，加之立柱的对称形状，大大加强了强度；热对称性好，主轴箱是加工中心的主要热源，而它正好处在双立柱的开挡间，使立柱结构成为热对称形态，这就减少了热变形的影响；稳定性好，由于立柱内部肋板采用框架结构箱式布置，使立柱的抗弯、抗扭刚性以及构件的固有频率都得到提高，避免立柱发生共振。

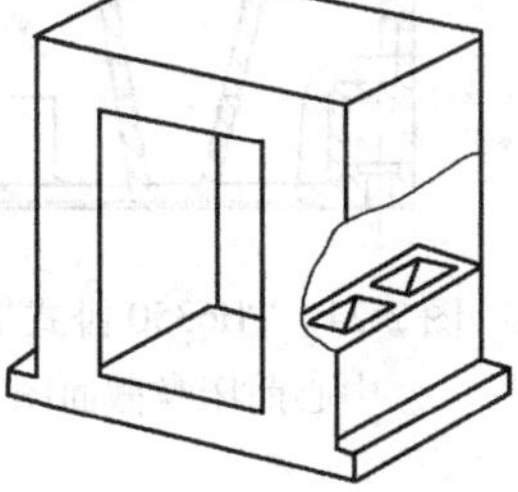

图 2-22　双立柱框架结构

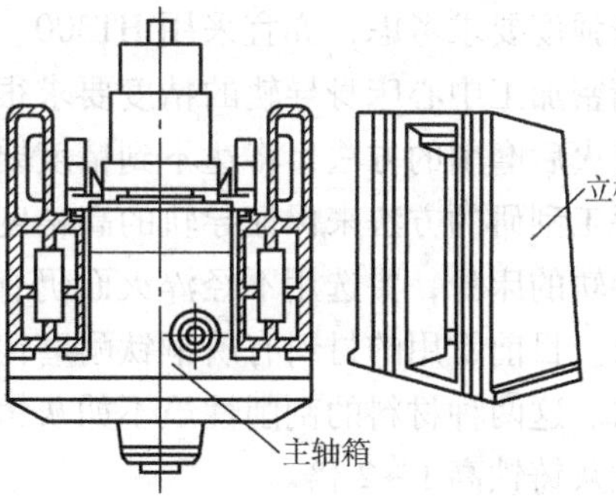

图 2-23　立柱与主轴箱的安装关系

（3）立柱与床身（或滑座）联接　立柱与床身（或滑座）的联接一般都采用螺栓紧固和圆锥销定位方式。为了提高圆锥销的定位效果，必须用专用圆锥销。它是根据所用锥铰刀的实际锥角，配磨圆锥销，以提高圆锥销在锥孔内的接触效果。标准圆锥销，因与实际锥铰刀有角度差别，接触效果不理想，故在关键定位部不能用标准圆锥销，而必须用专用圆锥销。

同时，为了提高立柱与床身（或滑座）的接触强度，通常采取如下措施：

1）采用预紧力。螺栓联接时，应使结合面保持不小于 2MPa 的预紧压力。

2）提高有效接触面平面结合强度，减小接触面的表面粗糙度值，以提高结合强度。通常采用刮研或磨削手段来实现。

3）增加局部强度。在紧固螺栓位置处，加大加厚凸凹缘或增添加强肋。

2.3.2　床身截面形状和肋板布置

床身的截面形状受机床结构设计条件和铸造能力的制约以及各厂家习惯的影响，种类繁多。

床身内部的肋板布置形式很多，但是归纳起来就可以分为纵向、横向和斜向三大类。

纵向肋板可加强纵向抗弯强度；横向肋板对提高抗扭强度有显著效果；斜向肋板对提高抗弯、抗扭强度有较好效果。

当肋板厚度相同时，“米”字形肋板结构的抗弯强度接近于“井”字形肋板结构，而抗扭强度却是“井”字形肋板结构的两倍。“米”字形虽然有这些优点，但制造工时却比

“井”字形多 2 ~ 3 倍，而且工艺性差。

如图 2-24 所示为 TH6350 型卧式加工中心前床身截面图。采用箱形结构。结合斜直组合布置肋板以提高机床抗弯、抗扭能力。

2.3.3 床身材料

随着机械加工自动化水平的提高，机床开动率愈来愈高，甚至 24h 连续运转。这就要求机床导轨即使在恶劣的环境中，其耐磨损和精度保持性均要好，而且床身要有足够的强度。

普通精度级加工中心，床身导轨需淬火、磨削，这种床身的材料宜采用 HT300。

直线滚动导轨的床身，虽然导轨面不必淬火，但从床身强度要求考虑，亦宜采用 HT300。

精密加工中心床身导轨的精度要求很高，如果仍采用淬火后磨削的方法，将达不到精度要求，故一般都用手工刮研的方法来保证导轨的高精度。需要手工刮研导轨的床身，要选用不经淬火而仍有足够耐磨性的材料。目前常用的材料有磷铜钛耐磨铸铁和高磷耐磨铸铁。这两种材料的刮削性虽不如灰铸铁，但耐磨性却比灰铸铁高 1 ~ 2 倍。

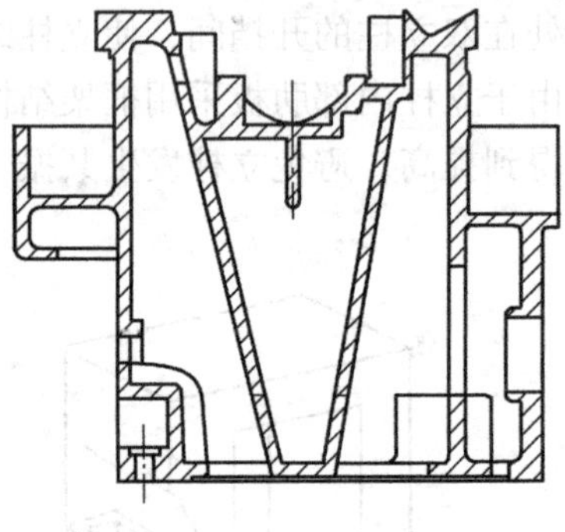

图 2-24　TH6350 卧式加工中心前床身截面图

除了铸铁床身之外，还有钢板焊接结构的床身。

精密加工中心的床身，亦可采用环氧树脂混凝土或硅酸盐混凝土作床身材料，其目的是充分利用混凝土的高阻尼特性和热导率小、性能稳定的特点，并且其价格便宜。

【实例 2-2】 两种车床床身的结构及动态对比

如图 2-25 所示为两种车床床身的结构及动态对比图示，填充泥芯床身的阻尼显著增加。

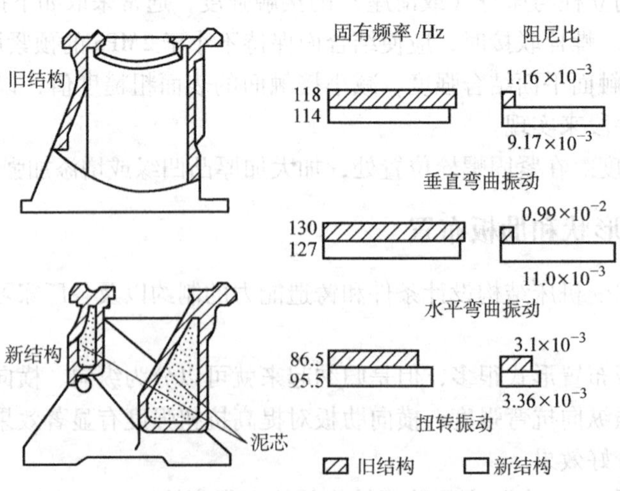

图 2-25　两种车床床身的结构及动态对比图

【实例 2-3】　德国 DNE480L 型数控车床底座和床身

图 2-26 为德国 DNE480L 型数控车床底座和床身示意图，底座内所填充的混凝土的内摩擦阻力较高，再配以封沙的床身，使机床有较高的抗振性。该机床为四面密封结构，中间导轨后有纵向肋条，纵向每隔 250mm 有一横隔板。床身封闭截面可提高抗弯和抗扭刚度、纵向肋条可提高中间导轨的局部刚度、隔板可减少截面的变形。

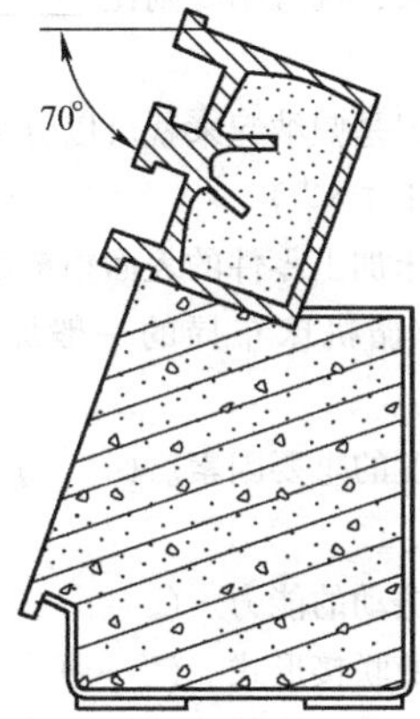

图 2-26　德国 DNE480L 型数控车床底座和床身示意图

本 章 小 结

1. 数控机床的总体布局设计时，需要考虑和确定各部件形状、尺寸，安排机床各部件的相互位置，协调各部件间的尺寸关系，设计机床外形和人机界面，处理好操作维修、生产管理和人机关系等问题。

2. 数控车床床身导轨与水平面的相对位置有四种布局形式：平床身、斜床身、平床身斜滑板和立床身。一般水平床身可用于大型数控车床或小型精密数控车床的布局。中小规格的数控车床，其床身的倾斜度以 60°为宜。加工中心的床身有固定立柱式和移动立柱式两种。固定立柱式床身一般适用于中小型立式和卧式加工中心，而移动立柱式床身又分为整体 T 形床身和前后床身分开组装的 T 形床身。

3. 目前两坐标联动数控车床多采用 12 工位的回转刀架，回转刀架在机床上的布局有两种形式。一种是回转轴垂直于主轴的回转刀架；另一种是回转轴平行于主轴的回转刀架。四坐标控制的数控车床，床身上安装有两个独立的滑板和回转刀架的双刀架四坐标数控车床。

4. 数控机床的结构具有大的切削功率，较高的静、动刚度和良好的抗振性能；具有较高的几何精度、传动精度、定位精度和热稳定性；具有实现辅助操作自动化的结构部件。

5. 床身应具有足够高的静、动刚度和精度保持性。应尽可能做到既要结构合理、肋板布置恰当，又要保证良好的冷、热加工工艺性。

6. 根据数控机床的不同类型，选择合适的床身支承、立柱、床身材料、床身截面形状和肋板布置等，以提高床身结构自身刚度、抗振性与防热变形性。

思考与练习题

1. 填空题

（1）进行机床的总体布局设计时，需要考虑和确定各部件______、______，安排机床各部件的______，协调各部件间的______。

（2）数控机床的总体布局应能兼顾机床有良好的______、______、______和______等结构性能。

（3）立柱带着主轴箱作 Z 向进给运动的方案其优点是能使______、______和______三层结构。

（4）圆形截面的抗扭刚度比______的大，抗弯刚度则比______的小；封闭式截面的刚度比______的刚度大很多；______将使刚度下降。

（5）床身内部的肋板布置形式很多，但是归纳起来就可以分为______、______和______三大类。

2. 判断题（正确的打“✓”，错误的打“×”）

（1）伺服系统的性能不会影响数控机床加工零件的表面粗糙度。（　　）

（2）在考虑数机床总体布局时，除遵循机床布局的一般原则外，不需考虑便于同时操作和观察。（　　）

（3）数控机床的热变形是影响加工精度的重要因素。（　　）

（4）合理的结构布局不可以提高刚度。（　　）

（5）机床的抗振性是指机床抵抗两种振动的能力。（　　）

（6）若导轨的尺寸较宽，则应采用单壁联接形式。（　　）

（7）对一些薄壁构件，为减小壁面的翘曲和构件截面的畸形，可以在壁板上设置肋条。（　　）

（8）纵横肋条最简单，易制造，可用于窄壁和受载较小的床身壁上。（　　）

（9）可将横梁导轨作成“拱形”，即中部为凸起的抛物线形，可使其变形得到补偿。（　　）

3. 选择题（每题只有一个选项是正确的，请将正确答案的代号填入括号）

（1）整体式 T 形床身，亦可用（　　）支承法支承。

A. 一点　　B. 两点　　C. 三点　　D. 四点

（2）精密加工中心的床身，亦可采用（　　）作床身材料。

A. HT300　　B. 环氧树脂混凝土　　C. HT200　　D. 铸钢

（3）床身是机床的基础件，要求具有足够高的静、动刚度和（　　）保持性。

A. 床身　　B. 伺服系统　　C. 计算机绘图仪　　D. 精度

（4）肋条呈（　　）分布，能保证足够的强度，多用于矩形截面床身的宽壁处。

A. 三角形　　B. 直角相交　　C. 交叉　　D. 蜂窝形

（5）采用双柱对称结构时，热变形对主轴轴线变位的影响要（　　）。

A. 一般　　B. 特大　　C. 大　　D. 小

4. 简答题

（1）数控机床的结构有哪些要求？

（2）简述提高数控机床结构刚度应遵循的原则和措施。

（3）数控车床的床身与导轨布局成斜置式有哪些好处？

（4）简述提高数控机床抗振性措施。

（5）提高机床运动精度应采取哪些措施？

（6）减少机床热变形及其影响的措施有哪些？

（7）简述数控机床总体设计内容。

（8）机床总布局与工件形状、尺寸和重量有何关系？

（9）简述机床总布局与机床结构性能的关系。

第 3 章　数控机床的主传动系统

学习目的与要求

- 了解数控机床对主传动系统的要求。
- 理解主传动变速的方式。
- 掌握电主轴的基本参数、结构特点及其应用。
- 掌握数控机床主轴部件的结构、尺寸参数和轴承配置。
- 了解数控机床主轴部件的润滑与密封、主轴的准停特点。
- 掌握数控机床主轴部件的维护。
- 理解主传动系统故障及排除方法。

【学习导引示例】　VMC-15 型加工中心的主传动系统及典型结构

如图 3-1 所示的 VMC-15 型加工中心，工作台行程 $X/Y/Z$ 向：20in/16in/20in；快速进给速度（$X/Y/Z$ 向）：400in/min；主轴转速：150～7500r/min；定位精度：±0.0002in；主电动机功率 11.2kW。

（1）主传动系统　如图 3-2 所示为 VMC-15 加工中心的主传动结构，其主传动路线为：交流主电动机（150～7500r/min 无级调速）→1∶1 多楔带传动→主轴。

（2）刀具的自动夹紧与放松　VMC-15 刀具在主轴上夹紧与放松的基本原理与大多数加工中心类似，以碟形弹簧的弹性力拉紧，气缸的气压力松开。刀杆采用 7∶24 的大锥度锥柄，其尾部固定一拉钉，只要拉紧拉钉就可以把刀杆的锥面定位于主轴端部的锥孔中。

如图 3-3 所示为主轴 4 上刀柄夹紧与放松示意图。在碟形弹簧 5 的作用下，拉杆 2 始终以 9070N（约 907kgf）的拉力，并通过拉杆 2 下端径向孔中的钢球 1 将刀杆尾部的拉钉拉紧。

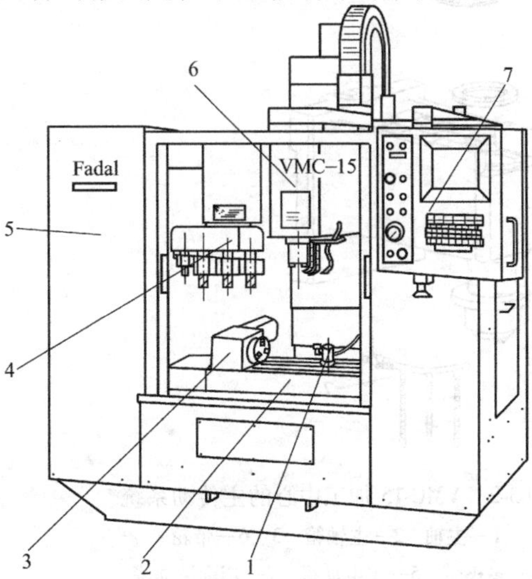

图 3-1　VMC-15 型加工中心的外形图

1—对刀仪　2—工作台（X，Y 轴进给）　3—第四轴旋转头　4—刀库　5—防护装置　6—主轴箱（Z 轴进给）　7—操作面板

换刀前必须先将刀柄松开，为此发出换刀信息后，其压缩空气进入拉杆尾部的气缸，活塞受到的气压力克服碟形弹簧的约 907kgf 的弹性力，从而压缩碟形弹簧，拉杆下移使钢球能从径向孔中划出，解除了刀杆的拉力。这种方式下夹紧与放松均能自动进行，具有夹持力稳定、可靠的特点。

（3）主轴轴承　主轴定位于高

精度的推力角接触球轴承上，这种轴承成对组配，按给定级别预紧，其装配在净化室内进行。轴承的润滑采用特种油脂，温升低，运转平稳，是机床高精度、长寿命的保证。

（4）准停装置　在自动换刀数控镗铣床上，切削力矩通常是通过刀杆的端面键来传递的，因此在每次自动装卸刀杆时，都必须使刀柄上的键槽对准主轴上的端面键，这就要求主轴具有准确周向定位的功能，即主轴准停功能。VMC-15 的主轴电动机内部直接安装反馈编码器，能发出准停信号，使主轴准确停止在某一特定位置。

（5）自动吹屑　在换刀过程中，难免会有灰尘、切屑等粘在刀柄的定位面及主轴的定位孔上，破坏了刀具的正确定位，影响加工零件的精度。为此在换刀的同时，采用压缩空气从主轴中间吹出，使主轴锥孔、刀杆锥柄表面保持清洁，增加了刀杆定位面的接触刚性，保证了定位精度。

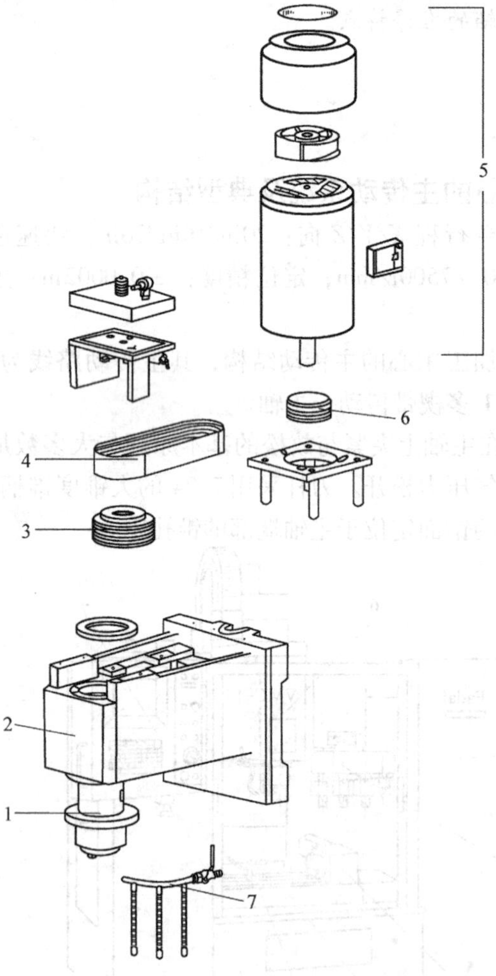

图 3-2　VMC-15 加工中心的主传动系统

1—主轴　2—主轴箱　3、6—带轮

4—多楔带　5—主电动机　7—切削液喷嘴

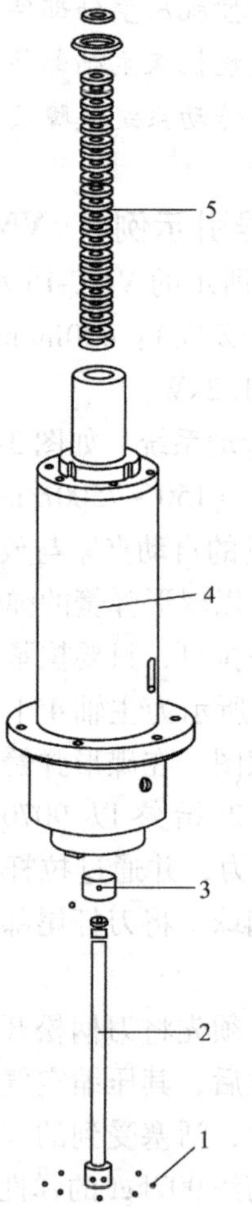

图 3-3　VMC-15 加工中心主轴上刀柄夹紧与放松示意图

1—钢球　2—拉杆　3—套筒

4—主轴　5—碟形弹簧

数控机床主传动系统是机床成形运动之一，用来实现机床的主运动，它将主电动机的原动力变成可供主轴上刀具切削加工的切削力矩和切削速度。它的精度决定了零件的加工精度。为适应各种不同的加工及各种不同的加工方法，数控机床的主传动系统应具有较大的调速范围，较高的精度与刚度，并尽可能降低噪声与热变形，从而获得最佳的生产率、加工精度和表面质量。数控机床的主传动运动是指产生切削的传动运动，它是通过主传动电动机拖动的。例如，数控车床上主轴带动工件的旋转运动，立式加工中心上主轴带动铣刀、镗刀和铰刀等的旋转运动。

3.1 数控机床的主轴系统

数控机床的主传动系统包括主轴电动机、传动系统和主轴组件，与普通机床的主传动系统相比，结构比较简单，这是因为变速功能全部或大部分由主轴电动机的无级调速来承担，省去了繁杂的齿轮变速机构，有些只有二级或三级齿轮变速系统用以扩大电动机无级调速的范围。

3.1.1 对主传动系统的要求

（1）调速范围宽、并实现无级调速　各种不同的机床对调速范围的要求不同。多用途、通用性大的机床要求主轴的调速范围大，不但有低速大转矩功能，而且还要有较高的速度，如车削加工中心；而对于专用数控机床就不需要较大的调速范围，如数控齿轮加工机床、为汽车工业大批量生产而设计的数控钻镗床；还有些数控机床，不但要求能够加工黑色金属材料，还要加工铝合金等有色金属材料，这就要求变速范围大，且能超高速切削。

（2）热变形小　电动机、主轴及传动件都是热源。低温升、小的热变形是对主传动系统要求的重要指标。

（3）主轴的旋转精度和运动精度高　主轴的旋转精度是指装配后，在无载荷、低速转动条件下测量主轴前端和距离前端300mm处的径向圆跳动和端面圆跳动值。主轴在工作速度旋转时测量上述的两项精度称为运动精度。数控机床要求有高的旋转精度和运动精度。

（4）主轴的静刚度和抗振性较高　由于数控机床加工精度较高，主轴的转速又很高，因此对主轴的静刚度和抗振性要求较高。主轴的轴颈尺寸、轴承类型及配置方式，轴承预紧量大小，主轴组件的质量分布是否均匀及主轴组件的阻尼等对主轴组件的静刚度和抗振性都会产生影响。

（5）主轴组件的耐磨性好、噪声低　主轴组件必须有足够的耐磨性，使之能够长期保持良好的精度。凡机械摩擦的部件，如轴承、锥孔等都应有足够高的硬度，轴承处还应有良好的润滑。

3.1.2 主传动变速的方式

数控机床主运动调速范围很宽，其主轴的传动变速方式主要有以下几种：

1. 带有变速齿轮的主轴传动

数控机床在实际生产中，并不需要在整个变速范围内均为恒功率。一般要求在中、高速段为恒功率传动，在低速段为恒转矩传动。为了确保数控机床主轴低速时有较大的转矩和主轴的变速范围尽可能大，有的数控机床在交流或直流电动机无级变速的基础上配以齿轮变速，如图3-4a所示，这是大中型数控机床较常采用的配置方式。电动机经一对齿轮变速后，再通过二联滑移齿轮联接到主轴，使主轴获得高速段和低速段转速。其优点是能够确保低速时的转矩，满足主轴输出转矩特性的要求，而且变速范围广。但结构复杂，需增加润滑和温度，控制系统，制造维修要求较高。

滑移齿轮的换挡常采用液压拨叉或直接由液压缸带动，还可通过电磁离合器直接实现换挡。这种配置方式在大、中型数控机床中采用较多。

电-液控制拨叉变速用电信号控制电磁换向阀，操纵液压缸带动滑移齿轮来实现变速。它是一种有效的变速方式，但增加了数控机床液压系统的复杂性，增加了变速的中间环节，带来了更多的不可靠因素。现在的加工中心大都采用这种变速方式。

电磁离合器变速是利用电磁效应，接通或断开电磁离合器的运动部件来实现变速的。它的优点是便于实现操作自动化，缺点是体积大，易使机件磁化。

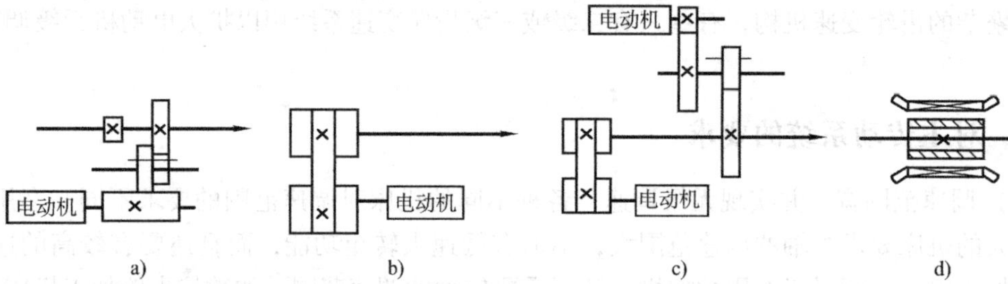

图 3-4　数控机床主传动的四种配置方式

a）齿轮变速　b）带传动　c）两个电动机分别驱动　d）调速电动机直接驱动

2. 通过带传动的主轴传动

如图 3-4b 所示，这种传动主要用在转速较高、变速范围不大的小型数控机床上。它通过一级带传动实现变速，其优点是结构简单，安装调试方便，且在传动上能满足转速与转矩的输出要求。但变速范围受电动机调速范围的限制，只能适用于低转矩特性要求的主轴。带传动变速中，常用的有多楔带和同步齿形带。

数控机床上应用的多楔带又称为复合 V 带，其横向断面呈多个楔形，楔角为 40°，如图 3-5a 所示。传递负载主要靠强力层。强力层中有多根钢丝绳或涤纶绳，具有较小的伸长率，较大的抗拉强度和抗弯疲劳强度。多楔带综合了 V 带和平带的优点，运转时振动小、发热少、运转平稳、重量小，因此可在 40m/s 的线速度下使用。此外，多楔带与带轮的接触好、负载分布均匀，即使瞬时超载，也不会产生打滑，而传递功率比 V 带大 20% ~30%，因此能够满足主传动高速、大转矩和不打滑的要求。多楔带在安装时需要较大的张紧力，使得主轴和电动机承受较大的径向负载，这是多楔带的一大缺点。

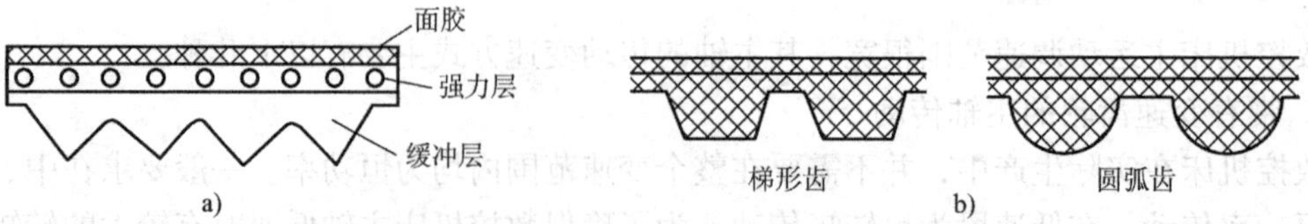

图 3-5　带的结构形式

a）多楔带　b）同步齿形带

多楔带按齿距可分为三种规格：J型齿距为2.4mm，L型齿距为4.8mm，M型齿距为9.5mm。可依据功率转速选择图选出所需的多楔带的型号。

同步齿形带传动是一种综合了带传动和链传动优点的新型传动方式。同步齿形带的带型有梯形齿和圆弧齿，如图3-5b所示。同步齿形带的结构和传动如图3-6所示。带的工作面及带轮外圆上均制成齿形，通过带轮与轮齿相嵌合，进行无滑动的啮合传动。带内采用了加载后无弹性伸长的材料做强力层，以保持带的节距不变，可使主、从动带轮进行无相对滑动的同步传动。与一般带传动相比，同步齿形带传动具有如下优点：

1）传动效率高，可达98%以上。

2）无滑动，传动比准确。

3）传动平稳，噪声小。

4）使用范围较广，速度可达50m/s，速比可达10左右，传递功率由几瓦至数千瓦。

5）维修保养方便，不需要润滑。

6）安装时中心距要求严格，带与带轮制造工艺较复杂，成本高。

3. 用两个电动机分别驱动主轴传动

用两个电动机分别驱动主轴传动如图3-4c所示，它是上述两种方式的混合传动，具有上述两种方式的性能。高速时，由一个电动机通过带传动；低速时，由另一个电动机通过齿轮传动，齿轮起到降速和扩大变速范围的作用，这样就使恒功率区增大，扩大了变速范围，避免了低速时转矩不够且电动机功率不能充分利用的问题。但两个电动机不能同时工作，也是一种浪费。

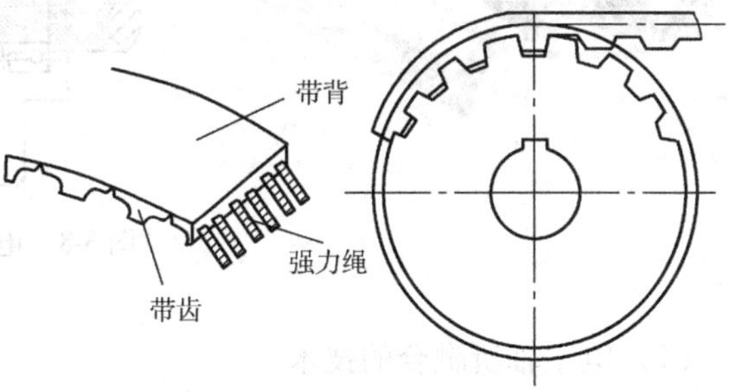

图3-6　同步齿形带的结构和传动

4. 调速电动机直接驱动主轴传动

由调速电动机直接驱动主轴传动如图3-4d所示。这种主轴传动方式是由电动机直接带动主轴旋转，即直接驱动式，如图3-7所示。它大大简化了主轴箱体与主轴的结构，有效地提高了主轴部件的刚度。但轴输出转矩小，主轴转速的变化及转矩的输出和电动机的输出特性完全一致，电动机发热对主轴的精度影响较大，因而使用上受到一定限制。

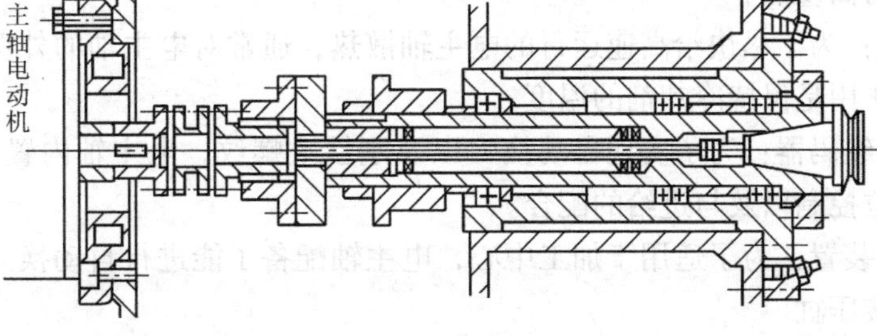

图3-7　直接驱动式

5. 电主轴

随着电气传动技术的迅速发展和日趋完善，高速数控机床主传动的机械结构已得到极大的简化，基本上取消了带轮传动和齿轮传动。机床主轴由内装式电动机直接驱动，从而使主轴部件从机床的传动系统和整体结构中相对独立出来，因此可做成“主轴单元”，俗称“电主轴”。它是高速加工机床中的核心功能部件，省去复杂的中间传动环节，具有调速范围广，振动噪声小，便于控制，能实现准停、准速、准位等功能，不仅拥有极高的生产率，而且能显著地提高零件的表面质量和加工精度。电主轴是一套组件，包括电主轴本身及其附件：高频变频装置、油雾润滑器、冷却装置、内置编码器、换刀装置等，其外形如图 3-8 所示。其主轴部件结构紧凑，重量轻，可提高起动、停止的响应特性，有利于控制振动和噪声，但制造和维护困难，且成本较高。

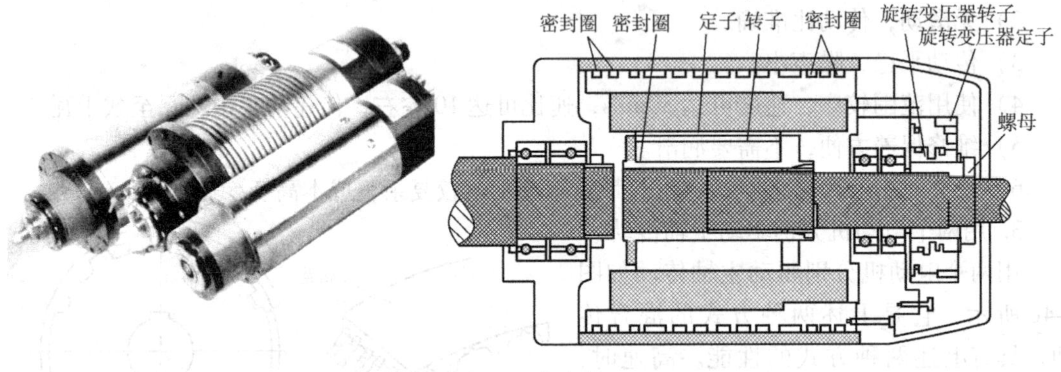

图 3-8　电主轴

（1）电主轴所融合的技术

1）高速轴承：电主轴通常采用复合陶瓷轴承，耐磨耐热，寿命是传统轴承的几倍；有时也采用电磁悬浮轴承，或静压轴承，内外圈不接触，理论上寿命无限长。

2）高速电动机：电主轴是电动机与主轴融合在一起的产物，电动机的转子即为主轴的旋转部分，理论上可以把电主轴看作一台高速电动机，其关键技术是高速度下的动平衡。

3）润滑：电主轴的润滑一般采用定时定量油气润滑；也可以采用脂润滑，但相应的速度要打折扣。所谓定时，就是每隔一定的时间间隔注一次油；所谓定量，就是通过一个叫做定量阀的器件，精确地控制每次润滑油的注油量。而油气润滑指的是润滑油在压缩空气的携带下，被吹入陶瓷轴承。油量控制很重要，太少时起不到润滑作用；太多时则在轴承高速旋转时会因油的阻力而发热。

4）冷却装置：为了尽快给高速运行的电主轴散热，通常对电主轴的外壁通以循环冷却剂，冷却装置的作用是保持冷却剂的温度。

5）内置脉冲编码器：为了实现自动换刀以及刚性攻螺纹，电主轴内置一脉冲编码器，以实现准确的相位控制以及与进给的配合。

6）自动换刀装置：为了适用于加工中心，电主轴配备了能进行自动换刀的装置，包括碟形弹簧、拉刀液压缸。

7）高速刀具装夹：广为熟悉的 BT、ISO 刀具，已被实践证明不适合于高速加工，这种情况下出现了 HSK、SKI 等高速刀柄。

8）高频变频装置：要实现电主轴每分钟几万甚至十几万转的转速，就必须用高频变频装置来驱动电主轴的内置高速电动机，变频器的输出频率甚至需要达到几千 Hz。

（2）电主轴的基本参数与结构特点

电主轴的基本参数和主要规格包括：套筒直径、最高转速、输出功率、计算转速、计算转速转矩和刀具接口等。一般电主轴型号中含有套筒直径、最高转速和输出功率这三项参数。表3-1列出了德国GMN公司用于加工中心和铣床的电主轴的型号和主要规格。

表3-1 德国GMN公司用于加工中心和铣床的电主轴的型号和主要规格

主要型号	套筒直径/mm	最高转速/(r/min)	输出功率/kW	计算转速/(r/min)	计算转速转矩/N·m	润滑	刀具接口
HC120-42000/11	120	42000	11	30000	3.5	OL	SK30
HC120-50000/11	110	50000	11	30000	3.5	OL	HSK-E25
HC120-60000/5.5	120	60000	5.5	60000	0.9	OL	HSK-E25
HCS150g-18000/9	150	18000	9	7500	11	G	HSK-A50
HCS170-24000/27	170	24000	27	18000	14	OL	HSK-A63
HC170-40000/60	170	40000	60	40000	14	OL	HSK-A50/E50
HCS170g-15000/15	170	15000	15	6000	24	G	HSK-A63
HCS170g-20000/18	170	20000	18	11000	14	G	HSK-F63
HCS180-30000/16	180	30000	16	15000	10	OL	HSK-A50/E50
HCS185g-8000/11	185	8000	11	2130	53	G	HSK-A63
HCS200-18000/15	200	18000	15	1800	80	OL	HSK-A63
HCS200-30000/15	200	30000	15	12000	12	OL	HSK-A50/E50
HCS200-36000/16	200	36000	16	6000	29	OL	HSK-A50/E50
HCS200-36000/76	200	36000	76	21000	29	OL	HSK-A50/E50
HCS200-12000/15	200	12000	15	1800	80	G	SK40
HCS230-18000/15	230	18000	15	1800	80	OL	HSK-A63
HCS230-18000/25	230	18000	25	3000	80	OL	HSK-A63
HCS230-24000/18	230	24000	18	3150	57	OL	HSK-A63
HCS230-24000/45	230	24000	45	7500	58	OL	HSK-A63
HCS230g-12000/22	230	12000	22	2400	87	G	HSK-A63
HCS230-12000/25	230	12000	25	3000	80	G	HSK-A63
HCS230-15000/9	230	15000	9	1220	70	G	HSK-A63
HCS275-20000/60	275	20000	60	10000	57	OL	HSK-A63
HCS285-12000/32	285	12000	32	1000	306	OL	HSK-A100
HCS300-12000/30	300	12000	30	1000	286	OL	HSK-A100
HCS300-14000/25	300	14000	25	1100	217	OL	HSK-A63
HCS30C-8000/30	300	8000	30	1000	286	G	HSK-A100

注：HCS——矢量驱动；OL——油气润滑；SK——ISO锥度；G——永久油脂润滑。表中产品全部使用陶瓷球轴承。

虽然电主轴外形各不相同，但其实质都是一只转子中空的电动机。外壳有进行强制冷却的水槽，中空套筒用于直接安装各种机床主轴，从而取消了从主电动机到主轴之间的机械传动环节（如传动带、齿轮、离合器等），实现了主电动机与机床主轴的一体化。主轴部件采用电主轴的传动方式有以下特点：

①机械结构最为简单，转动惯量小，因而快速响应性好，能实现极高的速度、加（减）速度和定角度的快速准停（C轴控制）。

②通过采用交流变频调速或磁场矢量控制的交流主轴驱动装置，输出功率大，调速范围宽，并有比较理想的转矩—功率特性。

③可以实现电主轴部件的模块化、标准化和系列化生产。

另外，电主轴在数控机床应用中，根据电主轴和主轴轴承相对位置的不同，高速电主轴有两种安装形式。

①主电动机置于主轴前、后轴承之间。这种方式的优点是：主轴单元的轴向尺寸较短，主轴刚度高，出力大，较适用于中、大型高速加工中心，目前大多数加工中心都采用这种结构形式。

②主电动机置于主轴后轴承之后，即主轴箱和主电动机作轴向的同轴布置（有的用联轴器）。这种布局方式有利于减少电主轴前端的径向尺寸，电动机的散热条件也较好。但整个主轴单元的轴向尺寸较大，常用于小型高速数控机床，尤其适用于模具型腔的高速精密加工。

（3）电主轴常用的轴承及其配置形式

1）电主轴常用的轴承

①混合陶瓷球轴承　当钢质的内环配以氮化硅（Si_3N_4）陶瓷球时，这种轴承称为混合陶瓷球轴承。在滚珠轴承运转过程中，滚珠既自转又公转，会产生巨大离心力和陀螺力矩，从而加剧轴承的温升与磨损，降低轴承的使用寿命。为了减小这个离心力和陀螺力矩，采用适当减小滚珠的直径和使用轻质材料来制造滚珠。现已得到广泛应用。

②磁悬浮轴承　如图3-9所示为IBAG公司磁悬浮轴承电主轴结构。由于磁悬浮轴承电主轴在空气中回转不与轴颈表面接触，不存在机械摩擦和磨损，不需润滑和密封，温升低，热变形小，转速高，寿命长，能耗低；磁力轴承基本电磁力反馈控制系统保证主轴的旋转精度、刚度和阻尼可调控，可消除转子质量不平衡引起的振动，可实现高速回转下的自平衡，回转特性可由传感器和控制系统获得，便于状态监控和诊断。磁力轴承目前达到的性能指标：旋转精度最高达0.03～0.05μm，转速最高达10×10^4r/min（轴颈线速度200m/s，速度因素$d_mn=4\times10^6$mm·r/min），承载力达到3×10^5N，径向刚度达到600N/μm（静刚度）和100N/μm（动刚度），功耗为同径传统轴承的0.1～0.01倍，可靠性MTBF≥4000h。图3-10为磁力轴承的主轴组件，该磁力轴承主轴由内装的高频电动机直接驱动，两端使用球轴承作为辅助支承用的捕捉轴承，捕捉轴承与轴颈有0.2mm的间隙。磁力轴承与电动机的电子驱动回路是联锁的，只有当磁力轴将主轴正确地悬浮起来时主轴才能转动，此后捕捉轴承不再起支承作用。运转时，当转子不平衡超过预先规定的极限时，则中断电动机电源使主轴停转当主电源有故障时，为保护主轴免受危害，磁力轴承控制系统和电动机的电子驱动回路由蓄电池缓冲供电，使磁力轴承仍能工作一直到主轴停止下来由捕捉轴承支承；该IBAG磁力轴承主轴的最佳转速范围为2000～4000r/min，径向最大承载（在主轴头部）为1000N。

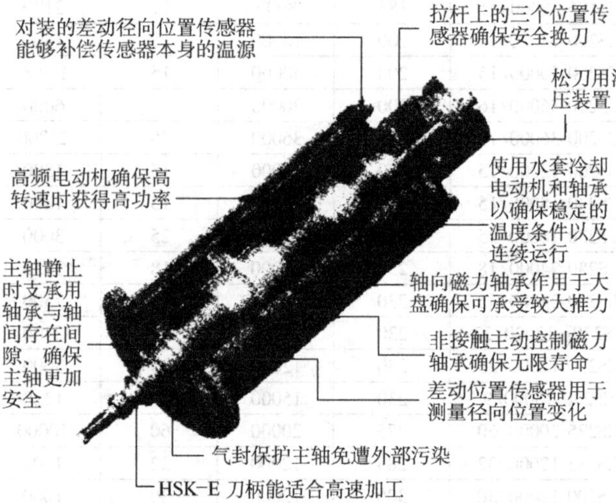

图3-9　IBAG公司磁悬浮轴承电主轴结构示意图

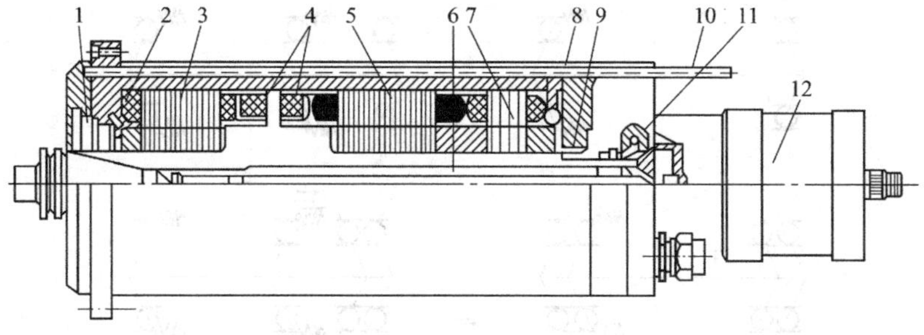

图 3-10　使用磁力轴承的高速主轴部件

1、9—捕捉轴承　2—45°倾斜布置的传感器　3、7—径向磁力轴承　4—轴向磁力止推轴承
5—高频电动机　6—刀具夹紧系统　8—径向传感器　10—连接冷却水
11—换刀装置传感器　12—气液压力放大器

2）电主轴常用的轴承配置形式：根据切削负荷大小、形式和转速等，对转速不太高和变速范围比较小的电主轴，电主轴常用的轴承配置形式如图 3-11 所示。其中图 3-11a 仅适用负荷较小的磨削用电主轴。图 3-11f 的后轴承为陶瓷圆柱混合轴承，可用于高速，既提高了刚度，又简化了结构，依靠内孔 1∶12 的锥度来消除间隙和施加预紧。

一般采用刚性预加载荷，即利用内外隔圈或轴承内外环的宽度尺寸差来施加预加载荷。这种方式虽然简单，但当轴系零件发热而使长度尺寸变化时，预加载荷大小也会相应发生变化。当转速较高和变速范围较大时，为了使预加载荷的大小少受温度或速度的影响，应采用弹性预加载荷装置，即用适当的弹簧来预加载荷。以上两种方法，在电主轴装配完成以后，其预加载荷大小就无法改变和调整。

（4）电主轴的性能参数　除上述由电动机和驱动器所决定的最高转速、转矩和功率以及它们之间有关的性能参数外，电主轴还有以下一些重要的性能参数：

1）精度和静刚度：电主轴的精度和刚度与电主轴前后轴承的配置方式、主要零件的制造精度、选用滚动轴承的尺寸大小和精度等级、装配的技艺水平和预加载荷的大小等密切相关。必须强调指出，电主轴的最终精度往往可以得到等于或高于单个轴承的精度，这是由于装配工人在装配时巧于选配，将单个轴承的误差进行相互补偿及恰当地施加预加载荷的结果。为此，高速电主轴的生产对设计水平、制造工艺、工人技艺和装配环境的洁净度和恒温控制等均有极为严格的要求，并不是任何一个制造企业都能够生产精度合格、运转安全、寿命长的电主轴。电主轴的刚度分为轴向刚度和径向刚度，其刚度数值随最高转速高低而变化，一般最高转速高的刚度小于最高转速低的刚度。这既反映了电主轴工作的实际需要，又与转速高时预加载荷较小有关。

2）临界转速：临界转速是指一个回转质量系统（包括刀具在内）在某一特定的支承条件下，产生系统最低一阶共振时转速。掌握这个临界转速，对高速回转部件的安全运转至关重要。这个数据及计算程序一般不告诉用户，但是要求用户在使用时，刀具重量不能超出规定值，其长度直径比一般不应大于某一数值（例如 4∶1），并要求使用经过动平衡的刀具。如果用户必须使用超重或大于规定长径比的刀具，有些电主轴厂家可以承诺代为计算其新的临界转速值，以验证其运转是否安全。

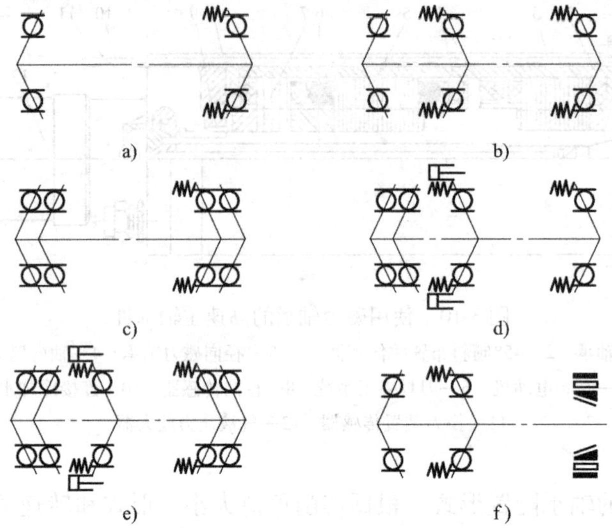

图 3-11　电主轴常用的轴承配置形式

a）前后端单列角接触球轴承支承　b）前端两列组合，后端单列角接触球轴承支承
c）前后两端都为双列角接触球轴承组合　d）前端三列组合支承，后端单列角接触球轴承支承　e）前端三列组合支承，后端双列组合角接触球轴承支承
f）前端两列角接触球轴承组合，后端单列滚柱轴承支承

3）残余动不平衡值及验收振动速度值：高速回转时，即使微小的动不平衡，也会产生很大的离心力，从而使电主轴系统产生振动。为此，电主轴厂必须对电主轴系统进行精确的动平衡。一般都执行 ISO 标准 G0.4 级，即在最高转速时，由于残余动不平衡引起振动的速度最大允许值为 0.4mm/s。

4）噪声与套筒温升值：电主轴在最高转速时，噪声一般应低于 70～75dB（Å）。尽管电主轴的电动机及前轴承外周处都采用循环水冷却，但仍会有一定的温升。通常在套筒前端处（其温升为 T_1）和套筒前轴承外周处（其温升为 T_2）测量温升。当电主轴在最高转速运转至热平衡状态时，一般 T_1 应小于20℃，T_2 应小于 25℃。值得注意的是 T_1、T_2 并非越小越好。这是因为内置电动机的转子无法冷却，总有一定的温升，故希望定子温升值与转子温升值尽量接近。

5）拉紧刀具的拉力值和松开刀具所需液（气）压力的最小和最大值：对用于加工中心或其他具有刀具拉紧机构的电主轴，一般都在说明书上标明了静态拉紧刀具的力的大小，以 N 为单位，用成组的碟形弹簧来实现刀具的拉紧。松开刀具一般采用液压或气压活塞和缸。厂家也会注明所需的最大和最小压力值，以 MPa 为单位。德国 GMN 公司对具有刀具拉紧机构的每一种规格电主轴都提供这个数据。以套筒直径为 230mm，最高转速为 24000r/min，功率为 40kW 的 HC230-24000/40 型电主轴为例，其静态拉紧力为 18000N（在高速回转时，由于离心力对拉钩的作用，拉紧力还会进一步增加），刀具松开所需液压力最小和最大值分别为 6MPa 和 15MPa。

6）使用寿命值：由于高速运转，采用滚动轴承电主轴的工况一般比较恶劣，因此，其使用寿命总是有限的。在正常使用和维护的前提下，制造厂商一般应保证使用寿命在 5000～10000h。

一套电主轴价值约为一台高速数控机床的6%～10%。电主轴在失效后，一般是完全可以通过检修恢复到新的程度的。因此机床用户在订购高速机床时，最好买两套电主轴。这样，一台失效时可立即送修，同时换上备品继续工作。虽然购机成本相对较高，但是却可以避免价值90%～94%的机床停机至少几百小时，从经济上说也是合算的。

（5）电主轴应用场合　当前，国内外专业的电主轴制造厂已可供应几百种规格的电主轴。国内电主轴的生产以洛阳轴承研究所最为著名，它生产内孔磨削用电主轴已有40余年历史。与德国GMN公司一样，它也兼生产精密机床用主轴轴承。

电主轴产品涵盖内外表面磨削、高速数控铣、高速雕铣、加工中心、PCB板数控钻铣、高速数控车、高速离心、高速旋碾、高速试验等领域，其套筒直径为32～320mm，转速为10000～240000r/min，功率为0.5～80kW，转矩为0.1～200N·m。主要用于要求高效率、表面质量要求高和直径为零点几毫米喷油小孔等加工场合。如：国内用于高速切削的数控车床用电主轴，最高转速为12000r/min，安装在高速、高精度数控车床上，用宝石刀加工铝合金工件表面，*Ra* 可小于0.1μm。

电主轴除可满足各类高速切削的要求外，还可与各种规格锥柄配套，用于普通加工中心、铣床、钻床作增速用。最近还出现轴承寿命更长的液体静压轴承和磁悬浮轴承配套的电主轴以及交流永磁同步电动机电主轴。

（6）电主轴的联接　主轴与刀具的接口关系到电主轴的使用性能。当前，国内外几乎所有的电主轴公司均可按用户的需要，提供标准或非标准的刀具接口。用于车床时，可按用户要求提供卡盘的接口。电主轴的联接见图3-12。

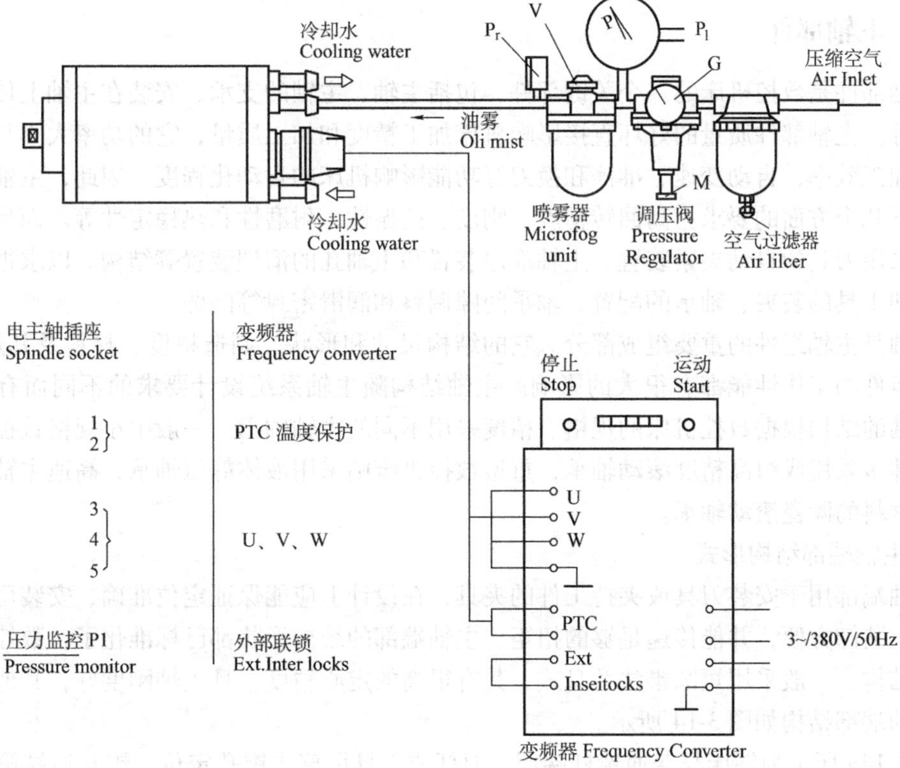

图3-12　电主轴的联接

3.2 主轴及其部件的结构

数控机床主轴部件是影响机床加工精度的主要部件，要求主轴部件具有与本机床工作性能相适应的高回转精度、刚度、抗振性、耐磨性和低的温升，其结构必须能很好地解决刀具和工具的装夹、轴承的配置、轴承间隙调整和润滑密封等问题。

数控机床的主轴部件主要有以下几个部分：主轴本体及密封装置、支承主轴的轴承、配置在主轴内部的刀具的自动夹紧装置及吹屑装置、主轴的准停装置等。

3.2.1 主轴本体

主轴部件质量的好坏直接影响加工质量。无论哪种机床的主轴部件，都应满足下述几个方面的要求：主轴的回转精度、部件的结构刚度和抗振性、运转温度和热稳定性以及部件的耐磨性和精度保持能力等。对于数控机床尤其是自动换刀数控机床，为了实现刀具在主轴上自动装卸与夹持，还必须有刀具的自动夹紧装置、主轴准停装置和主轴孔的清理装置等。图 3-13 所示为加工中心主轴。

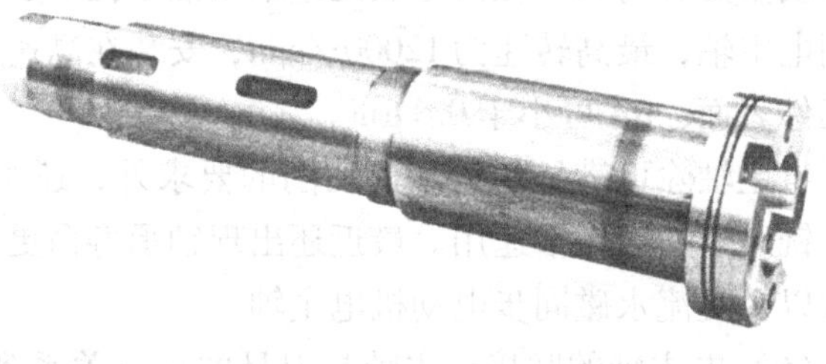

图 3-13　加工中心主轴

3.2.2 主轴部件

主轴部件是数控机床的一个关键部件，包括主轴、主轴的支承、安装在主轴上传动件和密封件等。主轴部件质量的好坏直接影响机床加工精度和加工质量，它的功率大小与回转速度影响加工效率，自动变速、准停和换刀等功能影响机床的自动化程度。因此，主轴部件应满足以下几个方面的要求：高回转精度、刚度、抗振性、耐磨性和热稳定性等。而且在主轴结构上采用刀具的自动夹紧装置、主轴准停装置和主轴孔的清理装置等结构。以求很好地解决刀具和工具的装夹、轴承的配置、轴承间隙调整和润滑密封等问题。

主轴是主轴组件的重要组成部分。它的结构尺寸和形状、制造精度、材料及其热处理，对主轴组件的工作性能都有很大的影响。主轴结构随主轴系统设计要求的不同而有各种形式。主轴的结构根据数控机床的规格、精度采用不同的主轴轴承。一般中小规格数控机床的主轴部件多采用成组高精度滚动轴承，重型数控机床则采用液体静压轴承，高速主轴常采用氮化硅材料的陶瓷滚动轴承。

1. 主轴端部结构形式

主轴端部用于安装刀具或夹持工件的夹具，在设计上应能保证定位准确、安装可靠、联接牢固、装卸方便，并能传递足够的扭矩。主轴端部的结构形状都已标准化了，数控车床的主轴部结构，一般采用短圆锥法兰盘式，其有很高的定心精度，且主轴刚度好，其他类型机床的主轴端部结构如图 3-14 所示。

图 3-14a 所示为钻床与普通镗杆端部，刀杆或刀具用莫式锥孔定位，锥孔后端第 1 个扁孔用于传递转矩，第 2 个扁孔用于拆卸刀具。

图 3-14b 所示为数控铣、镗床的主轴端部，主轴前端有 7∶24 的锥孔，用于装夹铣刀柄或刀杆。7∶24 的锥孔没有自锁作用，便于自动换刀时拔出刀具。主轴端面有一端面键，既可通过它传递刀具的扭矩，又可用于刀具的轴向定位，并用拉杆从主轴后端拉紧。

图 3-14c 所示为外圆磨床砂轮主轴的端部，图 3-14d 所示为内圆磨床砂轮主轴端部。

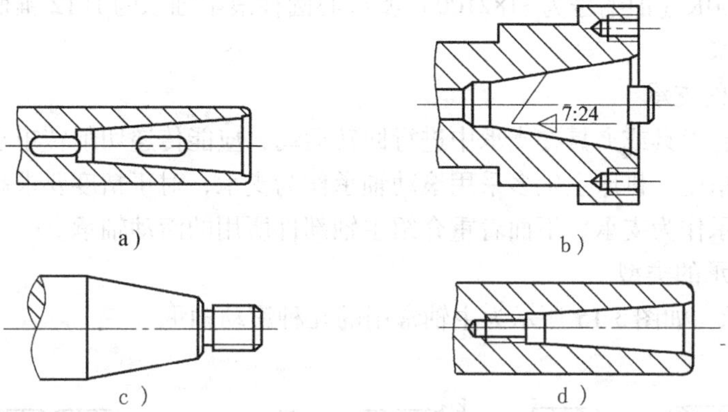

图 3-14　几种机床上通用的结构形式
a）各种铣床　b）钻床、镗床　c）外圆磨床、平面磨床、无心磨床等砂轮主轴　d）内圆磨床砂轮主轴

2. 主轴的主要尺寸参数

主轴的主要尺寸参数包括：主轴直径、内孔直径、悬伸长度和支承跨距。评价和考虑主轴的主要尺寸参数的依据是主轴的刚度、结构工艺性和主轴组件的工艺适用范围。

（1）主轴直径　主轴直径越大，其刚度越高，但增加直径使得轴承和轴上其他零件的尺寸相应增大。轴承的直径越大，同等级精度轴承的公差值也越大，要保证主轴的旋转精度就越困难。同时极限转数下降。主轴后端支承轴颈的直径可视为 0.7～0.8 的前支承轴颈值，实际尺寸要在主轴组件结构设计时确定。前、后轴颈的差值越小则主轴的刚度越高，工艺性能也越好。

（2）主轴内孔直径　主轴的内径用来通过棒料、通过刀具夹紧装置固定刀具、传动气动或液压卡盘等。主轴孔径越大，可通过的棒料直径也越大，机床的使用范围就越广，同时主轴部件的相对重量也越轻。主轴的孔径大小主要受主轴刚度的制约。主轴的孔径与主轴直径之比，小于 0.3 时空心主轴的刚度几乎与实心主轴的刚度相当；等于 0.5 时空心主轴的刚度为实心主轴刚度的 90%；大于 0.7 时空心主轴的刚度就急剧下降。一般可取其比值为 0.5 左右。

3. 主轴的材料和热处理

主轴材料的选择主要根据刚度、载荷特点、耐磨性和热处理变形大小等因素确定。主轴材料常采用的有：45 钢、38CrMoAl、GCr15、9Mn2V，须经渗氮和感应淬火。对于一般要求的机床，其主轴可用价格便宜的中碳钢、45 钢，进行调质处理后硬度为 22～28HRC；当载荷较大或存在较大的冲击时，或者精密机床的主轴为减少热处理后的变形，或者需要做轴向移动的主轴为了减少它的磨损时，则可选用合金钢。常用的合金钢有 40Cr，淬硬后使硬度达到 40～50HRC；或者用 20Cr 进行渗碳淬硬，使硬度达到 56～62HRC。某些高精度机床的主轴材料则选用 38CrMoAl 进行氮化处理，使硬度达到 850～1000HVC。

4. 主轴主要精度指标

1）前支承轴承轴颈的同轴度公差约为 5μm 左右。

2）轴承轴颈需按轴承内孔“实际尺寸”配磨，且须保证配合过盈为 1 ~ 5μm。

3）锥孔与轴承轴颈的同轴度要求为 3 ~ 5μm，与锥面的接触面积不小于 80%，且大端接触较好。

4）装 NN3000K（旧编号为 3182100）型调心圆柱滚子轴承的 1∶12 锥面，与轴承内圈接触面积不小于 85%。

5. 主轴部件的支承

机床主轴带着刀具或夹具在支承中进行回转运动，应能传递切削转矩承受切削抗力，并保证必要的旋转精度。机床主轴多采用滚动轴承作为支承，对于精度要求高的主轴则采用动压或静压滑动轴承作为支承。下面着重介绍主轴部件所用的滚动轴承。

（1）主轴轴承的类型

1）滚动轴承。如图 3-15 所示为主轴常用的几种滚动轴承。

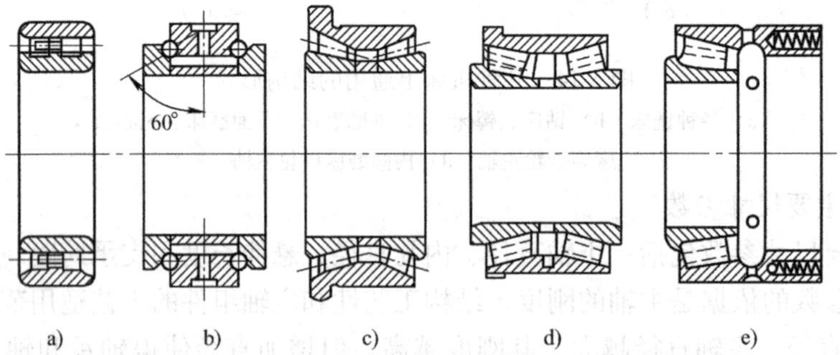

图 3-15　主轴常用的滚动轴承

如图 3-15a 所示为锥孔双列圆柱滚子轴承，内圈为 1∶12 的锥孔，当内圈沿锥形轴颈轴向移动时，内圈胀大以调整滚道的间隙。滚子数目多，两列滚子交错排列，因而承载能力大，刚性好，允许转速高。它的内、外圈均较薄，因此，要求主轴颈与箱体孔均有较高的制造精度，以免轴颈与箱体孔的形状误差使轴承滚道发生畸变而影响主轴的旋转精度，该轴承只能承受径向载荷。

如图 3-15b 所示是双列推力角接触球轴承，接触角为 60°，球径小，数目多，能承受双向轴向载荷。磨薄中间隔套可以调整间隙或预紧，轴向刚度较高，允许转速高。该轴承一般与双列圆柱滚子轴承配套用做主轴的前支承，其外圈外径为负偏差，只承受轴向载荷。

图 3-15c 所示是双列圆锥滚子轴承，它有一个公用外圈和两个内圈，由外圈的凸肩在箱体上进行轴向定位，箱体孔可以镗成通孔。磨薄中间隔套可以调整间隙或预紧，两列滚子的数目相差一个，能使振动频率不一致，明显改善了轴承的动态特性。这种轴承能同时承受径向和轴向载荷，通常用做主轴的前支承。

图 3-15d 所示为带凸肩的双列圆柱滚子轴承，结构上与图 3-15c 相似，可用做主轴前支承。滚子做成空心的，保持架为整体结构，充满滚子之间的间隙，润滑油由空心滚子端面流向挡边摩擦处，可有效地进行润滑和冷却。空心滚子承受冲击载荷时可产生微小变形，能增

大接触面积并有吸振和缓冲作用。

图3-15e所示为带预紧弹簧的圆锥滚子轴承，弹簧数目为16～20根，均匀增减弹簧可以改变预加载荷的大小。

【实例3-1】 数控车床主轴支承结构

图3-16所示为数控车床主轴支承结构，前支承采用双列短圆柱滚子轴承承受径向载荷和60°角接触双列向心推力球轴承承受轴向载荷，后支承采用双列短圆柱滚子轴承，适用于中等转速，主轴刚性高，能承受较大的切削负载。

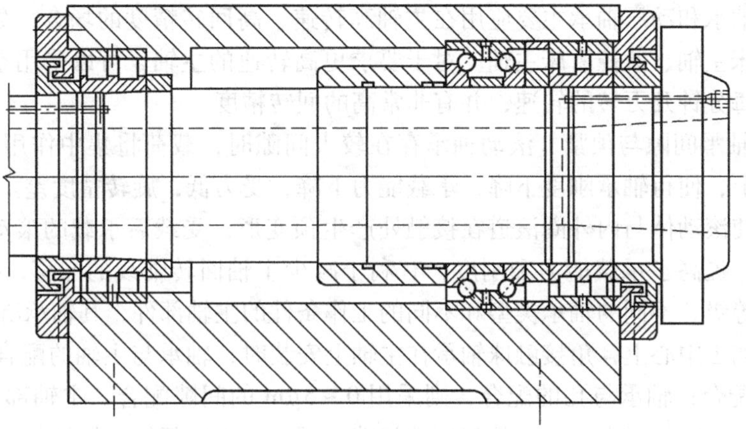

图3-16　数控车床主轴支承结构

2）主轴轴承的结构配置。主轴轴承的结构配置主要取决于主轴的转速特性的速度因素（$d_m n$（mm·r/min）和主轴刚度的要求。速度因素 $d_m n = 50 \times 10^4$ mm·r/min，近来甚至达到 $d_m n = 60 \times 10^4$ mm·r/min。d_m 为轴承平均直径，等于轴承内，外径之和的二分之一。实际应用中，数控机床主轴轴承常见的配置有下列三种形式，如图3-17所示。

图3-17a所示的配置形式能使主轴获得较大的径向和轴向刚度，可以满足机床强力切削的要求，普遍应用于各类数控机床的主轴，如数控车床、数控铣床、加工中心等。这种配置的后支承也可用圆柱滚子轴承，以进一步提高后支承径向刚度。

图3-17b所示的配置没有图3-17a所示的主轴刚度大，但这种配置提高了主轴的高转速，适合主轴要求在较高转速下工作的数控机床。目前，这种配置形式在立式、卧式加工中心机床上得到广泛应用，满足了这类机床转速范围大、最高转速高的要求。为提高这种形式配置的主轴刚度，前支承可以用四个或更多个的轴承相组配，后支承用两个轴承相组配。

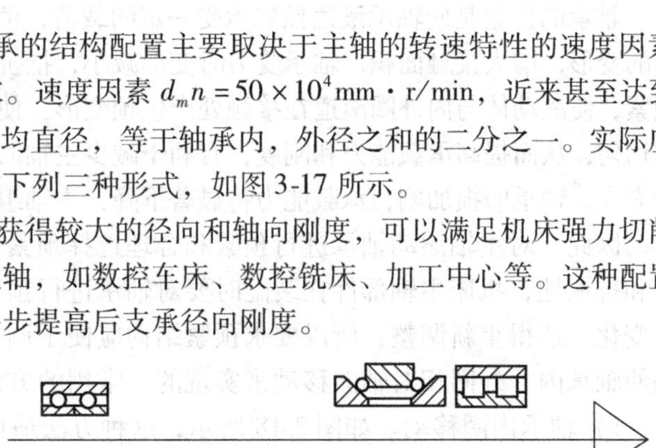

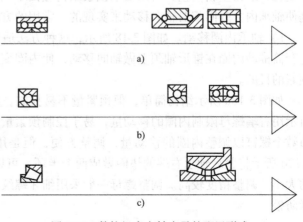

图3-17　数控机床主轴支承的配置形式

图 3-17c 所示的配置形式能使主轴承受较重载荷（尤其是承受较强的动载荷），径向和轴向刚度高，安装和调整性好。但这种配置相对限制了主轴最高转速和精度，适用于中等精度、低速与重载的数控机床主轴。

为提高主轴组件刚度，数控机床还常采用三支承主轴组件。尤其是前后轴承间跨距较大的数控机床，采用辅助支承可以有效地减小主轴弯曲变形。三支承主轴结构中，一个支承为辅助支承，辅助支承可以选为中间支承，也可以选为后支承。辅助支承在径向要保留必要的游隙，避免由于主轴安装轴承处轴径和箱体安装轴承处孔的制造误差（主要是同轴度误差）造成的干涉。辅助支承常采用深沟球轴承。

液体静压轴承和动压轴承主要应用在主轴高转速、高回转精度的场合，如应用于精密、超精密数控机床主轴、数控磨床主轴。对于要求更高转速的主轴，可以采用空气静压轴承，这种轴承可达每分钟几万转的转速，并有非常高的回转精度。

（2）滚动轴承间隙与预紧　滚动轴承存在较大间隙时，载荷将集中作用于受力方向上的少数滚动体上，使得轴承刚度下降，承载能力下降，受力低，旋转精度差。将滚动轴承进行适当预紧，使滚动体与内外圈滚道在接触处产生预变形，受载后承载的滚动体数量增多，受力趋向均匀，提高了承载能力和刚度，有利于减少主轴回转轴线的漂移，提高了旋转精度。不同精度等级、不同的轴承类型和不同的工作条件的主轴部件，其轴承所需的预紧量有所不同。如在加工中心上，角接触球轴承在主轴上安装时，轴承与主轴的配合，一般采用 1 ~ 5μm 的过盈配合；轴承与孔的配合，则采用 0 ~ 5μm 的间隙配合。主轴部件使用一段时间，轴承因磨损间隙将增大，就要从新调整间隙。因此，主轴部件必须具备轴承间隙的调整结构。

轴承的预紧是使轴承滚道预先承受一定的载荷，消除间隙并使得滚动体与滚道之间发生一定的变形，增大接触面积，轴承受力时变形减小，抵抗变形的能力增大。将滚动轴承进行适当预紧，使滚动体与内外圈滚道在接触处产生预变形，使受载后承载的滚动体数量增多，受力趋向均匀，从而提高承载能力和刚度，有利于减少主轴回转轴线的漂移，提高旋转精度。若过盈量太大，轴承磨损加剧，承载能力将显著下降，主轴组件必须具备轴承间隙的调整结构。

因此，对主轴滚动轴承进行预紧和合理选择预紧量，可以提高主轴部件的回转精度、刚度和抗振性，机床主轴部件在装配时要对轴承进行预紧，使用一段时间以后，间隙或过盈有了变化，还得重新调整，所以要求预紧结构应便于调整。滚动轴承间隙的调整或预紧，通常是使轴承内、外圈相对轴向移动来实现的。常用的方法有以下几种：

1）轴承内圈移动。如图 3-18 所示，这种方法适用于锥孔双列圆柱滚子轴承。用螺母通过套筒推动内圈在锥形轴颈上做轴向移动，使内圈变形胀大，在滚道上产生过盈，从而达到预紧的目的。

如图 3-18a 所示结构简单，但预紧量不易控制，常用于轻载机床主轴部件。如图 3-18b 所示用右端螺母限制内圈的移动量，易于控制预紧量。如图 3-18c 所示在主轴凸缘上均匀分布数个螺钉以调整内圈的移动量，调整方便，但是用几个螺钉调整，易使垫圈歪斜。如图 3-18d 所示将紧靠轴承右端的垫圈做成两个半环，可以径向取出，修磨其厚度可控制预紧量的大小，调整精度较高。调整螺母一般采用细牙螺纹，便于微量调整，而且在调好后要能锁紧防松。

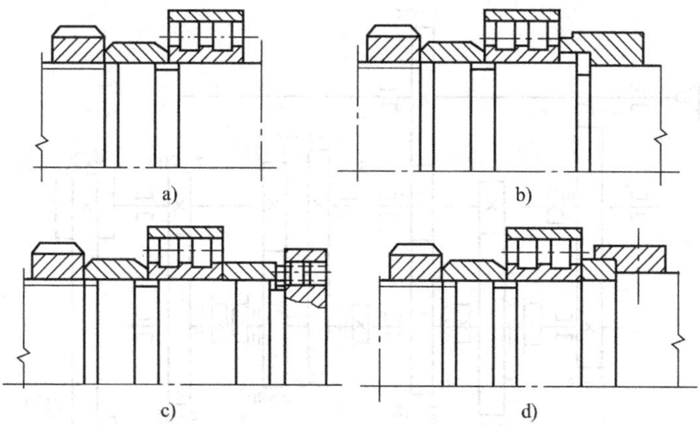

图3-18　滚动轴承的预紧

2）修磨座圈或隔套。图3-19a所示为轴承外圈宽边相对（背对背）安装，这时修磨轴承内圈的内侧；图3-19b所示为外圈窄边相对(面对面)安装,这时修磨轴承外圈的窄边。在安装时按图示的相对关系装配,并用螺母或法兰盖将两个轴承轴向压拢,使两个修磨过的端面贴紧,这样使用两个轴承的滚道之间产生预紧。另一种方法是将两个厚度不同的隔套放在两轴承内、外圈之间,同样将两个轴承轴向相对压紧,使滚道之间产生预紧,如图3-20所示。

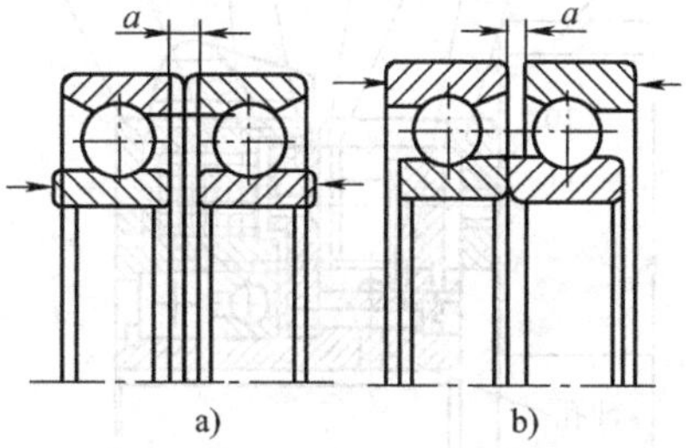

图3-19　修磨轴承座圈

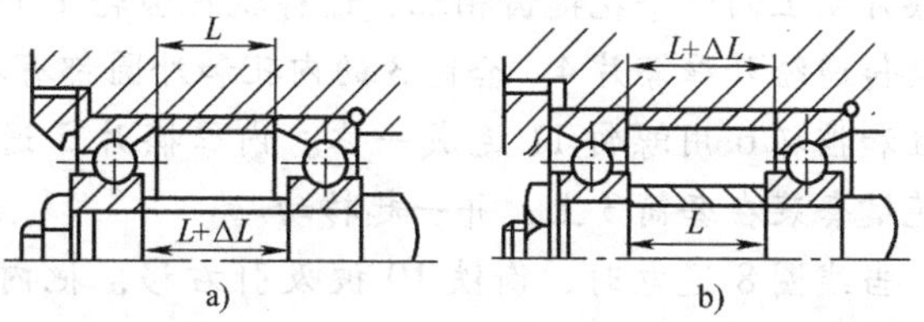

图3-20　隔套的应用

（3）主轴内切屑清除装置　自动清除主轴孔内的灰尘和切屑是换刀过程中的一个不容忽视的问题。如果主轴锥孔中落入了切屑、灰尘或其他污物，在拉紧刀杆时，锥孔表面和刀杆的锥柄就会被划伤，甚至会使刀杆发生偏斜，破坏了刀杆的正确定位，影响零件的加工精度，甚至会使零件超差报废。

为了保持主轴锥孔的清洁，常采用的方法是使用压缩空气吹屑。在活塞推动拉杆松开刀柄的过程中，压缩空气由喷气头经过活塞中心孔和拉杆中的孔吹出，将锥孔清理干净，防止主轴锥孔中掉入切屑和灰尘，把主轴孔表面和刀杆的锥柄划伤，保证刀具的正确位置。为了提高吹屑效率，喷气小孔要有合理的喷射角度，并均匀布置。

【实例3-2】　THM6380型自动换刀数控铣镗床的主传动系统

图3-21所示为THK6380型自动换刀数控铣镗床的主传动系统图，该机床采用双速电机和六个电磁离合器完成18级变速。

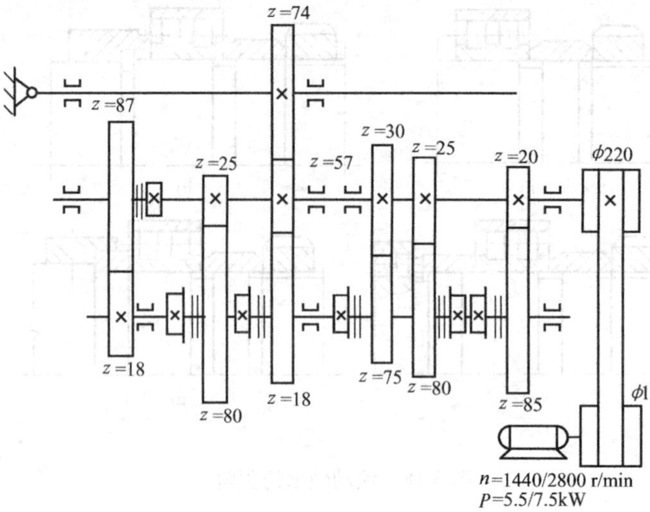

图 3-21　THK6380 型自动换刀数控铣镗床的主传动系统

图 3-22 所示为数控铣镗床主轴箱中使用的无滑环摩擦片式电磁离合器。传动齿轮 1 通过螺钉固定在联接件 2 的端面上，根据不同的传动结构，运动既可以从齿轮 1 输入，也可以从套筒 3 输入。联接件 2 的外周开有六条直槽，并与外摩擦片 4 上的六个花键齿相配，这样就把齿轮 1 的转动直接传递给外摩擦片 4。套筒 3 的内孔和外圆都有花键，而且和挡环 6 用螺钉 11 连成一体。内摩擦片 5 通过内孔花键套装在套筒 3 上，并一起转动。

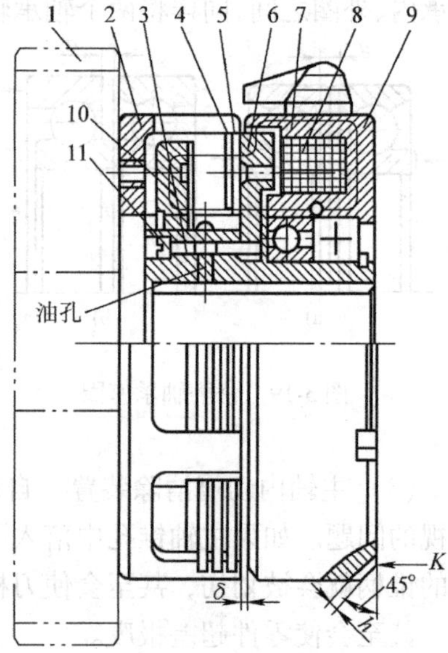

图 3-22　无滑环摩擦片式电磁离合器

1—传动齿轮　2—联接件　3—套筒
4—外摩擦片　5—内摩擦片　6—挡环
7—滚动轴承　8—绕组　9—铁心
10—衔铁　11—螺钉

当线圈 8 通电时，衔铁 10 被吸引右移，把内摩擦片 5 和外摩擦片 4 压紧在挡环 6 上，通过摩擦力矩把齿轮 1 与套筒 3 结合在一起。无滑环电磁离合器的线圈 8 和铁心 9 是不转动的，在铁心 9 的右侧均匀分布着六条键槽，用斜键将铁心固定在变速箱的壁上。当线圈 8 断电时，外摩擦片 4 的弹性爪使衔铁 10 迅速恢复到原来位置，内、外摩擦片互相分离，运动被切断。这种离合器的优点在于省去了电刷，避免了磨损和接触不良带来的故障，因此比较适合于高速运转的主运动系统。由于采用摩擦片来传递转矩，所以允许不停机变速。但也带来了另外的缺点，就是变速时将产生大量的摩擦热，还由于线圈和铁心是静止不动的，这就要求必须在旋转的套筒上装滚动轴承 7，因而增加了离合器的径向尺寸。此外，这种摩擦离合器的磁力线通过钢质的摩擦片，在线圈断电之后会有剩磁，所以增加了离合器的分离时间。

6. 主轴部件的润滑与密封

主轴部件的润滑与密封是机床使用和维护过程中值得重视的两个问题。良好的润滑效果可以降低轴承的工作温度和延长使用寿命。密封不仅要防止灰尘屑末和切削液进入，还要防止润滑油的泄漏。

在数控机床上，主轴轴承润滑方式有：油脂润滑、油液循环润滑、油雾润滑，油气润滑等方式。

1）油脂润滑方式是目前在数控机床的主轴轴承上最常用的润滑方式，特别是在前支承轴承上更是常用。当然，如果主轴箱中没有冷却润滑油系统，那么后支承轴承和其他轴 承，一般也采用油脂润滑方式。

2）在数控机床主轴上，有采用油液循环润滑方式的。装有 GAMET 轴承的主轴，即可使用这种方式。对一般主轴轴承来说，后支承上采用这种润滑方式比较常见。图 3-23 所示是恒温油液循环润滑冷却方式。由油温自动控制箱控制的恒温油液，经油泵打到润轴箱，一路沿主轴前支承套外圈上的螺旋槽流动，带走主轴轴承所发出的热量。另一路通过主轴箱内的分油器，把恒温油喷射到传动齿轮和传动轴支承轴承上，以带走它们所产生的热量。这种方式润滑和降温效果都很好。

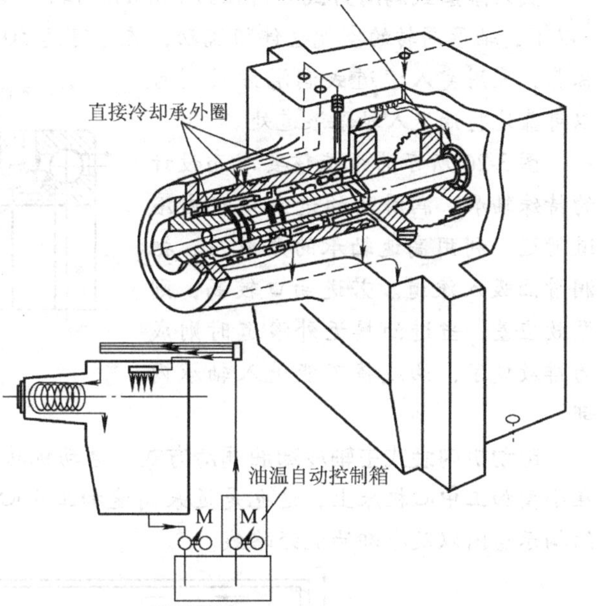

图 3-23 恒温油液循环润滑冷却方式

3）油雾润滑方式是将油液经高压气体雾化后从喷嘴成雾状喷到需润滑的部位的润滑方式。由于是雾状油液吸热性好，又无油液搅拌作用，所以常用于高速主轴轴承的润滑。但是，油雾容易吹出，污染环境。

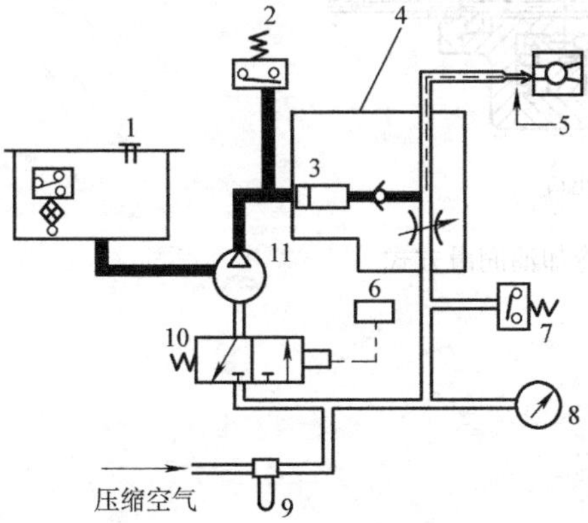

图 3-24 油气润滑

1—油箱（带油位开关） 2—压力开关 3—定量柱塞式分配器 4—混合物形成阀 5—喷嘴 ϕ0.5～1.0mm 6—时间继电器 7—压力开关 8—压力表 9—过滤器 10—电磁阀 11—泵

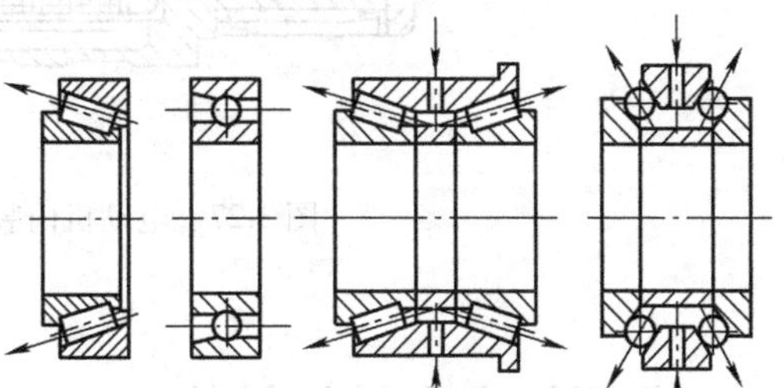

图 3-25 角接触轴承油液润滑

4）油气润滑方式是针对高速主轴而开发的新型润滑方式。它是用极微量油（8～16min约0.03cm^3油）润滑轴承，以抑制轴承发热。其润滑原理如图3-24所示。在油箱中无油或压力不足时，油箱中的油位开关和管路中的压力开关。能自动切断主电动机电源。

在用油液润滑角接触轴承，要注意角接触轴承有泵油效应，必须使油液从小口进入，如图3-25所示。

【实例3-3】 典型的润滑方式

突入滚道式润滑方式 内径为100mm的轴承以2000r/min速度旋转时，线速度在100m/s以下，轴承周转的空气也伴随流动，流速可达50m/s。要使润滑油突破这层旋转气流很不容易，采用突入滚道式润滑方式则可以可靠地将油送入轴承滚道处。

图3-26所示为适应该要求而设计的特殊轴承。润滑油的进油口在内滚道附近，利用高速轴承的泵效应，把润滑油吸入滚道。若进油口较高，则泵效应差，当进油接近外滚道时则成为排放口了，油液将不能进入轴承内部。

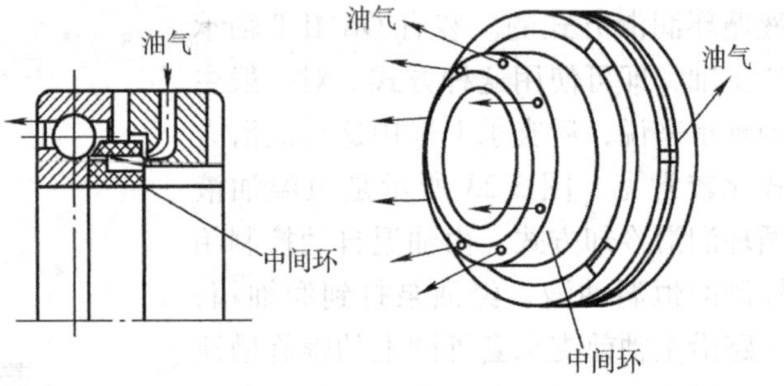

图3-26 突入滚道润滑用特种轴承

电动机内装式主轴冷却油润滑方式 电动机转子装在主轴上，主轴就是电动机轴，多用在小型加工中心机床上，这也是近来高速加工中心主轴发展的一种趋势。如图3-27所示为结构示意图以及冷却油流经路线。

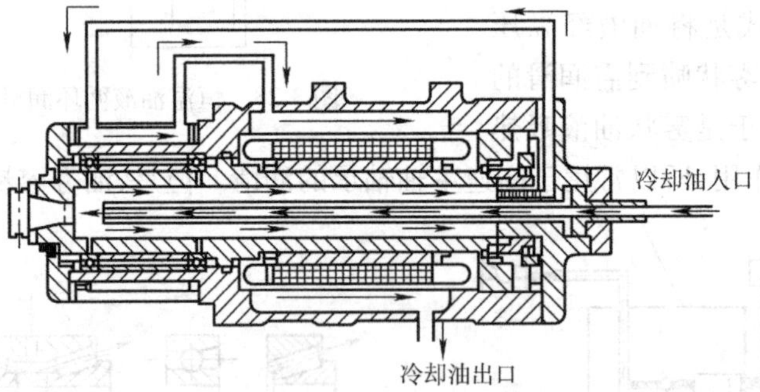

图3-27 电动机内装式主轴冷却油润滑方式

3.3 典型机床主轴的结构

3.3.1 数控车床的主轴部件

数控车床主轴部件的精度、刚度和热变形对加工质量有直接的影响。数控车床主轴的支承配置形式主要有三种：①前支承采用双列圆柱滚子轴承和60°角接触双列球轴承组合，后支承采用成对安装的角接触轴承。这种配置形式使主轴的综合刚度大幅度提高，普遍应用于各类数控机床主轴；②前轴承采用高精度双列（或三列）角接触球轴承，后支承采用单列（或双列）角接触球轴承，这种配置适用于高速、轻载和精密的数控机床主轴；③前后轴承采用双列和单列圆锥滚子轴承，适用于中等精度、低速与重载的数控机床主轴。

1. 卡盘

数控车床工件夹紧装置可采用三爪自定心卡盘、四爪单动卡盘或弹簧夹头（用于棒料加工）。为减少数控车床装夹工件的辅助时间，广泛采用液压或气动动力自定心卡盘。图3-28所示为数控车床上采用的一种液压驱动动力自定心卡盘，卡盘3用螺钉固定在主轴前端（短锥定位），液压缸5固定在主轴后端，改变液压缸左、右腔的通油状态，活塞杆4带动卡盘内的驱动爪1驱动卡爪2，夹紧或松开工件，并通过行程开关6和7发出相应信号。

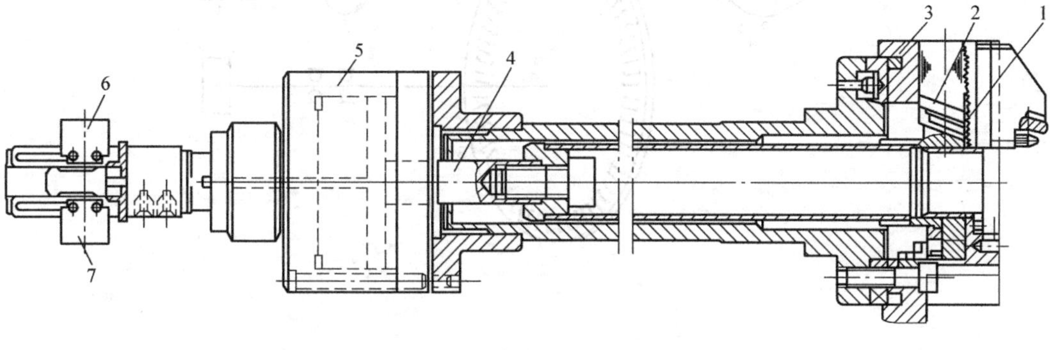

图3-28　液压驱动动力自定心夹盘

1—驱动爪　2—卡爪　3—卡盘　4—活塞杆　5—液压缸　6、7—行程开关

2. 主轴编码器

数控车床主轴编码器采用与主轴同步的光电脉冲发生器，其可以通过中间轴上的齿轮1:1地同步传动，也可以通过弹性联轴器与主轴同轴安装。

利用主轴编码器检测主轴的运动信号，一方面可实现主轴调速的数字反馈，另一方面可用于进给运动的控制，例如车螺纹。数控机床主轴的转动与进给运动之间，没有机械方面的直接联系，为了加工螺纹，就要求输入进给伺服电动机的脉冲数与主轴的转速有相应关系，主轴脉冲发生器起到了主轴转动与进给运动的联系作用。编码器外观如图3-29所示，联接编码器的常用弹性联轴器如图3-30所示。

图3-29　编码器

图3-30　常用弹性联轴器

图 3-31 所示是光电脉冲发生器的原理图。在漏光盘上，沿圆周刻有两圈条纹，外圈条纹为圆周等分线，例如外圈等分为 1 024 条，作为发送脉冲用，内圈条纹仅一条。在光栏板上，刻有透光条纹 A、B、C，A 与 B 之间的距离应保证当条纹 A 与漏光盘上任一条纹重合时，条纹 B 应与漏光盘上另一条纹的重合度错位 1/4 周期。在光栏板的每一条纹的后面均安置光敏三极管一只，构成一条输出通道。

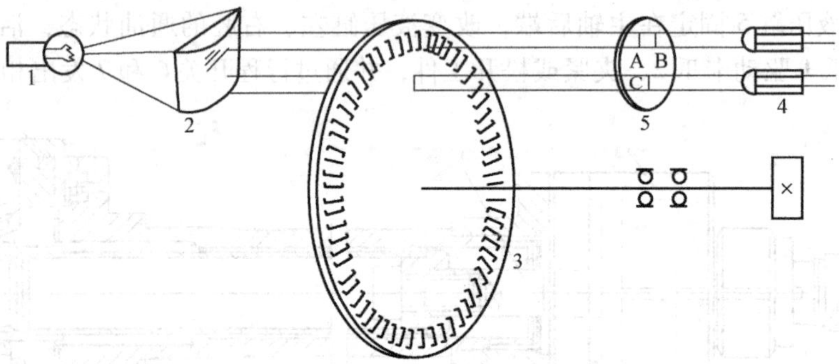

图 3-31　光电脉冲发生器原理图

1—灯泡　2—聚光镜　3—漏光盘　4—光敏管　5—光栏板

灯泡发出的散射光线，经过聚光镜聚光后成为平行光线，当漏光盘与主轴同步旋转时，由于漏光盘上的条纹与光栏板上的条纹出现重合和错位，使光敏管接收到光线亮暗的变化信号，引起光敏管内电流的大小发生变化，变化的信号电流经整形放大电路输出为矩形脉冲。

由于条纹 A 与漏光盘条纹重合时，B 条纹与另一个条纹错位 1/4 周期，因此 A、B 两通道输出的波形相位也相差 1/4 周期。

脉冲发生器中漏光盘内圈的一条刻线与光栏板上条纹 C 重合时输出的脉冲为同步（起步，又称零位）脉冲。利用同步脉冲，数控车床可实现加工控制，也可作为主轴准停装置的准停信号。数控车床车螺纹时，利用同步脉冲作为车刀进刀点和退刀点的控制信号，以保证车削螺纹不会乱牙。

【实例 3-4】　TND360 型数控车床主轴部件

图 3-32 所示为 TND360 型数控车床的主轴部件，其主轴为空心的，内孔用于通过长的棒料，直径可达 60mm，也可用于通过气动、液压夹紧装置（动力夹盘）。主轴前端的短圆锥面及其端面用于安装卡盘或拨盘。主轴前后支承都采用角接触球轴承。前支承 3 个一组，4、5 大口朝前端，3 大口朝向主轴后端。前轴承的内外圈轴向由轴肩和箱体孔的台阶固定，以承受轴向负荷。后支承两个角接触球轴承 1、2 小口相对。前后轴承都由轴承厂配好，成套供应，装配时不需修配。

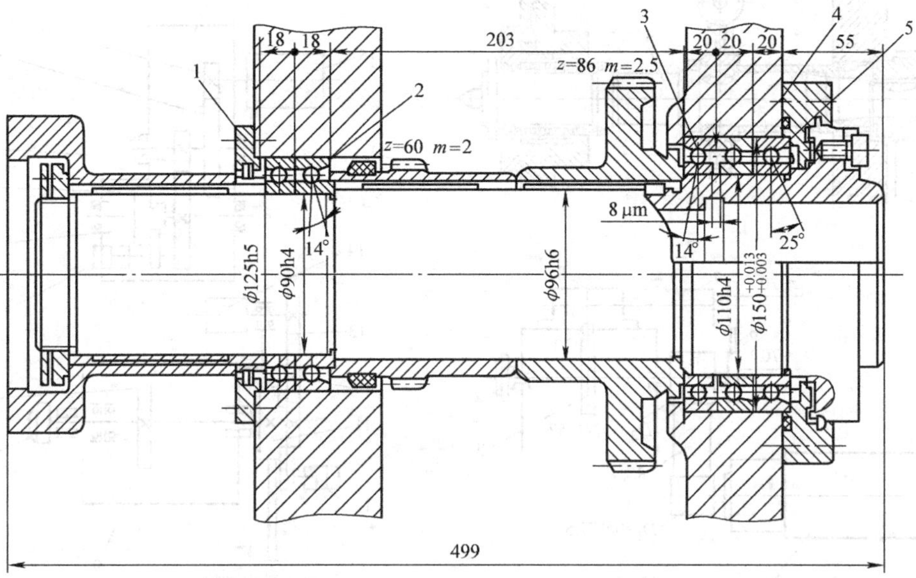

图3-32 TND360型数控车床的主轴部件

【实例3-5】 车削中心主传动系统

图3-33为济南第一机床厂生产的CH6144型车削中心的*C*轴传动系统图。该部件由主轴箱和*C*轴控制箱两部分组成。

当主轴在一般工作状态时，换位液压缸6使滑移齿轮5与主轴齿轮器脱离，制动液压缸10脱离制动，主轴电动机通过V带带动带轮使主轴8旋转。

当主轴需要*C*轴控制作分度或回转时，主轴电动机处于停止工作状态，齿轮5与齿轮7啮合。在制动液压缸10未制动状态下，*C*轴伺服电动机15根据指令脉冲值旋转，通过*C*轴变速箱变速，经齿轮5、7使主轴分度，然后制动液压缸工作制动主轴。进行铣削时，除制动液压缸不制动主轴外，其他动作与上述相同，此时主轴按指令作缓慢地连续旋转进给运动。

图3-34为沈阳第三机床厂S3-317型车削中心的*C*轴传动系统图。*C*轴传动是通过安装在伺服电动机轴上的滑移齿轮带动主轴旋转，可实现主轴旋转进给和分度。当不用*C*轴传动时，伺服电动机上的滑移齿轮脱开，主轴由主电动机带动。为了防止主传动和*C*轴传动之间产生干涉，在伺服电动机上的滑移齿轮的啮合位置装有检测开关，利用开关的检测信号，以识别主轴的工作状态，当*C*轴工作时，主轴电动机就不能起动。

主轴分度是采用安装在主轴上的三个120°齿的分度齿轮来实现的。安装时，3个齿轮分别错开一个齿，以实现主轴的最小分度值为1°。主轴定位靠一带齿的连杆来实现，定位后通过液压缸压紧。三个液压缸分别配合三个连杆协调动作，用电气实现自动控制。

*C*轴坐标除了用伺服电动机通过机械结构实现外，还可用带*C*轴功能的主轴电动机直接进行分度和定位。这种功能在SIEMENS主轴电动机伺服系统中就可以实现。

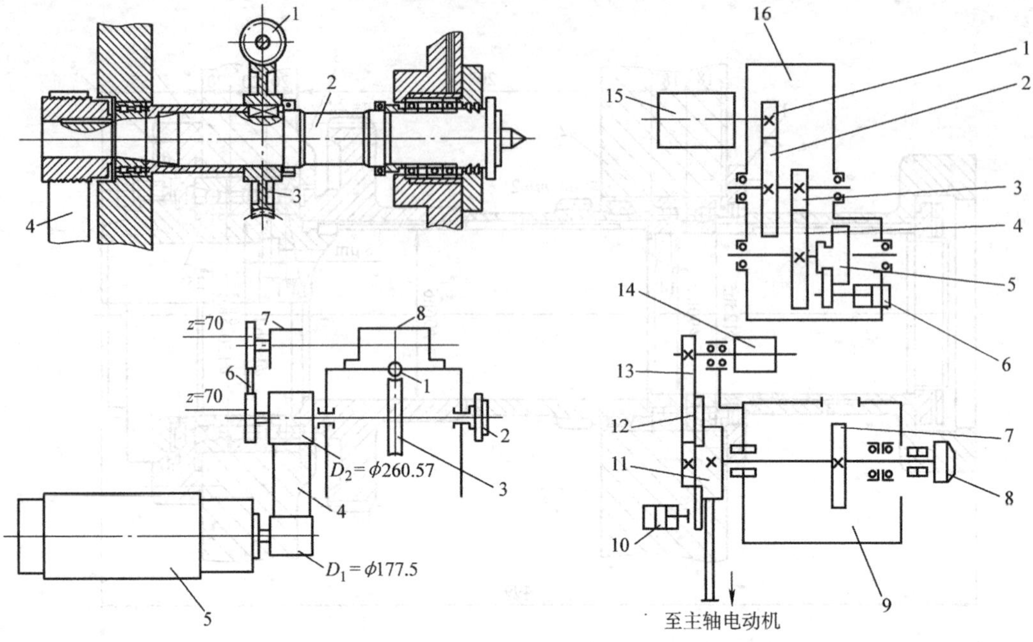

a)　　b)

图 3-33　CH6144 型车削中心的 *C* 轴传动系统图

a）主轴结构简图

1—蜗杆　2—主轴　3—蜗轮　4—齿形带　5—主轴电动机　6—同步齿形带　7—脉冲编码器　8—*C* 轴伺服电动机

b）*C* 轴传动及主传动系统示意图

1～4—传动齿轮　5—滑移齿轮　6—换位液压缸　7—主轴齿轮　8—主轴　9—主轴箱　10—制动液压缸　11—V 带轮　12—主轴制动盘　13—同步齿形带　14—脉冲编码器　15—*C* 轴电动机　16—*C* 轴控制箱

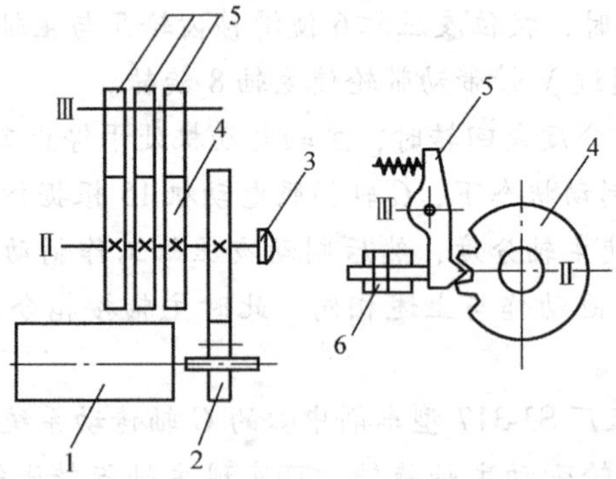

图 3-34　S3-317 型车削中心的 *C* 轴传动系统图

1—*C* 轴伺服电动机　2—滑移齿轮　3—主轴　4—分度齿轮　5—插销杆　6—压紧液压缸

3.3.2　自动换刀数控铣床的主轴部件

对于一般数控机床和自动换刀数控机床（加工中心）来说，由于采用了电动机无级变速，减少了机械变速装置，因此，主轴箱的结构较普通机床简化，但主轴箱材料要求较高，一般用 HT250 或 HT300，制造与装配精度也较普通机床要高。

对于数控落地铣床来说，主轴箱结构比较复杂，主轴箱可沿立柱上的垂直导轨做上下移动，主轴可在主轴箱内做轴向进给运动。除此之外，大型落地铣镗床的主轴箱结构还有携带主轴的部件做前后进给运动的功能，它的进给方向与主轴的轴向进给方向相同。此类机床的主轴箱结构通常有两种方案，即滑枕式和主轴箱移动式。

（1）滑枕式　数控落地铣镗床有圆形滑枕、方形或矩形滑枕以及棱形或八角形滑枕。滑枕内装有铣轴和镗轴，除镗轴可实现轴向进给外，滑枕自身也可沿镗轴轴线方向进给，且两者叠加。滑枕进给传动的齿轮和电动机是与滑枕分离的，通过花键轴或其他系统将运动传给滑枕以实现进给运动。

1）圆形滑枕。圆形滑枕又称套筒式滑枕，这种圆形断面的滑枕和主轴箱孔的制造工艺简便，使用中便于接近工件加工部位，但其断面面积小，抗扭断面惯性矩较小，且很难安装附件，磨损后修复调整困难，因而现已很少采用。

2）矩形或方形滑枕。滑枕断面形状为矩形，其移动的导轨面是其外表面的 4 个直角面，如图 3-35 所示。这种形式的滑枕有比较好的接近工件性能，其滑枕行程可做得较好，端面有附件安装部位，工艺适应性较强，磨损后易于调整。抗扭断面惯性矩比同样规格的圆形滑枕大。这种滑枕国内、外均有采用，尤以长方形滑枕采用较多。

3）棱形、八角形滑枕。棱形、八角形滑枕的断面工艺性较差，与方形或矩形滑枕比较，在相等断面面积的情况下，虽然高度较大，但宽度较窄，如图 3-36 所示。这对安装附件不利，而且在滑枕表面使用静压导轨时，静压面小，主轴在工作过程中抗振能力较差，受力后主轴中心的位移大。

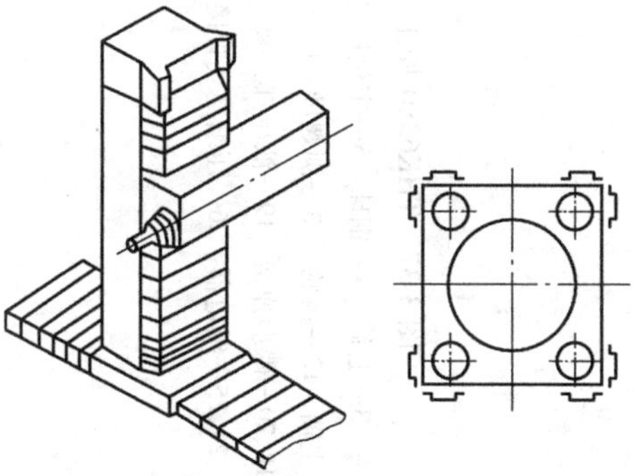

图 3-35　数控落地铣镗床的矩形滑枕

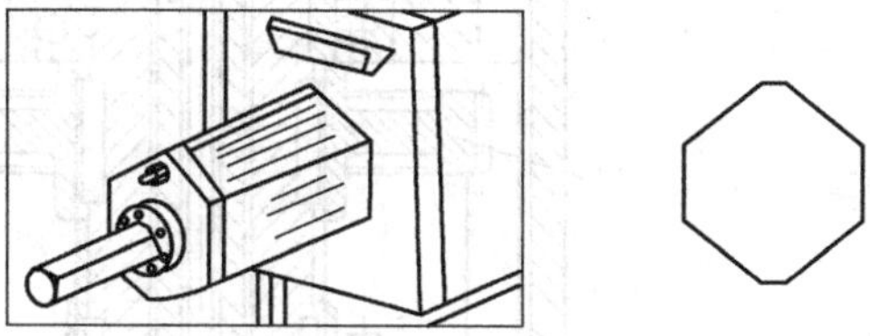

a)　b)

图 3-36　棱形滑枕

a）滑枕外形　b）滑枕截面

（2）主轴箱移动式　这种结构又有两种形式，一种是主轴箱移动式，另一种是滑枕主轴箱移动式。

1）主轴箱移动式　主轴箱内装有铣轴和镗轴，镗轴实现轴向进给，主轴箱箱体在滑板上可作沿镗轴轴线方向的进给。箱体作为移动体，其断面尺寸远比同规格滑枕式铣镗床大得多。这种主轴箱端面可以安装各种大型附件，使其工艺适应性增强，扩大功能。缺点是接近工件性能差，箱体移动时对平衡补偿系统的要求高，主轴箱热变形后产生的主轴中心偏移大。

2）滑枕主轴箱移动式　这种形式的铣镗床，其本质仍属于主轴箱移动式，只不过是把大断面的主轴移动体尺寸做成同等主轴直径的滑枕式而已。这种主轴箱结构，铣轴和镗轴及其传动和进给驱动机构都装在滑枕内，镗轴实现轴向进给，滑枕在主轴箱内做沿镗轴轴线方

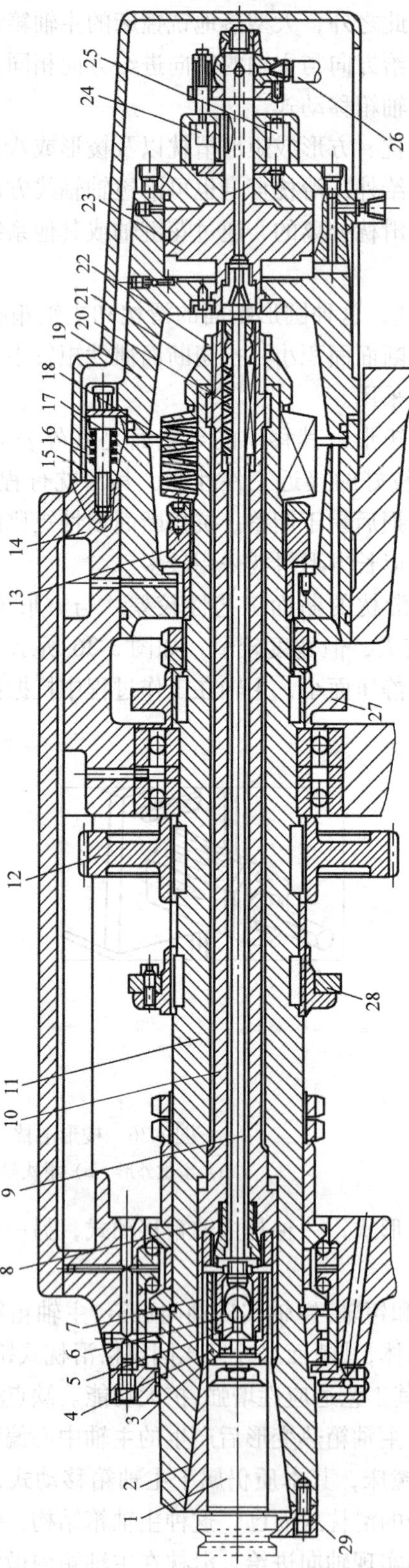

图 3-37 THK6380 加工中心主轴部件结构图

1—刀夹 2—弹簧夹头 3—套筒 4—钢球 5—定位螺钉 6—定位小轴 7—定位套筒 8—锁紧件 9—拉杆 10—拉套 11—主轴 12—齿轮 13—圆螺母 14—主轴箱 15—连接座 16—连接弹簧 17—螺钉 18、20—碟形弹簧 19—液压缸支架 21—套筒 22—垫圈 23—活塞 24、25—继电器 26—压缩空气管接头 27、28—凸轮 29—定位块向的进给。滑枕断面尺寸比同规格的主轴箱体移动式的主轴箱小，但比滑枕移动式的大，其断面尺寸足可以安装各种附件。这种结构形式不仅具有主轴箱移动式的传动链短、输出功率大及制造方便等优点，同时还具有滑枕式的接近工件、方便灵活的优点，克服了主轴箱移动式的具有危险断面和主轴中心受热变形后位移大等缺点。

【实例3-6】 THK6380型加工中心主轴部件结构

图3-37为THK6380加工中心主轴部件结构图，它由刀具自动夹紧装置、清洁装置、卸荷装置、主轴准停装置组成。其中，刀具自动夹紧装置中的刀夹1内孔用来安装刀具，刀夹1的夹紧与松开动作由弹簧夹头2和轴向拉紧机构控制。弹簧夹头2与拉套10用螺纹联接，拉套10左端螺纹部分开有轴向槽，其内孔为锥孔，锁紧件8旋入拉套10左端内螺纹孔内，在锁紧件8外锥体作用下，使拉套10开有轴向槽的螺纹部分与弹簧夹头2上的螺纹联接撑死而紧住。主轴11后端有碟形弹簧18，在弹簧力作用下，拉套10向右拉紧弹簧夹头2，将刀夹1紧紧夹住。为使刀夹1在主轴孔内准确定位，固定在主轴11上的小轴6上有一定位螺钉5，其端面即是刀夹1的轴向定位面。装在拉杆9右端的碟形弹簧20使拉杆9经常承受向右的弹簧力作用，固定在拉杆9左端定位套筒7内的钢球4就将刀夹1右端轴颈夹持向右拉动，直至刀夹1右端面紧靠在定位螺钉5的定位端面上。

3.4 主轴的准停

主轴的准停功能又称为主轴定位功能，即当主轴停止时，控制其停于固定位置，这是自动换刀所必需的功能。在自动换刀的镗铣加工中心上，切削的转矩通常是通过刀杆的端面键来传递的，这就要求主轴具有准确定位于圆周上特定角度的功能。主轴准停换刀如图3-38所示。当加工阶梯孔或精镗孔后退刀时，为防止刀具与小阶梯孔碰撞或拉毛已精加工的孔表面，必须先让刀，再退刀，因此，刀具就必须具有定位功能。主轴准停阶梯孔或精镗孔如图3-39所示。

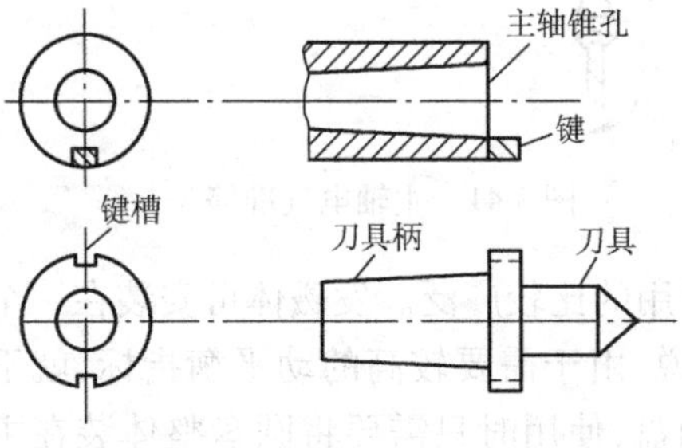

图3-38 主轴准停换刀示意图

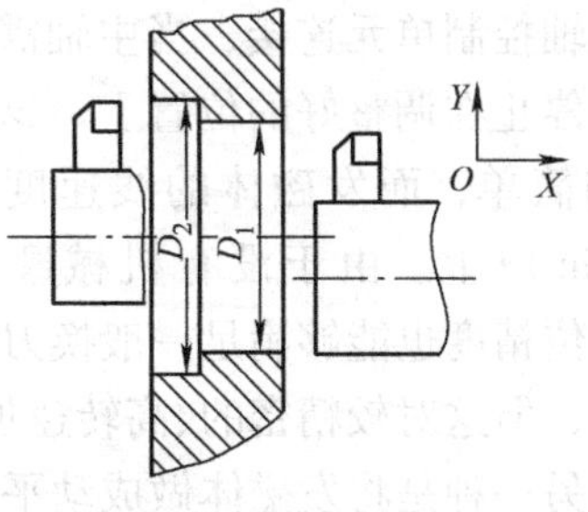

图3-39 主轴准停阶梯孔或精镗孔示意图

主轴准停功能分为机械准停和电气准停。

1. 机械准停控制

机械准停控制采用机械凸轮等机构和光电盘方式进行初定位，然后由一个定位销（由液动或气动）插入主轴上的销孔或销槽来完成精定位，换刀后定位销退出，主轴才可旋转。采用这种方法定向比较可靠准确，但结构复杂。图3-40为典型的V形槽轮定位盘机械准停原理示意图。带有 V 形槽的定位盘与主轴端面保持一定的关系，以确定定位位置。当准停指令到来时，首先使主轴减速至某一可以设定的低速转动，当无触点开关有效信号被检测到后，立即使主轴电动机停转并断开主轴传动链，此时主轴电动机与主轴传动件依惯性继续空转，同时准停液压缸定位销伸出并压向定位盘。当定位盘 V 形槽与定位销正对时，由于液压缸的压力，定位销插入 V 形槽中，准停到 LS_2 信号有效，表明准停动作完成。这里 LS_1 为准停释放信号。采用这种准停方式，必须有一定的逻辑互锁，即 LS_2 有效时才能进行下面诸如换刀等动作。而只有当 LS_1 有效时才能起动主轴电动机正常运转。上述准停功能通常可由数控系统所配的可编程序控制器完成。

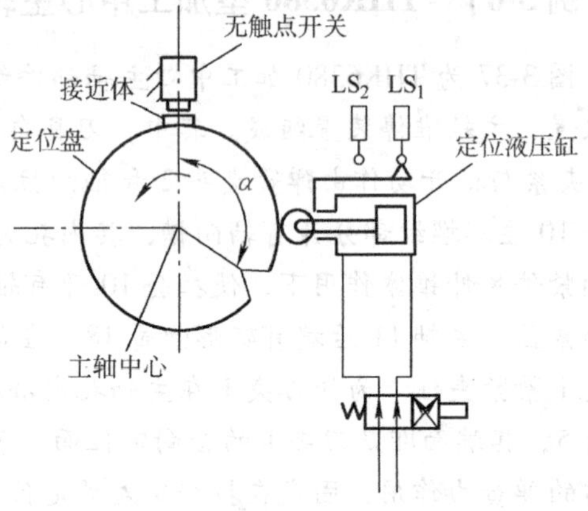

图 3-40　典型的 V 形槽轮定位盘机械准停原理示意图

机械准停还有其他方式，如端面螺旋凸轮准停等，但基本原理是一样的。

2. 电气准停控制

目前国内外中高档数控系统均采用电气准停控制。采用电气准停控制有如下优点：简化机械结构；缩短准停时间；可靠性增加（无需复杂的机械、开关和液压缸等装置）；性能价格比提高。目前电气准停通常有以下三种方式：

（1）磁传感器主轴准停控制　目前常采用的电气方式是用磁力传感器检测定向（见图 3-41），在主轴上安装一个发磁体与主轴一起旋转，在距离发磁体旋转外轨迹 1～2mm 处固定一个磁传感器，磁传感器经过放大器与主轴控制单元连接，当主轴需要定向时，便可停止在调整好的位置上。这种定向方式结构简单，而发磁体的线速度可达到 3500m/min 以上。由于没有机械摩擦和接触，且定位精度也能够满足一般换刀的要求，所以应用的比较广泛。发磁体可安装在一个圆盘的边缘，但这对较精密的、高转速加工中心主轴来说，由于需要较高的动平衡指标，就不十分有利。另一种是将发磁体做成动平衡效果很好的圆盘，使用时只需要将圆盘整体装在主轴上即可。在各种加工中心上采用什么形式的主轴定向装置，要根据各自的约束条件来选择。

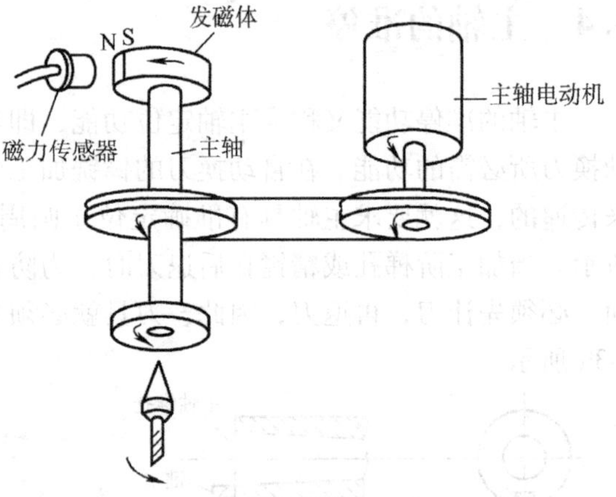

图 3-41　主轴电气准停

（2）编码器主轴准停控制　图 3-42 为编码器主轴准停控制原理图。可采用主轴电动机内部安装的编码器信号（来自于主轴驱动装置），也可以在主轴上直接安装另外一个编码器。采用前一种方式要注意传动链对主轴准停精度的影响。主轴驱动装置内部可自动转换，使主轴驱动处于速度控制或位置控制状态。准停角度可由外部开关量（12 位）设定，这一点与磁准停不同，磁准停的角度无法随意设定，要想调整准停位置，只有调整磁发体与磁传感器的相对位置。其步骤与传感器类似。

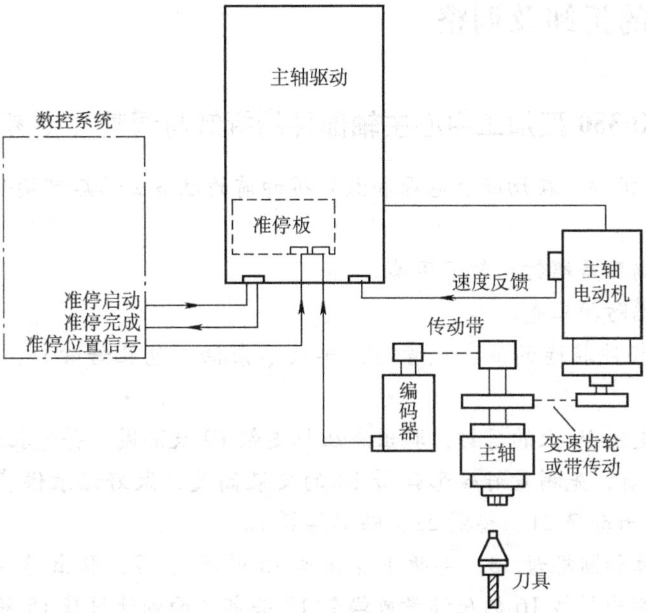

图 3-42　编码器主轴准停控制原理图

（3）数控系统主轴准停控制

1）数控系统须具有主轴闭环控制功能。通常为避免冲击，主轴驱动都具有软起动功能，但这对主轴位置闭环控制会产生不良影响。

2）当采用电动机轴端编码器信号反馈给数控装置时，主轴传动链精度可能对主轴精度产生影响。

3）无论采用何种准停方案（特别是对磁传感器准停方式），当需在主轴上安装元件时应注意动平衡问题，因为数控机床精度很高，转速也很高，所以对动平衡要求严格。一般对中速以上的主轴来说，有一点不平衡还不至于有太大的问题。但对高速主轴来说，这一不平衡量会引起主轴振动。为适应主轴高速化的需要，国外已开发出整环式磁传感器主轴准停装置，由于磁发体是整环，因此其动平衡好。数控系统控制主轴准停的结构如图 3-43 所示。

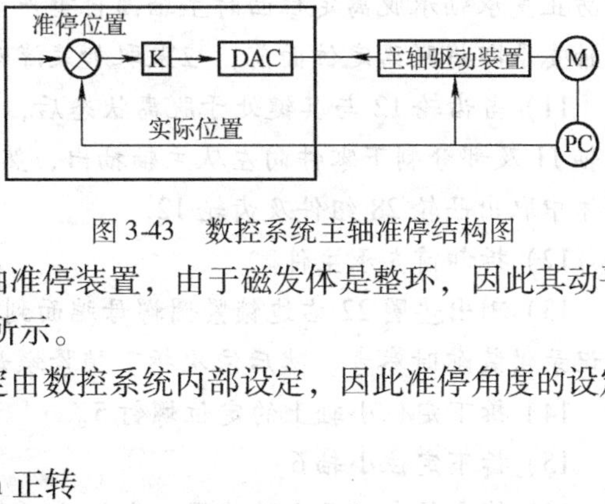

图 3-43　数控系统主轴准停结构图

当采用数控系统控制主轴准停时，角度指定由数控系统内部设定，因此准停角度的设定更加方便。准停步骤如下：

例　M03　S1000　//主轴以 1000r/min 正转
　　M19　　　　　//主轴准停于缺省位置
　　M19　S100　//主轴准停转至 100°处
　　S1000　　　　//主轴再次以 1000 r/min 正转
　　M19　S200　//主轴准停至 200°处

3.5 主轴部件的拆卸及调整

【实例3-7】 THK6380型加工中心主轴部件的拆卸与调整（参考图3-37）

（1）主轴部件的拆卸　在切断总电源和做好拆卸前的准备工作后可按如下顺序进行拆卸工作：

1）拆下主轴前端压盖螺钉，卸下压盖。

2）拆下主轴后端防护罩壳。

3）拆卸与主轴部件相连的油、气管路，排放尽余油，包扎好管口，以防尘屑进入管内。

4）拆下液压缸支架19上的螺钉，取出液压缸支架19及隔圈，并包扎好管口。

5）拆卸套筒21前，先测量好碟形弹簧18的安装高度，做好记录供装配时参照。拆下右端圆螺母，分别取出套筒21、垫圈22、碟形弹簧18。

6）拆下锁紧螺母和圆螺母13，再拆下连接座15的螺钉17，取出弹簧16、连接座15，在拆卸螺钉17前，测出弹簧16的压缩量或螺钉17头部端面到连接座15端面距离尺寸，做好记录供装配时参照；另外还应保持每个螺钉17和其组合的弹簧16原组合不变，装配时按原配组装到原安装位置上。

7）抽出主轴上右端（圆螺母13前）的轴向定位套（也可拆下主轴箱盖后进行）。

8）拆下主轴箱盖及凸轮27右边两圆螺母，做好凸轮27上V形槽与主轴在圆周上相对位置记号，拆下凸轮27取出平键。

9）拆下前支承调整用圆螺母，同时做好凸轮28的相对安装位置记号。

10）将主轴向左拉动移位（最好使用专用拆卸工具），一边拉动主轴移位，一边用敲击方法拆凸轮28、传动齿轮1 2及背对背安装的角接触球轴承。在主轴向左移位过程中，应注意防止支承轴承脱离定位面时主轴因自重产生忽然倾斜而造成主轴表面碰伤和弯曲变形。在主轴支承即将脱离定位面前，应采取加装浮动支承等方法来保证安全拆卸。

11）当齿轮12与其键处于脱离状态后，取出平键，然后向右拆卸凸轮28组件，同时将主轴11及部分剩下零件向左从主轴抽出，然后将主轴11妥善安放待进一步拆卸，再从主轴箱体中取出凸轮28组件及齿轮12。

12）拆卸前支承主件。

13）测出垫圈22右边锁紧圆螺母端面到拉杆9或拉套10右端面的安装距离尺寸，并做好记录供装配时参考。然后依次拆下锁紧螺母的紧定螺钉，拆下两个圆螺母。

14）拆下定位小轴上的定位螺钉5。

15）拆下定位小轴6。

16）将主轴内刀具夹紧装置从主轴孔（前锥孔内）抽出。

17）分解刀具自动夹紧装置。

18）将分解出来的主轴11、拉杆9、拉套10等细长零件清洗，涂油保护后垂直挂放，防止弯曲变形。然后再分别分解和清洗其余各零件，并妥善存放保管。

以上介绍的主轴部件拆卸顺序，并非固定的唯一顺序，有些顺序是可以变换或同时进行的，操作时应根据具体情况安排拆卸顺序。

（2）主轴部件的装配及调整　装配前应做好准备工作，各零部件应严格清洗，需预先涂油的部位应加涂油。装配设备、工具及装配方法根据装配要求和配合性质选取。

装配顺序可大体按拆卸顺序逆向操作（参考图3-37）。

对于主轴部件的调整，重点要注意以下几个部位：

1）主轴前端轴承安装方向和预紧量调整。

2）凸轮28的相对安装位置。

3）凸轮27上V形槽与主轴在圆周上的相对位置。

4）弹簧16的压缩量。

5）碟形弹簧的安装高度。

6）主轴重要表面的防护。

7）注意夹紧行程储备量的调整。

3.6　主轴部件的维护

数控机床主轴部件是影响机床加工精度的主要部件，它的回转精度影响工件的加工精度；它的功率大小与回转速度影响加工效率；它的自动变速、准停和换刀等影响机床的自动化程度。因此，要求主轴部件具有与本机床工作性能相适应的高回转精度、刚度、抗振性、耐磨性和低的温升。在结构上，必须很好地解决刀具和工件的装夹、轴承的配置、轴承间隙调整和润滑密封等问题。

1. 防泄漏

在密封件中，被密封的介质往往是以穿漏、渗透或扩散的形式越界泄漏到密封连接处的彼侧。造成泄漏的基本原因是流体从密封面上的间隙中溢出，或是由于密封部件内外两侧密封介质的压力差或浓度差，致使流体向压力或浓度低的一侧流动。图3-44为卧式加工中心主轴前支承的密封结构。

主轴的密封有接触式和非接触式密封。图3-45是几种非接触密封的形式。图中3-45a是利用轴承盖与轴的间隙密封，轴承盖的孔内开槽是为了提高密封效果，这种密封用在工作环境比较清洁的油脂润滑处；图中3-45b是在螺母的外圆上开锯齿形环槽，当油向外流时，靠主轴转动的离心力把油沿斜面甩到端盖1的空腔内，油液流回箱内；图中3-45c是迷宫式密封结构，在切屑多、灰尘大的工作环境下可获得可靠的密封效果，这种结构适用油脂或油液润滑的密封。用非接触密封的形式密封油液时，为了防漏，重要的是保证回油能尽快排掉，要保证回油孔的畅通。接触式密封主要有油毡圈和耐油橡胶密封圈密封，如图3-46所示。

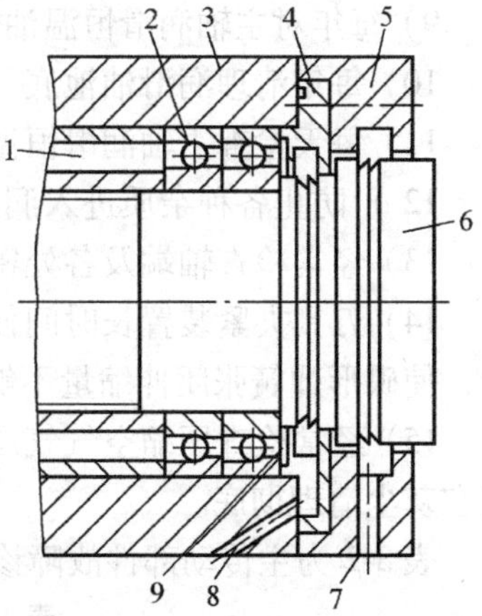

图3-44　主轴前支承的密封结构
1—进油口　2—轴承　3—套筒
4、5—法兰盘　6—主轴　7—泄漏孔
8—回油斜孔　9—泄油孔

2. 主传动链的维护

1）熟悉数控机床主传动链的结构、性能参数，严禁超性能使用。

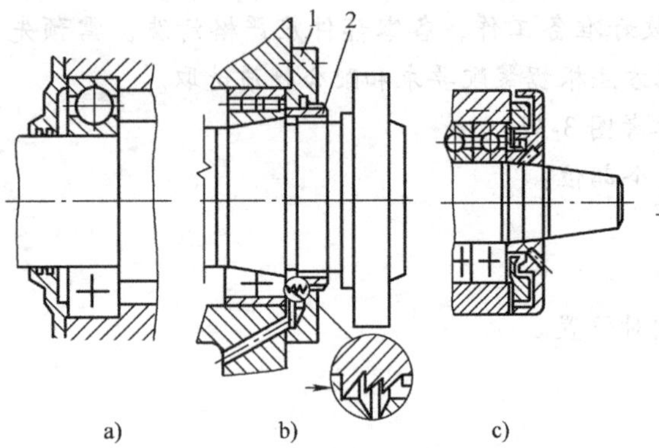

图 3-45　非接触式密封

1—端盖　2—螺母

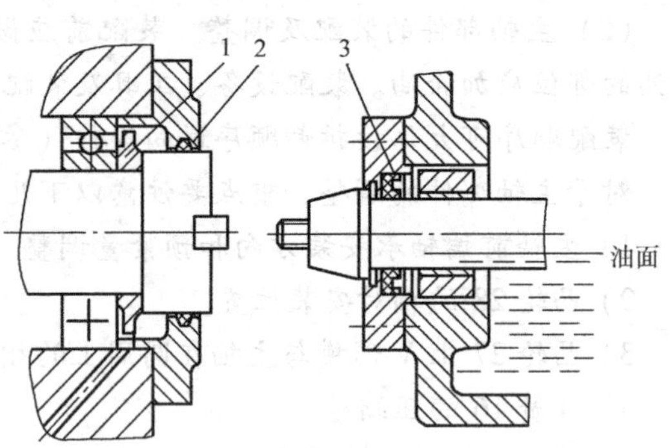

图 3-46　接触式密封

1—甩油环　2—油毡圈　3—耐油橡胶密封圈

2）主传动链出现不正常现象时，应立即停机排除故障。

3）操作者应注意观察主轴油箱温度，检查主轴润滑恒温油箱，调节温度范围，使油量充足。

4）使用带传动的主轴系统，需定期观察调整主轴传动带的松紧程度，防止因传动带打滑造成的丢转现象。

5）由液压系统平衡主轴箱重量的平衡系统，需定期观察液压系统的压力表，当油压低于要求值时，要进行补油。

6）使用液压拨叉变速的主传动系统，必须在主轴停机后变速。

7）使用啮合式电磁离合器变速的主传动系统，离合器必须在低于 1 ~ 2r/min 的转速下变速。

8）注意保持主轴与刀柄联接部位及刀柄的清洁，防止对主轴的机械碰击。

9）每年对主轴润滑恒温油箱中的润滑油更换一次，并清洗过滤器。

10）每年清理润滑油池底一次，并更换液压泵滤油器。

11）每天检查主轴润滑恒温油箱，使其油量充足，工作正常。

12 ）防止各种杂质进入润滑油箱，保持油液清洁。

13）经常检查轴端及各处密封，防止润滑油液的泄漏。

14）刀具夹紧装置长时间使用后，会使活塞杆和拉杆间的间隙加大，造成拉杆位移量减少，使碟形弹簧张闭伸缩量不够，影响刀具的夹紧，故需及时调整液压缸活塞的位移量。

15）经常检查压缩空气气压，并调整到标准要求值。足够的气压才能使主轴锥孔中的切屑和灰尘清理彻底。

表 3-2 为主传动部件故障诊断及排除方法。

表 3-2　主传动部件的故障诊断及排除方法

序号	故障现象	故障原因	排除方法
1	主轴箱噪声	主轴部件动平衡不好	重做动平衡
		齿轮啮合间隙不均或严重损伤	调整间隙或更换齿轮

（续）

序号	故障现象	故障原因	排除方法
1	主轴箱噪声	轴承损坏或传动轴弯曲	修复或更换轴承，校直传动轴
		传动带长度不一或过松	调整或更换传动带，不能新旧混用
		齿轮精度差	更换齿轮
		润滑不良	调整润滑油量，保持主轴箱的清洁度
2	主轴无变速	电器变挡信号是否输出	电器人员检查处理
		压力是否足够	检测并调整工作压力
		变挡液压缸研损或卡滞	修去毛刺和研伤，清洗后重装
		变挡电磁阀卡死	检修并清洗电磁阀
		变挡液压缸拨叉脱落	修复或更换
		变挡液压缸窜油或内泄	更换密封圈
		变挡复合开关失灵	更换新开关
3	主轴不转动	主轴转动指令是否输出	电器人员检查处理
		保护开关没有压合或失灵	检修压合保护开关或更换
		卡盘未夹紧工件	调整或修理卡盘
		变挡复合开关损坏	更换复合开关
		变挡电磁阀体内泄漏	更换电磁阀
4	主轴发热	主轴轴承预紧力过大	调整预紧力
		轴承研伤或损伤	更换轴承
		润滑油脏或有杂质	清洗主轴箱，更换新油
5	主轴在强力切削时停转	电动机与主轴联接的传动带过松	移动电动机座，张紧传动带，然后将电动机座重新锁紧
		传动带表面有油	用汽油清洗后擦干净，再装上
		传动带使用过久而失效	更换新带
		摩擦离合器调整过松或磨损	调整摩擦离合器，修磨或更换摩擦片
6	主轴没有润滑油循环或润滑不足	液压泵转向不正确，或间隙太大	改变液压泵转向或修理液压泵
		吸油管没有插入油箱的油面以下	将吸油管插入油面以下2/3处
		油管或滤油器堵塞	清除堵塞物
		润滑油压力不足	调整供油压力

【实例3-8】　主传动系统故障及排除方法实例

1. 主轴定位不准确的故障维修

故障现象：加工中心主轴定位不良，引发换刀过程发生中断。

分析及处理过程：某加工中心主轴定位不良，引发换刀过程发生中断。开始时，出现的次数不很多，重新开机后又能工作，但故障反复出现。在故障出现后对机床进行了仔细观察后，才发现故障的真正原因是主轴在定向后发生位置偏移，且主轴在定位后如用手碰一下（和工作中在换刀时当刀具插入主轴时的情况相近），主轴则会产生相反方向的漂移。检查电气单元无任何报警，该机床的定位采用的是编码器，从故障的现象和可能发生的部位来看，电气部分发生故障的可能性比较小；机械部分又很简单，最主要的是联接，所以决定检查联接部分。在检查到编码器的联接时，发现编码器联接套的紧定螺钉松动，使联接套后退造成与主轴的联接部分间隙过大使旋转不同步。将紧定螺钉按要求固定好后故障消除。

注意：发生主轴定位方面的故障时，应根据机床的具体结构进行分析处理，先检查电气部分，如确认正常后再考虑机械部分。

2. 主轴出现噪声的故障维修

故障现象：主轴噪声较大，主轴无载情况下，负载表指示超过40%。

分析及处理过程：首先检查主轴参数设定，包括放大器型号，电动机型号以及伺服增益等，在确认无误后，则将检查重点放在机械侧。发现主轴轴承损坏，经更换轴承之后，在脱开机械侧的情况下检查主轴电动机运转情况。发现负载表指示已正常但仍有噪声。随后，将主轴参数00号设定为1，也即让主轴驱动系统开环运行，结果噪声消失，说明速度检测器件PLG有问题。经检查，发现PLG的安装不正，调整位置之后再运行主轴电动机，噪声消失，机床能正常工作。

3. 电主轴高速旋转发热的故障维修

故障现象：主轴高速旋转时发热严重。

分析及处理过程：电主轴运转中的发热和温升问题始终是研究的焦点，有两个主要热源：一是主轴轴承，另一个是内藏式主电动机。电主轴单元最突出的问题是内藏式主电动机的发热。由于主电动机旁边就是主轴轴承，如果主电动机的散热问题解决不好，还会影响机床工作的可靠性。主要的解决方法是采用循环冷却结构，分外循环和内循环两种，冷却介质可以是水或油，使电动机与前后轴承都能得到充分冷却。主轴轴承是电主轴的核心支承，也是电主轴的主要热源之一。当前高速电主轴，大多数采用角接触陶瓷球轴承，因为陶瓷球轴承具有以下特点：

1）由于滚珠重量轻，离心力小，动摩擦力矩小。

2）因温升引起的热膨胀小，使轴承的预紧力稳定。

3）弹性变形量小，刚度高，寿命长。

由于电主轴的运转速度高，因此对主轴轴承的动态、热态性能有严格要求。合理的预紧力，良好而充分的润滑是保证主轴正常运转的必要条件。采用油雾润滑，雾化发生器进气压为0.25～0.3MPa，选用20号透平油，油滴速度控制在80～100滴/min。润滑油雾在充分润滑轴承的同时，还带走了大量的热量。前后轴承的润滑油分配是非常重要的问题，必须加以严格控制。进气口截面大于前后喷油口截面的总和，排气应顺畅，各喷油小孔的喷射角与轴线呈15°夹角，使油雾直接喷入轴承工作区。

技能实训题

认识（或拆装）数控机床机械传动部件和支承部件

1. 实验目的与要求

1）掌握数控机床进给传动机构中典型零、部件的工作原理及其特性。

2）了解电主轴的工作原理及其特性。

3）对上述典型零、部件及电主轴建立其外观和结构的感性认识。

2. 实验仪器与设备（元件1～9可根据情况选择）

1）滚珠丝杠螺母副一套。

2）滚动导轨副一套。

3）贴塑导轨模型一副，塑料带（50mm×100mm）一条。

4）消除间隙双片齿轮装置一套。

5）变齿厚蜗杆蜗轮一副（或变齿厚蜗杆一件）。

6）联轴器（无间隙传动）一套。

7）同步齿形带及带轮一套。

8）60°角接触滚珠轴承一个。

9）电动机内藏式电主轴一件。

10）通用工具：①活扳手两个；②木柄螺钉旋具两个；③内六角扳手一套：④纯镉木质锤子一个；⑤齿厚游标卡尺一把。

3. 实验内容

1）拆装一种滚珠丝杠螺母副，掌握其工作原理、结构特点和精度要求。

2）拆装一种滚动导轨副，掌握其工作原理、结构特点和精度要求。

3）观察贴塑导轨的外形及其结构。

4）拆装一种消除齿轮传动间隙的结构。

5）拆装一种无间隙传动的联轴器，掌握其工作原理。

6）认识同步齿形带及其带轮的结构。

7）认识主轴和滚珠丝杠用的角接触轴承，掌握其受力和定位特点。

8）观察认识一种结构形式的电主轴。

4. 实验报告

1）绘制所见部件的工作原理简图。

2）按所绘工作原理简图说明其工作原理。

3）如果要将齿轮固定在轴上，如何实现无间隙固定？

本 章 小 结

1. 数控机床的主传动系统包括主轴电动机、传动系统和主轴组件，其具有调速范围宽、并实现无级调速，热变形小，主轴的旋转精度和运动精度高，主轴的静刚度和抗振性较高和主轴组件的耐磨性好、噪声低等特点。

2. 主轴的传动变速方式主要有带有变速齿轮的主轴传动、带传动的主轴传动和两个电动机分别驱动主轴传动和调速电动机直接驱动主轴传动。

3. 电主轴就是机床主轴由内装式电动机直接驱动，从而使主轴部件从机床的传动系统和整体结构中相对独立的装置。电主轴的基本参数和主要规格包括：套筒直径、最高转速、输出功率、计算转速、计算转速转矩和刀具接口等。电主轴常用的轴承为混合陶瓷球轴承和磁悬浮轴承。电主轴产品涵盖内外表面磨削、高速数控铣、加工中心、PCB 板数控钻铣、高速数控车等领域，其套筒直径从 32mm 至 320mm，转速从 10000r/min 到 240000r/min。

4. 数控机床的主轴部件主要包括主轴本体及密封装置、支承主轴的轴承、配置在主轴内部的刀具的自动夹紧装置及吹屑装置、主轴的准停装置等。主轴结构尺寸和形状、制造精度、材料及其热处理，对主轴组件的工作性能都有很大的影响。主轴的主要尺寸参数包括主轴直径、内孔直径、悬伸长度和支承跨距，决定着主轴的刚度、结构工艺性和主轴组件的工艺适用范围。主轴轴承润滑方式有：油脂润滑、油液循环润滑、油雾润滑，油气润滑等方式。主轴准停功能分为机械准停和电气准停。

5. 主轴的密封有接触式和非接触式密封。接触式密封主要有油毡圈和耐油橡胶密封圈密封。熟悉数控机床主传动链的结构、性能参数，对主传动部件故障进行诊断并采用相应的排除方法。

思考与练习题

1. 填空题

（1）数控机床主轴传动形式主要有________、________、________、________四种。

（2）主轴准停功能分为________准停和电气准停，其中电气准停又分为________、编码器型主轴准停和________三种。

（3）在数控机床上，主轴轴承润滑方式有________润滑、________循环润滑、________润滑、________润滑等。用于高速机床的主要是________润滑。

（4）车削加工中心的主传动系统与数控车床的主传动系统相比，增加了主轴的________功能。

2. 判断题（正确的打"√"，错误的打"×"）

（1）数控车床用液压拨叉变速的主传动系统必须在 1 ~ 2 r/min 的转速下变速。（　）

（2）加工中心主轴中碟形弹簧的位移量小，会引起刀具不能夹紧。（　）

（3）加工中心主轴箱没有回换刀点会引起刀具交换时掉刀。（　）

3. 单项选择题（只有一个选项是正确的，请将正确答案的代号填入括号）

（1）数控机床主轴锥孔的锥度通常为 7∶24，之所以采用这种锥度是为了（　）。

A. 靠摩擦力传递转矩　　B. 自锁

C. 定位和便于装卸刀柄　　D. A、B、C 三种情况都是

（2）铣削过程中的主运动为（　）。

A. 工作台的进给　　B. 铣刀的旋转

C. 工件的移动　　D. A、B 二种情况都是

（3）加工中心主轴噪声太大，主要故障原因有（　）。

A. 主轴轴承润滑油涂抹过多　　B. 主传动带过紧

C. 碟形弹簧位移量过小　　D. 主传动带表面有油

4. 简答题

（1）数控机床对主传动系统有哪些要求？

（2）主轴电动机有何特点？

（3）主传动变速有哪几种方式？各有何特点？

（4）数控机床主传动系统有哪几种传动方式？各有何特点？各应用于何处？

（5）主轴轴承的配置形式主要有几种？各有何优缺点？各适用于什么场合？

（6）主轴轴承为什么要预紧？有哪些方法可以实现预紧？

（7）举例说明数控车床主轴部件的结构。

（8）主轴为何需要"准停"？如何实现"准停"？

（9）简述电主轴的结构特点。

（10）举例说明主轴部件调整时应注意的问题。

（11）说明 THK6380 型加工中心主轴部件的结构组成、功能及特点。

第 4 章　数控机床的进给传动系统

学习目的与要求

- 了解数控机床对进给传动系统的要求。
- 了解数控机床常用的联轴器的使用。
- 掌握齿轮传动副及其消除齿轮传动中间隙的方法。
- 掌握数控机床用滚珠丝杠螺母副原理、特点、参数、选择方法和维护。
- 了解齿轮齿条副与双导程蜗杆副传动、静压蜗杆蜗条副与直线电动机传动原理和特点。
- 掌握数控机床导轨形状、类型和特点和导轨的间隙调整、润滑与防护。
- 理解丝杠、导轨在使用过程中常见的故障、故障原因及维修方法。

【学习导引示例】　典型数控机床的数控工作台传动系统

数控机床的进给传动系统常用伺服进给系统来工作。伺服进给系统的作用是根据数控系统传来的指令信息，进行放大以后控制执行部件的运动，不仅控制进给运动的速度，同时还要精确控制刀具相对于工件的移动位置和轨迹。一个典型的数控机床闭环控制的进给系统。通常由位置比较、放大元件、驱动单元、机械传动装置和检测反馈元件等几部分组成，而其中的机械传动装置是位置控制环中的一重要环节。

图 4-1 所示为数控工作台传动系统的机械结构图。伺服电动机通过滚珠丝杠与工作台螺母座联接驱动工作台运动，两坐标上下垂直布置，直线运动采用滚动导轨，这种直联的结构简单。对于半闭环控制，编码器可安装在伺服电动机轴上；对于闭环控制，可将检测装置沿导轨方向安装。除了直联方式，伺服电动机还可通过齿轮传动或同步齿形带与丝杠联接，同步齿形带可隔离电动机的振动和发热，电动机的安装位置也比较灵活。

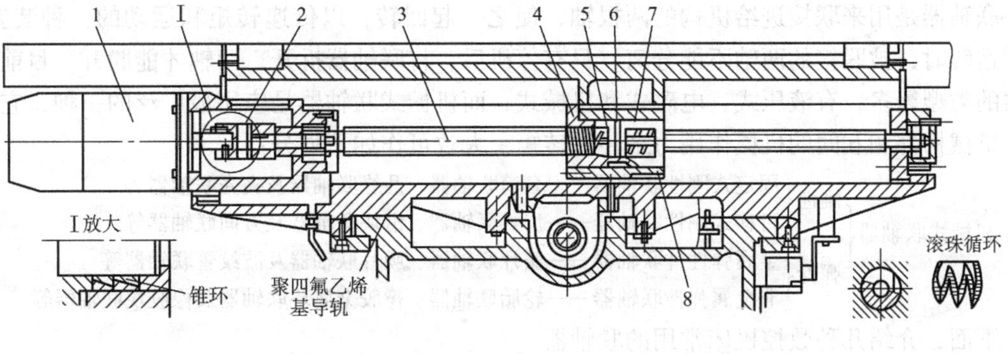

图 4-1　数控工作台传动系统的机械结构图

1—直流伺服电动机　2—滑块联轴器　3—滚珠丝杠　4—左螺母

5—键　6—半圆垫片　7—右螺母　8—螺母座

4.1　概述

4.1.1　对进给传动系统的要求

为确保数控机床进给系统的传动精度和工作平稳性等，在设计机械传动装置时，应符合如下要求：

1）减小运动件的摩擦阻力和动、静摩擦力之差，以提高数控机床进给系统的快速响应性能和运动精度。如采用滚珠丝杠螺母副、静压丝杠螺母副，滚动导轨、静压导轨和塑料导轨。

2）减少高速运转零部件的转动惯量对伺服机构的起动和制动特性的影响；减小旋转零件的直径和质量，以减小运动部件的蜗杆副的啮合侧隙对传动、定位精度的影响，如采用双导程蜗杆蜗轮。

3）使进给传动装置有高的传动精度与定位精度，对采用步进电动机驱动的开环控制系统尤其如此。如通过在进给传动链中加入减速齿轮，以减小脉冲当量，预紧传动滚珠丝杠，消除齿轮、蜗轮等传动件的间隙等办法，可达到提高传动精度和定位精度。

4）工作进给调速范围宽，可达 3～6000mm/min（调速范围 1:2000）；精密定位，伺服系统的低速趋近速度达 0.1mm/min；快速移动速度应高达 15m/min。

5）响应速度要快。使机床工作台及其传动机构的刚度、间隙、摩擦以及转动惯量尽可能达到最佳值，以提高伺服进给系统的快速响应性。提高机床的加工效率和加工精度。

6）消除传动间隙，减小反向死区误差。如设置采用消除间隙的联轴器及有消除间隙措施的传动副等方法。

7）稳定性好、寿命长。如组成进给机构的各传动部件，特别是滚珠丝杠及传动齿轮，必须具有一定的合适耐磨性材料和适宜的润滑方式。

8）便于维护和保养，最大限度地减小维修工作量，以提高机床的利用率。

4.1.2　联轴器

联轴器是用来联接进给机构的两根轴，使之一起回转，以传递转矩和运动的一种装置。机器运转时，被联接的两轴不能分离，只有停机后，将联轴器拆开，两轴才能脱开。目前联轴器的类型繁多，有液压式、电磁式和机械式；而机械式联轴器是应用最广泛的一种，它借助于机械构件相互间的机械作用力来传递转矩，大致可作如下划分：

- 机械式联轴器
  - 刚性
    - 固定式刚性联轴器——套筒联轴器、凸缘联轴器及夹壳联轴器等
    - 可移式刚性联轴器——齿式联轴器、滑块联轴器及万向联轴器等
  - 弹性
    - 金属弹性件联轴器——簧片联轴器、膜片联轴器及波纹管联轴器等
    - 非金属弹性联轴器——轮胎联轴器、橡胶金属环联轴器及橡胶块联轴器等

下面，介绍几种数控机床常用的联轴器。

1. 套筒联轴器

如图 4-2 所示，套筒联轴器由联接两轴轴端的套筒和联接套筒与轴的联接件（键或锥销等）所组成，一般当轴端直径 $d\leqslant 80$mm 时，套筒用 35 或 45 钢制造；$d>80$mm 时，可用强

度较高的铸铁制造。套筒联轴器各部分尺寸间的关系如下：

套筒长 $L \approx 3d$；

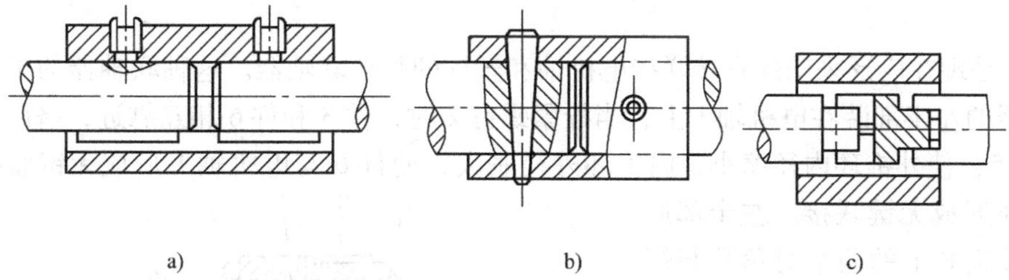

图 4-2　套筒联轴器

a）键联接　b）锥销联接　c）十字滑块联轴节

套筒外径 $D \approx 1.5d$；

销钉直径 $d_0 = (0.3 \sim 0.25)\ d$（对小联轴器，取 0.3；对大联轴器取 0.25）；

销钉中心到套筒端部的距离 $e \approx 0.75d$。

此种联轴器构造简单，径向尺寸小，但其装拆困难（轴需作轴向移动），且要求两轴严格对中，不允许有径向及角度偏差，因此使用上受到一定限制。

2. 凸缘联轴器

凸缘联轴器是把两个带有凸缘的半联轴器分别与两轴连接，然后用螺栓把两个半联轴器连成一体，以传递动力和转矩，如图 4-3 所示凸缘联轴器有两种对中方法：一种是用一个半联轴器上的凸肩与另一个半联轴器上的凹槽相配合而对中（图 4-3a）；另一种则是共同与另一部分环相配合而对中（图 4-3b）。前者在装拆时轴必须作轴向移动，后者则无此缺点。联接螺栓可以采用半精制的普通螺栓，此时螺栓杆与钉孔壁间存有间隙，转矩靠半联轴器结合面间的摩擦力来传递（图 4-3b）；也可采用铰制孔用螺栓，此时螺栓杆与钉孔为过渡配合，靠螺栓杆承受挤压与剪切来传递转矩（图 4-3a）。凸缘联轴器可作成带防护边的（图 4-3a）或不带防护边的（图 4-3b）。

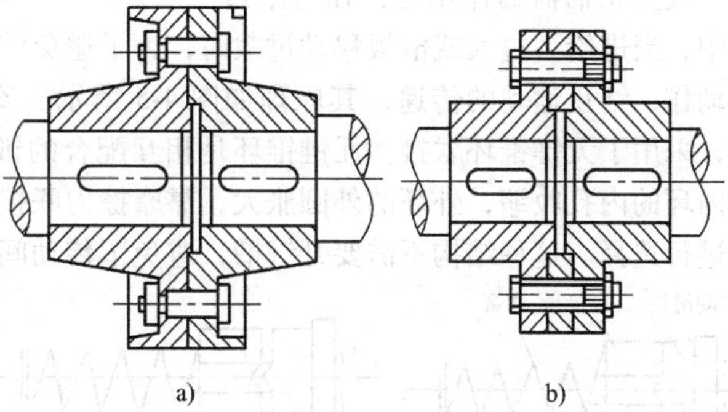

图 4-3　凸缘式联轴器

凸缘式联轴器的材料可采用 HT250 或碳钢，重载时或圆周速度大于 30m/s 时应用铸钢或锻钢。凸缘联轴器对于所联接的两轴的对中性要求很高，当两轴间有位移与倾斜存在时，就在机件内引起附加载荷，使工作情况恶化，这是它的主要缺点。但由于其构造简单、成本低以及可传递较大转矩，故当转速低、无冲击、轴的刚性大以及对中性较好时亦常采用。

3. 弹性联轴器

在大转矩宽调速直流电动机及传递转矩较大的步进电动机的传动机构中，与丝杠之间可采用直接联接的方式，这不仅可简化结构、减少噪声，而且对减少间隙、提高传动刚度也大有好处。

图4-4是现在广泛采用的直接联接电机轴和丝杠的弹性联轴器。这种联轴器的工作原理是：联轴器的左半部装在电机轴1上，当拧紧螺钉2时，件3和件6相互靠近，挤压内锥环4、外锥环5，使外锥环内径缩小，内锥环外径胀大，使件6与电机轴1形成无键联接。右半部也同样形成无键联接。左半部通过弹性钢片组8上的两个对角孔与螺栓10、球面垫圈7、9相联。图4-4中表明，球面垫圈9与右半部中的件16没有任何联接关系。同样，弹簧钢片组8的另两个对角孔，通过球面垫圈17、18、螺栓19与右半部的件16连接，垫圈18与件6也没有任何联接关系。这样依靠弹性钢片组对角联接（即弹性）传递转矩，且与电机轴和丝杠都无键联接，这便是弹性联轴器的工作原理。

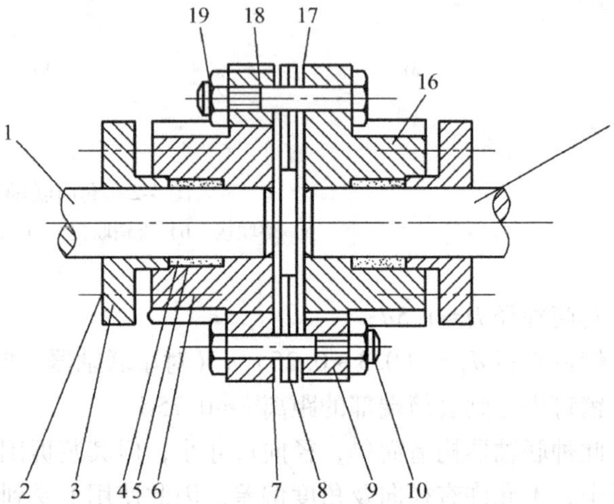

图4-4 直接联接电动机轴和丝杠的弹性联轴器

4. 安全联轴器

安全联轴器的作用是：在进给过程中，当进给力过大或滑板移动过载时，为了避免整个运动传动机构的零件损坏，安全联轴器动作，终止运动的传递，其原理如图4-5所示。安全联轴器与电动机轴、滚珠丝杠相联时，采用了无键锥环联接。无键锥环是相互配合的锥环，如拧紧螺钉，紧压环就压紧锥环，使内环的内孔收缩，外环的外圆胀大，靠摩擦力联接轴和孔，锥环的对数可根据所传递的转矩进行选择。这种结构不需要开键槽，避免了传动间隙。

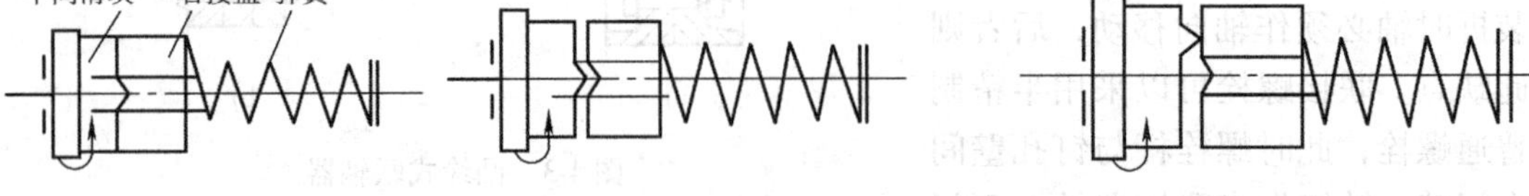

图4-5 安全联轴器工作原理

【实例4-1】 TND360型数控车床的安全联轴器

图4-6所示为TND360数控车床的纵向滑板的传动系统图。它是由纵向直流伺服电动机，经安全联轴器直接驱动滚珠丝杠螺母副，传动纵向滑板，使其沿床身上的纵向导轨运动。直流伺服电动机由尾部的旋转变压器和测速发电机进行位置反馈和速度反馈，纵向进给的最小脉冲当量是0.001mm。这样构成的伺服系统为半闭环伺服系统。

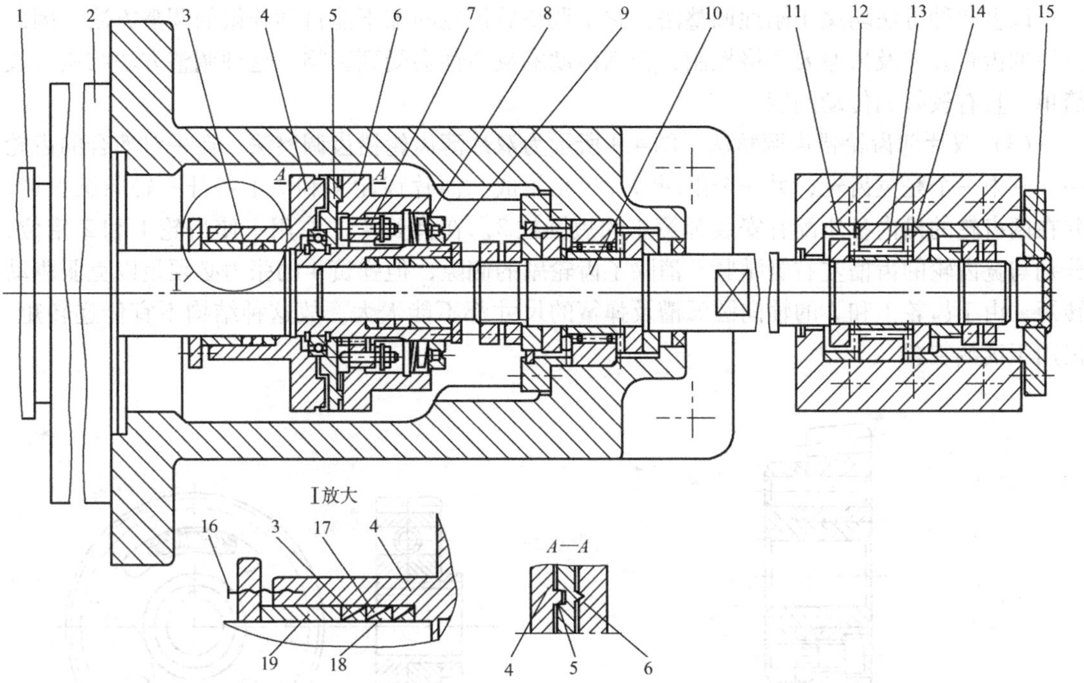

图 4-6　TND360 型数控车床的纵向滑板的传动系统图

1—旋转变压器和测速发电机　2—直流伺服电动机　3—锥环　4、6—半联轴器　5—滑环　7—钢片　8—碟形弹簧　9—套　10—滚珠丝杠　11—垫圈　12、13、14—滚针轴承　15—堵头　16—压紧螺钉　17—压紧外环　18—压紧内环　19—压紧套

4.2　齿轮传动副

在机电伺服系统中，齿轮传动副被广泛应用将执行元件（电动机或液压马达）输出的高转速、低转矩转换成被控对象所需的低转速、大转矩的场合。另外，由于数控机床进给系统经常处于自动变向状态，齿轮副的侧隙会造成进给运动反向时丢失指令脉冲，并产生反向死区，从而影响加工精度，因此必须采取措施消除齿轮传动中的间隙。

1. 直齿圆柱齿轮副消除间隙的方法

（1）偏心轴调整法　如图 4-7 所示为偏心轴套式调整间隙结构，齿轮 1 装在偏心轴套 2 上，可以通过偏心轴套 2 调整齿轮 1 和齿轮 3 之间的中心距来消除齿轮传动副的齿侧间隙。

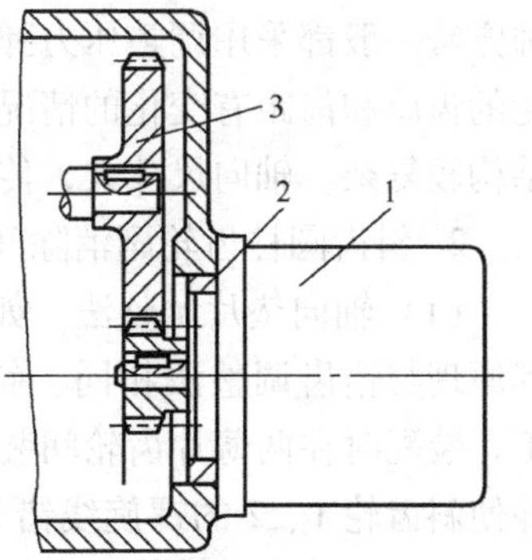

图 4-7　偏心轴套式调整间隙机构

1、3—齿轮　2—偏心轴套

（2）锥度调整法　如图 4-8 所示为用一个带有锥度的齿轮来消除间隙的结构。一对啮合着的圆柱齿轮，若它们的节圆之间沿着齿厚方向制成一个较小的锥度，只要改变垫片 3 的厚度就能改变齿轮 2 和齿轮 1 的轴向相对位置，从而消除了齿侧间隙。

以上两种方法均属于刚性调整法，它是调整后齿侧间隙不能自动补偿的调整方法。因此齿轮的齿距公差及齿厚要严格控制，否则传动的灵活性会受到影响。这种调整方法结构比较简单，且有较好的传动刚度。

（3）双片薄齿轮错齿调整法　图 4-9 所示为双片薄齿轮错齿调整法。在一对啮合的齿轮中，其中一个是宽齿轮，另一个由两薄片齿轮组成。薄片齿轮 1 和 2 上各开有轴向圆弧槽，并在两齿轮的槽内各压配有安装弹簧 4 的短圆柱 3。在弹簧 4 的作用下使齿轮 1 和 2 错位，分别与宽齿轮的齿槽左右侧贴紧，消除了齿轮副的侧隙，但弹簧 4 的张力必须足以克服驱动转矩。由于齿轮 1 和 2 的轴向圆弧槽及弹簧的尺寸都不能太大，故这种结构不宜传递转矩，仅用于读数装置。

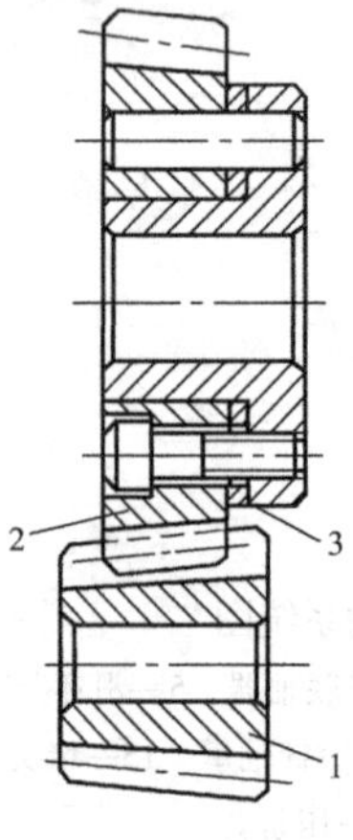

图 4-8　锥度齿轮调整法

1、2—齿轮　3—垫片

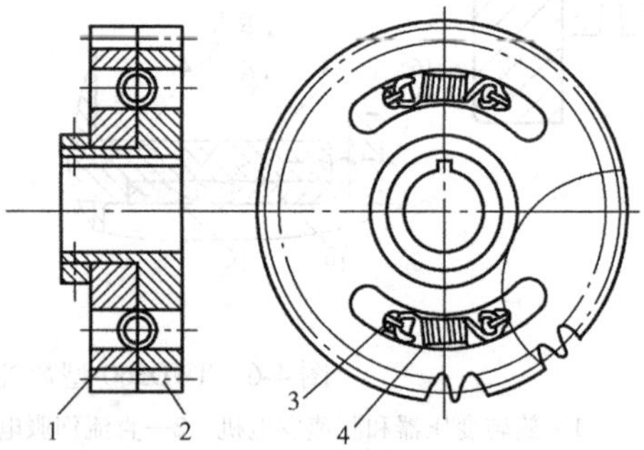

图 4-9　双片薄齿轮错齿消隙结构

1、2—薄齿轮　3—短圆柱　4—弹簧

这种调整方法称为柔性调整法，它是指调整之后齿侧间隙仍可自动补偿的调整方法，这种方法一般都采用调整压力弹簧的压力来消除齿侧间隙，并在齿轮的齿厚和齿距有变化的情况下，也能保持无间隙啮合，但这种结构较复杂，轴向尺寸大，传动刚度低，同时传动平稳性也差。

2. 斜齿圆柱齿轮副消除间隙的方法

（1）轴向垫片调整法　如图 4-10 所示为斜齿轮垫片调整法，其原理与错齿调整法相同。斜齿轮 1 和 2 的齿形拼装在一起加工，装配时在两薄片齿轮间装入厚度为 t 垫片 3，然后修磨垫片，并使斜齿轮 1、2 的螺旋线错开，分别与宽齿轮 4 的左右齿面贴紧，从而消除了齿轮副的侧隙。

（2）轴向压簧调整法　图 4-11 是斜齿轮轴向压簧错齿消隙结构。该结构消隙原理与轴向垫片调整法相似，所不同的是利用齿轮 2 右面的弹簧压力使两个薄片齿轮的左右齿面分别与宽齿轮的左右齿面贴紧，以消除齿侧间隙。图 4-11a 采用的是压簧，图 4-11b 采用的是碟形弹簧。

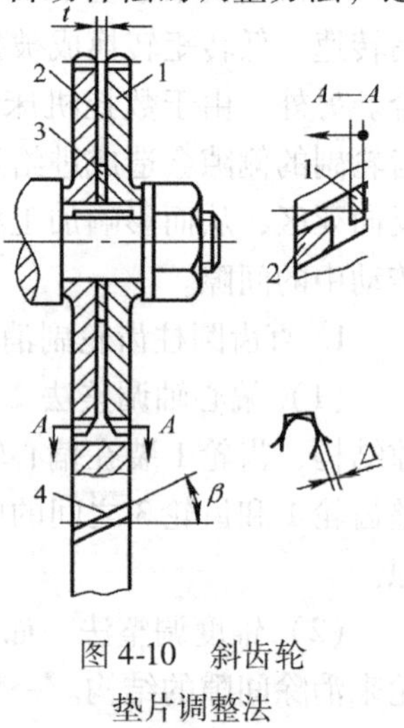

图 4-10　斜齿轮垫片调整法

1、2—薄片斜齿轮　3—垫片

4—宽齿轮

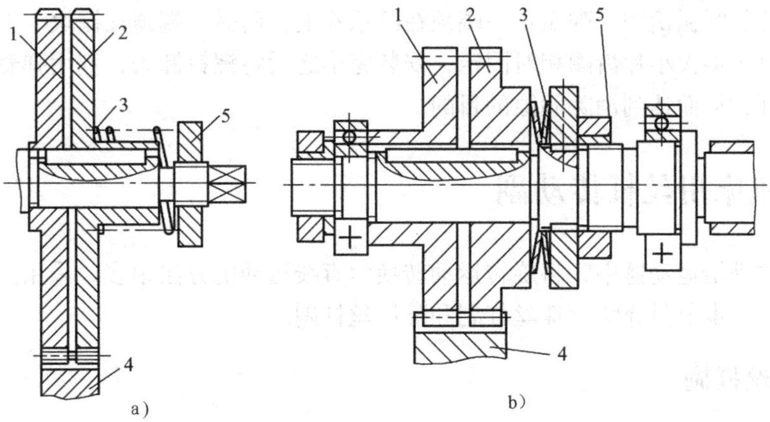

图 4-11　斜齿轮轴向压簧错齿消隙结构

1、2—薄片斜齿轮　3—弹簧　4—宽齿轮　5—螺母

弹簧 3 的压力可利用螺母 5 来调整，压力的大小要调整合适，压力过大会加快齿轮磨损，压力过小达不到消隙作用。这种结构齿轮间隙能自动消除，始终保持无间隙的啮合，但它只适于负载较小的场合，并且这种结构轴向尺寸较大。

3. 锥齿轮传动副消隙间隙的方法

锥齿轮同圆柱齿轮一样可用上述类似的方法来消除齿侧间隙。

（1）轴向压簧调整法　如图 4-12 为锥齿轮轴向压簧调整法。锥齿轮 1 和 2 相互啮合，其中在锥齿轮 1 的传动轴 5 上装有压簧 3，锥齿轮 1 在弹簧力的作用下可稍作轴向移动，从而消除间隙，弹簧力的大小由螺母 4 调节。

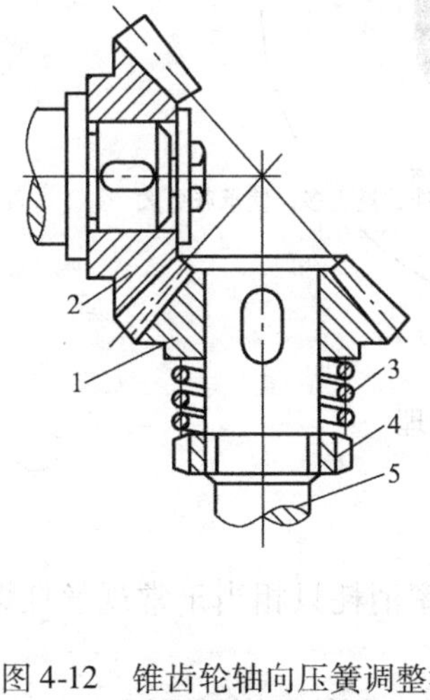

图 4-12　锥齿轮轴向压簧调整法

1、2—锥齿轮　3—弹簧

4—螺母　5—传动轴

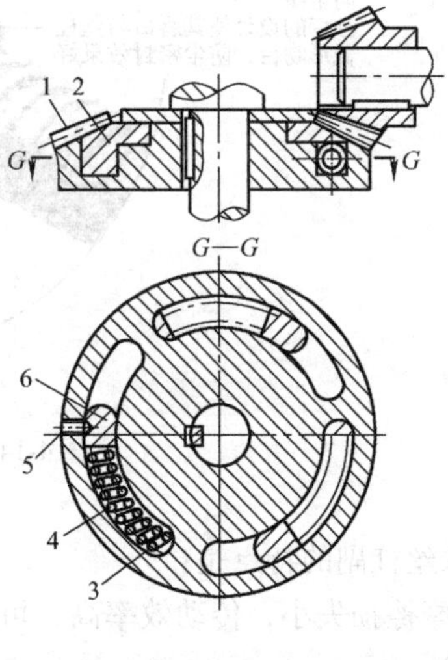

图 4-13　锥齿轮周向弹簧调整法

1、2—锥齿轮　3—镶块　4—弹簧

5—螺钉　6—凸爪

（2）周向弹簧调整法　图 4-13 为锥齿轮周向弹簧调整法。将一对啮合锥齿轮中的一个齿轮做成大小两片 1 和 2，在大片上制有三个圆弧槽，而在小片的端面上制有三个凸爪 6，

凸爪 6 伸入大片的圆弧槽中。弹簧 4 一端顶在凸爪 6 上，而另一端顶在镶块 3 上，为了安装的方便，用螺钉 5 将大小片齿圈相对固定，安装完毕之后将螺钉卸去，利用弹簧力使大小片锥齿轮稍微错开，从而达到消除间隙的目的。

4.3 数控机床用丝杠传动副

数控机床的进给运动链中，将旋转运动转换为直线运动的方法很多，采用丝杠螺母副是常用的方法之一。本节只介绍滚珠丝杠副和静压丝杠副。

4.3.1 滚珠丝杠副

1. 滚珠丝杠副原理及特点

滚珠丝杠副的传动效率高达 85% ~98%，是普通滑动丝杠的 2 ~4 倍，它是提高进给系统灵敏度、定位精度和防止爬行的有效措施之一，因而被数控机床以及旧设备技术改造所广泛采用。滚珠丝杠副的结构原理如图 4-14 所示。在丝杠和螺母上都有半圆弧形的螺旋槽，当它们套装在一起时便形成了滚珠的螺旋滚道。螺母上有滚珠回路管道将几圈螺旋滚道的两端连接起来，构成封闭的循环滚道，并在滚道内将装满滚珠。当丝杠旋转时，滚珠在滚道内既自转又沿滚道循环转动，因而迫使螺母（或丝杠）轴向移动。

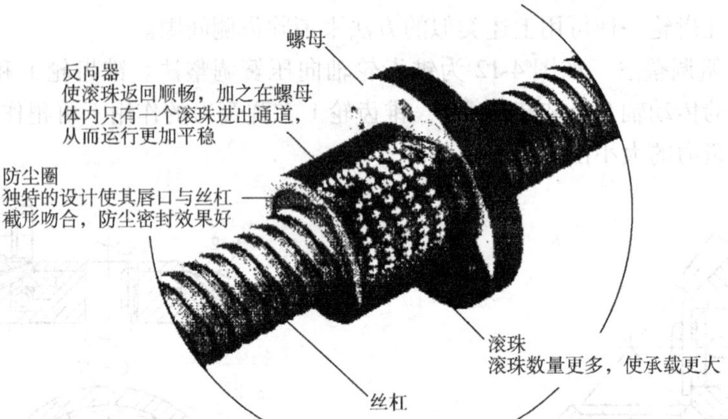

图 4-14　滚珠丝杠副的结构原理

滚珠丝杠副的特点是：

1）摩擦损失小，传动效率高，可达 90% ~96%，功率消耗只相当于常规丝杠螺母副的 1/4 ~1/3。

2）采用双螺母预紧后，可消除丝杠和螺母的螺纹间隙，提高了传动刚度。

3）摩擦阻力小，动、静摩擦力之差极小，能保证运动平稳，不易产生低速爬行现象。磨损小、寿命长、传动精度高。

4）不能自锁，有可逆性，既能将旋转运动转换为直线运动，又能将直线运动转换为旋转运动。因此对于立式丝杠，下降时受自重惯性作用而不能立即停止运动，故常增加制动装置。

5）运动速度受到一定限制，传动速度过高时，滚珠在其回路管道内易产生卡珠现象。

6）制造工艺复杂。滚珠丝杠和螺母等元件的加工精度高，表面粗糙度要求也高，故制造成本高。

2. 滚珠的循环方式

滚珠丝杠副的滚珠循环方式常用的有两种：滚珠在循环过程中有时与丝杠脱离接触的称为外循环；始终与丝杠保持接触的称内循环。滚珠每一个循环闭路称为列，每个滚珠循环闭路内所含导程数称为圈数。内循环滚珠丝杠副的每个螺母有2列、3列、4列、5列等几种，每列只有一圈；外循环每列有1.5圈、2.5圈和3.5圈等几种。

（1）外循环　外循环是滚珠在循环过程结束后通过螺母外表面的螺旋槽或插管返回丝杠螺母中重新进入循环。如图4-15所示，外循环滚珠丝杠螺母副按滚珠循环时的返回方式主要有端盖式、插管式和螺旋槽式。如图4-15a所示是端盖式，在螺母上加工出一纵向孔，作为滚珠的回程通道，螺母两端的盖板上开有滚珠的回程口，滚珠由此进入回程管，形成循环。如图4-15b所示为插管式，它用弯管作为返回管道，这种结构工艺性好，但由于管道突出于螺母体外，径向尺寸较大。如图4-15c所示为螺旋槽式，它是在螺母外圆上铣出螺旋槽，槽的两端钻出通孔并与螺纹滚道相切，形成返回通道，这种结构比插管式结构径向尺寸小，但制造较复杂。

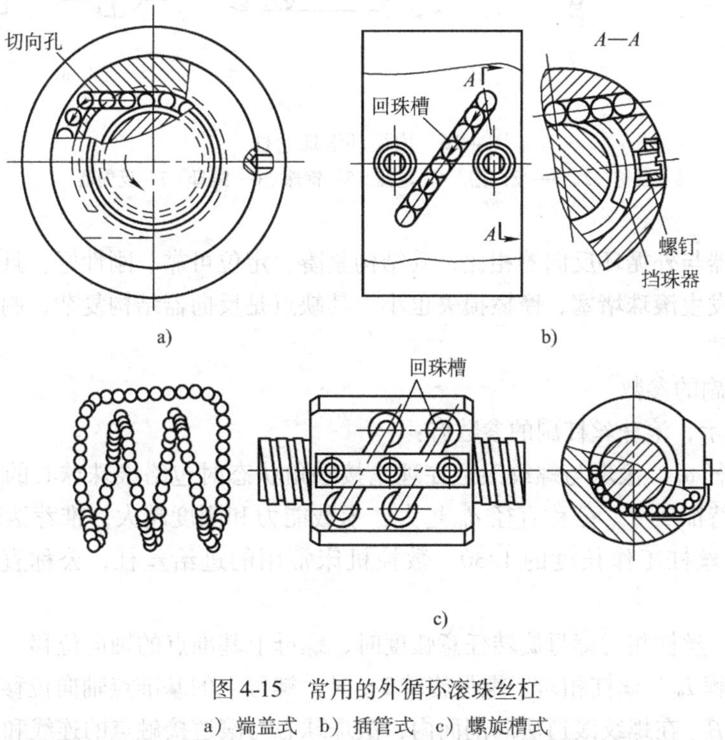

图4-15　常用的外循环滚珠丝杠
a）端盖式　b）插管式　c）螺旋槽式

外循环滚珠丝杠外循环结构和制造工艺简单，使用较广泛。其缺点是滚道接缝处很难做得平滑，影响滚珠滚道的平稳性，甚至发生卡珠现象，噪声也较大。

（2）内循环　如图4-16所示为内循环滚珠丝杠。内循环均采用反向器实现滚珠循环，反向器有两种类型。如图4-16a所示为圆柱凸键反向器，它的圆柱部分嵌入螺母内，端部开有反向槽 2。反向槽靠圆柱外圆面及其上端的圆键 1 定位，以保证对准螺纹滚道方向。如图 4-16b 所示为扁圆镶块反向器，反向器为一般圆头平键形镶块，镶块嵌入螺母的切槽中，其端部开有反向槽 3，用镶块的外轮廓定位。两种反向器比较，后者尺寸较小，从而减小了螺母的径向尺寸及缩短了轴向尺寸。这种反向器都对外轮廓和螺母上切槽尺寸的精度要求较高。

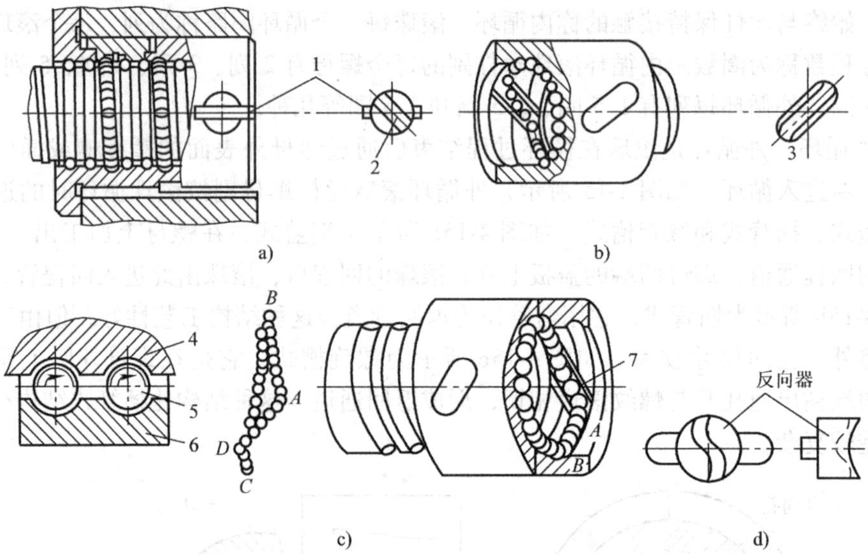

图 4-16　内循环滚珠丝杠
1—凸键　2、3—反向槽　4—丝杠　5—钢珠　6—螺母　7—反向器

内循环反向器与外循环反向器相比，其结构紧凑、定位可靠、刚性好，且不易磨损，返回滚道短，不易发生滚珠堵塞，摩擦损失也小。其缺点是反向器结构复杂、制造困难，不能用于多线螺纹传动。

3. 滚珠丝杠副的参数

如图 4-17 所示，滚珠丝杠副的参数有：

（1）公称直径 d_0　滚珠与螺纹滚道在理论接触角状态时包络滚珠球心的圆柱直径，它是滚珠丝杠副的特征尺寸。公称直径 d_0 越大，承载能力和刚度越大，推荐滚珠丝杠副的公称直径 d_0 应大于丝杠工作长度的 1/30。数控机床常用的进给丝杠，公称直径 d_0 为 30 ~ 80mm。

（2）导程 L　丝杠相对螺母旋转任意弧度时，螺母上基准点的轴向位移。

（3）基本导程 L_0　丝杠相对于螺母旋转 2π 时，螺母上的基准点轴向位移。

（4）接触角 β　在螺纹滚道法向剖面内，滚珠球心与滚道接触点的连线和螺纹轴线的垂直线间的夹角，理想接触角 β 等于 45°。

（5）滚珠直径 d_b、滚珠直径 d_b 应根据轴承厂提供的尺寸选用。滚珠直径 d_b 大，则承载能力也大。在一般情况下，滚珠直径 $d_b \approx 0.6Ln$，需按标准尺寸系列圆整。

（6）滚珠的工作圈数 i　在每一个循环回路中，由于各圈滚珠所受的轴向负载是不均匀的，第一圈滚珠承受总负载的 50% 左右，第二圈约承受 30%，第三圈约为 20%。因此，滚

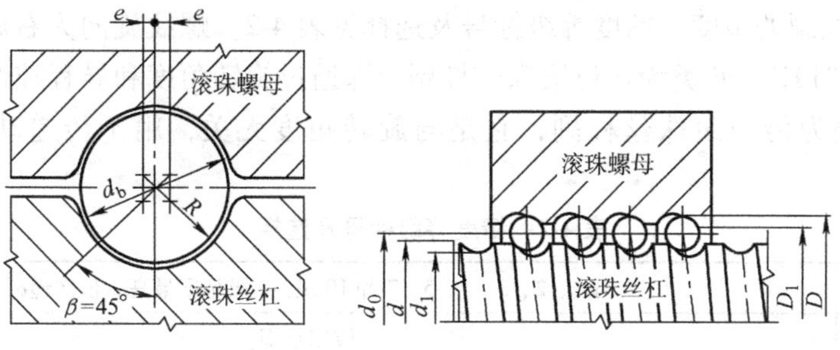

图4-17　基本参数

a）滚珠丝杠副轴向剖面图　b）滚珠丝杠副法向剖面图

珠丝杠副中的每个循环回路的滚珠工作圈数取为 $i=2.5\sim3.5$ 圈。

（7）滚珠的总数 N　若设计计算时超过规定的最大值，则因流通不畅容易产生堵塞现象。若工作滚珠的总数 N 太少，将使得每个滚珠的负载加大，引起过大的弹性变形。所以一般 N 不超过150个。

（8）其他参数　除了上述参数外，滚珠丝杠副还有丝杠螺纹大径 d、丝杠螺纹小径 d_1，螺纹全长 L、螺母螺纹大径 D、螺母螺纹小径 D_1、滚道圆弧偏心距 P、滚道圆弧半径 R 等参数。

4. 滚珠丝杠副的标注与精度

（1）滚珠丝杠副的标注方法　根据标准 GB/T 17587.1—1998 的规定，滚珠丝杠副的型号要根据其结构、规格、精度、螺纹旋向等特征按下列格式编写：

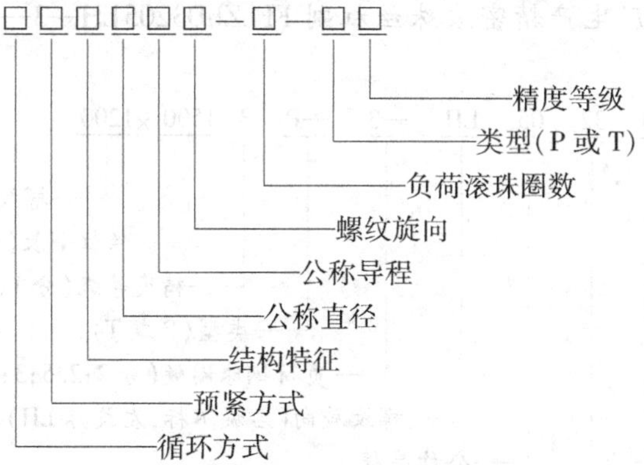

其中循环方式可分内循环和外循环，内循环为浮动式（标记代号F）和固定式（C），外循环为插管式（C）；预紧方式见表4-1，结构特征可分为导珠管埋入式（M）和导珠管凸出式（T）。

表4-1　预紧方式

预紧方式	标记代号	预紧方式	标记代号
单螺母变位导程预紧	B	双螺母螺纹预紧	W
双螺母垫片预紧	D	单螺母无预紧	L
双螺母齿差预紧	C		

（2）滚珠丝杠副的精度　精度等级标号及选择见表4-2。螺纹旋向为右旋者不标，为左旋者标记代号为“LH”。P类为定位滚珠丝杠副，即通过旋转角度和导程控制轴向位移量的滚珠丝杠副；T类为传动滚珠丝杠副，它是与旋转角度无关，用于传递动力的滚珠丝杠副。

表4-2　精度等级标号及选择

精度等级	分1、2、3、4、5、7和10级。1级精度最高，依次递减
精度等级标号	应用范围
5	普通机床
4，3	数控钻床、数控车床、数控铣床、机床改造
2，1	数控磨床、数控线切割机床、数控镗床、坐标镗床、MC、仪表机床

（3）尺寸系列　国际标准化ISO中规定，公称直径系列为：6mm、8mm、10mm、12mm、16mm、20mm、25mm、32mm、40mm、50mm、63mm、80mm、100mm、120mm、125mm、160mm及200mm。导程：1mm、2mm、2.5mm、3mm、4mm、5mm、6mm、8mm、10mm、12mm、16mm、20mm、25mm、32mm、40mm。尽量选用2.5mm、5mm、10mm、20mm、40mm。

【实例4-2】　滚珠丝杠副的标注示例

CDM5010—5—P2表示为外循环插管式，双螺母垫片预紧，导珠管埋入式的滚珠丝杠副，公称直径为50mm，基本导程为10mm，螺纹旋向为右旋，负荷总圈数5圈，精度等级为2级（北京机床所生产的滚珠丝杠副的标注）。

南京工艺装备制造厂生产精密滚珠丝杠副FFbZbD3205LH—3—P3/1500×1200标注如下：

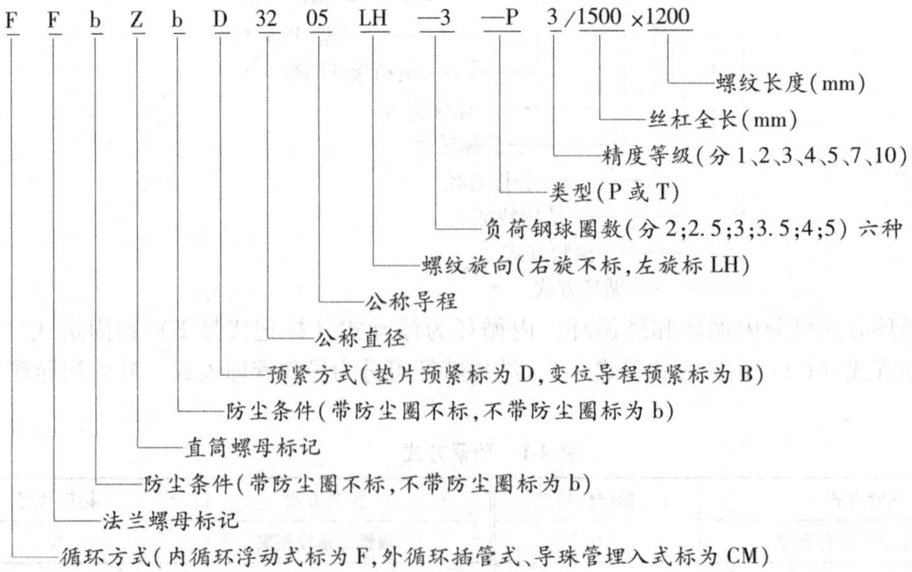

5. 滚珠丝杠副的选择方法

（1）精度等级的选择　应该根据机床的精度要求来选用滚珠丝杠副的精度。滚珠丝杠副的精度将直接影响数控机床各坐标轴的定位精度。普通精度的数控机床，一般可选用 4、5 级，精密级数控机床选用 1、2、3 级精度的滚珠丝杠副。丝杠精度中的导程误差对机床定位精度影响最明显。而丝杠在运转中由于温升引起的丝杠伸长，将直接影响机床的定位精度。通常需要计算出丝杠由于温升产生的伸长量，该伸长量称为丝杠的方向目标。用户在定购滚珠丝杠时，必须给出滚珠丝杠的方向目标值。

（2）结构尺寸的选择　滚珠丝杠的结构尺寸主要有：丝杠的名义直径 d_0，基本导程 L_0、导程 L、滚珠直径 d_b 等，尤其是名义直径与刚度直接相关，直径大、承载能力和刚度越大，但直径大转动惯量也随之增加，使系统的灵敏度降低。所以，一般是在兼顾二者的情况下选取最佳直径。

（3）滚珠丝杠副选择和验算　在选用滚珠丝杠副时，必须知道实际的工作条件，应知道最大的工作载荷（或平均工作载荷）、最大载荷作用下的使用寿命、丝杠的工作长度（或螺母的有效行程）、丝杠的转速（或平均转速）、滚道的硬度及丝杠的工况。为此，当有关结构参数选定后，还应根据有关规范进行扭转刚度、临界转速和寿命的验算校核。

1）机床定位精度要求与丝杠精度。滚珠丝杠的精度将直接影响数控机床各坐标轴的定位精度。

丝杠在运转中由于温升引起的丝杠伸长，将直接影响机床的定位精度。丝杠温升引起的热位移为

$$\delta_t = \alpha \cdot l_t \cdot \Delta t$$

式中　α——丝杠膨胀系数（/℃），$\alpha = 1.11 \times 10^{-5}$/℃；

l_t——螺纹有效长度（m）；

Δt——丝杠轴的温差，一般取 $\Delta t = 3 \sim 5$℃。

2）滚珠丝杠的刚性。丝杠属细长杆，受扭矩会引起扭转变形。滚珠丝杠的刚度与直径大小直接相关，直径越大、刚度越好，但直径大，转动惯量也增大，所以，一般是在兼顾二者的情况下选取最佳直径。有关资料推荐：小型加工中心采用直径为 32.40mm，中型加工中心选用直径为 40.50mm，大型加工中心采用直径为 50.63mm 的滚珠丝杠。

3）滚珠丝杠副的临界转速

对于数控机床来说，滚珠丝杠的最高转速是指快速移动时的转速。因此，只要此时的转速不超过临界转速：即丝杠轴的转速不能接近丝杠自身的自振频率，否则会导致强迫共振，影响机床正常工作。不会发生共的临界转速为

$$n_w = 9910 \frac{f_2^2 d_2}{L_c^2}$$

式中　d_2——$d_0 - 1.2D_w$（m），D_w 为滚珠直径（m）；

f_2——丝杠支承方式系数：“固定 + 自由”方式取 1.875；“固定 + 游动”方式取 3.927；“固定 + 固定”，方式取 4.730。一端自由适用于短丝杠和垂直安装丝杠；一端固定、一端浮动适用于长丝杠；两端固定适用于长丝杠和对刚度及位移精度要求高的场合；

L_c——临界转速计算长度（m）。

此外，滚珠丝杠还受 d_0n 值的限制，通常 $d_0n \leqslant 7000\text{mm}\cdot\text{n/min}$。

4）滚珠丝杠副的寿命计算

在工程计算中，滚珠丝杠副的疲劳寿命采用“额定疲劳寿命”，即指一批尺寸、规格、精度相同的滚珠丝杠，在相同条件下回转时，其中在90%不发生疲劳剥落的情况下运转的总转数，也可用总回转时间或总走行距离来表示。可根据有关经验公式校核，应保证总时间寿命 $L_h \geqslant 20000\text{h}$。如果不能满足这一条件，而且轴向载荷已由工作要求所决定不能减小，则只有选取直径较大，即额定动载荷较大的丝杠，以保证 $L_h \geqslant 20000\text{h}$。寿命计算公式如下：

$$L_h = \{10^6 \times [C_a f_t f_k f_w f_c f_h / (F_m f_w)]^3\} / 60n_w$$

式中 L_h——额定寿命（h）；

C_a——额定轴向动负荷（N）；

F_m——丝杠的轴向当量负荷（N）；

n_w——丝杠的当量转速（r/min）；

f_t——温度因数，工作温度<100°取1，100°≤工作温度<125°取0.95，125°≤工作温度<150°取0.9，150°≤工作温度<175°取0.85；175°≤工作温度<200°取0.8，200°≤工作温度<225°取0.75；

f_h——硬度因数，为 $\left(\frac{\text{滚道实际硬度 HRC}}{58}\right)^{3.6}$；

f_c——精度因数，1/2/3级取1，4/5级取0.9，7级取0.8，10级取0.7；

f_k——可靠性系数，90%、95%、96%、97%、98%、99%依次取值为1、0.62、0.53、0.44、0.33、0.21；

f_w——负荷性质系数，无冲击平稳运转为1～1.2；一般运转为1.2～1.5；有冲击或振动运转为1.2～2.5。

各类机器参考额定寿命如下：数控机床，精密机床为15000h，普通机床，组合机床为10000h，工程机械为5000～10000h，自控系统为15000h，测试系数为15000h，航空机械为1000～2000h。

【实例4-3】 滚珠丝杠的安装示例

美国CINCINNATI10HC卧式加工中心的 Z 坐标（立柱水平方向移动）的滚珠丝杠支承采用一端固定、一端自由的结构形式，如图4-18a所示，固定端采用4个接触角为60°的推力角接触球轴承，两个同向、面对面安装，加上预紧，轴向刚度和承载能力都很高。该固定端连同伺服电动机都安装在支架2上。丝杠的另一端自由悬伸，滚珠丝杠螺母固定在底座3上，可视为一种辅助支承。工作时，伺服电动机12带动滚珠丝杠5旋转，并推动支架和重达5t的立柱1（包括主轴箱和刀库）沿 Z 方向的800mm行程范围运动。

CINCINNATI10HC卧式加工中心的 X 坐标滚珠丝杠，如图4-18b所示，行程为1000mm，工作台7最大承重为2.5t，其丝杠5右端支承同样采用4个60°接触角球轴承11组配成固定端，左端由圆锥销4、套筒3与伺服电动机1相连，也可视为固定端。X 坐标的这种结构上两端固定特点是为了适应丝杠长、负载大、轴向刚度和位移精度都要求很高的情况。而丝杠左端不设轴承，共用电动机转子的支承，则反映出制造工艺水平高超。

CINCINNATI10HC 卧式加工中心的 Y 坐标滚珠丝杠如图 4-18c 所示。为实现主轴箱 7 和刀库在立柱 8 上的升降运动（行程为 1000mm），其轴向刚度和位移精度同样要求很高，因此 Y 坐标的滚珠丝杠支承结构与 X 坐标相同，不再赘述。这里要特别提到的是 Y 坐标滚珠丝杠处于垂直位置，为了防止在停机时，因滚珠丝杠不自锁而造成主轴箱自动下滑的事故，在滚珠丝杠的下端设置了液压制动器。当机床工作时，高压油进入液压缸活塞 17 的上腔，活塞下移压缩弹簧 18，下摩擦盘 16 随活塞下移，使上摩擦盘 15 和下摩擦盘 16 之间分开的间隙达到 0.1～0.3mm，滚珠丝杠便能自由转动；在停机或断电时，液压缸活塞的上腔无高压油，在弹簧恢复力作用下，上、下摩擦盘接触，滚珠丝杠 5 即被制动而不能自由旋转。

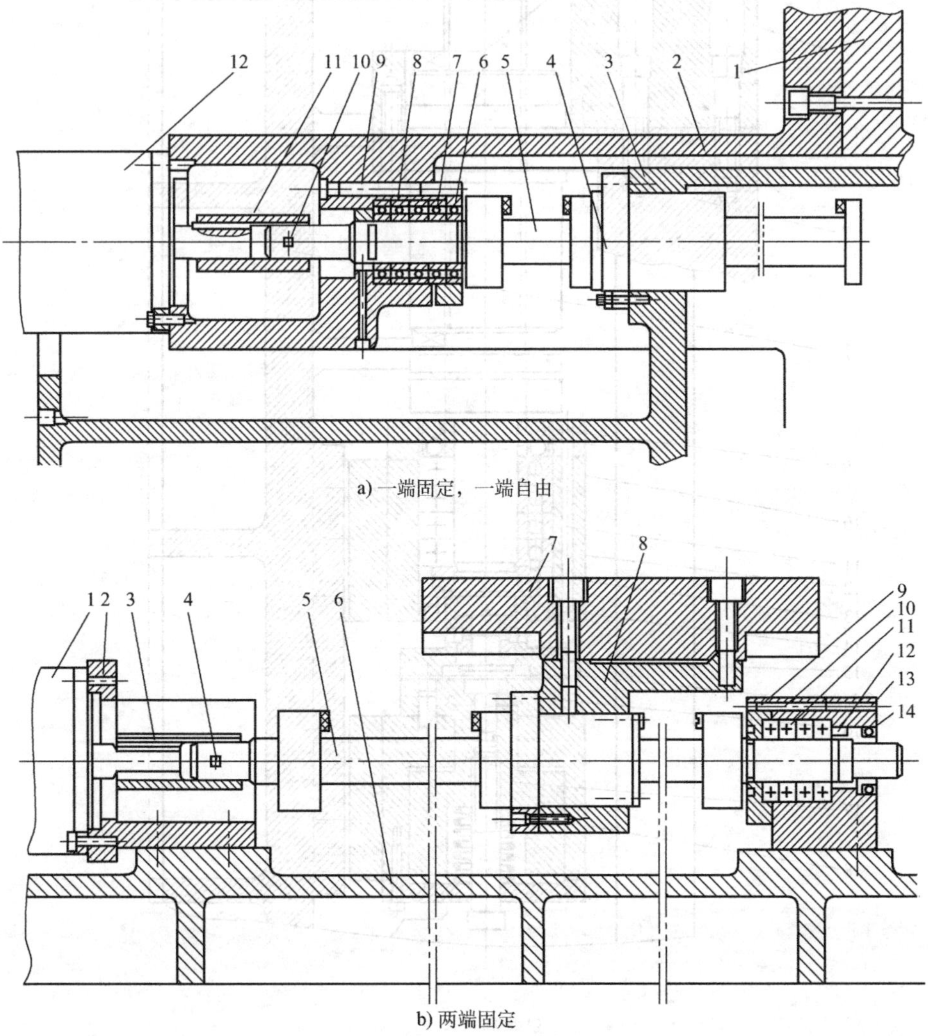

图 4-18　滚珠丝杠安装

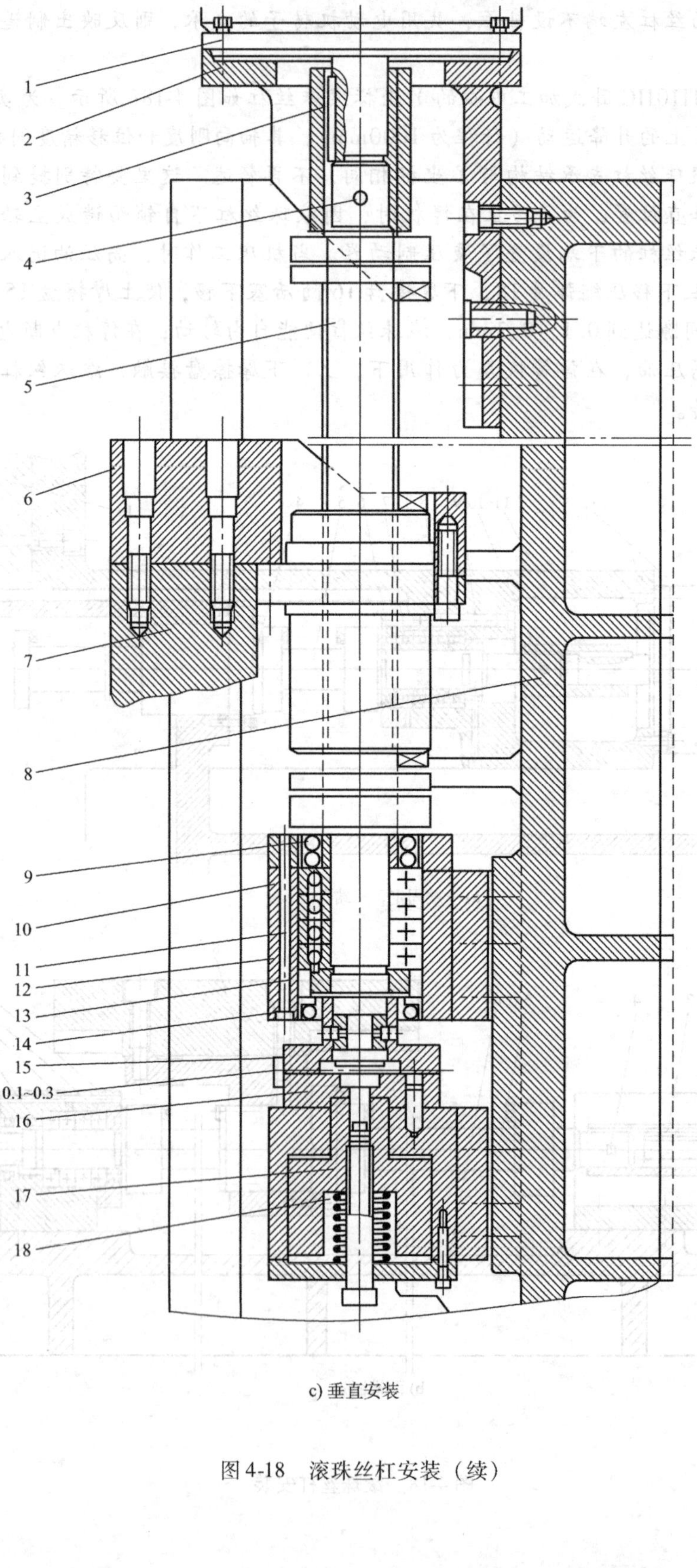

c) 垂直安装

图 4-18　滚珠丝杠安装（续）

6. 滚珠丝杠副的维护

（1）支承轴承的定期检查　应定期检查丝杠支承与床身的联接是否有松动以及支承轴承是否损坏等。如有以上问题，则要及时紧固松动部位并更换支承轴承。

（2）滚珠丝杠副的润滑和密封　滚珠丝杠副也可用润滑剂来提高耐磨性及传动效率。润滑剂可分为润滑油及润滑脂两大类。润滑油为一般全损耗系统用油或 90 ~ 180 号透平油或 140 号主轴油，润滑脂可采用锂基油脂。润滑脂加在螺纹滚道和安装螺母的壳体空间内，而润滑油则经过壳体上的油孔注入螺母的空间内。

（3）滚珠丝杠副常用防尘密封圈和防护罩

1）密封圈。密封圈装在滚珠螺母的两端。接触式的弹性密封圈是用耐油橡胶或尼龙等材料制成，其内孔制成与丝杠螺纹滚道相配合的形状。接触式密封圈的防尘效果好，但因有接触压力，使摩擦力矩略有增加。非接触式的密封圈系用聚氯乙烯等塑料制成，其内孔形状与丝杠螺纹滚道相反，并略有间隙，非接触式密封圈又称迷宫式密封圈。

2）防护罩。对于暴露在外面的丝杠一般采用螺旋钢带、伸缩套筒、锥形套筒以及折叠式塑料或人造革等形式的防护罩，以防止尘埃和磨粒粘附到丝杠表面。这几种防护罩与导轨的防护罩有相似之处，一端联接在滚珠螺母的端面，另一端固定在滚珠丝杠的支承座上。

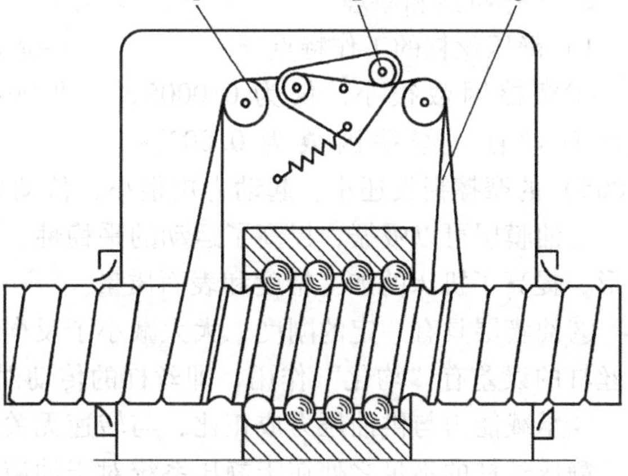

图 4-19　钢带缠卷式丝杠防护装置原理图

1—支承滚子　2—张紧轮　3—钢带

钢带缠卷式丝杠防护装置，其原理如图 4-19 所示。防护装置和螺母一起固定在滑板上，整个装置由支承滚子 1、张紧轮 2 和钢带 3 等零件组成。钢带的两端分别固定在丝杠的外圆表面。防护装置中的钢带绕过支承滚子，并靠弹簧和张紧轮将钢带张紧。当丝杠旋转时，工作台（或滑板）相对丝杠作轴向移动，丝杠一端的钢带按丝杠的螺距被放开，而另一端则以同样的螺距将钢带缠卷在丝杠上。由于钢带的宽度正好等于丝杠的螺距，因此螺纹槽被严密地封住。还因为钢带的正反面始终不接触，钢带外表面粘附的脏物就不会被带到内表面去，使内表面保持清洁，这是其他防护装置很难做到的。

4.3.2　静压丝杠副

1. 静压丝杠副应用与结构

静压丝杠副是在丝杠和螺母的螺纹之间供给压力油使之保持有一定厚度、一定刚度的静压油膜，使丝杠和螺母之间由边界摩擦变为液体摩擦。当丝杠转动时，通过油膜推动螺母直线移动，反之，螺母转动也可使丝杠直线移动。静压丝杠副在国内外重型数控机床和精密机床的进给机构中被广泛采用。我国于 1970 年开始在数控非圆齿轮插齿机上应用，随后又在螺纹磨床、高精度滚刀铲磨机床和大型精密车床上应用静压丝杠。

静压丝杠副结构设计主要是螺母部分的结构设计，油腔节流器一般在螺母上，而丝杠结构与一般滑动丝杠基本相同。静压丝杠副的设计原则是：在保证设计要求刚度的条件下，使结构尽量简单，制造、安装和维修尽量方便。

如图4-20所示，8为丝杠，节流器7装在螺母1的侧端面，并用油塞6堵住，螺母全部有效牙上的同侧与圆周位置上的油腔共用一个节流器控制，每牙同侧圆周分布有3个油腔，螺母全长上有4个牙，则应有3个节流器，每个节流器并联4个油腔，因此，两侧共有6个节流器。从油泵来的油由螺母座4上的油孔3和5经节流器7进入螺母外圆面上的油槽12，再经过孔进入油腔11，油液经回油槽10从螺母端面流回油箱。油孔2用于安装油压表。

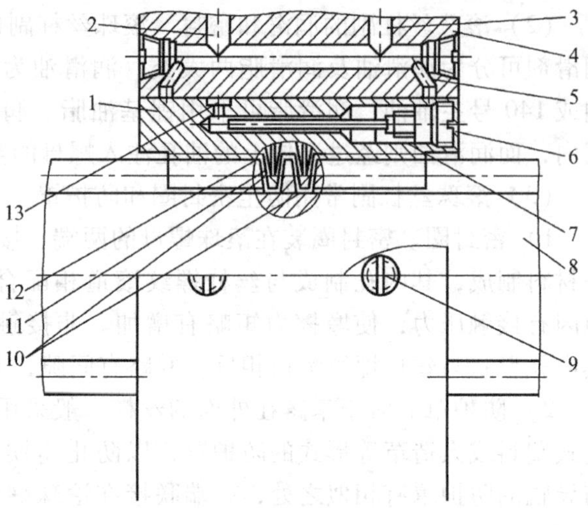

图4-20　静压丝杠副的结构

1—螺母　2—接压力表油孔　3、5—进油孔　4—螺母座　6—油塞　7—节流器　8—丝杠　9—螺钉　10—回油槽　11—油腔　12—油槽　13—进油槽

2. 工作特点和原理

1）静压丝杠的工作特点

①摩擦因数很小，仅为0.0005，比滚珠丝杠（摩擦因数为0.002～0.005）的摩擦损失还小。起动力矩很小，传动灵敏，避免了爬行。

②油膜层可以吸振，提高了运动的平稳性，由于油液不断流动，有利于静热和减少热变形，提高了机床的加工精度和表面质量。

③油膜层具有一定的刚度，大大减小了反向间隙，同时油膜层介于螺母与丝杠之间，对丝杠的误差有“均化”作用，即丝杠的传动误差比丝杠本身的制造误差还小。

④承载能力与供油压力成正比，与转速无关，提高供油压力即可提高承载能力。

静压丝杠的不足之处在于静压系统对于油液的清洁程度要求较高，对原无液压系统的机床则需增加一套供油系统；考虑必要的安全措施，以防供油突然中断时造成不良后果。

2）工作原理　由于静压丝杠副是在丝杠和螺母的螺旋面之间通入压力油，使其间保持一定厚度、一定刚度的压力油膜，因而丝杠和螺母之间为纯液体摩擦，如图4-21所示。油膜在螺旋面的两侧，而且互不相通。压力油经节流器进入油腔，并从螺纹根部与端部流出。设供油压力为p_H，经节流器后的压力为p_i（即油腔压力），当无外载时，

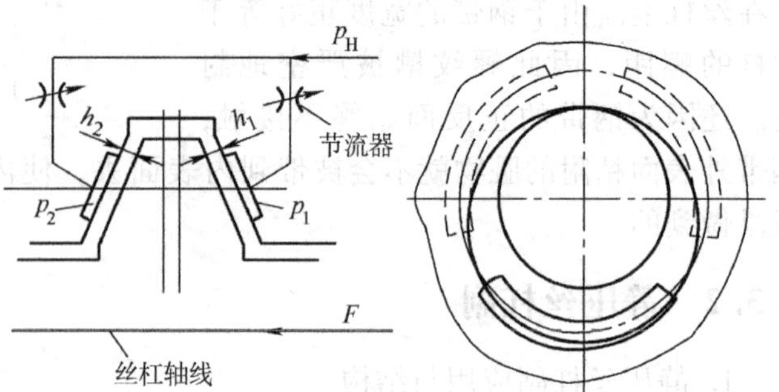

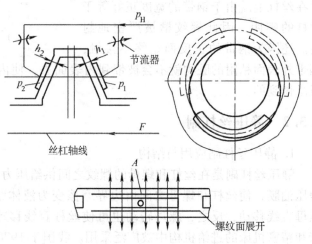

图4-21　静压丝杠副的工作原理

螺纹两侧间隙为 $h_1 = h_2$，从两侧油腔流出的流量相等，两侧油腔中的压力也相等，即 $p_1 = p_2$。这时，丝杠螺纹处于螺母螺纹的中间平衡状态的位置。

当丝杠或螺母受到轴向力 F 作用后，受压一侧的间隙减小，由于节流器的作用，油腔压力 p_2 增大。相反的一侧间隙增大，而压力 p_1 下降。因而形成油膜压力差 $\Delta p = p_2 - p_1$，以平衡轴向力 F。平衡条件近似地表示为

$$F = (p_2 - p_1)AnZ$$

式中　A——单个油腔在丝杠轴线垂直面内的有效承载面积；

n——每扣螺纹单侧油腔数；

Z——螺母的有效牙数。

油腔压力差总是力图平衡轴向力，使间隙差减小并保持不变，这种调节作用是自动进行的。

4.4　齿轮齿条副与双导程蜗杆副传动

4.4.1　齿轮齿条副传动

在大型数控机床（如大型数控龙门铣床）中，工作台的行程很大。因此，它的进给运动不宜采用滚珠丝杠副实现，因太长的丝杠易于下垂，将影响到它的螺距精度及工作性能；此外，其扭转刚度也相应下降，故常用齿轮齿条传动。当驱动负载小时，可采用双片薄齿轮错齿调整法，分别与齿条齿槽左、右侧贴紧，而消除齿侧隙。图 4-22 是这种消除间隙方法的原理图。进给运动由轴 2 输入，通过两对斜齿轮将运动传给轴 1 和轴 3，然后由两个直齿轮 4 和 5 去传动齿条，带动工作台移动，轴 2 上两个斜齿轮的螺旋线方向相反。如果通过弹簧在轴 2 上作用一个轴向力 F，则使斜齿轮产生微量的轴向移动，这时轴 1 和 3 便以相反的方向转过微小的角度，使齿轮 4 和 5 分别与齿条的两齿面贴紧，消除了间隙。当驱动负载大时，采用径向加载法消除间隙。如图 4-23 所示，两个小齿轮 1 和 6 分别与齿条 7 啮合，并用加载装置 4 在齿轮 3 上预加负载，于是齿轮 3 使啮合的大齿轮 2 和 5 向外伸开，与其同轴上的齿轮 1、6 也同时向外伸开，与齿条 7 上齿槽的左、右两侧相应贴紧而无间隙，齿轮 3 由液压马达直接驱动。

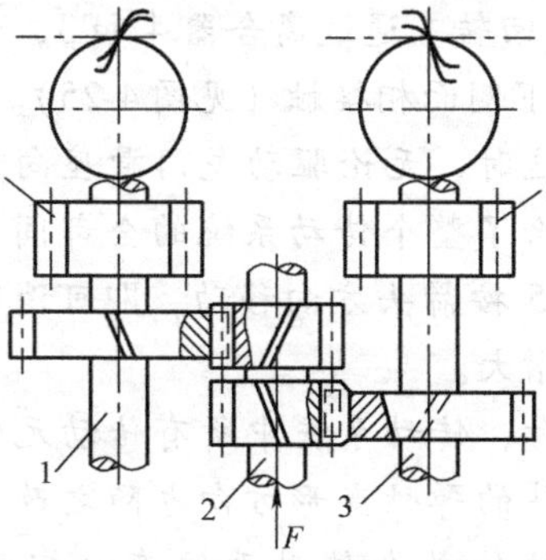

图 4-22　双齿轮消除间隙原理

1、2、3—轴　4、5—直齿轮

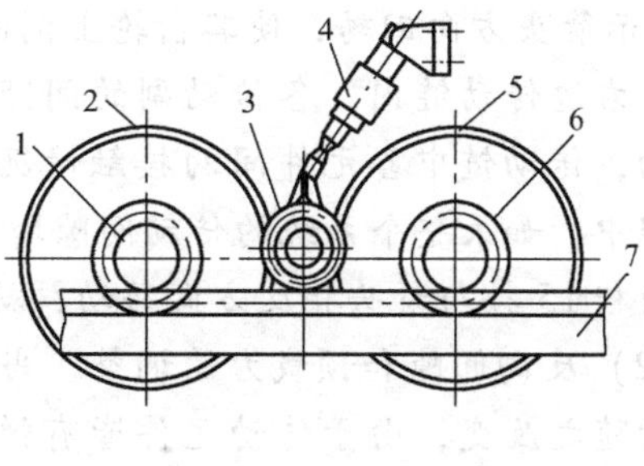

图 4-23　齿轮齿条传动的齿侧隙消除

1、2、3、5、6—齿轮　4—加载装置　7—齿条

【实例 4-4】 XKB-2320 型数控龙门铣床齿轮齿条传动

(1) 传动原理　如图4-24所示，以液压电动机直接驱动蜗杆6，蜗杆6同时带动蜗轮2和7。蜗轮2通过双面齿离合器3和单面齿离合器4，把运动传给轴齿轮1；蜗轮7经一对速比等于1的斜齿轮8和9，把运动传给另一轴齿轮14。这样，可使两个轴齿轮的转向相同。

如在工作开始前，传动链各环节中都存在间隙，此时应使杆15沿图4-24所示的箭头方向移动，通过拨叉18，使杠杆13绕支点12转动；从而推动杆11，连同斜齿轮8做轴向移动，返回时靠压力弹簧10（图4-25）的作用。斜齿轮8与其传动轴之间用花键联接。斜齿轮8是右旋齿轮，当它沿图4-24所示的箭头方向移动时，将推动斜齿轮9，使之按图4-24所示的箭头方向回转。与斜齿轮9同轴的轴齿轮14也同向同转，其轮齿的左侧面将与齿条22齿的右侧面接触。此时，轴齿轮14受阻已不再回转，而杆15继续移动，则斜齿轮8将边移动，边被迫按图4-24中虚线箭头所示方向回转，从而使蜗轮7轮齿的下侧面与蜗杆6齿的上侧面相接触（见图4-25）。这样，蜗杆6左边这条传动链内，各传动副的间隙就完全消除了。如杆15继续按箭头方向移动，轴齿轮14将驱动齿条22，使与其联接的龙门滑座一起左移，并使齿条22齿的左侧面与轴齿轮1轮齿的右侧面相接触，且迫使轴齿轮1按箭头所示方向回转。通过离合器4和3，使蜗轮2按图示箭头方向回转，使其齿轮上侧面与蜗杆6齿的下侧面相接触（见图4-25）。至此，蜗杆6右边传动链内，各传动副的间隙也都消除了。这时，无论驱动龙门滑座向哪个方向移动，传动链中各元件间的接触情况不变，因此消除了整个传动系统的全部间隙。工作过程中，如果整个系统的传动间隙增大，只要使杆15按箭头方向移动，即可消除。反之，使杆15按与箭头相反方向移动，就可使传动间隙增大。

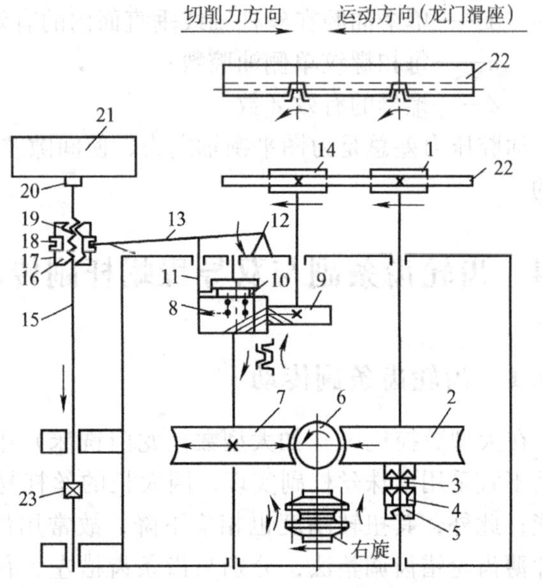

图4-24　齿轮齿条机构传动原理图

1、14—轴齿轮　2、7—蜗轮　3—双面齿离合器　4—单面齿离合器　5—紧固螺母　6—蜗杆　8、9—斜齿轮　10—弹簧　11、15—杆　12—支点　13—杠杆　16、19—调节螺母　17—垫片　18—拨叉　20—滚轮　21—消除间隙板　22—齿条　23—撞块

(2) 反向间隙和预载力的调整　当龙门滑座反向时，传动系统中所有传动元件的受力方向随之改变，由于传动元件皆有弹性，各传动元件的弹性变形方向也随之改变，这样也会产生反向间隙。为了减少这种反向间隙，必须使整个传动系统有一定的预载力。

图 4-25　龙门纵向传动结构图

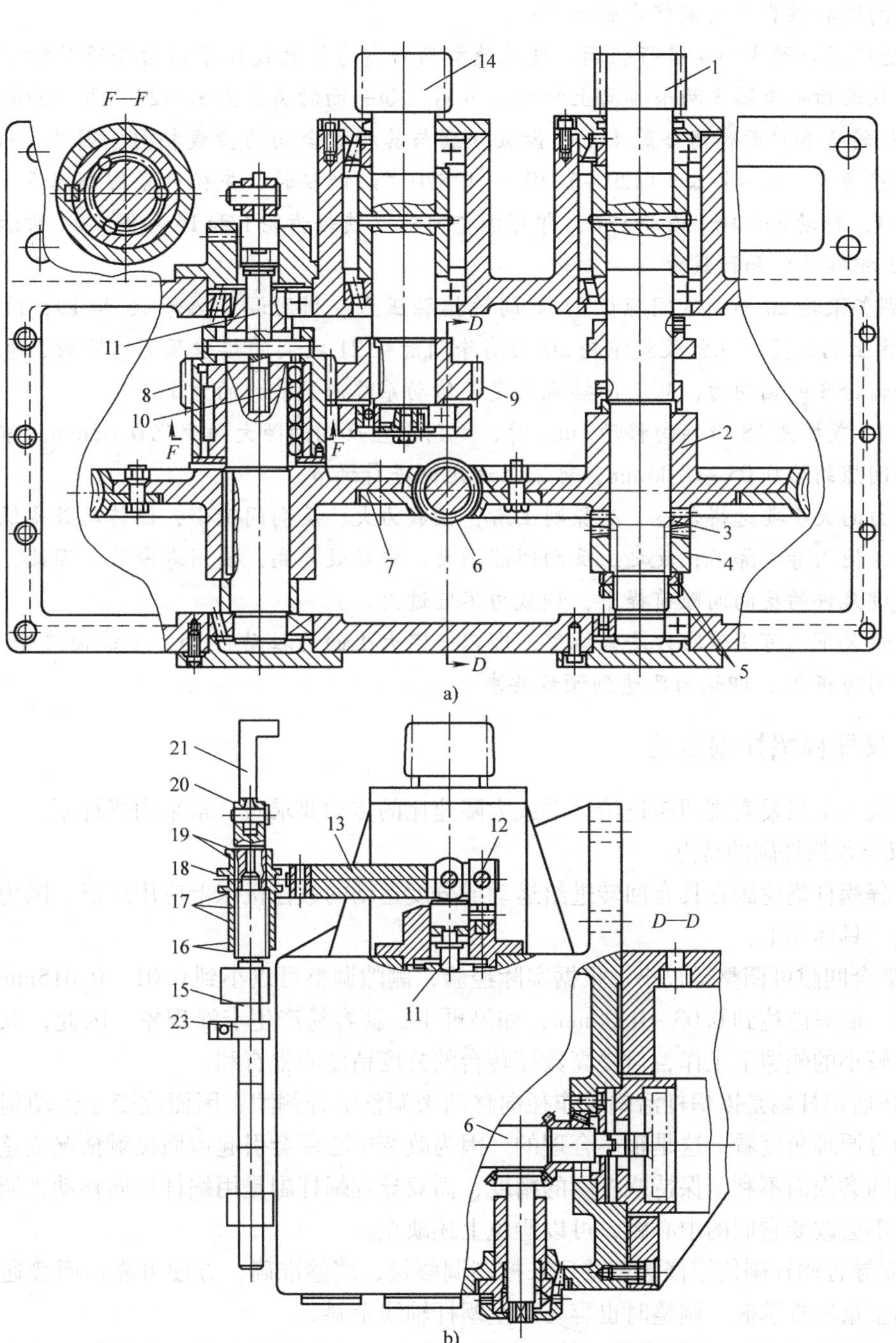

图 4-25　龙门纵向传动结构图

1、14—轴齿轮　2、7—蜗轮　3—双面齿离合器　4—单面齿离合器

5—紧固螺母　6—蜗杆　8、9—斜齿轮　10—弹簧　11、15—杆

12—支点　13—杠杆　16、19—调节螺母　17—垫片　18—拨叉

20—滚轮　21—消除间隙板　23—撞块

反向间隙和预载力的调整步骤如下：

1）通过离合器 3 和 4 进行粗调。这时使滑动斜齿轮 8 大致处于该齿轮移动行程的中间位置上。双面齿离合器 3 两个端面上的齿数不同，如一面的齿数为 $z_1=29$，另一面的齿数为 $z_2=30$。蜗轮 2 和单面齿离合器 4 上的齿数分别与其相啮合面的齿数相同。因此，轴齿轮 1 的最小调整角为 $1/z_1-1/z_2=1/29-1/30=(1/870)°$。调整时，先松开紧固螺母 5，脱开离合器 3 和 4，转动轴齿轮 1 或蜗杆 6，即可调整间隙（使轴齿轮 1 和 14 按图 4-24 所示的情况与齿条 22 相接触）和预载力。

2）调整滚轮 20 与消除间隙板 21 之间的接触压力。利用调节螺母 16 和 19，改变拨叉 18 在杆 15 上的位置，也就改变滚轮 20 与消除间隙板 21 之间的接触压力。同时，也改变了作用于斜齿轮 8 的轴向力，从而间接地改变了传动系统内预载力的大小。

当杆 15 或拨叉 18 沿轴向移动 1mm 时，龙门滑座反向间隙大约变化 0.02mm。该机床允许的反向间隙约为 0.05～0.06mm，可依上述比例进行调节。

预载力的大小要选得合适。从原则上看，预载力大，反向间隙小，但传动效率低，摩擦损失增加，使用寿命降低；反之，反向间隙增大，传动效率高，使用寿命长。因此，在保证机床不超过允许的反向间隙前提下，预载力不宜过大。

一般情况下，可用试验方法来调整，即以一定大小的力拉动杆 15，如能使滚轮 20 刚刚离开消除间隙板 21，即认为已达到预载要求。

4.4.2 双导程蜗杆副传动

数控机床上当要实现回转进给运动或大降速比的传动要求时，常采用蜗杆副。

1. 双导程蜗杆副的特点

双导程蜗杆蜗轮副在具有回转进给运动或分度运动的数控机床上应用广泛，因为其具有突出优点，具体如下：

1）啮合间隙可调整得很小，根据实际经验，侧隙调整可以小到 0.01～0.015mm。而普通蜗杆副一般只能达到 0.03～0.08mm，如果再小，就容易产生卡滞现象。因此，双导程蜗杆副能在较小的侧隙下工作，对提高数控转台的分度精度非常有利。

2）普通蜗杆副是以蜗杆沿蜗轮作径向移动来调整啮合侧隙，因而改变了传动副的中心距，从啮合原理角度看，这是很不合理的。因为改变中心距会引起齿面接触情况变差，甚至加剧它们的磨损而不利于保持蜗杆副的精度；而双导程蜗杆副是用蜗杆轴向移动来调整啮合侧隙的，不会改变它们的中心距，可以避免上述缺点。

3）双导程蜗杆副使用修磨调整环来控制调整量，调整准确，方便可靠；而普通蜗杆副的径向调整量较难掌握，调整时也容易产生蜗杆轴线歪斜。

4）双导程蜗杆副的蜗杆支承直接安置在支座上，只需保证支承中心线与蜗轮中截面重合，中心距公差可略微放宽，装配时，用调整环来获得合适的啮合侧隙，这是普通蜗杆副无法办到的。

双导程蜗杆副的不足之处是蜗杆加工比较麻烦，在车削和磨削蜗杆左、右齿面时，螺纹传动链要选配不同的两套交换齿轮。而这两种齿距（不是标准模数）往往是繁琐的小数，精确配算交换齿轮很费时。在制造加工蜗轮的滚刀时，也存在同样的问题。由于双导程蜗杆左右齿面的齿距不同，螺旋升角也不同，与它啮合的蜗轮左、右齿面也应同蜗杆相适应，才能保证正确啮合，因此，加工蜗轮的滚刀也应根据双导程蜗杆副的参数来设计制造。

2. 双导程蜗杆副的工作原理

双导程蜗杆与普通蜗杆的区别是双导程蜗杆齿的左、右两侧面具有不同的导程，而同一侧的导程则是相等的。因此，该蜗杆的齿厚从蜗杆的一端向另一端均匀地逐渐增厚或减薄。双导程蜗杆齿形如图4-26所示，$P_{左}$、$P_{右}$ 分别为蜗杆齿左侧面、右侧面导程。s 为齿厚，c 为槽宽。$s_1 = P_{左} - c_1$，$s_2 = P_{右} - c_1$。若 $P_{右} > P_{左}$，$s_2 > s_1$。同理 $s_3 > s_2$……，所以双导程蜗杆又称变齿厚蜗杆，因此可用轴向移动蜗杆的方法来消除或调整蜗轮蜗杆副之间的啮合间隙。

双导程蜗杆副的啮合原理与一般的蜗杆副啮合原理相同，蜗杆的轴截面相当于基本齿条，蜗轮则相当于同它啮合的齿轮。由于蜗杆齿左、右侧面具有不同的模数，但因为同一侧面的齿距相同，因此没有破坏啮合条件，当轴向移动蜗杆后，也能保证良好的啮合。

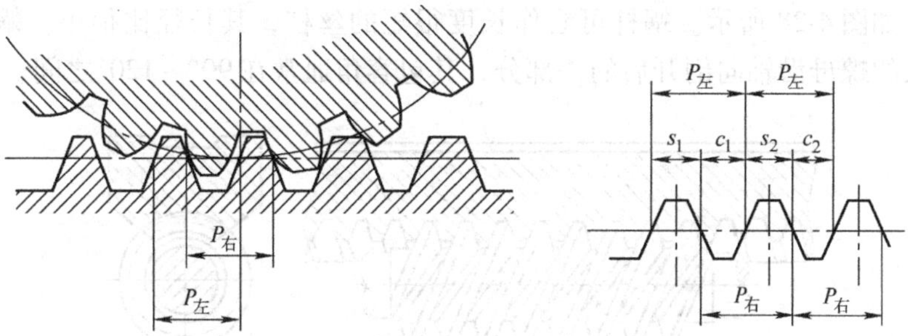

图4-26　双导程蜗杆齿形

【实例4-5】　JCS-013型加工中心双导程蜗杆副的间隙调整结构

如图4-27所示为JCS-013型加工中心数控回转工作台的双导程蜗杆副，8为蜗轮，2为蜗杆。蜗杆2左右端皆采用双列滚针轴承1支承，以减少径向尺寸，又能保证传动刚度。调整蜗杆副齿侧间隙时，首先松开螺母6上的锁紧螺钉5，使压块4与调整套7松开。然后转动调整套7，带动蜗杆2沿其轴向移动，根据传动精度和磨损量要求调整。蜗杆2有10mm的轴向移动调整量，相当于0.2mm的侧隙调整量。调整后，锁紧调整套7。

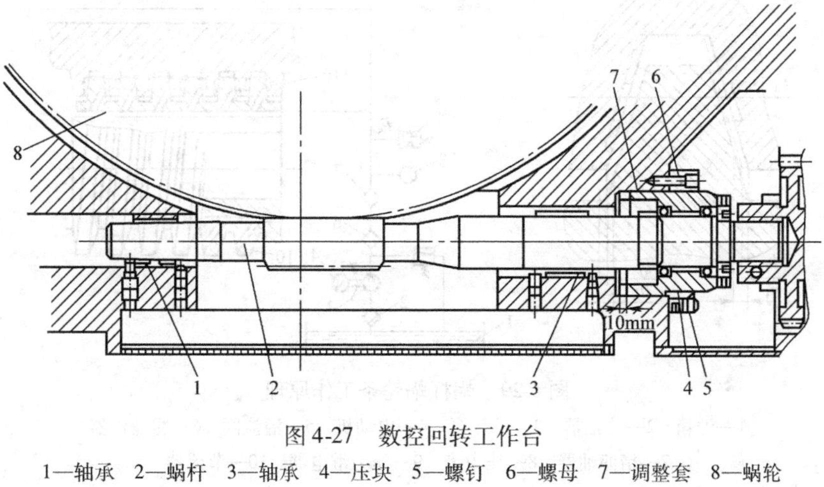

图4-27　数控回转工作台

1—轴承　2—蜗杆　3—轴承　4—压块　5—螺钉　6—螺母　7—调整套　8—蜗轮

4.5　静压蜗杆蜗轮条副与直线电动机传动

4.5.1　静压蜗杆蜗轮条副传动

大型数控机床不宜采用丝杠传动，特长的丝杠制造困难，且容易弯曲下垂，影响传动精度；同时轴向刚度与扭转刚度也难提高。如加大丝杠直径，因转动惯量增加，伺服系统的动态特性不易保证，因此不能采用丝杠传动，而用静压蜗杆蜗条副。

1. 静压蜗杆蜗条副的工作原理

静压蜗杆蜗条副的工作原理与静压丝杠螺母副相同，蜗杆蜗轮条机构是丝杠螺母副的一种特殊形式，如图 4-28 所示。蜗杆可看作长度很短的丝杠，其长径比很小。蜗轮条则面以看作一个很长的螺母沿轴向剖开后的一部分，其包容角通常在 90°～120°之间。

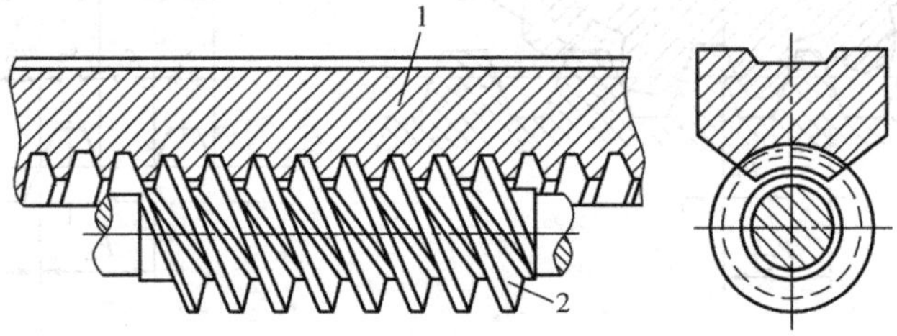

图 4-28　蜗杆—蜗轮条传动机构

1—蜗轮条　2—蜗杆

液体静压蜗杆蜗轮条机构是在蜗杆蜗轮条的啮合面间注入压力油，以形成一定厚度能油膜，使两啮合面间成为液体摩擦，其工作原理如图 4-29 所示。油腔开在蜗轮条上，用毛细管节流的定压供油方式给静压蜗杆蜗轮条供压力油。从液压泵输出的压力油，经过蜗杆螺纹内的毛细管节流器 10，分别进入蜗杆、蜗轮条齿的两侧面油腔内，然后经过啮合面之间的间隙，再进入齿顶与齿根之间的间隙，压力降为零，流回油箱。

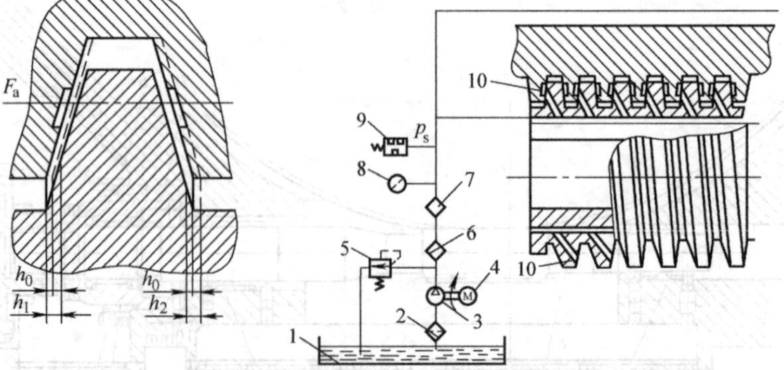

图 4-29　蜗杆蜗轮条工作原理

1—油箱　2—滤油器　3—液压泵　4—电动机　5—溢流阀　6—粗滤油器
7—精滤油器　8—压力表　9—压力继电器　10—节流器

2. 静压蜗杆蜗轮条副的特点

静压蜗杆蜗轮条副传动由于既有纯液摩擦的特点，又有蜗杆蜗轮条机构的特点，因此特别适合在重型机床的进给传动系统上应用。其优点如下：

1）摩擦阻力小，起动摩擦因数小于 0.0005，功率消耗少，传动效率高，可达 0.94 ~ 0.98，很低的速度下运动也很平稳。

2）使用寿命长，齿面不直接接触，不宜磨损，能长期保持精度。

3）抗振性能好，油腔内的压力油层有良好的吸振能力。

4）有足够的轴向刚度。

5）蜗轮条能无限接长，因此，运动部件的行程可以很长，不像滚珠丝杠那样受结构的限制。

3. 静压蜗杆蜗轮条副的材料

①钢蜗杆配铸铁蜗轮条。

②钢蜗杆配铸铁基体涂有 SKC3 耐磨涂层的蜗轮条。

③铜蜗杆配钢蜗轮条或铸铁蜗轮条。

4. 传动方案

蜗杆蜗轮条机构在数控机床上常用的传动方案有以下两种：

1）蜗杆箱固定，蜗轮条固定在运动件上，如图 4-30 所示。这种传动方案常应用于龙门式铣床的移动工作台进给驱动机构中。

2）蜗轮条固定，蜗杆箱固定在运动件上，如图 4-31 所示。这种传动方式经常用于桥式镗铣床桥架进给驱动机构中。

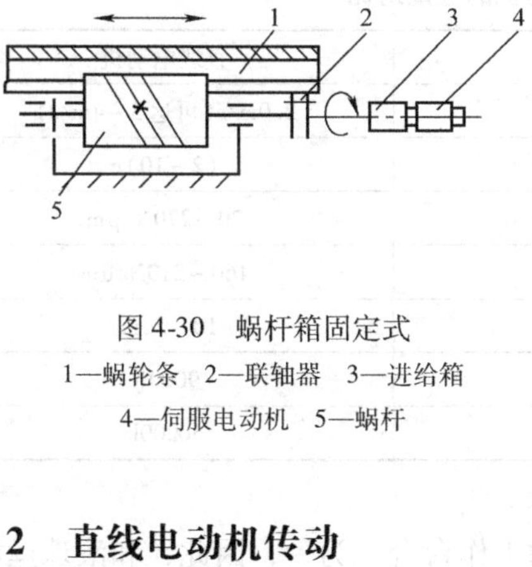

图 4-30　蜗杆箱固定式

1—蜗轮条　2—联轴器　3—进给箱
4—伺服电动机　5—蜗杆

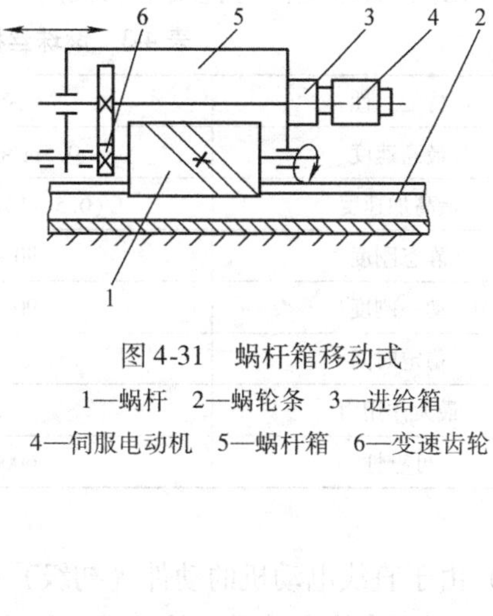

图 4-31　蜗杆箱移动式

1—蜗杆　2—蜗轮条　3—进给箱
4—伺服电动机　5—蜗杆箱　6—变速齿轮

4.5.2　直线电动机传动

在常规的机床进给系统中，一直使用“旋转电动机 + 滚动丝杠”的传动体系。随着近几年来超高速加工技术的发展，滚动丝杠机构已不能满足高速度和高加速度的要求。随着大功率电子器件、新型交流变频调速技术、微型计算机数控技术和现代控制理论的发展，为直线电动机在高速数控机床中的应用提供了条件。德国 Ex-Cell-O 公司于 1993 年生产出了世界上第一台使用直线电动机驱动工作台的高速加工中心，采用了德国 Indrament 公司开发的感应式直线电动机。同时，美国 Ingersoll 公司和 Fort 公司合作，在 HVM800 型卧式加工中心上采用了美国 Anorad 公司生产的永磁式直线电动机。日本的 FANUC 公司于 1994 年购买了

Anorad 公司的专利权，开始在亚洲销售直线电动机。

直线电动机驱动是指可以直接产生直线运动的电动机，可作为进给驱动系统，如图 4-32 所示。直线电动机驱动系统具有很多优点，对于促进机床的高速化有十分重要的意义和应用价值。使用直线电动机的驱动系统，有以下特点：

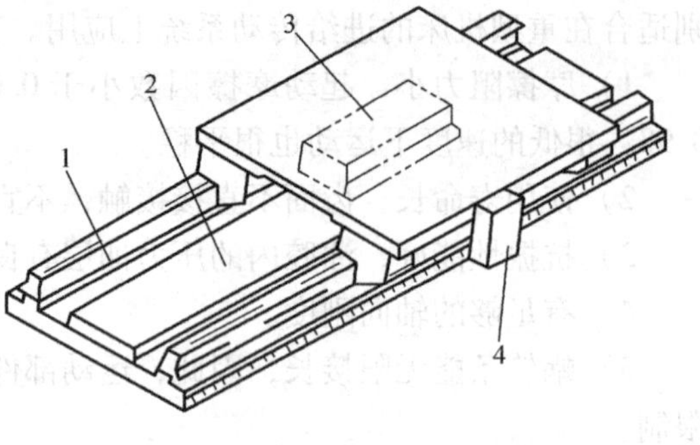

图 4-32 直线电动机进给系统外观

1—导轨 2—次级 3—初级 4—检测系统

1）直线伺服电动机的电磁力直接作用于运动体（工作台）上，而不用机械联接，因此没有机械滞后或齿距周期误差，精度完全取决于反馈系统的检测精度。

2）直线电动机上装配全数字伺服系统，可以达到极好的伺服性能。由于电动机和工作台之间无机械联接件，工作台对位置指令几乎是立即反应（电气时间常数约为 1ms），从而使得跟随误差减至最小而达至较高的精度，并且在任何速度下都能实现非常平衡的进给运动。

3）直线电动机系统在动力传动中由于没有低效率的中介传动部件而能达到高效率，可获得很好的动态刚度（动态刚度即为在脉冲负荷作用下，伺服系统保持其位置的能力）。

4）直线电动机驱动系统由于无机械零件相互接触，因此无机械磨损，也就不需要定期维护，也不像滚珠丝杠那样有行程限制，使用多段拼接技术可以满足超长行程机床的要求。表 4-3 列出了滚珠丝杠与直线电动机的性能对比。

表 4-3 滚珠丝杠与直线电动机的性能对比

特　性	滚珠丝杠	直线电动机
最高速度	0.5m/s（取决于螺距）	2.0m/s（可达 3～4m/s）
最高加速度	$(0.5 \sim 1)g$（$1g = 9.8\text{m/s}^2$）	$(2 \sim 10)g$
静态刚度	90～180N/μm	70～270N/μm
动态刚度	90～180N/μm	160～210N/μm
稳定时间	100ms	10～20ms
最大作用力	26700N	9000N
可靠性	6000～10000h	50000h

5）由于直线电动机的动件（初级）已和机床的工作台合二为一，因此，和滚珠丝杠进给单元不同，直线电动机进给单元只能采用全闭环控制系统。

【实例 4-6】 HVM800 型卧式加工中心直线电动机传动

HVM800 型卧式加工中心直线电动机工作原理与旋转电动机相比，并没有本质的区别，可以将其视为旋转电动机沿圆周方向拉开展平的产物，如图 4-33 所示。对应于旋转电动机的定子部分，称为直线电动机初级；对应于旋转电动机的转子部分，称为直线电动机的次级。当多相交变电流通入多相对称绕组时，就会在直线电动机初级和次级之间的气隙中产生一个行波磁场。从而使初级和次级之间相对移动。当然，二者之间也存在一个垂直力，可以是吸引力也可以是推斥力。

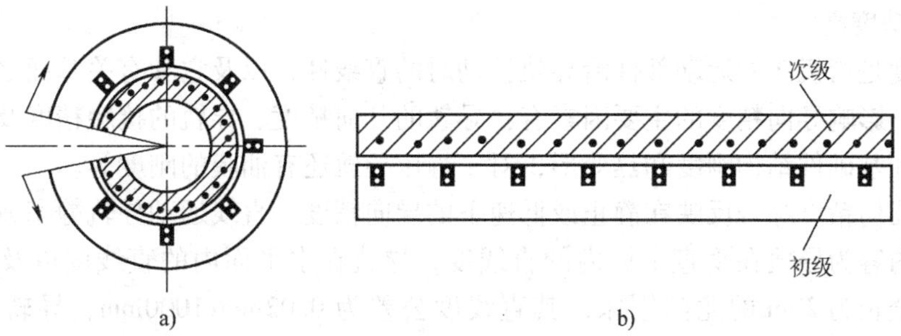

图4-33　旋转电动机展平为直线电动机的过程
a）旋转电动机　b）直线电动机

直线电动机的优点如下：

1）出色的动态响应和非常高的移动速度。

2）极好的精度（纳米级）。

3）安装简单。为了减小电动机发热对机械的影响，电动机采用了特殊的冷却方式，即双冷却回路：主冷却回路和精密冷却回路。

直线异步电动机可以做成原边固定、副边可动的短副边型和副边固定、原边可动的短原边型两种结构。短原边型所用线圈数量少，比较经济，应用较多。短副边型常用于金属物体的投射。直线异步电动机常在工业自动化系统中作为操作杆的动力，用它操作自动门窗、自动开关和阀门以及各种机械手，也可用于电气铁路高速列车的牵引和鱼雷发射等。

在机床上主要使用交流直线异步电动机。在结构上，可以有如图4-34所示的短次级和短初级两种形式。为了减小发热量和降低成本，高速机床用直线电动机一般采用图4-34b所示的短初级、动次级结构。

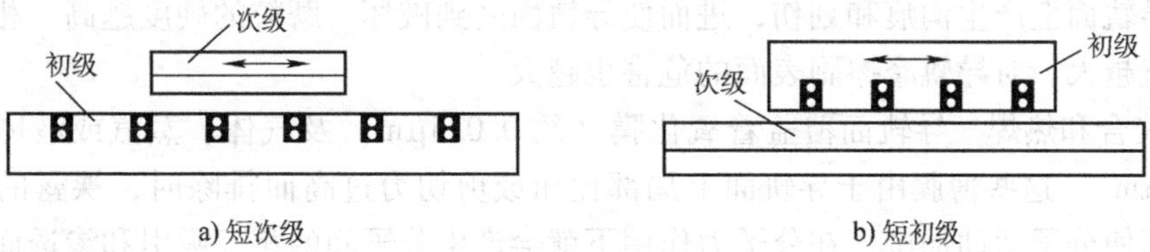

图4-34　直线电动机的形式

4.6　数控机床导轨

数控机床导轨是进给系统的重要环节，是机床的基本结构要素之一，它对数控机床的刚度、加工精度和使用寿命等有重大影响，与普通机床导轨相比有更高的要求。数控机床的导轨主要是用来支承和引导运动部件沿一定的轨道运动。导轨副中，与运动部件连成一体运动的一方叫运动导轨，与支承部件连成一体固定不动的一方叫支承导轨。运动导轨相对于支承导轨的运动，通常是直线运动或回转运动。

4.6.1 对数控机床导轨的要求

1. 导向精度高

导向精度是指机床的运动部件沿导轨移动时的直线性，以及它和有关基面之间的相互位置的准确性。影响导向精度的主要因素有：导轨的几何精度、导轨的接触精度及导轨的结构形式、导轨和基础件结构刚度和热变形，对于静压导轨还有油膜的刚度等。

导轨的几何精度综合反映在静止或低速下的导向精度。直线运动导轨静态或低速下导向精度的检验内容为导轨在垂直平面内的直线度，导轨在水平面内的直线度以及两导轨平行度。如导轨全长为20m的龙门刨床，其直线度公差为0.02mm/1000mm，导轨全长公差为0.08mm。

圆周运动导轨几何精度检验内容与主轴回转精度的检验方法相类似，用导轨回转时端面圆跳动及径向圆跳动表示，如最大切削直径为4m的立车，其圆跳动公差规定为0.05mm。

2. 高、低速平稳性好

在导轨做高、低速运动时，应使导轨运动平稳，高速进给时，不产生振动；低速进给时，不产生“爬行”现象，以保证被加工零件的加工精度和表面质量。

3. 耐磨性好及寿命长

导轨的耐磨性决定了导轨的精度保持性。动导轨沿支承导轨面长期运行会引起导轨的不均匀磨损，破坏导轨的导向精度，从而影响机床的加工精度。例如，卧式车床的铸铁导轨，若结构欠佳、润滑不良及维修不及时，则靠近主轴箱一段的前导轨，每年磨损量达0.2~0.3mm，这样就降低了刀架移动的直线度和对主轴的平行度精度，导轨精度也就下降。与此同时也增加了溜板箱中开合螺母与丝杠的同轴度误差，加剧了螺母和丝杠的磨损。

导轨的磨损形式可综合为以下三种：

（1）硬粒磨损　导轨面间存在着的坚硬微粒、由外界或润滑油带入的切屑或磨粒以及微观不平的摩擦面上的高峰，在运动过程中均会在导轨面产生机械的相互切割和锉削作用面，而使导轨面上产生沟痕和划伤，进而使导轨面受到破坏。磨粒的硬度越高，相对速度越大，压强就越大，对导轨摩擦副表面的危害也越大。

（2）咬合和热焊　导轨面覆盖着氧化膜（约0.025μm）及气体、蒸汽或液体的吸附膜（约0.025μm），这些薄膜由于导轨面上局部比压或剪切力过高而排除时，裸露的金属表面因摩擦热而使分子运动加快，在分子力作用下就会产生分子间的相互吸引和渗透而吸附在一起，导致冷焊。如果导轨面摩擦热使金属表面温度达到熔点而引起局部焊接，这种现象称为热焊。接触面的相对运动又要将焊点拉开，会造成撕裂性破坏。

（3）疲劳和压溃　导轨面由于过载或接触应力不均匀而使导轨表面产生弹性变形，反复进行多次，就会形成疲劳点，呈塑性变形，表面形成龟裂和剥落而出现凹坑，这种现象叫压溃。滚动导轨失效的主要原因就是表面的疲劳和压溃，为此应控制滚动导轨承受的最大载荷和受载的均匀性。

4. 足够的刚度

导轨的刚度表示导轨在承受动、静载荷下抵抗变形的能力。若刚度不足，会直接影响部件之间的相对位置精度和导向精度，还会使得导轨面上的比压分布不均，加重导轨变形。

5. 结构简单、工艺性好

设计导轨时，要注意到制造、调整和维修方便；力求结构简单，工艺性好及经济性好。

4.6.2　导轨的技术要求

（1）导轨的精度要求　不管是 V-平型还是平-平型，滑动导轨面的平面度公差通常取 0.01 ~ 0.015mm，长度方向直线度公差通常取为 0.005 ~ 0.01mm；侧导向面的直线度公差为 0.01 ~ 0.015mm，侧导向面之间的平行度公差为 0.01 ~ 0.015mm，侧导向面对导轨底面的垂直度公差为 0.005 ~ 0.01mm。镶钢导轨的平面度误差需控制在 0.005 ~ 0.01mm 以下，平行度和垂直度误差需在 0.01mm 以下。

（2）导轨的热处理　数控机床的开动率普遍都很高，这就要求导轨具有较高的耐磨性，为此导轨大多需淬火处理。导轨淬火方式有中频淬火、超音频淬火、火焰淬火等方式，其中用得多的是前两种方式。

铸铁导轨的淬火硬度，一般为 50 ~ 55HRC，个别要求 57HRC；淬火层深度规定经磨削后应保留 1.0 ~ 1.5mm。

镶钢导轨，一般采用中频淬火或渗氮淬火方式，淬火硬度为 58 ~ 62HRC，渗氮层厚 0.5mm。

4.6.3　导轨的基本类型及特点

导轨按运动轨迹可分为直线运动导轨和圆周运动导轨，按工作性质可分为主运动导轨、进给运动导轨和调整导轨，按受力情况可分为开式导轨和闭式导轨，按摩擦性质可分为滑动导轨和滚动导轨。表 4-4 是滑动导轨、滚动导轨和静压导轨的特点及适用范围。

表 4-4　各种导轨特点和适用范围

<table>
<tr><th colspan="3">导轨类型</th><th>特　点</th><th>适用范围</th></tr>
<tr><td rowspan="3">滑动导轨</td><td colspan="2">普通滑动导轨</td><td>结构简单，制造方便，刚度好，抗振性高。缺点是在低速运动时易出现爬行现象而降低运动部件的定位精度</td><td>广泛应用于各种类型普通机床，在数控机床中仅少量应用在精度要求不高的开环系统及小功率闭环系统中</td></tr>
<tr><td rowspan="2">塑料滑动导轨</td><td>注塑或塑料涂层导轨</td><td rowspan="2">（1）摩擦因数低，动、静摩擦因数差值小，运动平衡性和抗爬行性能较铸铁导轨副好
（2）减振性好，具有良好的阻尼性。优于接触刚度较低的滚动导轨和易漂浮的静压导轨
（3）耐磨性好，有自润滑作用，无润滑油也能工作，灰尘磨粒的嵌入性好
（4）化学稳定性好，耐磨，耐低温，耐强酸、强碱、强氧化剂及各种有机溶剂
（5）维修方便，经济性好。软带耐磨，损坏后更换容易，结构简单，成本较低，约为滚动导轨成本的 1/20，具有良好经济性</td><td>目前在大型和重型机床中应用较多</td></tr>
<tr><td>贴塑导轨</td><td>不仅适用于数控机床，还适用于其他各种类型机床导轨，应用日渐广泛。在机床修理和数控化改装中还可减少机床结构的修改，具有较显著的技术经济效益</td></tr>
</table>

（续）

导轨类型	特　点	适用范围
滚动导轨	优点是灵敏度高，摩擦阻力小，动、静摩擦因数小，因而运动均匀，低速运动时不易出现“爬行”现象；定位精度高，重复定位误差可达0.2μm；牵引力小，移动轻便；磨损小，精度保持好，寿命长。缺点是抗振性较差，对防护要求较高，结构复杂，制造比较困难，成本较高	广泛应用于需要实现精密位移的机床上，如坐标镗床、仿形机床、数控机床，在大型外圆磨床上使用，可减轻阻力和发热；在平面磨床工作台上应用可提高加工精度，在立式车床上使用可提高速度，在工具磨床上使用可使手摇轻便灵活
静压导轨	导轨面之间为纯液体摩擦，不产生磨损，精度保持性好，摩擦因数低（一般为0.005～0.001），低速不易产生“爬行”，承载能力大，刚性好；承载油膜有良好吸振作用，抗振性好。缺点是结构复杂且需备置一套专门的供油系统	在机床上得到日益广泛的应用

1. 常用导轨的形状

（1）直线滑动导轨的截面形状　直线滑动导轨面有若干个平面，从制造、装配和检验来说，平面的数量应尽可能少，常用有矩形、三角形、燕尾形及圆形表面（图4-35）。各个平面所起的作用也各不相同。在矩形和三角形导轨中，*M*面主要起支承作用，*N*面是保证直线移动精度的导向面，*J*面是防止运动部件抬起的压板面；在燕尾形导轨中，*M*面起导向和压板作用，*J*面起支承作用。

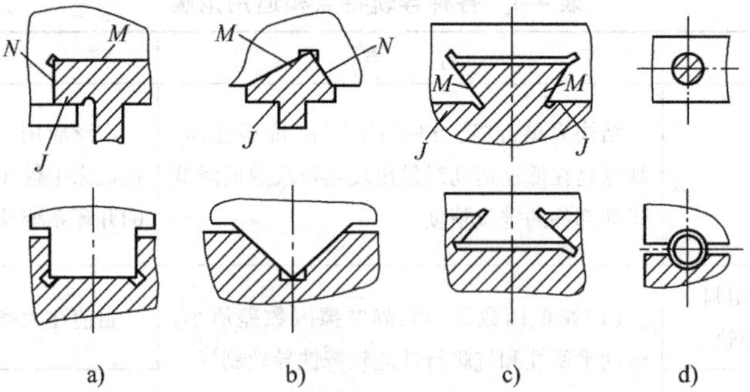

图4-35　直线滑动导轨的截面形状

根据支承导轨的凸凹状态，又可分为凸形（上图）和凹形（下图）两类导轨。凸形需要有良好的润滑条件。凹形容易存油，但也容易积存切屑和尘粒，因此适用于具有良好防护的环境。矩形导轨也称为平导轨；而三角形导轨，在凸形时可称为山形导轨；在凹形时，称为V形导轨。

1）矩形导轨如图4-35a所示，易加工制造，承载能力较大，安装调整方便。*M*面起支承兼导向作用，起主要导向作用的*N*面磨损后不能自动补偿间隙，需要有间隙调整装置。

它适用于载荷大且导向精度要求不高的机床。

2）三角形导轨如图 4-35b 所示，三角形导轨有两个导向面，同时控制了垂直方向和水平方向的导向精度。这种导轨在载荷的作用下，自行补偿消除间隙，导向精度较其他导轨高。

3）燕尾槽导轨如图 4-35c 所示，这是闭式导轨中接触面最少的一种结构，磨损后不能自动补偿间隙，需用镶条调整，能承受颠覆力矩，摩擦阻力较大，多用于高度小的多层移动部件。

4）圆柱形导轨如图 4-35d 所示，这种导轨刚度高，易制造，外径可磨削，内孔可珩磨达到精密配合，但磨损后间隙调整困难。它适用于受轴向载荷的场合，如压力机、珩磨机、攻螺纹机和机械手等。

（2）直线导轨的组合　机床上一般都采用两条导轨来承受载荷和导向。重型机床承载大，常采用 3-4 条导轨。导轨的组合形式取决于受载大小、导向精度、工艺性、润滑和防护等因素。常见的导轨组合形式如下：

1）双三角形导轨。图 4-36a 为双 V 形导轨，导轨面同时起支承和导向作用。磨损后能自动补偿，导向精度高。但装配时要对四个导轨面进行刮研，其难度很大。由于过定位，所以制造、检验和维修都困难，它适用于精度要求高的机床，如坐标镗床、丝杠车床。

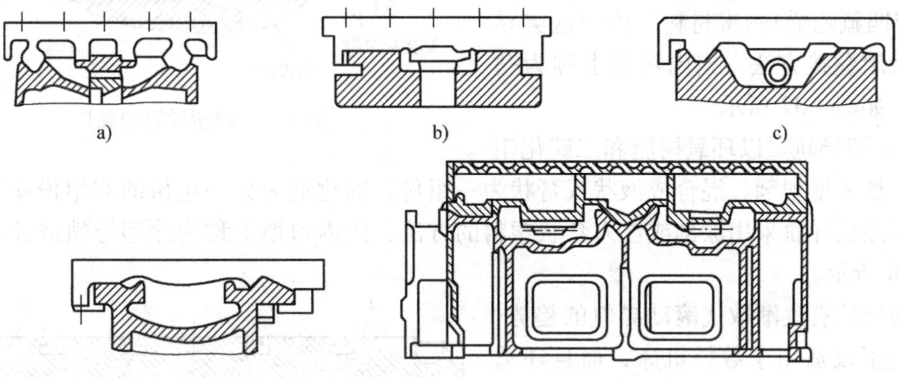

图 4-36　导轨的组合

2）双矩形导轨。这种导轨易加工制造，承载能力大，但导向精度差。侧导向面需设调整镶条，还须设置压板，呈闭式导轨。常用于普通精度的机床，如图 4-36b 所示。

3）三角形-平导轨组合如图 4-36c 所示，V 形-平导轨组合不需用镶条调整间隙，导轨精度高，加工装配较方便，温度变化也不会改变导轨面的接触情况，但热变形会使移动部件水平偏移，两条导轨磨损也不一样，因而对位置精度有影响，通常用于磨床、精密镗床。

4）三角形-矩形导轨组合图 4-36d 为卧式车床的导轨，三角导轨作主要导向面。矩形导轨面承载能力大，易加工制造，刚度高，应用普遍。

5）平-平-三角形导轨组合。龙门铣床工作台宽度大于 3000mm、龙门刨床工作台宽度大于 5000mm 时，为使工作台中间挠度不致过大，可用三根导轨的组合。图 4-36e 是重型龙门刨床工作台导轨，三角形导轨主要起导向作用，平导轨主要起承载作用。

从上所述可知，各种导轨的特点各不相同，因此选择使用时应掌握以下原则：

1）要求导轨有较大的刚度和承载能力时，用矩形导轨，中小型机床导轨采用山形和矩形组合，而重型机床则采用双矩形导轨。

2）要求导向精度高的机床采用三角形导轨，三角形导轨工作面同时起承载和导向作用，磨损后能自动补偿间隙，导向精度高。

3）矩形、圆形导轨工艺性好，制造、检验都方便，三角形、燕尾形导轨工艺性差。

4）要求结构紧凑、高度小及调整方便的机床，用燕尾形导轨。

（3）圆周运动导轨　它主要用于圆形工作台、转盘和转塔等旋转运动部件，常见的有平面圆环导轨、锥形圆环导轨和V形圆环导轨。

2. 数控机床常用的导轨

目前数控机床使用的导轨主要有四种：塑料滑动导轨、动压导轨、静压导轨和滚动导轨。

（1）塑料滑动导轨　为了提高数控机床的定位精度和运动平稳性，目前数控机床上已广泛采用塑料滑动导轨。塑料滑动导轨的类型有贴塑导轨和注塑导轨。

1）贴塑导轨。近年来国内外已研制了数十种塑料基体的复合材料用于机床导轨，其中比较引人注目的为应用较广的填充PTFE（聚四氟乙烯）软带材料。由于这类导轨软带采用黏接方法，国内习惯上称为贴塑导轨，如图4-37所示。

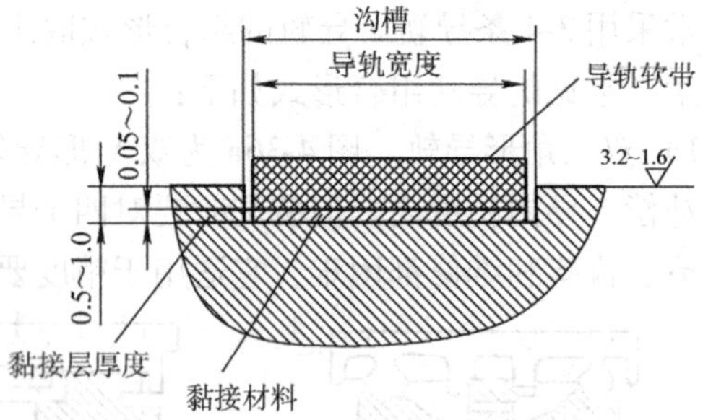

图4-37　贴塑导轨的黏接

2）注塑导轨。以环氧树脂和二硫化钼为基体，加入增塑剂，混合成液状或膏状为一组份，固化剂为另一组份的双组份塑料涂层。由于这类涂层导轨采用涂刮或注入膏状塑料的方法，国内习惯上称为涂塑导轨或注塑导轨，如图4-38所示。

贴塑导轨有逐渐取代滚动导轨的趋势，贴塑导轨不仅适用于数控机床，而且还适用于其他各种类型机床，它在旧机床修理和数控化改装中可以减少机床结构的修改，因而更加扩大了贴塑导轨的应用领域。

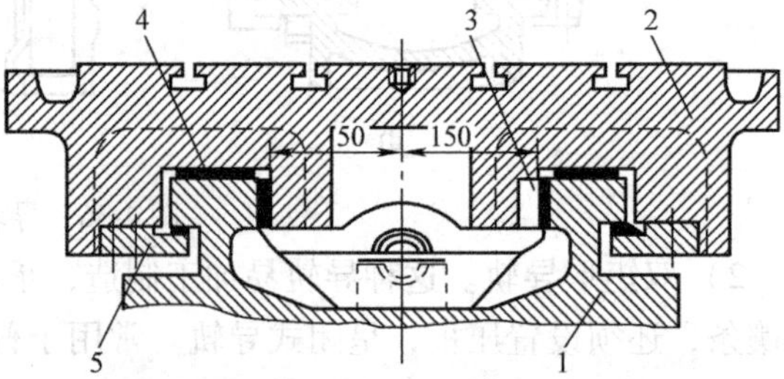

图4-38　注塑导轨在机床上的应用形式
1—床身　2—工作台　3—镶条
4—导轨软带　5—下压板

（2）动压导轨　动压导轨的工作原理与动压轴承相同，它们都借助于导轨面间的相对运动，形成压力油楔将动导轨微微抬起，这样导轨面就有充满润滑油形成的高压油膜将导轨面隔离，形成液体摩擦，提高了导轨的耐磨性。

形成压力油楔的条件是，有一定的相对运动速度，油腔沿运动方向的间隙逐渐减小。速度越高，油楔的承载能力越大，所以动压导轨适用于运行速度高的主运动导轨，如立式车床工作台、龙门刨床工作台等，其油腔开在运动部件上，如图4-39a所示。但由于运动部件进油困难，故仍从固定导轨进油，油腔也可刻在固定导轨上；如图4-39b所示。它可用于直线运动导轨，也可用于圆周运动导轨。

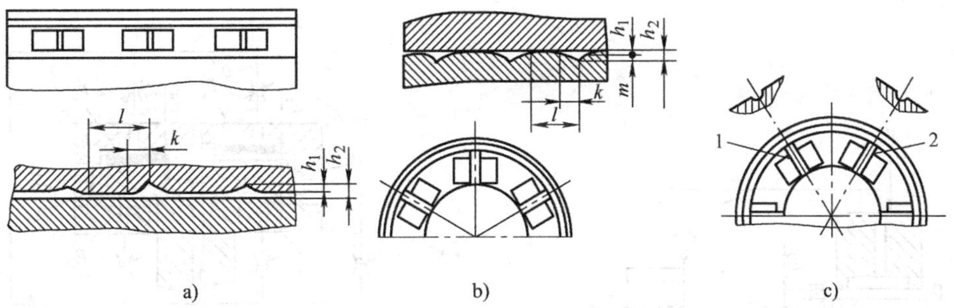

图 4-39　动压导轨的油腔

1—开式油腔　2—闭式油腔

图 4-39a、b 中，k 段为斜面，其油腔间隙由 h_2 逐渐减小至 h_1，间隙 h_1 越小，油膜压力越大，承载能力越强。由于导轨的表面粗糙度及热变形等影响，间隙 h_1 不可太小，如龙门刨床工作台长度为 2～16m，h_1 应取 0.06～0.10mm，而 h_2 一般等于 $2h_1$。

图 4-39c 所示为目前用得较多的立式车床的动压导轨。在机床底座上做成若干个开式油腔 1 和闭式油腔 2，两者间隔排列，径向回油腔贯穿导轨面，形成开式油腔，它除形成动压油楔外，还起冷却作用。动压导轨材料的耐磨性要求和普通滑动导轨相同。

（3）静压导轨　静压导轨分为液体静压导轨和气体静压导轨两类。

1）液体静压导轨。液体静压导轨的工作原理与静压轴承相同，是将具有一定压力的润滑油，经节流器输入到导轨面上的油腔中，形成承载油膜，使导轨面之间处于纯液体摩擦状态。

①导轨按结构形式可分为开式和闭式两种，数控机床上常采用闭式静压导轨。由于开式静压导轨只设置在床身的一边，依靠运动件自重和外载荷保持运动件不从床身上分离，因此只能承受单向载荷，而且承受偏载力矩的能力差。开式静压导轨适用于载荷较均匀，偏载和倾覆力矩小的水平放置的场合。

图 4-40 所示为开式静压导轨工作原理图。来自液压泵的压力油，其压力为 p_0，经节流器压力降至 p_1，进入导轨的各个油腔内，借油腔内的压力将动导轨浮起，使导轨面间以一层厚度为 h_0 的油膜隔开，油腔中的油不断地穿过各油腔的封油间隙流回油箱，压力降至为零。当动导轨受到外载载工作时，使动导轨向下产生一个位移，导轨间隙由 h_0 降为 $h(h<h_0)$，使油腔回油阻力增大，油腔中压力也相应增大变为 $p_0(p_0>p_1)$，以平衡负载，使导轨仍在纯液体摩擦下工作。

闭式静压导轨设置在床身的几个方向，各方向导轨面上都开有油腔，能限制运动件从床身上分离，因此能承受正、反向载荷，承受偏载荷及颠覆力矩的能力较强，油膜刚度高，可应用于载荷不均匀，偏载大及有正反向载荷的场合。

图 4-41 所示为闭式静压导轨的工作原理图。闭式静压导轨各方向导轨面上都开有油腔，所以闭式导轨具有承受各方向载荷和颠覆力矩的能力，设油腔各处的压强分别为 p_1、p_2、p_3、p_4、p_5、p_6，当受颠覆力矩 M 时，p_1、p_6 处间隙变小，则 p_1、p_6 增大，p_4、p_3 处间隙变大，则 p_4、p_3 变小，可形成一个与颠覆力矩反向的力距，从而使导轨保持平衡。

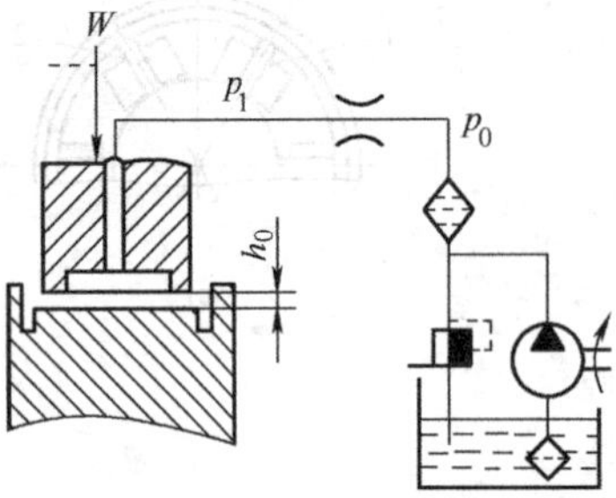

图 4-40　开式静压导轨的工作原理图

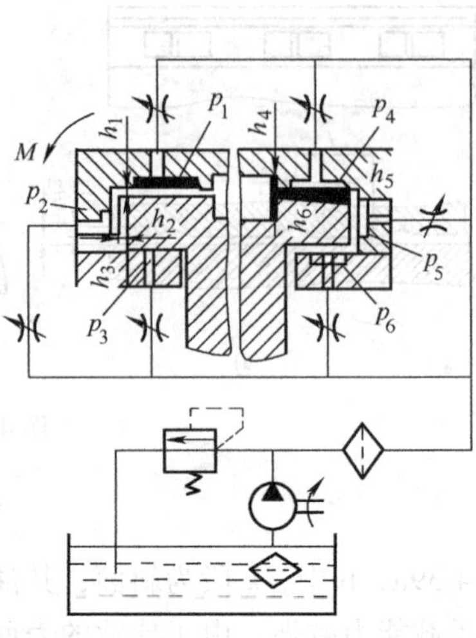

图 4-41　闭式静压导轨的工作原理图

②按供油方式导轨又可分为恒压（即定压）供油和恒流（即定量）供油两种。

2）气体静压导轨。气体静压导轨是利用恒定压力的空气膜，使运动部件之间形成均匀分离，以得到高精度的运动，摩擦因数小，不易引起发热变形。但是，气体静压导轨会随空气压力波动而使空气膜发生变化，且承载能力小，故常用于负荷不大的场合，如数控坐标磨床和三坐标测量机。

（4）滚动导轨　滚动导轨是在导轨面之间放置滚珠、滚柱或滚针等滚动体，导轨面之间的摩擦为滚动摩擦。滚动导轨可分为开式和闭式两种，开式用于加工过程中载荷变化较小，颠覆力矩较小的场合。当颠覆力矩较大，载荷变化较大时则用闭式，此时采用预加载荷，能消除其间隙，减小工作时的振动，并大大提高了导轨的接触刚度。

滚动导轨的分类方法、类型、结构特点和应用范围见表 4-5。

表 4-5　滚动导轨的分类方法、类型、结构特点和应用范围

分类方法	类型	结构特点	应用范围
按滚动体类型	滚珠导轨	点接触，摩擦阻力小，承载能力较差，刚度低。结构紧凑，制造容易，成本较低。通过合理设计滚道圆弧可大幅降低接触应力，提高承载能力	一般适用于运动部件重量小于 2000N，切削力矩和颠覆力矩都较小的机床上，如工具磨床工作台导轨、磨床的砂轮修整架导轨
	滚柱导轨	线接触，承载能力较同规格滚珠导轨高一个数量级，刚度高。对导轨面的平面度敏感，制造精度要求比滚珠导轨高	适用于载荷较大的机床
	滚针导轨	滚针尺寸小，结构紧凑。承载能力大，刚度高。对导轨面的平面度更敏感，对制造精度的要求更高，摩擦因数较大	适用于导轨尺寸受限制的机床上

（续）

分类方法	类型	结构特点	应用范围
按滚动体循环情况	滚动体循环式导轨	滚动体在运行过程中沿循环通道自动循环，行程不受限制。常做成独立的标准化部件，由专业厂生产（如直线滚动导轨副和滚动导轨块）。滚动导轨组件本身制造精度较高，对机床的安装基面要求不高，安装调试方便，刚度高，承载力大，润滑简单	适用于行程较大的机床，广泛采用直线滚动功能部件，目前在国内外数控机床上得到广泛采用
	滚动体非循环式导轨	滚动体在运动过程中不循环，行程有限。一般根据需要自行设计制造	一般用于行程较小的机床

近代数控机床普遍采用一种滚动导轨支承块，已做成独立的标准部件，其特点是刚度高，承载能力大，便于拆装，可直接装在任意行程长度的运动部件上，其结构形式如图4-42所示，1为防护板，端盖2与导向片4引导滚动体返回，5为保持器。当运动部件移动时，滚柱3在支承部件的导轨面与本体6之间滚动，同时又绕本体6循环滚动。滚柱3与运动部件的导轨面并不接触，因而该导轨面不需淬硬磨光。

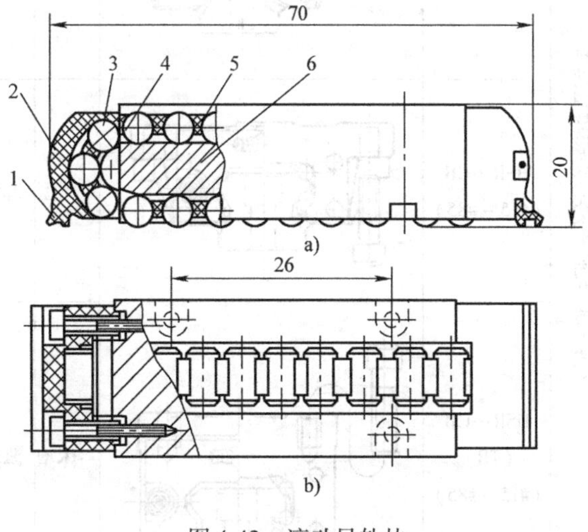

图4-42　滚动导轨块

1—防护板　2—端盖　3—滚柱

4—导向片　5—保持器　6—本体

目前数控机床常用的滚动导轨为直线滚动导轨。这种导轨的外形和结构如图4-43所示。直线滚动导轨摩擦因数小，精度高，安装和维修都很方便，由于它是一个独立部件，对机床支承导轨的部分要求不高，既不需要淬硬，也无需磨削或刮研，只要精铣或精刨。由于这种导轨可以预紧，因而比滚动体不循环的滚动导轨刚度高，承载能力大，但还不如滑动导轨。抗振性也不如滑动导轨，为提高抗振性，有时装有抗振阻尼滑座。有过大的振动和冲动载荷的机床不宜采用直线导轨副。

直线运动导轨副的移动速度可以达到60m/min，在数控机床和加工中心上得到广泛应用。

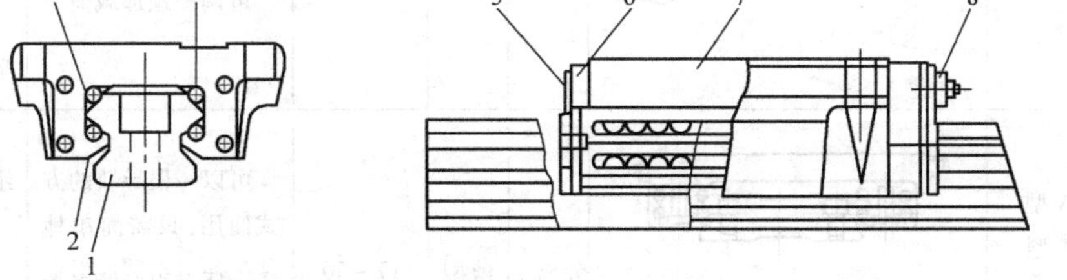

图4-43　直线滚动导轨的外形和结构

1—导轨体　2—侧面密封垫　3—保持器　4—承载球列　5—端部密封垫

6—端盖　7—滑块　8—润滑油杯

【实例 4-7】THK 系列 LM 导轨的类型及特点

目前，滚动直线导轨（标准块）的类型很多，主要的产品有国产的 HJG—D 系列（汉江机床厂）、日本 THK 公司产品系列、德国 INA 公司产品系列等。表 4-6 为日本 THK 公司的滚动直线（LM）导轨的类型、特点及主要用途。LM 导轨的配置举例见图 4-44。

表 4-6　日本 THK 系列 LM 导轨的类型、特点及主要用途

分类	型号	形状、装配方向	结构	导轨	高度尺寸/mm	特　点	主要用途
自动调整形式(四个方向载荷形式)	HSR…CA (#15 ~ #85)	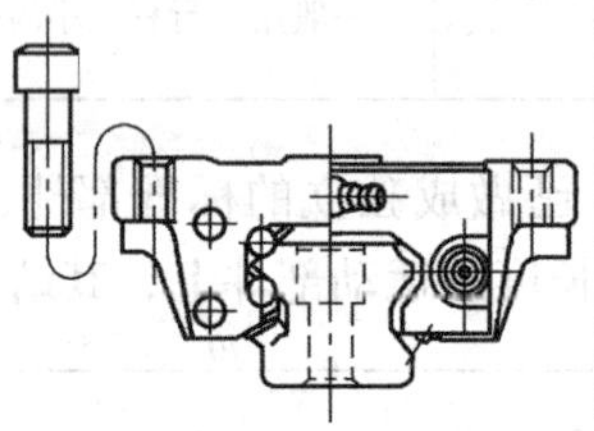	一体型	薄型	24 ~ 110	由于 LM 滑块及 LM 导轨都是按高强度设计的，因此为大载荷、超刚性的形式 增加了球的直径和球的数量，额定载荷大幅度提高，寿命长 因为是四个方向相等载荷的形式，具有广泛的用途，在反径向也有足够的强度	加工中心 数控车床 重型切削机床的 *XYZ* 轴 磨床的研磨台进给轴 机床等特殊要求装配精度时 要求高精度、大力矩时
	HSR…CB (#15 ~ #85)	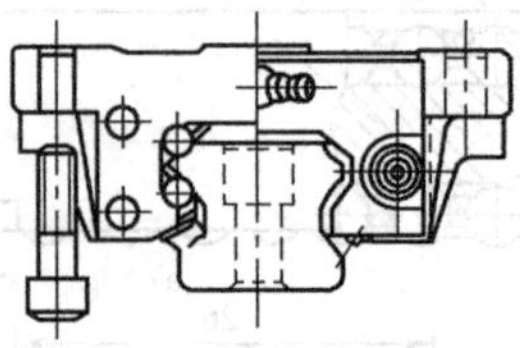	一体型	薄型	24 ~ 110		
	HSR…CB (TR) (#15 ~ #85)	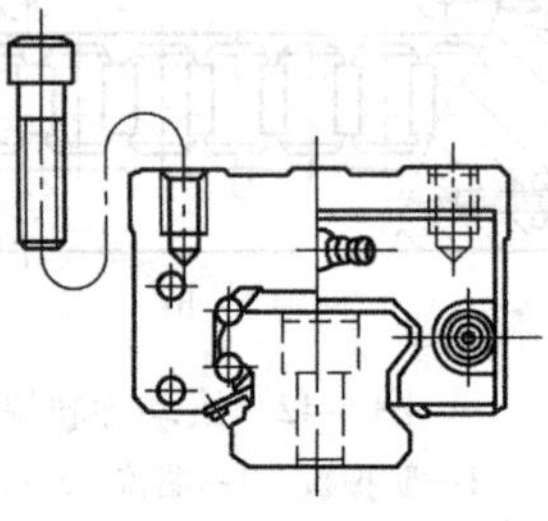	一体型	薄型	28 ~ 110		
自动调整形式(四个方向等载荷分离形式)	HR 型 (#918 ~ #60125)	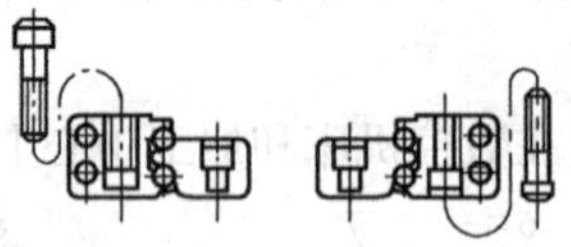	分离型	极薄型	8.5 ~ 60	因为是高刚性极薄形式，最适合于场所为狭窄处 可调整预加载荷	电弧加工机的 *XYZ* 轴精密平台 数控车床 *XZ* 轴 组合机械手运送机械
	HRA 型 HRT 型 (#1760 ~ #50166)	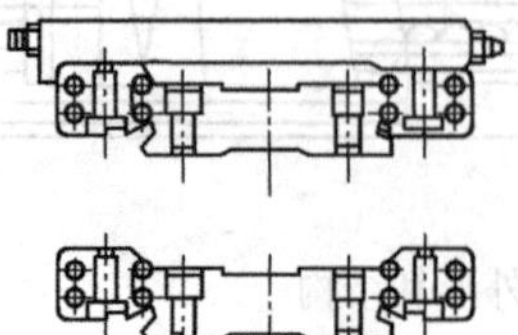	分离型	薄型	17 ~ 50	可以一根导轨的方式使用，只需简单地装配便可组装成滑动平台 可调预载荷	印制电路板组装机械 测定仪器 工具交换装置 各种自动装配机械

（续）

分类	型号	形状、装配方向	结构	导轨	高度尺寸 /mm	特　点	主要用途
自动调整形式(径向形式)	SR…W 型 SR…V 型 (#15 ~ #70)	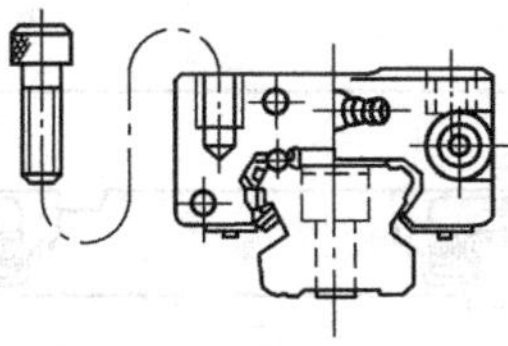	一体型	薄形	24 ~ 85	小型低刚度，适合于径向承受载荷时 运行平滑、低噪声型 有标准型(SR…W 型)和超短型(SR…V 型)两大类型	大型平面磨床 测试仪器 工具磨床 高速运输机械
小型可调整形式	RSR 型 (#7 ~ #20)	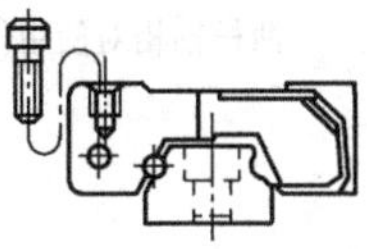	一体型	极薄形	8 ~ 25	超小型 LM 导轨 球的直径大因而寿命长 备有洗衣房用的不锈钢型号	IC、LSI 制造机械 磁性软盘 办公自动化机器的滑动部分 检查装置
	RSR…W (#9 ~ #15)	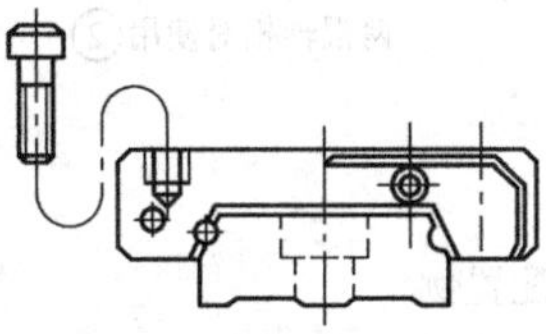	一体型	极薄形	12 ~ 16	大宽度超薄型 LM 导轨 对力矩载荷有高刚性 可将两根平行轴的结构推进转换成一根轴的形式	薄片运送装置 印制电路板的装配平台 医疗器械 金属丝切断机的 *UV* 轴

3. 导轨间隙的调整、润滑与防护

导轨面之间的间隙应当调整。如果间隙过小，则摩擦阻力大，导轨磨损加剧。间隙过大，则运动失去准确性和平稳性，失去导向精度。因此，必须保证导轨具有合理的间隙。

(1) 间隙调整方法

1) 采用压板来调整间隙并承受颠覆力矩。压板用螺钉固定在动导轨上，如图 4-45 所示为矩形导轨上常用的几种压板装置。常用钳工配合刮研及选用调整垫片、平镶条等机构，使导轨面与支承面之间的间隙均匀，达到规定的接触点数。普通机床压板面每 25mm × 25mm 面积内为 6 ~ 12 个点。间隙过大，应修磨或刮研 B 面，若间隙过小，或压板与导轨压得太紧，则可刮研或修磨 4 面。

2）采用镶条来调整矩形和燕尾形导轨的间隙。从提高刚度考虑，镶条应放在不受力或受力小的一侧。对于精密机床，因导轨受力小，要求加工精度高，所以镶条应放在受力的一侧，或两边都放镶条；对于普通机床，镶条应放在不受力一侧。一种导轨镶条是全长厚度相等，横截面为平行四边形或矩形的平镶条（图 4-46a），以其横向位移来调整间隙；另一种是全长厚度变化的斜镶条（图 4-46b），以其纵向位移来调整间隙。

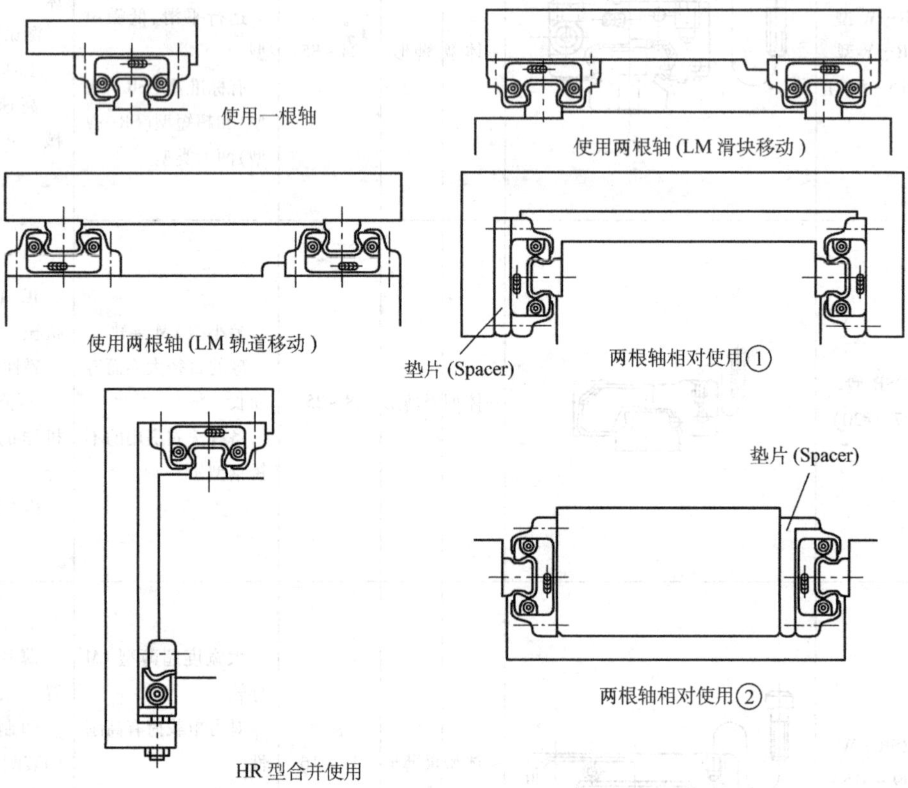

图 4-44　LM 导轨的配置例

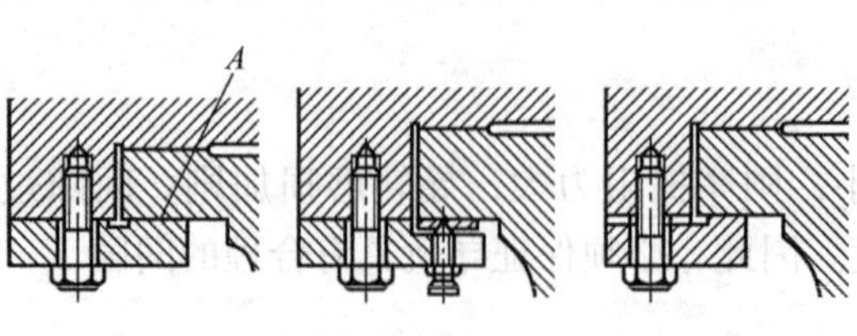

a)　　b)　　c)

图 4-45　压板调整间隙

a）修复刮研式　b）镶条式　c）垫片式

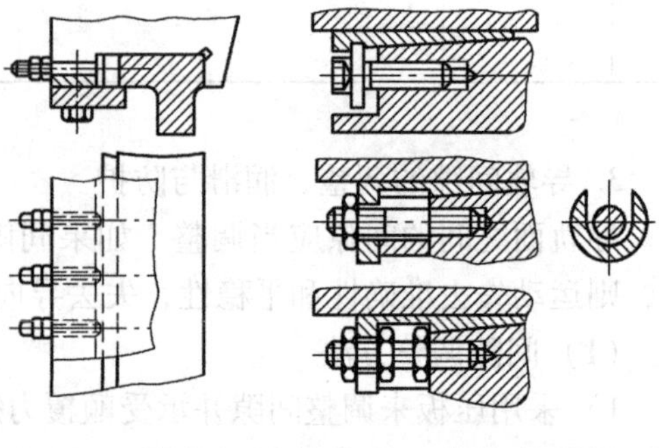

a)　　b)

图 4-46　镶条压板调整间隙

a）等厚度镶条　b）斜镶条

平镶条须放在适当的位置，用侧面的螺钉调节，用螺母锁紧。因各螺钉单独拧紧，故收紧力不均匀，在螺钉的着力点有挠曲。

斜镶条在全长上支承，工作情况较好，支承面积与位置调整无关。通过用1∶40或1∶100的斜镶条做细调节，但所施加的力由于楔形增压作用可能会产生过大的横向压力，因此调整时应细心。图4-46b为三种用于斜镶条的调节螺钉。

3）采用压板镶条来调整间隙。T形压板（图4-47）用螺钉固定在运动部件上，运动部件内侧和T形压板之间放置斜镶条，镶条不是在纵向有斜度而是在高度方面做成倾斜。调整时，借助压板上几个推拉螺钉，使镶条上下移动，从而调整间隙，这种方法已标准化。

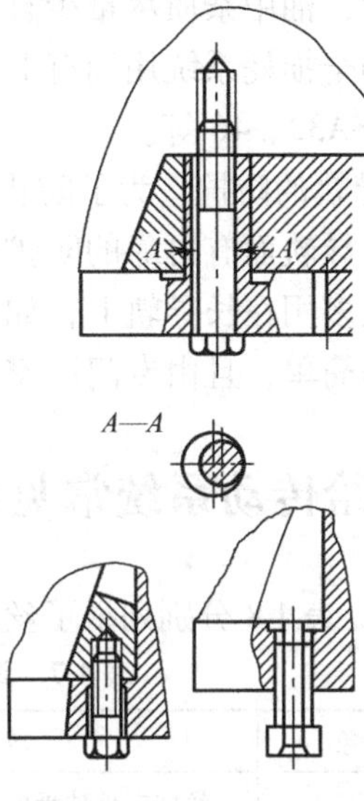

图4-47　压板镶条调整间隙

（2）导轨的润滑　导轨面上润滑后，可降低摩擦因数，减少磨损，且可防止导轨面锈蚀，因此必须对导轨面进行润滑。导轨常用的润滑剂有润滑油和润滑脂，前者用于滑动导轨，而滚动导轨两种都能用。

1）润滑的方式。导轨最简单的润滑方式是人工定期加油或用油杯供油。这种方法简单，成本低，但不可靠，一般用于调节的辅助导轨及运动速度低、工作不频繁的滚动导轨。

运动速度较高的导轨大都采用液压泵，以压力油强制润滑。这不但可连续或间歇供油给导轨面进行润滑，且可利用油的流动冲洗和冷却导轨表面。为实现强制润滑，必须备有专门的供油系统。

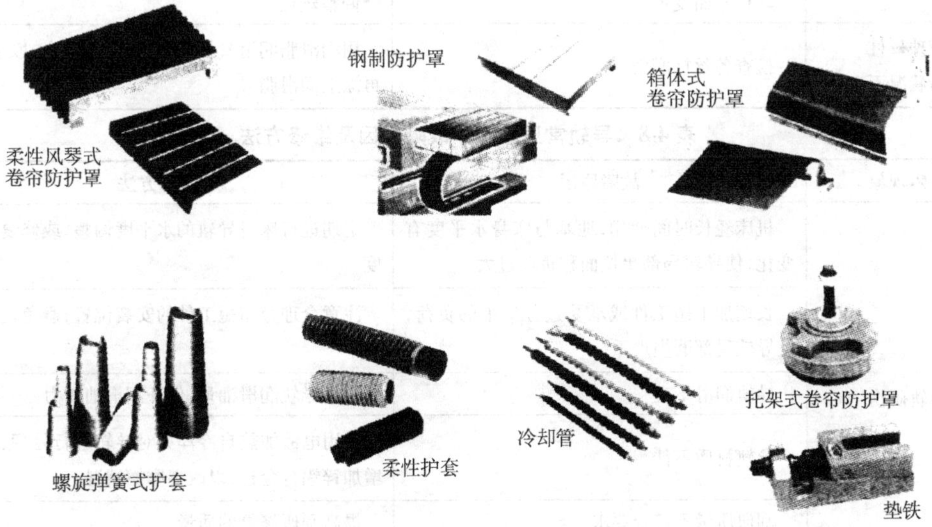

图4-48　常用防护罩

2）油槽形式。为了把润滑油均匀地分布到导轨的全部工作表面，须在导轨面上开出油槽，油经运动部件上的油孔进入油槽。

3）对润滑油的要求。在工作温度变化时，润滑油黏度要小，有良好的润滑性能和足够的油膜刚度，油中杂质尽量少且不浸蚀机件。

常用的全损耗系统用油有 L-AN10、15、32、42、68，精密机床液压导轨油 L-HG68，汽轮机油 L-TSA32、46 等。

（3）导轨的防护　为了防止切屑、磨粒或切削液散落在导轨面上而引起磨损加快、擦伤和锈蚀，导轨面有可靠的防护装置。如图 4-48 所示，常用的有刮板式、卷帘式和叠成式防护罩，大多用在长导轨上，如龙门刨床、导轨磨床，还有手风琴式的伸缩式防护罩等。这些装置结构简单，且由专门厂家制造。

4.7　进给传动系统常见故障的诊断及维修

表 4-7、表 4-8 分别列举了丝杠、导轨在使用过程中常见的的故障、故障原因及维修方法。

表 4-7　滚珠丝杠常见故障、故障原因及维修方法

故障现象	故障原因	维修方法
滚珠丝杠副噪音	丝杠支承轴承的压盖压合情况不好	调整轴承压盖，使其压紧轴承端面
	丝杠支承轴承可能破裂	如轴承破损，更换新轴承
	电动机与丝杠联轴器松动	拧紧联轴器，锁紧螺钉
	丝杠润滑不良	改善润滑条件，使润滑油量充足
	滚珠丝杠副滚珠有破损	更换新滚珠
滚珠丝杠运动不灵活	轴向预加载荷过大	调整轴向间隙和预加载荷
	丝杠与导轨不平行	调整丝杠支座位置，使丝杠与导轨平行
	螺母轴线与导轨不平行	调整螺母座位置
	丝杠弯曲变形	调整丝杠
滚珠丝杠润滑状况不良	检查各丝杠润滑	用润滑脂润滑丝杠时，需移动工作台，取下罩套，再涂上润滑脂

表 4-8　导轨常见故障、故障原因及维修方法

故障现象	故障原因	维修方法
导轨研伤	机床经长时间使用，地基与床身水平度有变化，使导轨局部单位面积负荷过大	定期进行床身导轨的水平度调整，或修复导轨精度
	长期加工短工件或承受过分集中的负荷，使导轨局部磨损严重	注意合理分布短工件的安装位置，避免负荷过分集中
	导轨润滑不良	调整导轨润滑油量，保证润滑油压力
	导轨材质不佳	采用电镀加热自冷淬火对导轨进行处理，导轨上增加锌铝合金板，以改善摩擦情况
	刮研质量不符合要求	提高刮研修复的质量
	机床维护不良，导轨里落入脏物	加强机床保养，保护好导轨防护装置

（续）

故障现象	故障原因	维修方法
导轨上移动部件运动不良或不能移动	导轨面研伤	用180号砂布修磨机床与导轨面上的研伤
	导轨压板面研伤	卸下压板，调整压板与导轨面间隙
	导轨镶条与导轨间隙太小，调得太紧	松开镶条放松螺钉，调整镶条螺栓，镶条运动灵活，保证0.03mm的塞尺不得塞入，然后锁紧
加工面在接刀处不平	导轨直线度超差	调整或修刮导轨，直线度公差为0.015/500mm
	工作台镶条松动或镶条弯度太大	调整镶条间隙，镶条弯度在自然状态下小于0.05mm/全长
	机床水平度差，使导轨发生弯曲	调整机床安装水平度，保证平行度、垂直度误差在0.02/1000mm之内

技能实训题

观察数控机床进给传动系统，分析故障。

1. 训练设备

配置华中数控系统（HNC-21系统）的数控车床、数控铣床；机床拆装工具和机床资料（主要指故障机床的机械装置安装、使用、操作和维修方面的技术说明书，机械结构图，机床故障说明、记录等技术文件），准备基本检查维修工具等。

2. 训练过程：

1）打开机床进给系统防护装置，观察机床进给传动系统的结构，说明使用的丝杠类型、循环方式和安装方式。

2）按照本任务中任务实施的相关内容，对机床时给传动系统进行维护训练。

本 章 小 结

1. 数控机床的进给传动系统常采用伺服进给系统。一个典型的数控机床闭环控制的进给系统由位置比较、放大元件、驱动单元、机械传动装置和检测反馈元件等几部分组成，而其中的机械传动装置是位置控制环中的一重要环节。

2. 数控机床常用的联轴器有套筒联轴器、凸缘联轴器、弹性联轴器和安全联轴器。

3. 在机电伺服系统中，齿轮传动副被广泛用于将执行元件（电动机或液压马达）输出的高转速、低转矩转换成被控对象所需的低转速、大转矩的场合。通过消除直齿圆柱齿轮副、斜齿圆柱齿轮副和锥齿轮传动副齿侧间隙，以避免进给运动反向时丢失指令脉冲和产生反向死区，从而保证了加工精度。

4. 滚珠丝杠副具有摩擦损失小，传动效率高；摩擦阻力小，运动平稳；不能自锁，有可逆性；传动速度过高和制造工艺复杂等特点。滚珠丝杠螺母副的滚珠循环方式常用的有外循环和内循环两种，滚珠丝杠副的参数有公称直径、导程、基本导程、接触角、滚珠直径、滚珠的工作圈数和滚珠的总数等。应该根据机床的精度要求来选用滚珠丝杠副的精度。在选用滚珠丝杠副时，必须知道最大的工作载荷（或平均工作载荷）、最大载荷作用下的使用寿命、丝杠的工作长度（或螺母的有效行程）、丝杠的转速（或平均转速）、滚道的硬度及丝杠的工况。为此，当有关结构参数选定后，还应根据有关规范进行扭转刚度、临界转速和寿命的验算校核。滚珠丝杠螺母副的维护包括支承轴承的定期检查、滚珠丝杠副的润滑和密封及防尘密封圈和防护罩的维护。

5. 在大型数控机床（如大型数控龙门铣床）中，工作台的行程很大，常用齿轮齿条传动。当要实现数控机床回转进给运动或大降速比的传动要求时，常采用蜗杆副。大型数控机床不宜采用特长丝杠传动，因其容易弯曲下垂，影响传动精度，而多采用静压蜗杆副。

6. 直线电动机驱动是指可以直接产生直线运动的电动机，可作为进给驱动系统，它具有反馈系统的检测精度高、极好的伺服性能、没有低效率的中介传动部件而能达到高效率，获得良好的动态刚度和无机械磨损等特点。

7. 数控机床导轨是进给系统的重要环节，它对数控机床的刚度、加工精度和使用寿命等有重大影响。目前数控机床使用的导轨主要有三种：塑料滑动导轨、滚动导轨、静压导轨和动压导轨。由于直线滚动导轨摩擦因数小，精度高，安装和维修都很方便，在数控机床和加工中心上得到广泛应用，如 HJG—D 系列（汉江机床厂）、日本 THK 公司产品系列、德国 INA 公司产品系列等。

8. 根据丝杠、导轨在使用过程中常见的故障，分析故障原因，采取相应的维修方法，保证丝杠和导轨的正常运行。

思考与练习题

1. 填空题

（1）数控机床上的导轨形式主要有塑料滑动导轨、________导轨和________导轨、________导轨。

（2）导轨常用的润滑剂有________和________，前者用于滑动导轨，而________两种都能用。

（3）柔性调整法是指调整之后齿侧间隙仍可________的调整方法，这种方法一般都采用调整压力弹簧的压力来消除________。

2. 判断题（正确的打“✓”，错误的打“×”）

（1）滚珠丝杠螺母副左旋者标记代号为“LH”，H 类为定位滚珠丝杠副。（　　）

（2）双导程蜗杆与普通蜗杆的区别是双导程蜗杆齿的左、右两侧面是有不同的导程，而同一侧的导程则是相等的。（　　）

3. 选择题（只有一个选项是正确的。请将正确答案的代号填入括号）

（1）通过预紧可以消除滚珠丝杠螺母副的轴向间隙和提高轴向刚度，通常预紧力应为最大轴向负载的（　　）。

A. 1/2　　B. 1/3　　C. 1/4　　D. 1

（2）滚珠丝杠螺母副轴向间隙的调整方法一般有垫片式调整式、螺纹调整式和（　　）

A. 轴向压簧式　　B. 周向弹簧式　　C. 预加载荷式　　D. 齿差调整式

（3）滚珠丝杠运动不灵活，但噪声尚可，其主要原因是（　　）。

A. 润滑不良　　B. 伺服电动机故障　　C. 轴向预加载荷太大　　D. 联轴器松动

（4）机床导轴润滑不良，首先会引起的故障现象为（　　）。

A. 导轨研伤　　B. 床身水平超差　　C. 压板或镶条松动　　D. 导轴直线度超差

（5）数控机床某轴进给驱动发生故障，可用（　　）来快速确定。

A. 参数检查法　　B. 功能程序测试法　　C. 原理分析法　　D. 转移法

（6）下列叙述中，（　　）是数控车床进给传动装置的优点之一。

A. 低传动比　　B. 低负荷　　C. 低磨擦阻力　　D. 低零漂

（7）加工中心工作台纵向进给是（　　）。

A. X 轴　　B. Y 轴　　C. Z 轴　　D. X、Z 轴

4. 简答题

（1）数控机床对进给传动系统的要求是什么？

（2）进给机械传动系统包含哪些传动环节？各有什么功能？

（3）电动机与丝杠间的联接有哪几种结构？各有何特点？

（4）齿轮传动结构间隙的消除方法有哪几种？

（5）滚珠丝杠螺母副的循环方式有几种？为何要预紧，预紧的方法有哪些？

（6）滚珠丝杠支承的方式有哪些？各有什么特点？应用在什么场合？

（7）导轨滑块副的分类有哪些？各有什么特点？

（8）如何降低滚动导轨副在运动中产生的噪声？

（9）下列导轨选择是否合理？为什么？

1）卧式数控车床的床鞍导轨采用 V 形导轨。

2）龙门刨床的工作台导轨采用山形导轨。

3）铣床工作台导轨采用滚动导轨。

（10）说明滚珠丝杠副代号的标注方法，并解释 NCh5006—1 × 3/j—1300 × 1500，FW1″5010—4. 5—T4 所代表的含义。

（11）简述流体静压蜗杆蜗轮条机构的特点及应用场合。

（12）简述直线电动机的工作原理与分类，写出两个直线电动机的生产厂家。

（13）简述静压丝杆螺母副的工作特点和原理。

（14）滚珠丝杠螺母副的工作原理与特点是什么？什么是内循环和外循环方式？

（15）简述双导程蜗杆副的工作原理与间隙调整方法。

（16）滚珠丝杠的经常性维护需要完成哪些工作？

（17）传动齿轮和导轨的维护内容有哪些？

（18）丝杠、导轨在使用过程中常见的故障有哪些？并举例说明某一故障的维修方法。

第 5 章　回转工作台与自动换刀系统

学习目的与要求

- 了解机床数控改造的条件。
- 理解定位销式、鼠齿盘分度工作台工作原理和用途。
- 掌握数控回转工作台使用及其结构。
- 了解数控机床常用的自动换刀装置的类型、特点、适用范围。
- 理解回转刀架换刀装置、六角回转刀架。
- 了解换刀装置、工件交换系统。

【学习导引示例】　VMC-15 型加工中心自动换刀系统

VMC-15 型加工中心具有可安装 21 把刀具的刀库，其结构简单，无须机械手交换刀具，

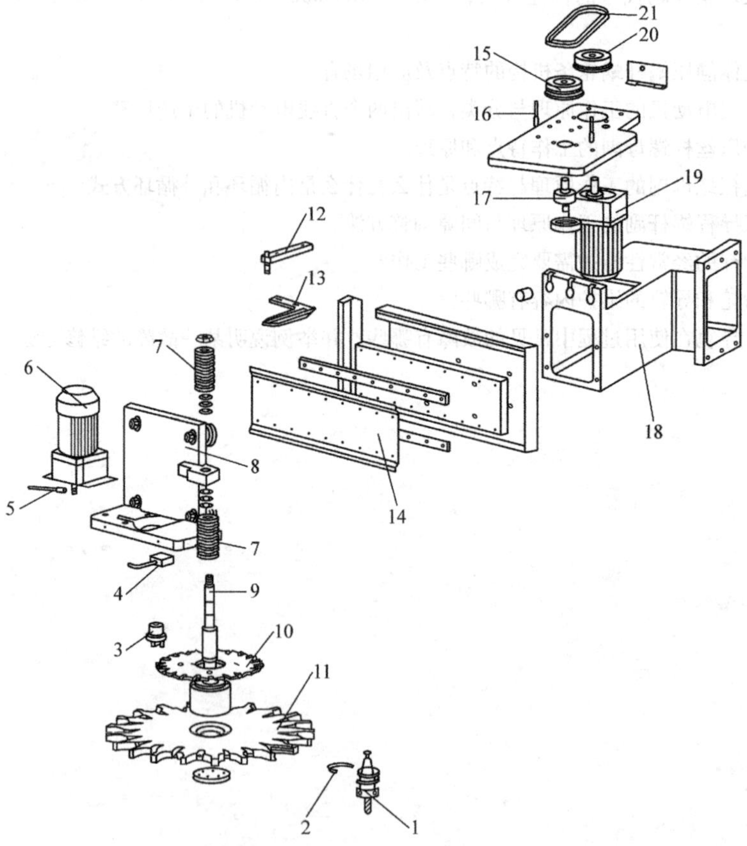

图 5-1　VMC-15 加工中心的刀库结构示意图

1—刀柄　2—刀柄卡簧　3—槽轮套　4、5—接近开关　6—转位电动机　7—碟形弹簧　8—电动机支架　9—刀库转轴　10—马氏槽轮　11—刀盘　12—杠杆　13—支架　14—刀库导轨　15、20—带轮　16—接近开关　17—带轮轴　18—刀库架　19—刀库移动电动机　21 —传动带

可提供可靠快速的刀具交换方式，目前刀具数目在30把以下的应用较为普遍，代表当今的先进水平。如图5-1所示为VMC-15型加工中心的刀库结构示意图。

假设现把主轴上的1号刀换成5号刀，刀库自动换刀的过程如下：

1）主轴上的1号刀装入刀库中的1号刀位。

①主轴箱回零（*Z*轴），即位于换刀位置。

②主轴停止转动，且周向定位停止。

③数控系统发出换刀信号，电动机6转动，通过槽轮套3带动马氏槽轮10间歇转位，直至1号空刀位对准主轴方向，接近开关5发出到位信号，电动机6停止转动。

④得到接近开关5的信号同时，电动机19起动，通过带轮20，15及传动带21，带动杠杆12转动。由于杠杆12前的销子插入支架13的长槽中，而支架13又与电动机6的支架8由螺钉固定为一体，为此杠杆12的转动使刀库沿滑移导轨14移至主轴下端，同时刀库周向的防护门打开，主轴上的1号刀插入刀盘11的1号刀位装刀槽中，此时接近开关16发出信号，表示装刀完毕。

⑤主轴中的松刀气缸作用，放松1号刀具，主轴箱上移至特定位置。这样完成了主轴上的1号刀装入刀库的全部动作。

2）刀库中的5号刀具装入主轴

①主轴箱上移后发出信号，电动机6移动，马氏槽轮10转位，由于数控系统设置刀号为顺时针（从下往上看）排序，因此这时马氏槽轮10逆时针转至5号刀位，即5号刀具位于主轴下端，接近开关5发出到位信号，电动机6停止转动。

②主轴箱下移，使5号刀具的刀柄插入主轴孔内，放松气缸，则刀具靠碟形弹簧的恢复力夹紧于主轴中。

③由气缸的放松发出信号，使电动机19反向转动，刀库移至原位，同时刀库周向防护门关闭，接近开关16发出刀库归位信号，整个换刀过程结束。

5.1　分度工作台

加工中心常用的回转工作台有分度工作台和数控回转工作台。分度工作台通常又有定位销式和鼠牙盘式两种。分度工作台的功用只是将工件转位换面，与自动换刀装置配合使用，工件一次安装能实现几面加工。而数控回转工作台除了分度和转位的功能之外，还能实现圆周进给运动。

分度工作台的分度、转位和定位工作是按照控制系统的指令自动进行的。分度工作台只能完成分度运动，而不能实现圆周进给运动。由于结构上的原因，通常分度工作台的分度运动只限于完成规定的角度（如45°、60°或90°等），即在需要分度时，按照数控系统的指令，将工作台及其工件回转规定的角度，以改变工件相对于主轴的位置，完成工件各个表面的加工。为满足分度精度的要求，需要使用专门的定位元件。常用的定位方式有定位销定位、鼠牙盘定位和齿盘定位几种。

5.1.1　定位销式分度工作台

图5-2所示为卧式镗铣床加工中心的定位销式分度工作台。这种工作台的定位分度主要

靠定位销、定位孔来实现，分度工作台1嵌在长方形工作台10之中。在不单独使用分度工作台时，两个工作台可以作为一个整体使用。回转分度时，工作台需经过松开、回转、分度定位、夹紧四个过程。在分度工作台1的底部均匀分布着八个圆柱定位销7，在底座21上有一个定位孔衬套6及供定位销移动的环形槽。其中只有一个定位销7进入定位孔衬套6中，其他7个定位销则都在环形槽中。因为定位销之间的分布角度为45°，因此工作台只能作2、4、8等分的分度运动。

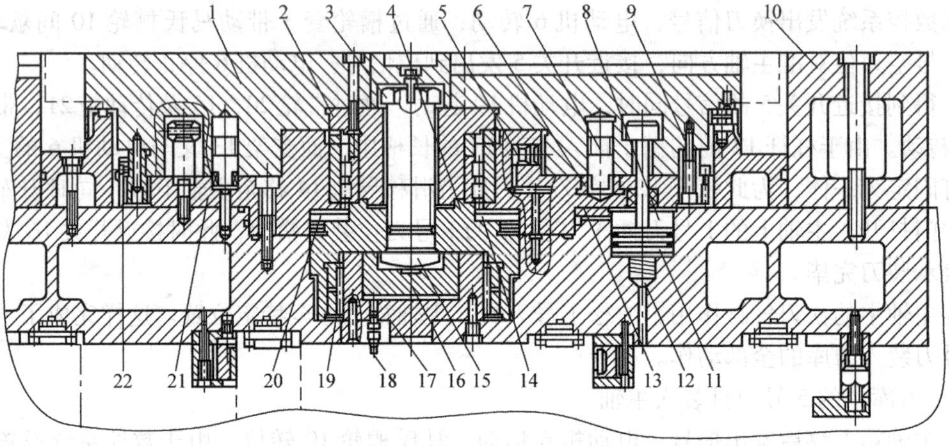

图5-2　定位销式分度工作台的结构

1—分度工作台　2—锥套　3—螺钉　4—支座　5—消隙液压缸　6—定位孔衬套　7—定位销　8—锁紧液压缸　9—大齿轮　10—长方形工作台　11—活塞　12—弹簧　13—油槽　14、19、20—轴承　15—螺栓　16—活塞　17—中央液压缸　18—油管　21—底座　22—挡块

（1）松开　分度时机床的数控系统发出指令，由电器控制的液压缸使六个均布的锁紧油缸8中的压力油，经环形油槽13流回油箱，活塞11被弹簧12顶起，工作台1处于松开状态。同时消隙油缸5卸荷，油缸中的压力油经回油路流回油箱。油管18中的压力油进入中央液压缸17，使活塞16上升，并通过螺栓15、支座4把推力轴承20向上抬起15mm，顶在底座21上。分度工作台1用四个螺钉与锥套2相连，而锥套2用六角头螺钉3固定在支座4上，所以当支座4上移时，通过锥套2使工作台1抬高15mm，固定在工作台面上的定位销7从定位孔衬套6中拔出，做好回转准备。

（2）回转　工作台抬起之后发出信号，使液压马达驱动减速齿轮（图5-2中未示出），带动固定在工作台1下面的大齿轮9转动，进行分度运动。

（3）定位　分度工作台的回转速度由液压马达和液压系统中的单向节流阀来调节，分度初期作快速转动，在将要到达规定位置前减速，减速信号由固定在大齿轮9上的挡块22（共八个周向均布）碰撞限位开关发出。当挡块碰到第一个限位开关时，发出信号使工作台降速，碰到第二个限位开关时，分度工作台停止转动。此时，相应的定位销7正好对准定位孔衬套6。

（4）夹紧　分度定位完毕后，数控系统发出信号使中央液压缸17卸荷，油液经油管18流回油箱，分度工作台1靠自重下降，定位销7插入定位孔衬套6中。定位完毕后消隙液压缸5通压力油，活塞顶向工作台面1，以消除径向间隙。经油槽13来的压力油进入锁紧液压缸8的上腔，推动活塞11下降，通过11上的T形头将工作台锁紧。至此分度工作进行完毕。

分度工作台1的回转部分支承在加长型双列圆柱滚子轴承和滚针轴承19上，轴承14的内孔带有1∶12的锥度，用来调整径向间隙。轴承内环固定在锥套2和支座4之间，并可带着滚柱在加长的外环内作15mm的轴向移动。轴承19装在支座4内，能随支座4作上升或下降移动并作为另一端的回转支承。支座4内还装有端面滚柱轴承20，使分度工作台回转很平稳。

定位销式分度工作台的定位精度取决于定位销和定位孔的精度，最高可达±5″。定位销和定位孔衬套的制造和装配精度要求都很高，硬度的要求也很高而且耐磨性要好。

5.1.2　齿盘定位式分度工作台

1. 齿盘定位式分度工作台工作原理

齿盘定位式分度工作台能达到很高的分度定位精度，一般为±3″，最高可达±4″。能承受很大的外载，定位刚度高，精度保持性好。实际上，由于齿盘啮合、脱开相当于两齿盘对研过程，因此，随着齿盘使用时间的延续，其定位精度还有不断提高的趋势。齿盘定位的分度工作台广泛用于数控机床、组合机床或其他专用机床。

2. 多齿盘的特点

由于大多数多齿盘采用向心多齿结构，在使用中有很多的优点：

1）定位精度高。它既可以保证分度精度，同时又可以保证定心精度，而且不受轴承间隙及正反转的影响，一般定位精度可达±3″，而高精度可在±0.3′以内。同时重复定位精度既高又稳定。

2）承载能力强，定位刚度好。由于是多齿同时啮合，一般啮合率不低于90%，每齿啮合长度不少于60%。

3）齿面的磨损对定位精度的影响不大，随着不断的磨合，定位精度不仅不会下降，而且有可能提高，因而使用寿命也较长。

4）适用于多工位分度。由于齿数的所有因数都可以作为分度工位数，因此多齿盘可以用于分度数目不同的场合。

多齿盘分度工作台除了具有上述优点外，也有以下不足之处其结构复杂，制造比较困难，其齿形及形位公差要求很高，对齿盘的研磨工序很费工时，一般要研磨几十小时以上，因此生产效率低、成本也较高，目前在卧式加工中心上仍在采用。

【实例5-1】　THK6370型数控卧式镗铣床齿盘定位的分度工作台

图5-3a所示为THK6370数控卧式镗铣床齿盘定位分度工作台的结构，主要由一对分度齿盘13、14，液压缸12，活塞8，液压马达，蜗杆副3、4和减速齿轮5、6等组成。分度转位动作包括：工作台抬起，齿盘脱离啮合，完成分度前的准备工作；回转分度，工作台下降，齿盘重新啮合，完成定位夹紧。工作台9的抬起是由升夹液压缸的活塞8来完成的。当需要分度时，控制系统发出分度指令，工作台升夹液压缸的电磁换向阀通电，压力油便进入分度工作台9中央的液压缸12的下腔，于是活塞8向上移动，通过推力轴承10和11带动工作台9也向上抬起，使上、下齿盘13、14相互脱离啮合，液压缸上腔的油则经管道排出，

通过节流阀流回油箱，完成了分度前的准备工作。

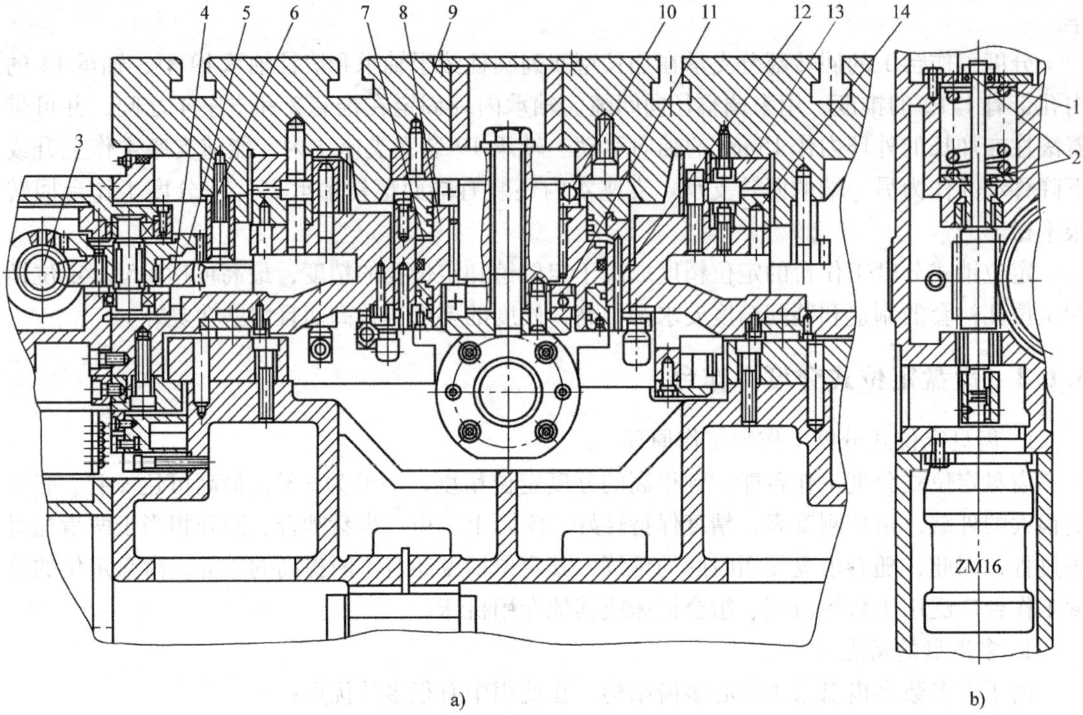

图 5-3　齿盘定位分度工作台

1—螺旋弹簧　2、10、11—轴承　3—蜗杆　4—蜗轮　5、6—减速齿轮　7—管道　8—活塞　9—分度工作台　12—液压缸　13、14—分度齿盘

当分度工作台 9 向上抬起时，通过推杆和微动开关，发出信号，使控制液压马达的电磁换向阀通电，压力油进入液压马达使其旋转，通过蜗杆副 3、4 和齿轮副 5、6 带动工作台 9 进行分度回转运动，液压马达的回油经节流阀和换向阀流回油箱。调节节流阀的开口大小，便可改变工作台的分度回转速度（一般调在 2r/min 左右）。工作台分度回转角度的大小由指令给出，共有 8 个等分，即为 45°的整倍数。

当工作台的回转角度接近所要分度的角度时，减速挡块使微动开关动作，发出减速信号，液压马达的回油管道关闭。由于节流阀的减速作用，工作台在停止转动之前，其转速已显著下降，为齿盘准确定位创造了条件。当工作台的回转角度达到所要求的角度时，准停挡块压合微动开关，发出信号，液压马达停止转动。到此，工作台完成了准停动作。与此同时，压力油进入升降液压缸 9 上腔，推动活塞 8 带着工作台下降，于是上、下齿盘又重新啮合，完成定位夹紧。液压缸下腔的油经节流阀流回油箱。在分度工作台下降的同时，由推杆使另一微动开关动作，发出分度转位完成的回答信号。

分度工作台的转动是由蜗杆副 3、4 带动的，而蜗杆副传动具有自锁性，即运动不能从蜗轮 4 传至蜗杆 3。但是工作台下降时，最后的位置由定位元件——齿盘所决定，即由齿盘带动工作台作微小转动来纠正准停时的位置偏差，如果工作台由蜗轮 4 和蜗杆 3 锁住而不能转动，便产生了动作上的矛盾。为此，将蜗杆轴设计成浮动式结构（见图 5-3b），即其轴向用两个推力轴承 2 抵在一个螺旋弹簧 1 上面。这样，工作台作微小回转时，便可由蜗轮带动蜗杆压缩弹簧 1 做微量的轴向移动。

5.1.3　鼠牙盘分度工作台

鼠牙盘式分度工作台主要由工作台面、底座、分度液压缸及鼠牙盘等零件组成，如图 5-4 所示。鼠牙盘是保证分度精度的关键零件，每个齿盘的端面带有数目相同的三角形齿，当两个齿盘啮合时，能够自动确定轴向和径向的相对位置。

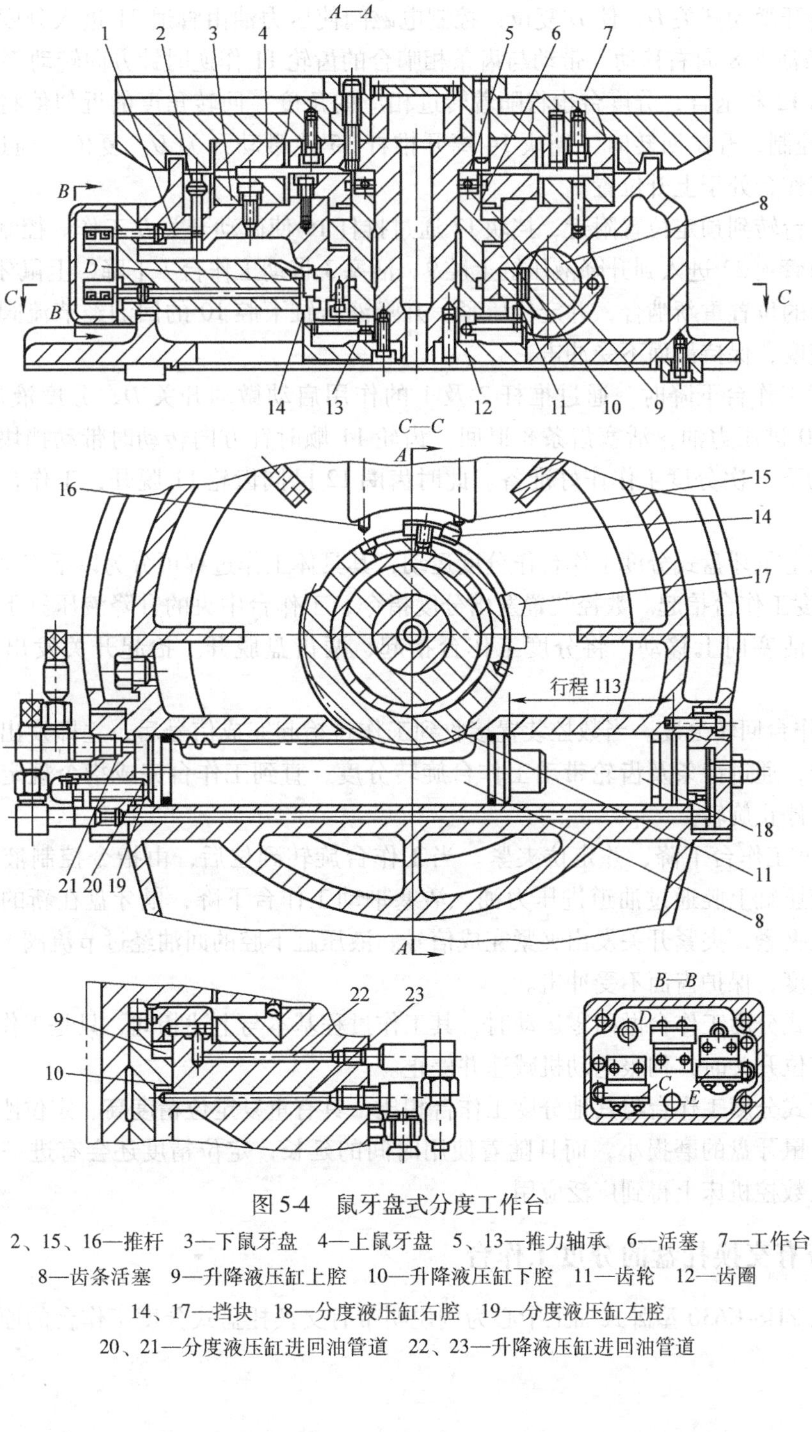

图 5-4　鼠牙盘式分度工作台

1、2、15、16—推杆　3—下鼠牙盘　4—上鼠牙盘　5、13—推力轴承　6—活塞　7—工作台
8—齿条活塞　9—升降液压缸上腔　10—升降液压缸下腔　11—齿轮　12—齿圈
14、17—挡块　18—分度液压缸右腔　19—分度液压缸左腔
20、21—分度液压缸进回油管道　22、23—升降液压缸进回油管道

机床需要分度工作时，数控系统就发出分度指令（也可用手压按钮进行手动分度），使压力油经管道23至分度工作台中央的夹紧液压缸下腔10，推动活塞6上移（液压缸上腔9的回油经管道22排出），经推力轴承5使工作台7抬起，上鼠牙盘4和下鼠牙盘3脱离啮合。工作台上移的同时带动内齿圈12上移并与齿轮11啮合，完成了分度前的准备工作。

当工作台7向上抬起时，推杆2在弹簧力的作用下向上移动使推杆1能在弹簧作用下向右移动，离开微动开关*D*，使*D*复位，控制电磁阀使压力油由管道21进入分度液压缸左腔19推动齿条活塞8向右移动，带动与齿条相啮合的齿轮11作逆时针方向转动。由于齿轮11已经与齿圈12相啮合，分度台也将随着转过相应的角度。回转角度的近似值将由微动开关和挡块17控制，开始回转时，挡块14离开推杆15使微动开关*D*。复位，通过电路互锁，始终保持工作台处于上升位置。

当工作台转到预定位置附近，挡块17通过推杆16使微动开关*D*工作。控制电磁阀开启使压力油由管道22进入到升降液压缸上腔9。活塞3带动工作台7下降，上鼠牙盘4与下鼠牙盘3在新的位置重新啮合，并定位压紧。升降液压缸下腔10的回油经节流阀可限制工作台的下降速度，保持齿面不受冲击。

当分度工作台下降时，通过推杆2及1的作用启动微动开关*D*，分度液压缸右腔18通过油道20进压力油，活塞齿条8退回。齿轮11顺时针方向转动时带动挡块17及14回到原处，为下一次分度工作作好准备。此时齿圈12已同齿轮11脱开，工作台保持静止状态。

根据以上鼠牙盘式分度工作台作分度运动，其具体工作过程可分为以下三个步骤。

1）分度工作台抬起。数控装置发出分度指令，工作台中央的升降液压缸下腔通过油道进压力油，活塞向上移动，将分度工作台抬起，两齿盘脱开。抬起开关发出抬起完成信号。

2）工作台回转分度。当数控装置接收到工作台抬起完成信号后，立即发出指令让伺服电动机旋转，通过齿条及齿轮带动工作台旋转分度，直到工作台完成指令规定的旋转角度后，电动机停止旋转。

3）分度工作台下降，并定位夹紧。当工作台旋转到位后，由指令控制液压电磁阀换向，升降液压缸上腔通过油道进压力油。活塞带动工作台下降，鼠牙盘在新的位置重新啮合，并定位夹紧，夹紧开关发出夹紧完成信号。液压缸下腔的回油经过节流阀，以限制工作台下降的速度，保护齿面不受冲击。

鼠牙盘式分度工作台做回零运动时，其工作过程基本与上述相同，只是工作台回转挡铁压工作台零位开关时，伺服电动机减速并停止。

鼠牙盘式分度工作台与其他分度工作台相比，具有重复定位精度高、定位刚度好和结构优等优点。鼠牙盘的磨损小，而且随着使用时间的延长，定位精度还会有进一步提高的趋向，因此在数控机床上得到广泛应用。

5.1.4　带有交换托盘的分度工作台

下面以ZHS-K630型卧式加工中心为例说明带有交换托盘式分度工作台的原理、结构和应用。

【实例5-2】　ZHS-K63型卧式加工中心带有交换托盘的分度工作台

图5-5所示是ZHS-K63型卧式加工中心上的带有交换托盘的分度回转工作台，多用齿盘分层结构，其分度工作原理如下：

当回转工作台不转位时，上鼠齿盘7和下鼠齿盘6总是啮合在一起，当控制系统给出分度指令后，电磁铁控制换向阀运动（图5-5中未画出），使压力油进入油腔3，使活塞体1向上移动，并通过滚珠轴承带动整个工作台台体13向上移动，台体13的上移使得鼠齿盘6与7脱开，装在台体13上的齿圈14与驱动齿轮15保持啮合状态，电动机通过传动带和一个降速比为1/30的减速箱带动齿轮15和齿圈14转动。当控制系统给出转动指令时，驱动电动机旋转并带动上鼠齿盘7旋转进行分度。当转过所需角度后，驱动电动机停止，压力油通过液压阀5进入油腔4，迫使活塞体1向下移动并带动整个工作台台体13下移，使上下鼠齿盘相啮合，可准确地定位，从而实现了工作台的分度回转。

驱动齿轮15上装有剪断销（图5-5中未画出），如果分度工作台发生超载或碰撞等现象，剪断销将自动切断，从而避免了机械部分的损坏。

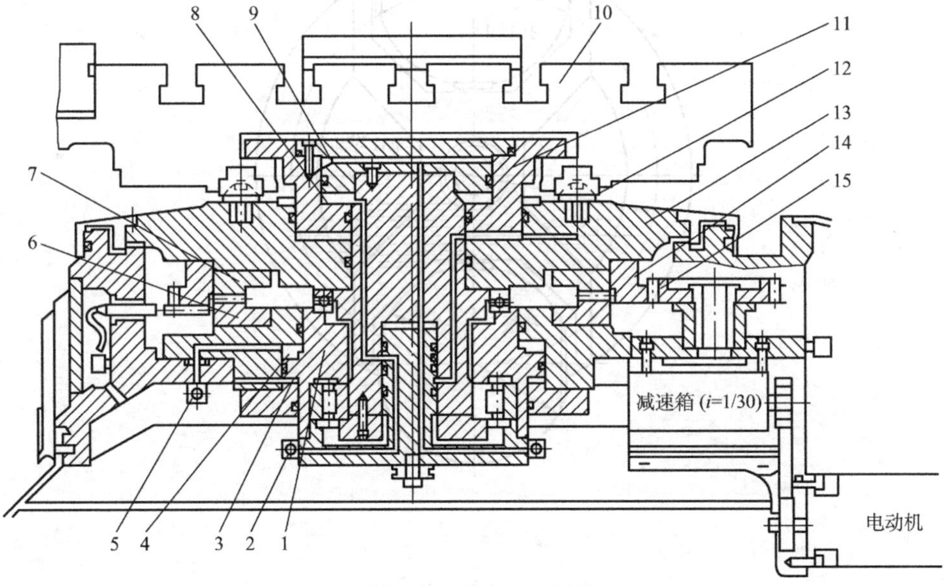

图5-5　带有托盘交换的分度工作台

1—活塞体　2、5—液压阀　3、4、8、9—液压腔　6、7—鼠齿盘　10—托板
11—液压缸　12—定位销　13—工作台体　14—齿圈　15—齿轮

分度工作台根据编程命令可以正转，也可以反转，由于该齿盘有360个齿，故最小分度单位为1°。

分度工作台上的两个托盘是用来交换工件的，托盘规格为 ϕ630mm。托盘台面上有7个T形槽，两个边缘定位块用来定位夹紧，托盘台面利用T形槽可安装夹具和零件，托板是靠4个精磨的圆锥定位销12在分度工作台上定位的，由液压夹紧。托盘的交换过程如下：当需要更换托盘时，控制系统发出指令，使分度工作台返回零位，此时液压阀16接通，使压力油进入油腔9，使得液压缸11向上移动，托盘则脱开定位销12，当托盘被顶起后，液压缸带动齿条（见图5-6的图中虚线部分）向左移动，从而带动与其相啮合的齿轮旋转并使整个托盘装置旋转，使托盘沿着滑动轨道旋转180°，从而达到托盘交换的目的。

当新的托盘到达分度工作台上面时，空气阀接通，压缩空气经管路从托盘定位销12中间吹出，清除托盘定位销孔中的杂物。同时，电磁液压阀2接通，压力油进入液压腔8，迫使液压缸11向下移动，并带动托盘夹紧在4个定位销12中，完成整个托盘的交换过程。

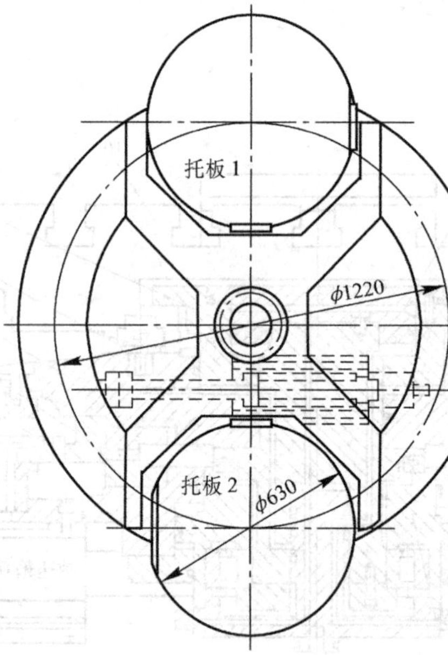

图 5-6　托盘交换装置

5.2　数控回转工作台

为了扩大数控机床的加工性能，适应某些零件加工的需要，数控机床的进给运动，除 *X*、*Y*、*Z* 三个坐标轴的直线进给运动外，还可以有绕 *X*、*Y*、*Z* 三个坐标轴的圆周进给运动，分别为 *A*、*B*、*C* 轴。数控机床的圆周进给运动，一般由数控回转工作台（简称数控转台）来实现。数控回转工作台进给运动除了可以实现圆周运动之外，还可以完成分度运动。例如加工分度盘的轴向孔，若采用间歇分度转位结构进行分度，由于它的分度数有限，因而带来极大的不便；若采用数控回转工作台进行加工就比较方便。

数控回转工作台是数控铣床、数控镗床、加工中心等数控机床不可缺少的重要部件，其外形和通用工作台几乎一样，但它的驱动是伺服系统的驱动方式，它可以与其他伺服进给轴联动。数控回转工作台的主要作用是按照控制装置的信号或指令作回转分度或连续回转进给运动，以使数控机床完成指定的加工工序，如完成圆周进给运动，进行各种圆弧加工或曲面加工，它也可以进行分度工作。数控回转工作台分为开环和闭环两种。

5.2.1　开环数控回转工作台

图 5-7 所示为自动换刀数控立式镗铣床数控回转工作台的结构图。步进电动机 3 的输出轴上的齿轮 2 与齿轮 6 啮合，啮合间隙由偏心环 1 来消除。齿轮 6 与蜗杆 4 用花键结合，花

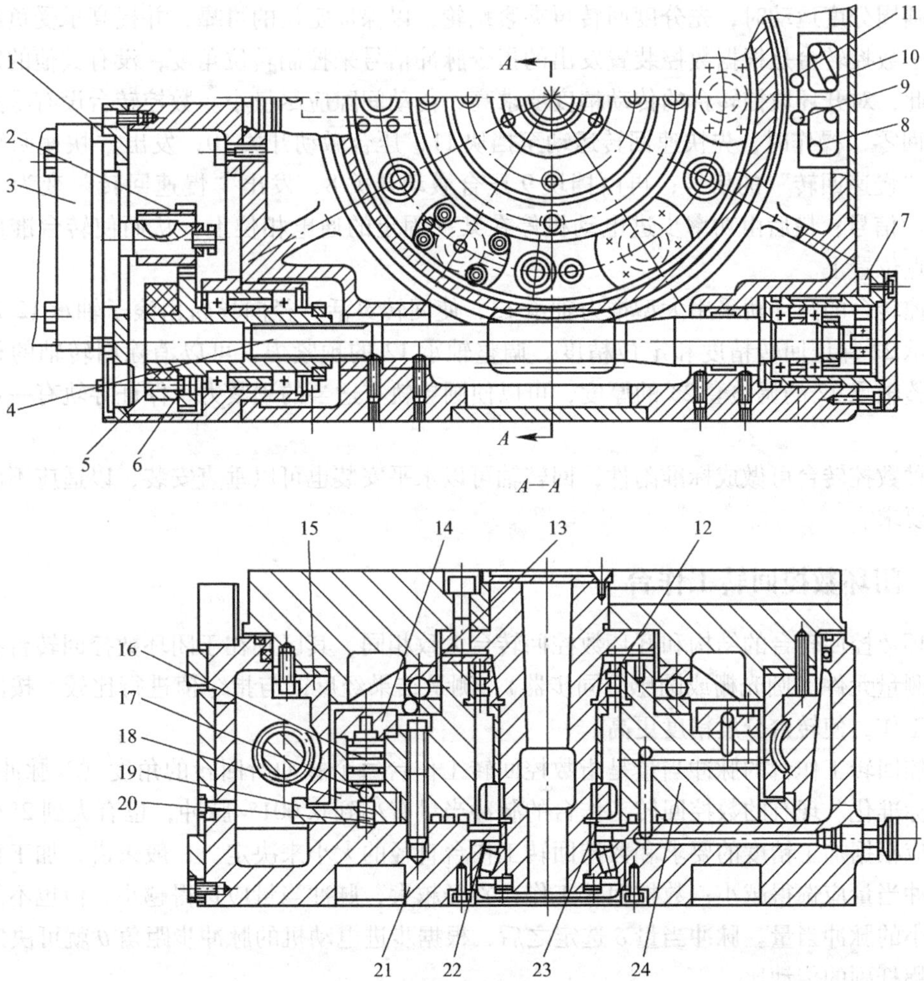

图 5-7　开环数控回转工作台

1—偏心环　2、6—齿轮　3—电动机　4—蜗杆　5—垫圈　7—调整环　8、10—微动开关　9、11—挡块　12、13—轴承　14—液压缸　15—蜗轮　16—柱塞　17—钢球　18、19—夹紧瓦　20—弹簧　21—底座　22—圆锥滚子轴承　23—调整套　24—支座

键结合间隙应尽量小，以减小对分度精度的影响。蜗杆 4 为双导程蜗杆，可以用轴向移动蜗杆的方法来消除蜗杆 4 和蜗轮 15 的啮合间隙。调整时，只要将调整环（两个半圆环垫片）的厚度尺寸改变，便可使蜗杆沿轴向移动。

蜗杆 4 的两端装有滚针轴承，左端为自由端，可以升缩。右端装有两个角接触轴承，承受蜗杆的轴向力。蜗轮 15 下部的内、外两面装有夹紧瓦 18 和 19，数控回转台的底座 21 上固定的支座 24 内均匀分布着 6 个液压缸 14。液压缸 14 上端进压力油时，柱塞 16 下行，通过钢球 17 推动夹紧瓦 18 和 19 将蜗轮夹紧，从而将数控转台夹紧，实现精确分度定位。

当需要数控转台实现圆周进给运动时，控制系统发出指令，使液压缸 14 上腔的油液流回油箱，在弹簧 20 的作用下把钢球 17 抬起，夹紧瓦 18 和 19 就松开蜗轮 15。柱塞 16 到上位发出信号，功率步进电动机起动并按指令脉冲的要求驱动数控转台实现圆周进给运动。当转台做圆周分度运动时，先分度回转再夹紧蜗轮，以保证定位的可靠，并提高承受负载的能力。由于数控转台是根据数控装置发出的指令脉冲信号来控制转位角度，没有其他的定位元件。因此，对开环数控转台的传动精度要求高，传动间隙应尽量小。数控转台设有零点。当进行“回零”操作时，先快速回转运动至挡块 11，压合微动开关 10，发出“快速回转”信号变为“慢速回转”的信号；再由挡块 9 压合微动开关 8，发出“慢速回转”变为“点动步进”的信号；最后由功率步进电动机停在某一固定的通电相位上，从而使转台准确地停靠在零点位置上。

数控转台的圆导轨采用大型推力轴承 13，使回转灵活。径向导轨由滚子轴承 12 及圆锥滚子轴承 22 保证回转精度和定位精度。调整轴承 12 的预紧力，可以消除回转轴的径向间隙。调整轴承 22 的调整套 23 的厚度，可以使圆导轨有适当的预紧力，保证导轨有一定的接触度。

这种数控转台可做成标准附件，回转轴可以水平安装也可以垂直安装，以适应不同工件的加工要求。

5.2.2 闭环数控回转工作台

闭环数控回转台的结构和开环数控回转台大致相同，其区别在于闭环数控回转台有转动角度的测量元件（圆光栅或圆感应同步器），测量结果经反馈与指令值进行比较，按闭环原理进行工作，使转台分度精度更高。

数控回转工作台的脉冲当量是指数控回转工作台每个脉冲所回转的角度（°/脉冲），现在尚未标准化。现有的数控回转工作台的脉冲当量有小到 0.001°/脉冲，也有大到 2°/脉冲。设计时应根据加工精度的要求和数控回转工作台直径的大小来决定。一般来讲，加工精度越高，脉冲当量应选得越小；数控回转工作台直径越大，脉冲当量应选得越小，但也不能盲目追求过小的脉冲当量。脉冲当量 δ 选定之后，根据步进电动机的脉冲步距角 θ 就可决定减速齿轮和蜗杆副的传动比

$$\delta = \frac{z_1 z_2}{z_3 z_4}\theta$$

式中 z_1、z_2——主动、从动齿轮齿数；

z_3、z_4——蜗杆头数和蜗轮齿数。

在决定 z_1、z_2、z_3、z_4 时，一方面要满足传动比的要求，同时也要考虑到结构的限制。数控回转工作台的导轨面由大型滚柱轴承支承，并由圆锥滚柱轴承及双列向心圆柱滚子轴承保持回转中心的准确。数控回转工作台设有零点，当它做回零运动时，先用挡铁压下限位开关，使工作台降速，然后由圆光栅或编码器发出零位信号，使工作台准确地停在零位。数控回转工作台可以作任意角度的回转和分度，也可以做连续回转进给运动。

5.2.3　双蜗杆回转工作台

如图 5-8 所示为双蜗杆传动结构，用两个蜗杆分别实现对蜗轮的正、反向传动。蜗杆 2 可作轴向调整（通过旋转安装在轴上的螺母，迫使其左侧的调整套作轴向移动），使两个蜗杆分别与蜗轮的左右齿面接触，尽量消除正反传动间隙。调整垫 3、5 用于调整锥齿轮的啮合间隙。双蜗杆传动虽然较双导程蜗杆及平面圆柱齿轮包络蜗杆传动结构复杂，但普通蜗轮、蜗杆制造工艺简单，承载能力比双导程蜗杆大。

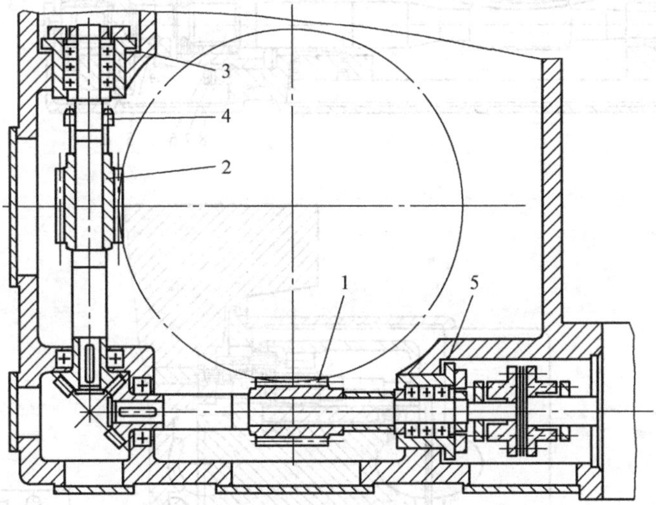

图 5-8　双蜗杆传动结构

1—轴向固定蜗杆　2—轴向调整蜗杆　3、5—调整垫　4—锁紧螺母

【实例 5-3】　JCS-013 型自动换刀数控镗铣床的数控回转工作台

图 5-9 给出了 JCS—013 型自动换刀数控卧式镗铣床的数控回转工作台。该数控回转台由传动系统、间隙消除装置及蜗轮夹紧装置等组成。

当数控工作台接到数控系统的指令后，首先把蜗轮 10 松开，然后起动电液脉冲马达 1，按指令脉冲来确定工作台的回转方向、回转速度及回转角度大小等参数。工作台的运动由电

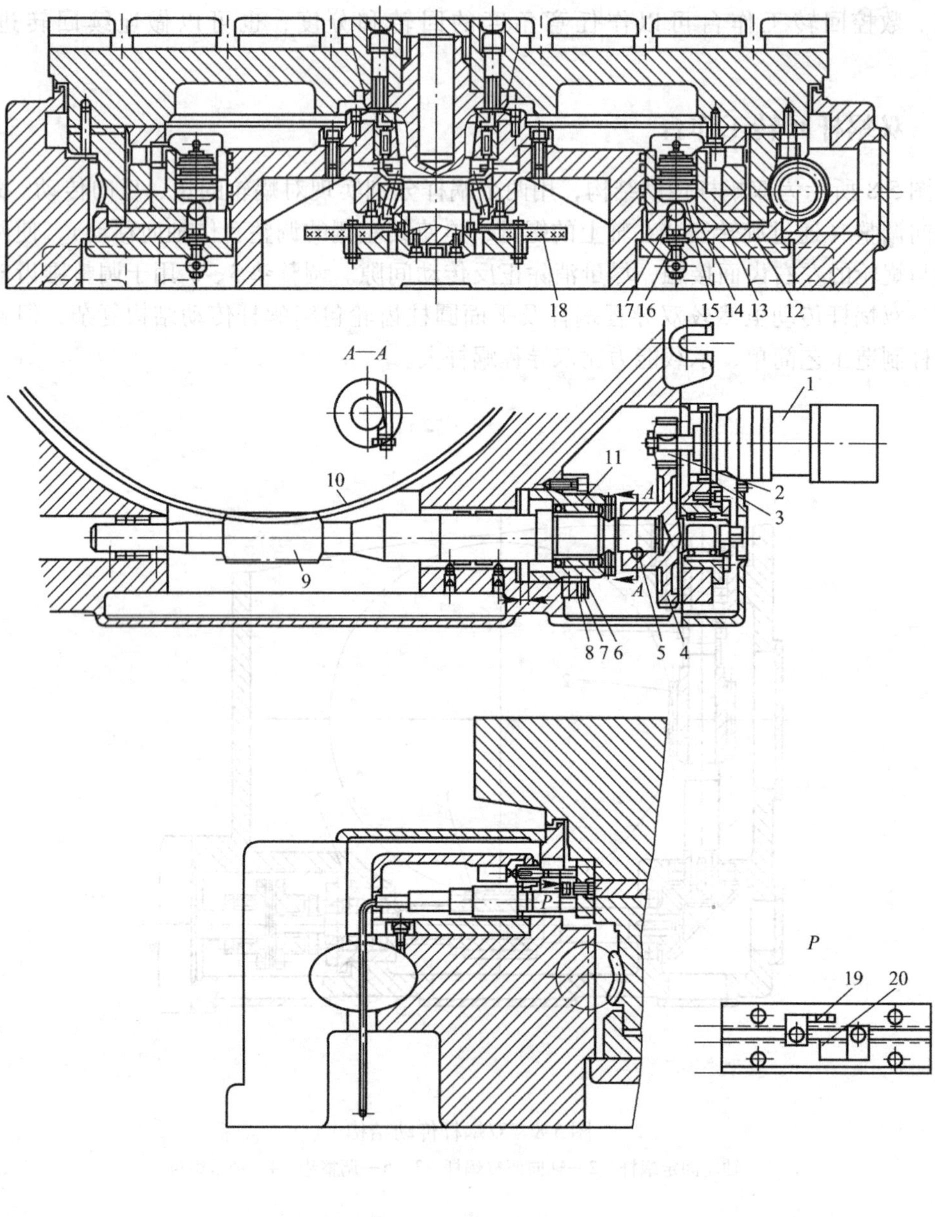

图 5-9　数控回转工作台

1—电液脉冲马达　2、4—齿轮　3—偏心环　5—楔形拉紧销　6—压块　7—螺母
8—锁紧螺钉　9—蜗杆　10—蜗轮　11—调整套　12、13—夹紧瓦　14—夹紧液压缸
15—活塞　16—弹簧　17—钢球　18—光栅　19—撞块　20—感应块

液脉冲马达 1 驱动，经齿轮 2 和 4 带动蜗杆 9，通过蜗轮 10 使工作台回转。为了尽量消除传动间隙和反向间隙，齿轮 2 和齿轮 4 相啮合的侧隙是靠调整偏心环 3 来消除的。齿轮 4 与蜗杆 9 是靠楔形拉紧销 5（*A—A* 剖面）来联接的，这种联接方式能消除轴与套的配合间隙。为了消除蜗杆副传动间隙，采用了双螺距渐厚蜗杆，通过移动蜗杆的轴向位置来调整间隙。这种蜗杆的左、右两侧面具有不同的螺距，因此蜗杆齿厚从一端向另一端逐渐增厚。但由于同一侧的螺距是相同的，所以仍然保持着正常的啮合。调整时先松开螺母 7 上的锁紧螺钉 8，使压块 6 与调整套 11 松开，同时将楔形拉紧销 5 松开。然后转动调整套 11，带动蜗杆 9 作轴向移动。根据设计要求，蜗杆有 10mm 的轴向移动调整量，这时蜗杆副的侧隙可调整 0. 2mm。调整后锁紧调整套 11 和楔形拉紧销 5。蜗杆的左右两端都由双列滚针轴承支承。左端为自由端，可以伸长以消除温度变化的影响；右端装有双列推力轴承，能轴向定位。

当工作台静止时，必须处于锁紧状态。工作台面用沿其圆周方向分布的八个夹紧液压缸进行夹紧。当工作台不回转时，夹紧液压缸 14 的上腔通压力油，使活塞 15 向下运动，通过钢球 17、夹紧瓦 13 及 12 将蜗轮 10 夹紧；当工作台需要回转时，数控系统发出指令，使夹紧液压缸 14 上腔的油流回油箱。在弹簧 16 的作用下，钢球 17 抬起，夹紧瓦 12 及 13 松开蜗轮 10，然后由电液脉冲马达 1 通过传动装置，使蜗轮和回转工作台按照控制系统的指令作回转运动。

数控回转工作台设有零点，当它作返回零点运动时，首先由安装在蜗轮上的撞块 19（图 5-9*P* 向视图）碰撞限位开关，使工作台减速；再通过感应块 20 和无触点开关，使工作台准确地停在零点位置上。

该数控工作台可作任意角度的回转和分度，由光栅 18 进行读数控制，工作台的分度精度可达 ±10″。

5.3　刀架换刀装置

一个零件往往需要进行多工序的加工，对于单功能的机床，大量的时间将用于更换刀具、装卸零件等非切削的时间上，切削加工时间仅占整个工时中较小的比例。为了缩短非切削时间，往往采用有自动换刀装置的数控机床。自动换刀装置已广泛用于加工中心，如车削中心、镗铣加工中心、钻削中心等。使用这种装置配合精密数控转台，可使机加工时间提高 70% ~80%。

由于零件在一次安装中完成多工序加工，大大减少了零件的安装定位次数，从而进一步提高了加工精度。

5.3.1　自动换刀装置的形式

自动换刀装置的功能就是储备一定数量的工具并完成刀具的自动交换。自动换刀装置应当具备换刀时间短、刀具重复定位精度高、足够的刀具储备量、占地面积小、安全可靠等特性。各类数控机床的自动换刀装置的结构取决于机床的类型、工艺范围、使用工具种类和数量。数控机床常用的自动换刀装置的类型、特点、适用范围见表 5-1。

表 5-1　自动换刀装置

类　型		特　点	适用范围
转塔式	回转刀架	多为顺序换刀,换刀时间短,结构简单紧凑,可容纳的刀具较少	各种数控车床,车削加工中心
	转塔头	顺序换刀,换刀时间短,刀具主轴都集中在转塔头上,结构紧凑。但刚性较差,刀具主轴数受限制	数控钻、镗、铣床
刀库式	刀具与主轴之间直接换刀	换刀运动集中,运动部件少。但刀库容量受限	用于各种类型的自动换刀数控机床上,尤其是对使用回转类刀具的数控镗铣床类的立式、卧式加工心。要根据工艺范围和机床特点,确定刀库容量和自动换刀装置形式
	用机械手配合刀库进行换刀	刀库只有选刀运动,机械手进行换刀运动,刀库容量大	

5.3.2　刀具的选择方式

按数控装置的刀具选择指令，从刀库中将所需要的刀具转换到取刀位置，称为自动选刀。在刀库中，选择刀具通常采用两种方法。

1. 顺序选择刀具

刀具按预定工序的先后顺序插入刀库的刀座中，使用时按顺序转到取刀位置，用过的刀具放回原来的刀座内，也可以按加工顺序放入下一个刀座内。该法不需要刀具识别装置，驱动控制也较简单，工作可靠。但刀库中每一把刀具在不同的工序中不能重复使用，为了满足加工需要，只有增加刀具的数量和刀库的容量，这就降低了刀具和刀库的利用率。此外，装刀时必须十分谨慎，如果刀具不按顺序装在刀库中，将会产生严重的后果。

2. 任意选择刀具

这种方法根据程序指令的要求任意选择所需要的刀具，刀具在刀库中不必按照工件的加工顺序排列，可以任意存放。每把刀具（或刀座）都编上代码，自动换刀时，刀库旋转，每把刀具（或刀座）都经过“刀具识别装置”接受识别。当某把刀具的代码与数控指令的代码相符合时，该把刀具被选中，刀库将刀具送到换刀位置，等待机械手来抓取。任意选择刀具法的优点是刀库中刀具的排列顺序与工件加工顺序无关，相同的刀具可重复使用。因此，刀具数量比顺序选择法的刀具可少一些，刀库也相应地小一些。

任意选择法主要有三种编码方式：

(1) 刀具编码方式　这种方式是对每把刀具进行编码，由于每把刀具都有自己的代码，因此，可以存放于刀库的任一刀座中。这样刀库中的刀具在不同的工序中也就可重复使用，用过的刀具也不一定放回原刀座中，避免了因刀具存放在刀库中的顺序差错而造成的事故，同时也缩短了刀库的运转时间；简化了自动换刀控制线路。

刀具编码的具体结构如图 5-10 所示。在刀柄 1 后端的拉杆 4 上套装着等间隔的编码环

2，由锁紧螺母 3 固定。编码环既可以是整体的，也可由圆环组装而成。编码环直径有大小两种，大直径的为二进制的“1”，小直径的为“0”。通过这两种圆环的不同排列，可以得到一系列代码。例如由六个大小直径的圆环便可组成能区别 63($2^6-1=63$)种刀具。通常全部为 0 的代码不许使用，以免与刀座中没有刀具的状况相混淆。为了便于操作者的记忆和识别，也可采用二-八进制编码来表示。THK6370 型自动换刀数控镗铣床的刀具编码采用了二-八进制，六个编码环相当八进制的二位。

（2）刀座编码方式　这种编码方式对每个刀座都进行编码，刀具也编号，并将刀具放到与其号码相符的刀座中，换刀时刀库旋转，使各个刀座依次经过识刀器，直至找到规定的刀座，刀库便停止旋转。由于这种编码方式取消了刀柄中的编码环，使刀柄结构大为简化。因此，识刀器的结构不受刀柄尺寸的限制，而且可以放在较适当的位置。另外，在自动换刀过程中必须将用过的刀具放回原来的刀座中，增加了换刀动作。与顺序选择刀具的方式相比，刀座编码的突出优点是刀具在加工过程中可重复使用。

如图 5-11 所示为圆盘形刀库的刀座编码装置。在圆盘的圆周上均布若干个刀座，其外侧边缘上装有相应的刀座识别装置 2。刀座编码的识别原理与刀具编码的识别原理完全相同。

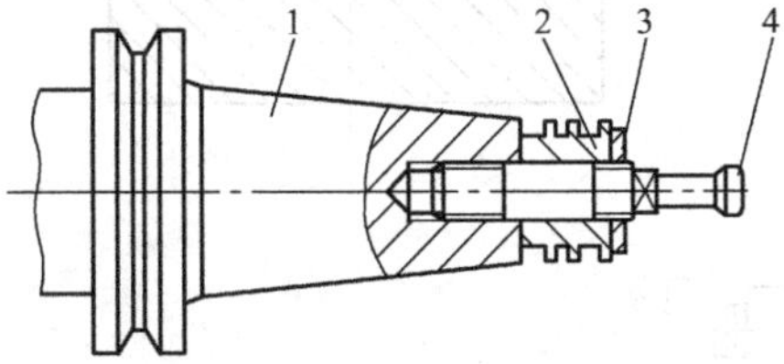

图 5-10　刀具编码方式

1—刀柄　2—编码环　3—锁紧螺母　4—拉杆

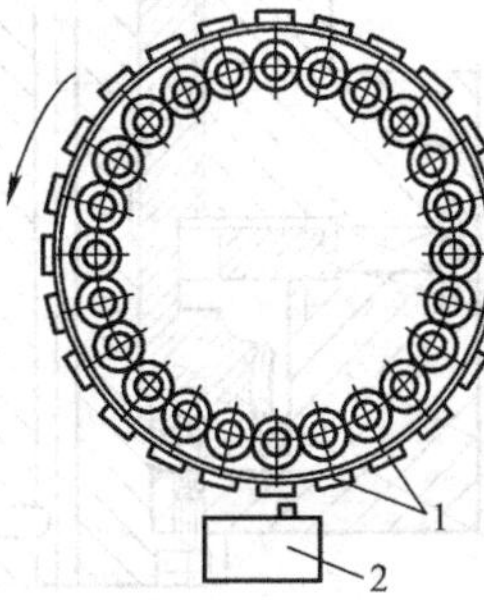

图 5-11　刀座编码方式

1—刀座　2—刀座识别装置

（3）编码附件方式　编码附件方式可分为编码钥匙、编码卡片、编码杆和编码盘等，其中应用最多的是编码钥匙。这种方式是先给各刀具都配上一把表示该刀具号的编码钥匙，当把各刀具存放到刀库的刀座中时，将编码钥匙插进刀座旁边的钥匙孔中，这样就把钥匙的号码转记到刀座中，给刀座编上了号码。识别装置可以通过识别钥匙上的号码来选取该钥匙旁边刀座中的刀具。

5.3.3　回转刀架换刀装置

回转刀架换刀装置是一种简单的自动换刀装置，常用于数控车床。根据不同的加工对象，可设计成四方、六方刀架或八工位圆盘式轴向装刀刀架等多种形式，相应地安装 4 把、6 把或更多的刀具，并按数控装置的指令换刀。

回转刀架在结构上必须具有良好的强度和刚度，以承受粗加工时的切削抗力。由于车削加工精度在很大程度上取决于刀尖位置，对于数控车床来说，加工过程中刀具位置不进行人工调整，因此更有必要选择可靠的定位方案和合理的定位机构，以保证回转刀架在每次转位之后，具有尽可能高的重复定位精度。

回转刀架按其工作原理可分为机械螺母升降转位、十字槽轮转位、凸台棘爪式、电磁式及液压式等多种工作方式。但其换刀的过程相同，一般均为刀架抬起、刀架转位、刀架压紧并定位等几个步骤。

1. 四方刀架换刀装置

经济型数控车床方刀架是在普通车床四方刀架的基础上发展的一种自动换刀装置，其功能和普通四方刀架一样，有 4 个刀位，能装夹 4 把不同功能的刀具，方刀架转 90°时，刀具

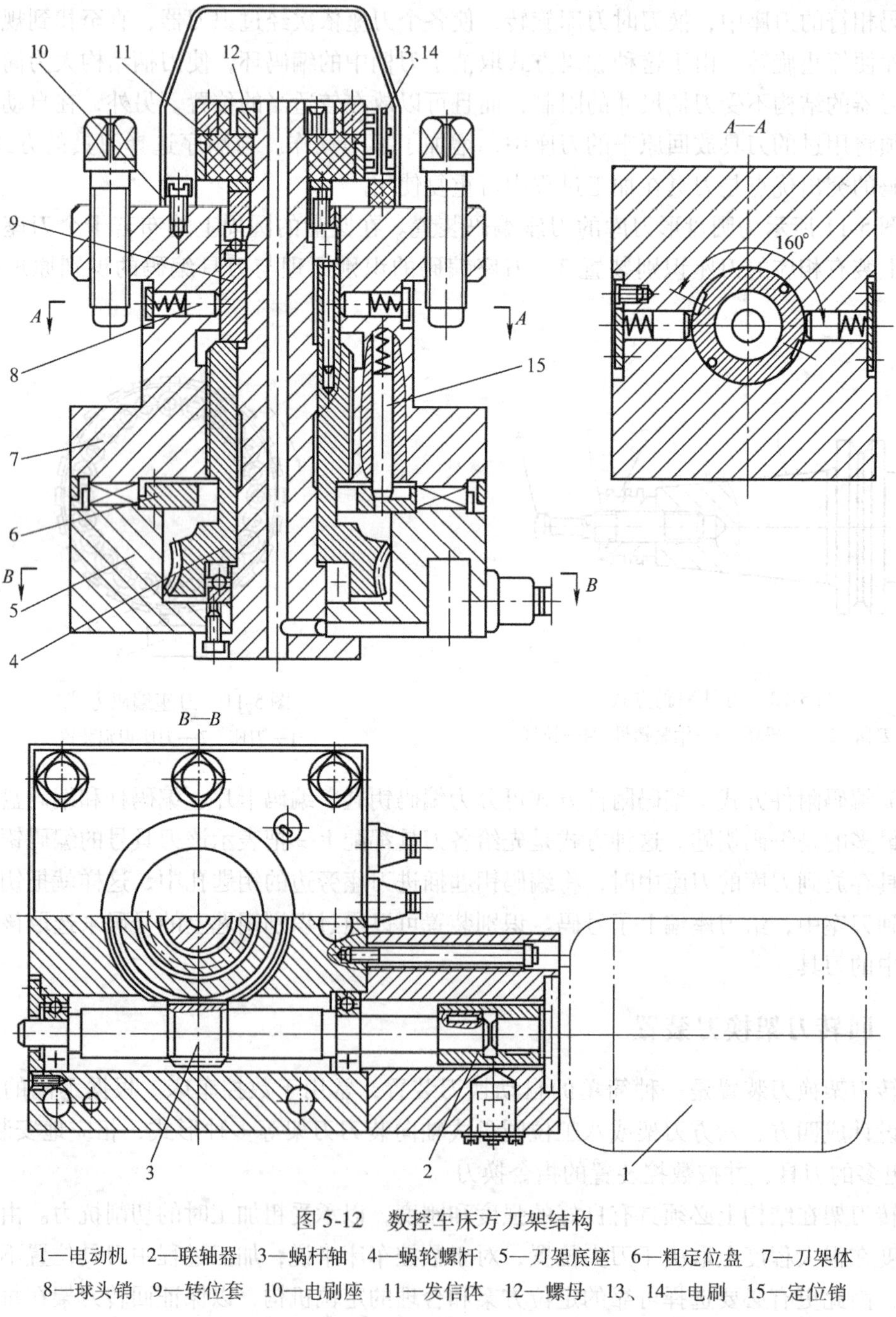

图 5-12　数控车床方刀架结构

1—电动机　2—联轴器　3—蜗杆轴　4—蜗轮螺杆　5—刀架底座　6—粗定位盘　7—刀架体
8—球头销　9—转位套　10—电刷座　11—发信体　12—螺母　13、14—电刷　15—定位销

交换1个刀位，但方刀架的回转和刀位号的选择是由加工程序指令控制。换刀时方刀架的动作顺序是：刀架抬起、刀架转位、刀架定位和夹紧。为完成上述动作要求，要有相应的机构来实现，下面就以WZD4型刀架为例说明其具体结构，如图5-12所示。

该刀架可以安装4把不同的刀具，转位信号由加工程序指定。当换刀指令发出后，小型电动机1起动正转，通过平键套筒联轴器2使蜗杆轴3转动，从而带动蜗轮螺杆4转动。蜗轮的上部外圆柱加工有外螺纹，所以该零件称蜗轮螺杆。刀架体7内孔加工有内螺纹，与蜗轮螺杆旋合。蜗轮螺杆内孔与刀架中心轴外圆是间隙配合，在转位换刀时，中心轴固定不动，蜗轮螺杆环绕中心轴旋转。当蜗轮开始转动时，由于在刀架底座5和刀架体7上的端面齿处在啮合状态，且蜗轮螺杆轴向固定，这时刀架体7抬起。当刀架体抬至一定距离后，端面齿脱开。转位套9用销钉与蜗轮螺杆4联接，随蜗轮螺杆一同转动，当端面齿完全脱开，转位套正好转过160°（如图*A—A*剖面所示），球头销8在弹簧力的作用下进入转位套9的槽中，带动刀架体转位。刀架体7转动时带着电刷座10转动，当转到程序指定的刀号时，定位销15在弹簧的作用下进入粗定位盘6的槽中进行粗定位，同时电刷13、14接触导通，使电动机1反转。由于粗定位槽的限制，刀架体7不能转动，使其在该位置垂直落下，刀架体7和刀架底座5上的端面齿啮合，实现精确定位。电动机继续反转，此时蜗轮停止转动，蜗杆轴3继续转动，随夹紧力增加，转矩不断增大，达到一定值时，在传感器的控制下，电动机1停止转动。译码装置由发信体11与电刷13、14组成，电刷13负责发信，电刷14负责位置判断。刀架不定期出现过位或不到位时，可松开螺母12，并调好发信体11与电刷14的相对位置。这种刀架在经济型数控车床及普通车床的数控化改造中得到广泛的应用。

2. 六角回转刀架

如图5-13所示为典型的液压式六角回转刀架。它的全部动作由液压系统通过电磁换向阀和顺序阀进行控制，换刀过程如下：

（1）刀架抬起　当数控装置发出指令后，压力油由a孔进入压紧液压缸的下腔，使活塞1上升，刀架2抬起使定位用活动插销10与固定插销9脱开。同时，活塞杆下端的端齿离合器5与空套齿轮7结合。

（2）刀架转位　当刀架抬起后，压力油从c孔进入转位液压缸左腔，活塞6向右移动，通过联接板13带动齿条8移动，使空套齿轮7连同端齿离合器5作逆时针旋转60°，实现刀架转位。活塞的行程应等于齿轮7节圆周长的1/6，并由限位开关控制。

（3）刀架压紧　刀架转位后，压力油从b孔进入压紧液压缸的上腔，活塞1带动刀架体2下降。缸体的底盘上精确地安装着6个带斜楔的圆柱固定插销9，利用活动插销10消除定位销与孔之间的间隙，实现反靠定位。刀架体2下降时，定位活动插销与另一个固定插销9卡紧。同时缸体3与压盘4的锥面接触，刀架在新的位置上定位并压紧。此时，端面离合器与空套齿轮脱开。

（4）转位液压缸复位　刀架压紧后，压力油从d孔进入转位液压缸右腔，活塞6带动齿条复位。由于此时端齿离合器已脱开，因此齿条带动齿轮在轴上空转。如果定位、压紧动作正常，则推杆11与相应的触头12接触，发出信号表示已完成换刀过程，可进行切削加工。

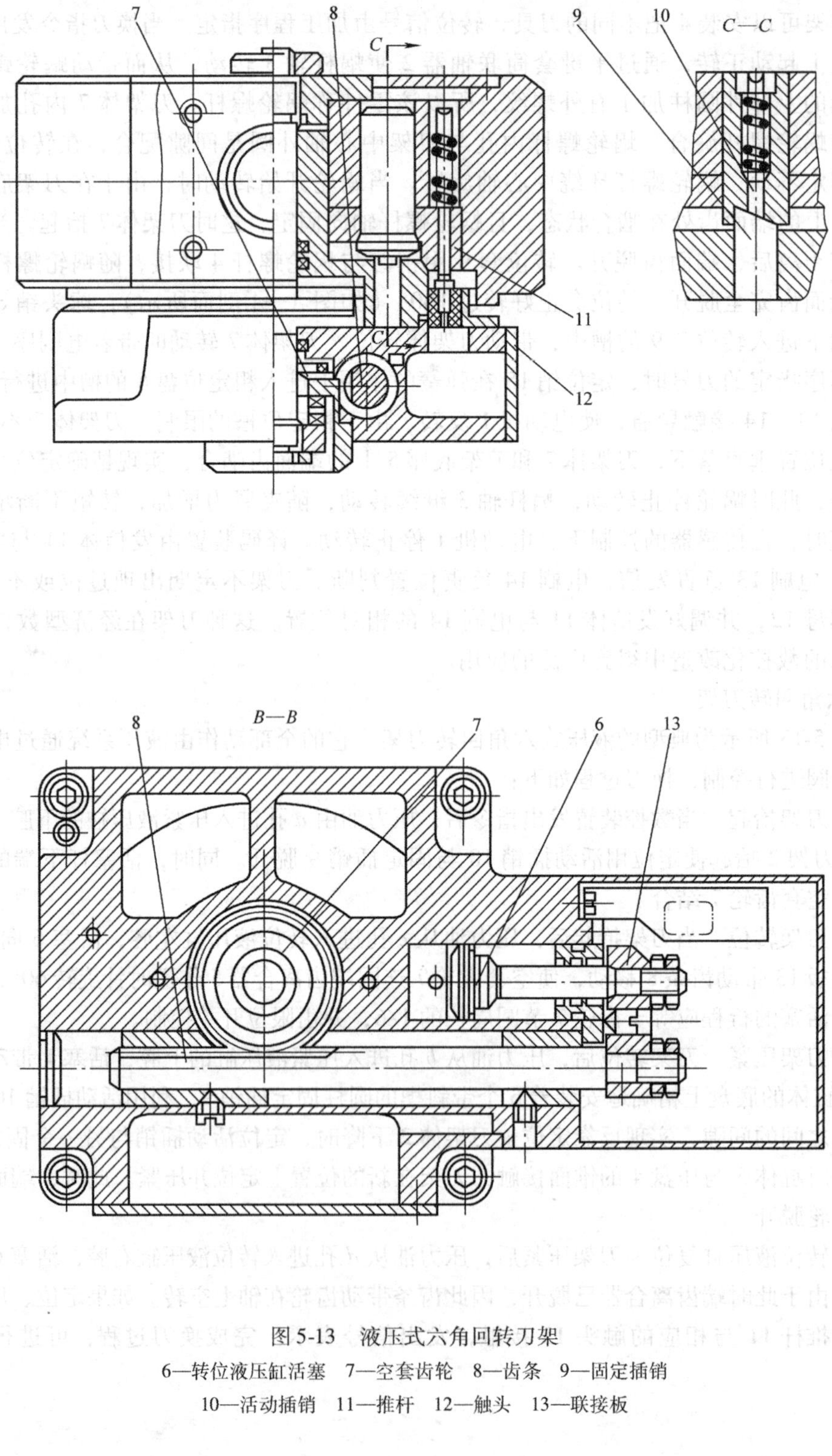

图 5-13　液压式六角回转刀架

6—转位液压缸活塞　7—空套齿轮　8—齿条　9—固定插销

10—活动插销　11—推杆　12—触头　13—联接板

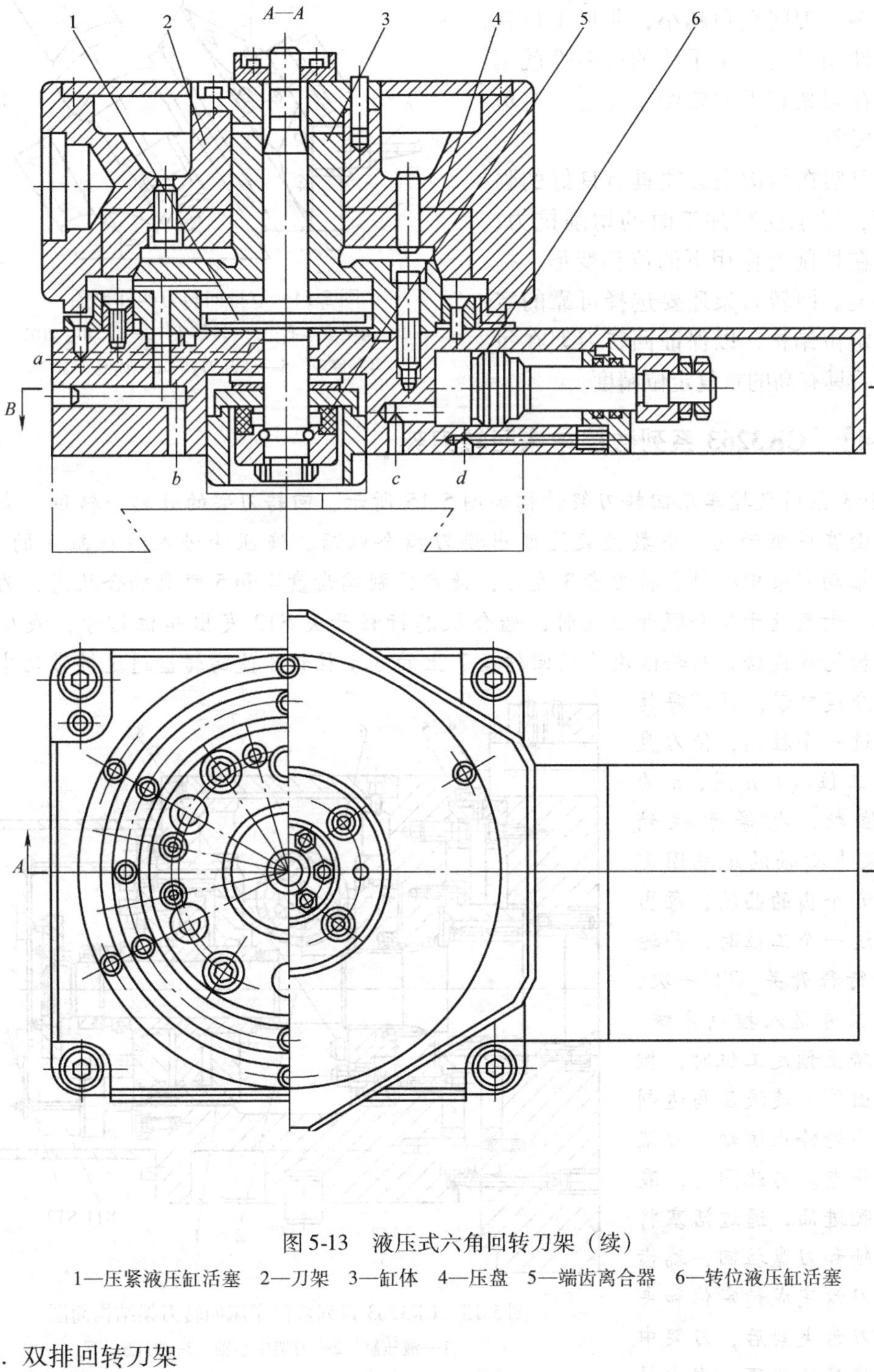

图5-13 液压式六角回转刀架（续）

1—压紧液压缸活塞 2—刀架 3—缸体 4—压盘 5—端齿离合器 6—转位液压缸活塞

3. 双排回转刀架

外圆类、内孔类刀具一般布置在双排回转刀架的一侧面，双排回转刀架外形如图5-14

所示。回转刀架的回转轴与主轴倾斜，每个刀位上可装两把刀具，用于加工外圆和内孔。

回转刀架的工位数最多可达 20 多个，但最常用的是 8、10、12 和 16 工位四种。工位数越多，刀间夹角越小，非加工位置刀具与工件相碰而产生干涉的可能性就越大，因此在刀架布刀时要给予考虑，避免发生干涉现象。

回转刀架在结构上必须具有良好的强度和刚度，以承受粗加工时的切削抗力，减小刀架在切削力作用下的位移变形，提高加工精度。回转刀架还要选择可靠的定位方案和定位结构，以保证回转刀架在每次转位之后具有高的重复定位精度。

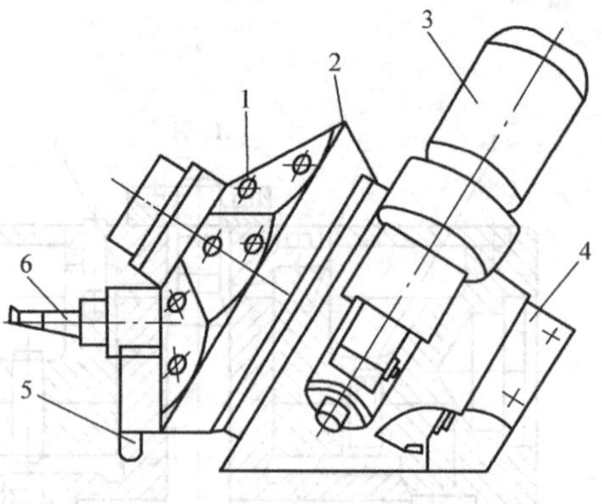

图 5-14 双排回转刀架外形图
1—刀类安装孔 2—转塔头 3—驱动电动机
4—底座 5—外圆刀具 6—内孔刀具

【实例 5-4】 CK3263 系列数控车床回转刀架

CK3263 系列数控车床回转刀架结构如图 5-15 所示，回转刀架的升起、转位、夹紧等动作都是由液压驱动的。当数控装置发出换刀指令以后，液压油进入液压缸 1 的右腔，通过活塞推动刀架中心轴 2 将刀盘 3 左移，使定位副端齿盘 4 和 5 脱离啮合状态，为转位作好准备。齿盘处于完全脱开位置时，啮合状态行程开关 ST2 发出转位信号，液压马达带动转位齿轮 6 旋转，凸轮依次推动回转盘 7 上的分度柱销 8 使回转盘通过键带动中心轴及刀盘作分度转动。凸轮每转过一周拨过一个柱销，使刀盘旋转一个工位（$1/n$ 周，n 为刀架工位数，也等于柱销数）。刀架中心轴的尾端固定着一个有 n 个齿的凸轮，每当中心轴转过一个工位时，凸轮压合计数行程开关 ST1 一次，开关将此信号送入控制系统。当刀盘旋转至预定工位时，控制系统发出信号使液压马达制动，转位凸轮停止运动，刀架处于预定状态。与此同时，液压缸 1 左腔进油，通过活塞将刀架中心轴和刀盘拉回，端齿盘啮合，刀盘完成精定位和夹紧动作。刀盘夹紧后，刀架中心轴尾部将 ST2 压下，发出转位结束信号。

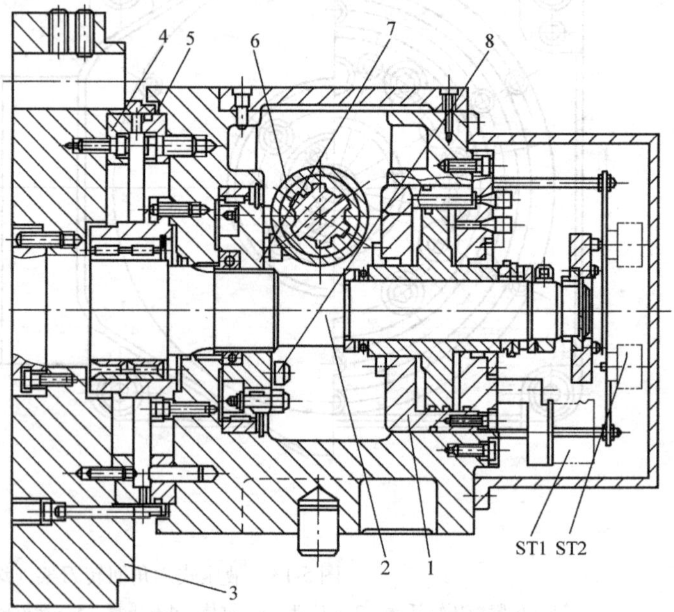

图 5-15 CK3263 系列数控车床回转刀架结构简图
1—液压缸 2—刀架中心轴 3—刀盘
4、5—端齿盘 6—转位凸轮 7—回转盘
8—分度柱销 ST1—计数行程开关 ST2—啮合状态行程开关

刀盘转位驱动采用圆柱凸轮步进传动机构，其工作原理如图 5-16 所示。圆柱凸轮是在圆周面上加工出一条两端有头的凸轮轮廓。从动回转盘端面有多个柱销，柱销数与工位数相等。当凸轮按图 5-16 中所示方向旋转时，*B* 销先进入凸轮轮廓的曲线段，这时凸轮开始驱动回转盘转位，与此同时，*A* 销与凸轮轮廓脱开。当凸轮转过 180°时，*B* 销接触的凸轮轮廓由曲线段过渡到直线段，同时与 *B* 销相邻的 *C* 销开始与凸轮的直线轮廓的另一侧面接触。凸轮继续转动，回转盘不动，刀架处于预定位状态。由于凸轮是一个两端开口的非闭合曲线轮廓，所以凸轮在正反转时均可带动回转盘做正反方向的旋转，因此，这种刀架可通过控制系统中的逻辑电路来自动选择刀盘回转方向，以缩短转位时间，提高换刀速度。

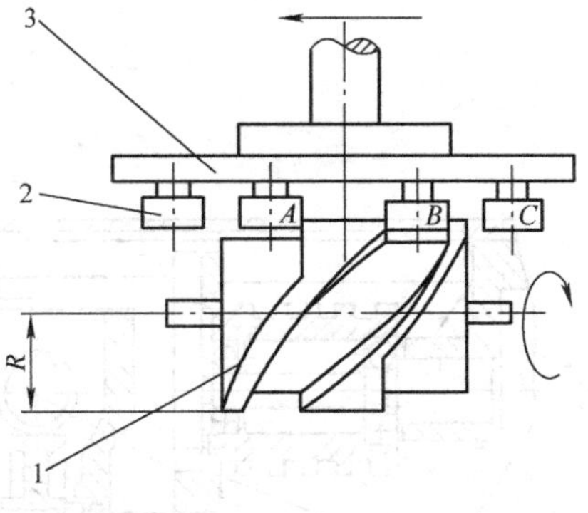

图 5-16　圆柱凸轮步进传动机构工作原理
1—凸轮　2—分度柱销　3—回转盘

5.3.4　多主轴转塔头换刀装置

在带有旋转刀具的数控镗铣床中，常用多主轴转塔头换刀装置。通过多主轴转塔头的转位来换刀是一种比较简单的换刀方式，这种机床的主轴转塔头就是一个转塔刀库，转塔头有卧式和立式两种。

图 5-17 是数控转塔式镗铣床的外观图，八方形转塔头上装有 8 根主轴，每根主轴上装有一把刀具。根据工序的要求按顺序自动地将装有所需刀具的主轴转到工作位置，实现自动换刀，同时接通主传动，不处在工作位置的主轴便与主传动脱开。转塔头的转位（即换刀）由槽轮机构来实现，其结构如图 5-18 所示，每次换刀包括下列动作：

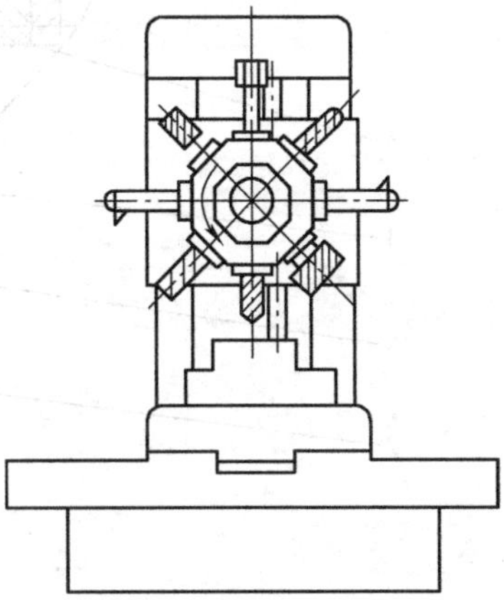
图 5-17　数控转塔式镗铣床的外观图

（1）脱开主轴　传动液压缸 4 卸压，弹簧推动齿轮 1 向上与主轴上的齿轮 12 脱开。

（2）转塔头抬起　当齿轮 1 脱开后，固定在其上的支板接通行程开关 3 控制电磁阀，使液压油进入液压缸 5 的左腔，液压缸活塞带动转塔头向右移动，直至活塞与液压缸端部相接触。固定在转塔头体上的鼠牙盘 10 便脱开。

（3）转塔头转位　当鼠牙盘脱开后，行程开关发出信号起动转位电动机，经蜗杆 8 和蜗轮 6 带动槽轮机构的主轴曲拐使槽轮 11 转过 45°，并由槽轮机构的圆弧来完成主轴头的分度位置粗定位。主轴号的选定通过行程开关组来实现，若处于加工位的主轴不是所需要的，则转位电动机继续回转，带动转塔头间歇地再转 45°，直至选中主轴为止。主轴选好后，由行程开关 7 关停转位电动机。

（4）转塔头定位压紧　通过电磁阀使压力油进入液压缸 5 的右腔，转塔头向左返回，由鼠牙盘 10 精定位，并利用液压缸 5 右腔的油压作用力，将转塔头可靠地压紧。

（5）主轴传动　重新接通由电磁阀控制压力油进入液压缸 4，压缩弹簧使齿轮 1 与主轴上齿轮 12 啮合。此时转塔头转位、定位动作全部完成。

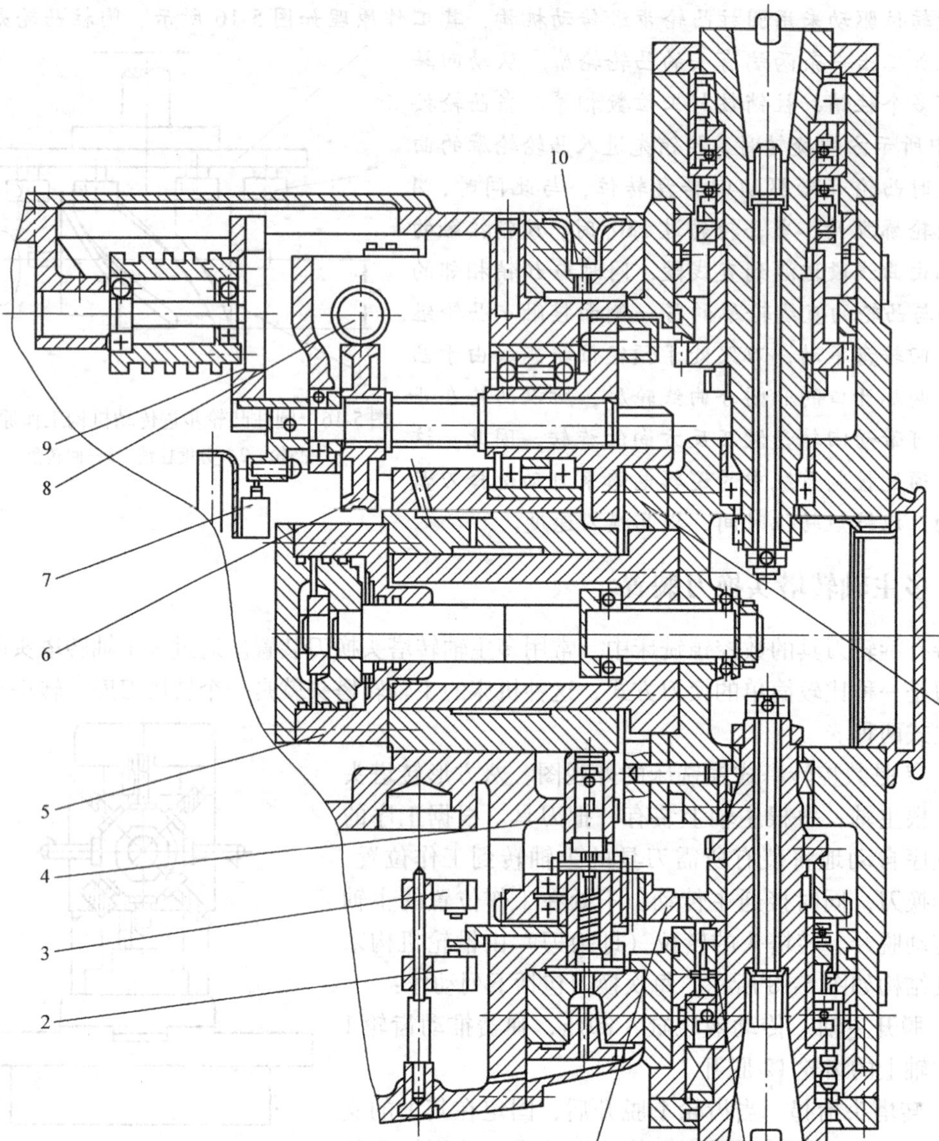

图 5-18　转塔头换刀装置结构图

1、12—齿轮　2、3、7—行程开关　4、5—液压缸　6—蜗轮　8—蜗杆　9—支架　10—鼠牙盘　11—槽轮

为了改善主轴结构的工艺性，整个主轴部件装在套筒内，只要卸去螺钉，就可将整个主轴抽出。

这种换刀装置储存工具的数量少，适用于加工较简单的工件，其优点在于省去了自动松夹、卸刀、装刀以及刀具搬运等一系列的复杂操作，从而缩短了换刀时间，并提高了换刀的可靠性。但是由于空间位置的限制，使主轴部件结构不能设计得十分坚实，因而影响了主轴系统的刚度。为了保证主轴的刚度，必须限制主轴数目，否则将使结构尺寸大大增加。因此，转塔头主轴通常只适用于工序较少、精度要求不太高的机床，例如数控钻床、铣床等。

5.3.5　排刀式刀架

除以上几种外，还有一种多用于小规格数控车床的排刀式刀架，在以加工棒料为主的机床上较为常见。它的结构形式为夹持着各种不同用途刀具的刀夹沿着机床的 X 坐标轴方向排列在横向滑板或一种称为快换台板上。刀具典型布置方式如图 5-19 所示。

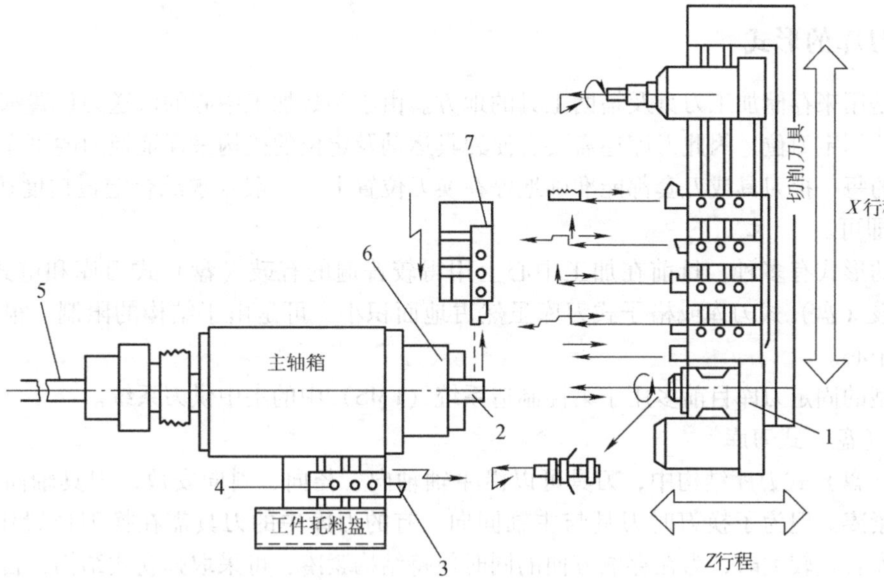

图 5-19　排刀式刀架布置图

1—附加主轴头　2—工件　3—去毛刺和背面加工刀具　4—切向刀架
5—棒料送进装置　6—卡盘　7—切断刀架

这种刀架的特点是，在使用上刀具布置和机床调整都较方便，可以根据具体工件的车削工艺要求，任意组合各种不同用途的刀具。一把刀完成车削任务后，横向滑板只要按程序沿 X 轴移动预先设定的距离后，第二把刀就到达加工位置，这样就完成了机床的换刀动作。

这种换刀方式迅速省时，有利于提高机床的生产率，还可以安装各种不同用途的动力刀具（图 5-19 中刀架两端的动力刀具）来完成一些简单的钻、铣、攻螺纹等二次加工工序，以使机床可在一次装夹中完成工件的全部或大部分加工工序。另外，其排刀式刀架结构简单，可在一定程度上降低机床的制造成本。然而，采用排刀式刀架只适合加工旋转直径比较小的件，只适合较小规格的机床配置，例如 GSK980T（GSK980TC）系统就可选择使用排刀架，不适用于加工较大规格的工件或细长的轴类零件。一般来说旋转直径超过 100mm 的机床大都不用排刀式刀架，而采用转塔式刀架。

此外，还可以利用快换台板在机外组成加工同一种零件或不同零件的排刀组，利用对刀装置进行预调。当刀具磨损或需要更换加工零件品种时，可以通过更换台板来成组地更换刀具，从而使换刀的辅助时间大为缩短。

5.4　刀库自动换刀系统

这类换刀装置由刀库、选刀机构、刀具交换机构及刀具在主轴上的自动装卸机构四部分组成，应用最广泛。带刀库的自动换刀系统，整个换刀过程比较复杂，首先要把加工过程中要用的全部刀具分别安装在标准的刀柄上，在机外进行尺寸预调整后，插入刀库中。换刀时，根据选刀指令先在刀库上选刀，由刀具交换装置从刀库和主轴上取出刀具，进行刀具交换，然后将新刀具装入主轴，并将用过的刀具放回刀库。

当刀库离主轴较远时，还要有搬运装置运送刀具。

5.4.1　刀库的形式

刀库是用来存储加工刀具及辅助工具的地方。由于多数加工中心的取送刀位置都是在刀库中的某一固定刀位，因此刀库还需要有使刀具运动及定位的机构来保证换刀的可靠性，即使要更换的每一把刀具或刀套都能准确地停在换刀位置上。一般要求综合定位精度达到0.1～0.5mm即可。

刀库的形式有多种，目前在加工中心上用得较普遍的有鼓（盘）式刀库和链式刀库。密集型的鼓（盘）式刀库或格子式刀库虽然占地面积小，可是由于结构的限制，很少用于单机加工中心。

密集型的固定刀库目前多用于柔性制造系统（FMS）中的集中供刀系统。

1. 鼓（盘）式刀库

在鼓（盘）式刀库结构中，刀具可以沿主轴轴向、径向、斜向安放，刀具轴向安装的结构最为紧凑。但为了换刀时刀具与主轴同向，有的刀库中的刀具需在换刀位置作90°翻转。在刀库容量较大时，为在存取方便的同时保持结构紧凑，可采取弹仓式结构，目前大量的刀库安装在机床立柱的顶面或侧面。在刀库容量较大时，也有安装在单独的地基上，以隔离刀库转动造成的振动。

鼓（盘）式刀库的刀具轴线与鼓（盘）轴线平行时，刀具环行排列，分径向、轴向两种取刀方式，其刀座（刀套）结构不同。这种鼓式刀库结构简单，应用较多，适用于刀库容量较小的情况。为增加刀库空间利用率，可采用双环或多环排列刀具的形式。但鼓（盘）直径增大，转动惯量就增加，选刀时间也较长。如图5-20a、b所示为鼓（盘）式刀库。

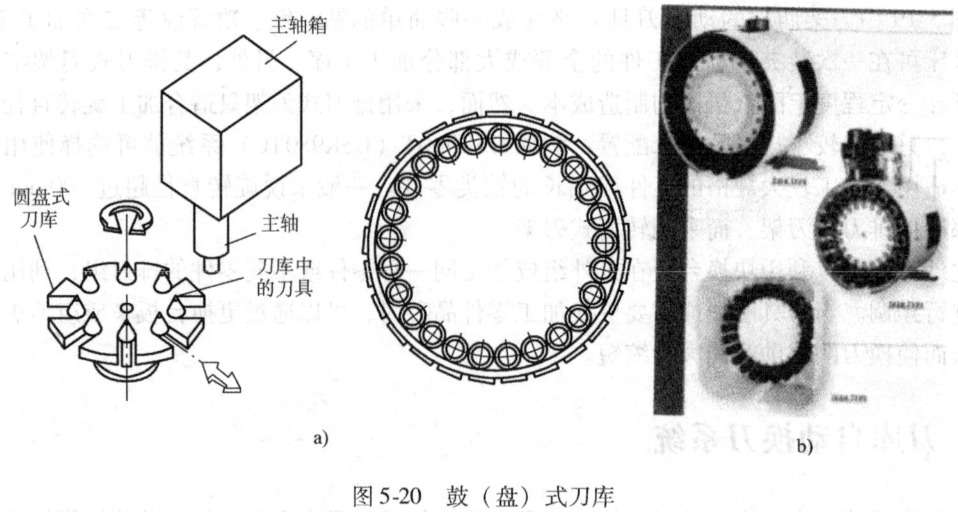

图5-20　鼓（盘）式刀库

2. 链式刀库

链式刀库典型形式如图 5-21 所示，通常刀具容量比盘式的要大，结构也比较灵活和紧凑，常为轴向换刀。链环可根据机床的布局配置成各种形状，也可将换刀位置刀座突出以利于换刀。另外，还可以采用加长链带方式加大刀库的容量，也可采用链带折叠回绕的方式提高空间利用率，在要求刀具容量很大时还可以采用多条链带结构。一般当刀具数量在 30 ~ 120 把时，多采用链式刀库。

（1）刀库结构　图 5-22 是方形链式刀库的典型结构示意图。主动链轮由伺服电动机通过蜗轮减速装置驱动（根据需要，还可经过齿轮副传动）。这种传动方式，不仅在链式刀库中采用，在其他形式的刀库传动中也多采用。

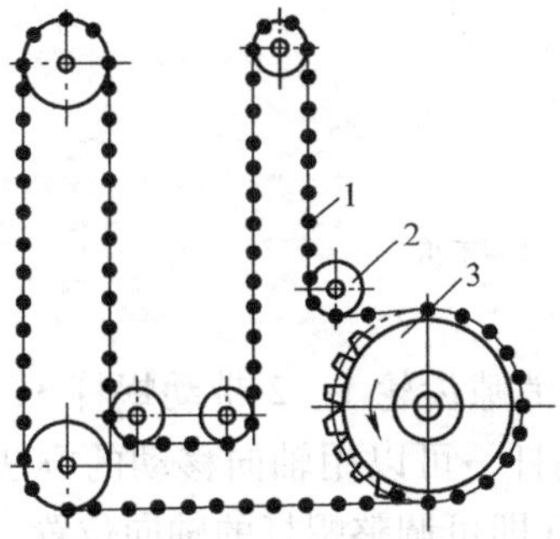

图 5-21　链式刀库

1—刀库　2—滚轮　3—主动链轮

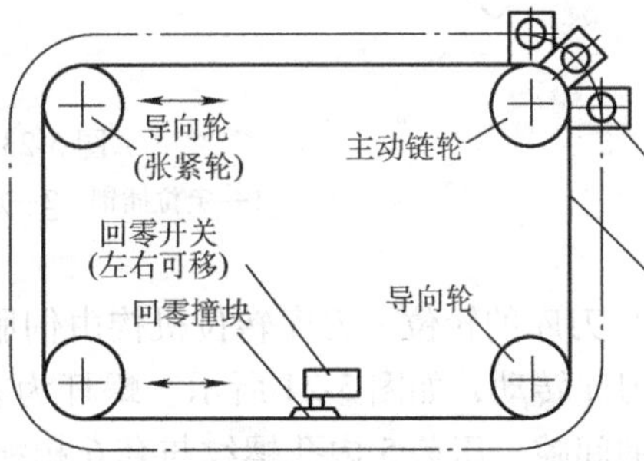

图 5-22　方形链式刀库示意图

导向轮一般做成光轮，圆周表面作硬化处理。兼起张紧轮作用的左侧两个导轮，其轮座必须带有导向槽（或导向键），以免松开安装螺钉时，轮座位置歪扭，给张紧调节带来麻烦。回零撞块可以装在链条的任意位置上，而回零开关则安装在便于调整的地方。调整回零开关位置，使刀套准确地停在换刀机械手抓刀位置上。这时处于机械手抓刀位置的刀套，编号为 1 号，然后依次编上其他刀号。刀库回零时，只能从一个方向回零，至于是顺时针回转回零，还是逆时针回转回零，可由机、电设计人员商定。

如果刀套不能准确地停在换刀位置上，将会使换刀机械手抓刀不准，以致在换刀时容易发生掉刀现象。因此，刀套的准停问题，将是影响换刀动作可靠性的重要因素之一。

为了确保刀套准确地停在换刀位置上，需要采取如下措施：

1）定位盘准停方式，由液压缸推动的定位销，插入定位盘的定位槽内，以实现刀套的准停，或采用定位块进行刀套定位。图 5-23 定位盘上的每个定位槽（或定位孔），对应于一个相应的刀套，而且定位槽（或定位孔）的节距要一致。这种准停方式的优点是能有效地消除传动链反向间隙的影响，保护传动链，使其免受换刀撞击力，驱动电动机可不用制动自锁装置。

2）链式刀库要选用节距精度较高的套筒滚子链和链轮，而且在把套筒装在链条上时，要用专用夹具来定位，以保证刀套节距一致。

3）传动时要消除传动间隙。消除反向间隙方法有以下几种：电气系统自动补偿方式，在链轮轴上安装编码器，单头双导程蜗杆传动方式，使刀套单向运行、单向定位以及使刀套双向运行、单向定位方式等。

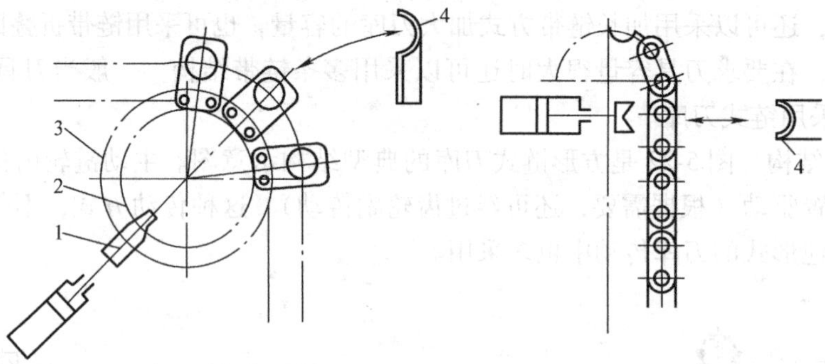

图 5-23　刀套的准停

1—定位插销　2—定位盘　3—链轮　4—手爪

（2）刀库的转位　刀库转位机构由伺服电动机通过消隙齿轮 1、2 带动蜗杆 3，通过蜗轮 4 使刀库转动，如图 5-24 所示。蜗杆为右旋双导程蜗杆，可以用轴向移动的方法来调整蜗轮副的间隙。压盖 5 内孔螺纹与套 6 相配合，转动套 6 即可调整蜗杆的轴向位置，也就调整了蜗轮副的间隙。调整好后用螺母 7 锁紧。

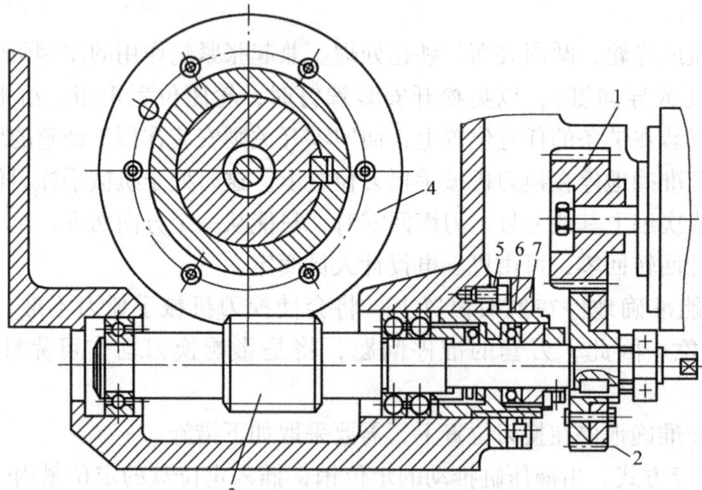

图 5-24　转位机构

1、2—齿轮　3—蜗杆　4—蜗轮　5—压盖　6—套　7—螺母

刀库的最大转角为 180°，根据所换刀具的位置决定正转或反转，由控制系统自动判别，以使找刀路径最短。每次转角大小由位置控制系统控制，进行粗定位，最后由定位销精确定位。刀库及转位机构在同一个箱体内，由液压缸实现其移动。图 5-25 为刀库液压缸结构图，

1 是刀库和转位机构，2 是液压缸，3 是立柱顶部平面。这种刀库中每把刀具在刀库上的位置是固定的，从哪个刀位取下的刀具，用完后仍然送回到哪个刀位上去。

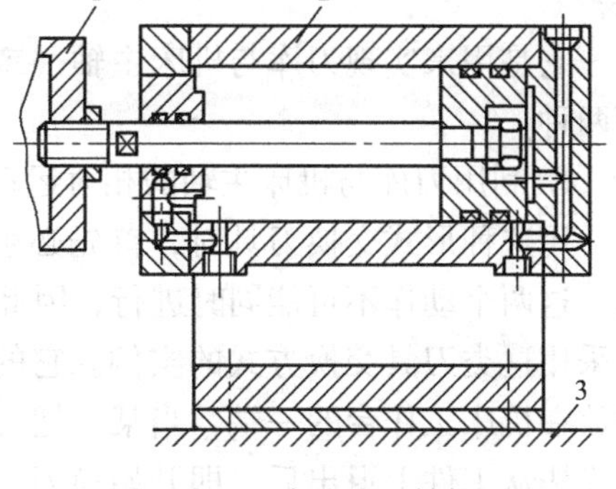

图 5-25　刀库液压缸结构图

1—刀库　2—液压缸　3—立柱顶面

3. 格子盒式刀库

1）固定型格子盒式刀库如图 5-26 所示，刀具分几排直线排列，由纵、横向移动的取刀机械手完成选刀运动，将选取的刀具送到固定的换刀位置刀座上，由换刀机械手交换刀具。由于刀具排列密集，空间利用率高，刀库容量大。

2）非固定型格子盒式刀库如图 5-27 所示，刀库由多个刀匣组成，可直线运动，刀匣可以从刀库中垂直提出。

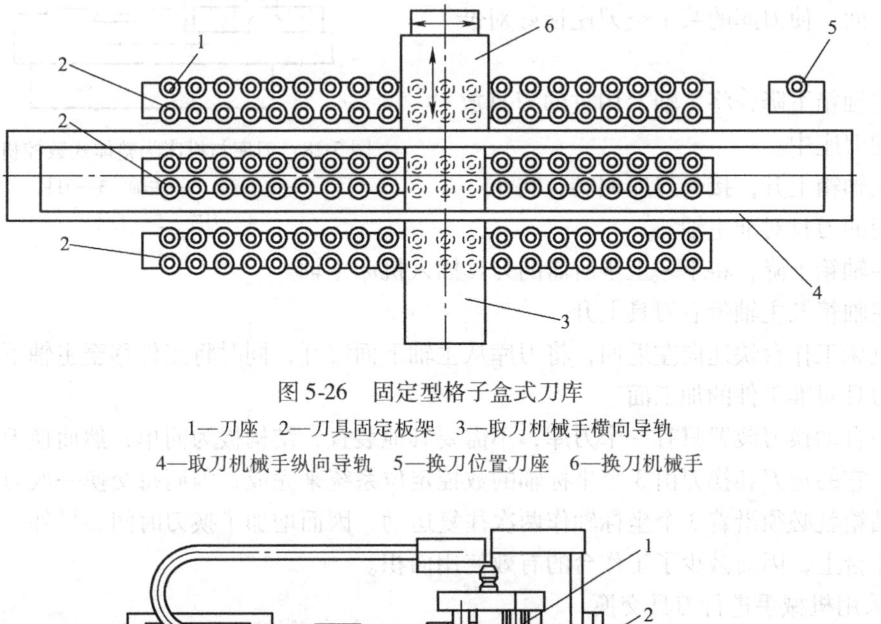

图 5-26　固定型格子盒式刀库

1—刀座　2—刀具固定板架　3—取刀机械手横向导轨
4—取刀机械手纵向导轨　5—换刀位置刀座　6—换刀机械手

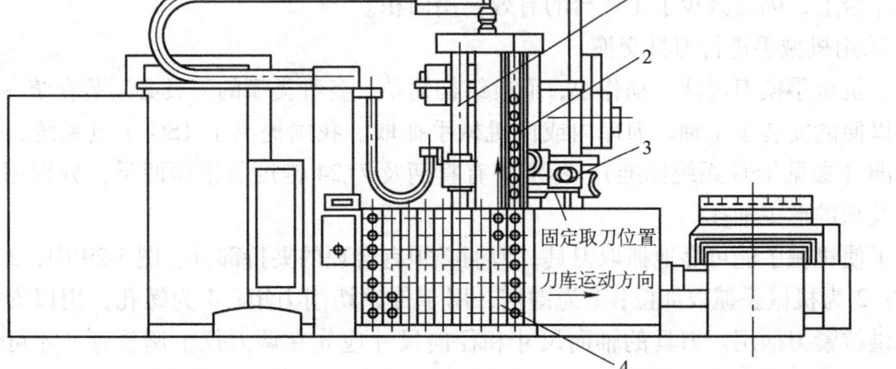

图 5-27　非固定型格子盒式刀库

1—导向柱　2—刀匣提升机构　3—机械手　4—格子盒式刀库

5.4.2 刀具交换机构

它是用来实现刀库与机床主轴（或刀架）之间的传递和装卸刀具的机构。常用的有如下两种：

1. 利用刀库与机床主轴的相对运动实现刀具交换

用这种形式交换刀具时，首先必须将用过的刀具送回刀库，然后再从刀库中取出新刀具，这两个动作不可能同时进行，因此换刀时间较长。如图 5-28 所示的数控立式镗铣床就是采用这类刀具交换方式的实例。它的刀库安放在机床工作台的一端，当某一把刀具加工完毕从工件上退出后，即开始换刀。其刀具交换过程如下：

①按照指令，机床工作台快速向右移动，将工件从主轴下面移开，同时将刀库移到主轴下面，使刀库的某个空刀座恰好对准主轴。

②主轴箱下降，将主轴上用过的刀具放回刀库的刀座中。

③主轴箱上升，接着刀库回转，将下一工步需用的刀具对准主轴。

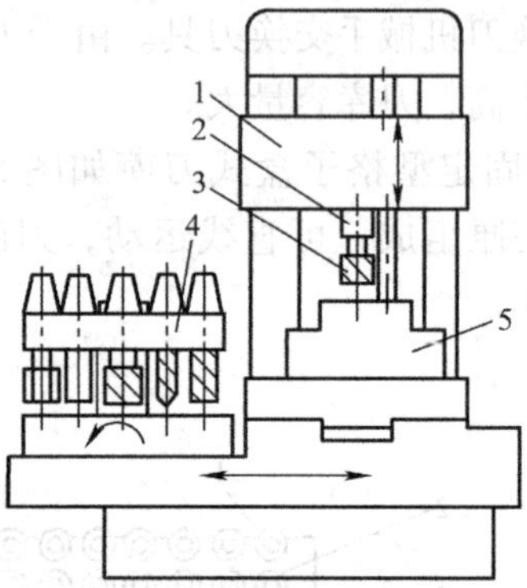

图 5-28 刀库与机床为整体式数控机床

1—主轴箱 2—主轴 3—刀具

4—刀库 5—工件

④主轴箱下降，将下一工步所需的刀具插入机床主轴。

⑤主轴箱及主轴带着刀具上升。

⑥机床工作台快速向左返回，将刀库从主轴下面移开，同时将工件移至主轴下面，使主轴上的刀具对准工件的加工面。

这种自动换刀装置只有一个刀库，不需要其他装置，结构极为简单，然而换刀过程却较为复杂。它的选刀和换刀由 3 个坐标轴的数控定位系统来完成，因而每交换一次刀具，工作台和主轴箱就必须沿着 3 个坐标轴作两次往复运动，因而增加了换刀时间。另外，由于刀库置于工作台上，因而减少了工作台的有效使用面积。

2. 采用机械手进行刀具交换

由于机械手换刀灵活、动作快，而且结构简单，各种类型的刀具必须装在统一的标准刀柄上，以便能安装于主轴、刀库内或由机械手抓取。我国提出了 TSG 工具系统，并制定了刀柄标准（参见 TSG 系统标准），标准中有直柄及 7∶24 锥度的锥柄两类，分别用于圆柱形主轴孔及圆锥形主轴孔。

为了使机械手能可靠地抓取刀具，刀柄必须有合理的夹持部分。图 5-29 中，3 为刀柄定位部位；2 为机械手抓取部位；1 为键槽，用于传递切削力矩；4 为螺孔，用以安装可调节拉杆，供拉紧刀柄用。刀具的轴向尺寸和径向尺寸应先在调刀仪上调整好，才可装入刀库中。丝锥、铰刀要先装在浮动夹具内，再装入标准刀柄内。圆柱形刀柄在使用时需在轴向和径向夹紧，因而主轴结构复杂，柱柄安装精度高，磨损后不能自动补偿。而锥柄稍有磨损也不会过分影响刀具的安装精度。在换刀过程中，由于机械手抓住刀柄要快速回转，做拔、插刀具的动作，还要保证刀柄键槽的角度位置对准主轴上的驱动键。因此，机械手的夹持部分要十分可靠，并保证有适当的夹紧力，其活动爪要有锁紧装置，以防止刀具在换刀过程中转动或脱落。

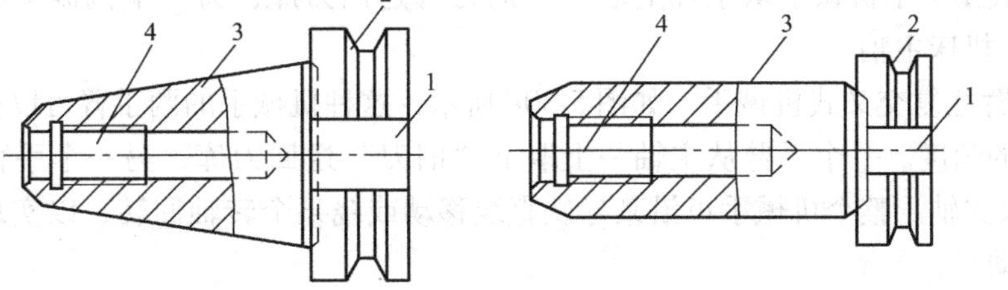

图5-29 标准刀柄及夹持机构

在自动换刀数控机床中，有各种各样的机械手形式，最常见的有如图5-30所示的六种机械手的形式。

（1）单臂单爪回转式机械手 如图5-30a所示，这种机械手的手臂可以回转不同的角度进行自动换刀，手臂上只有一个夹爪，不论在刀库上或在主轴上，均靠这一个夹爪来装刀及卸刀，因此换刀时间较长。

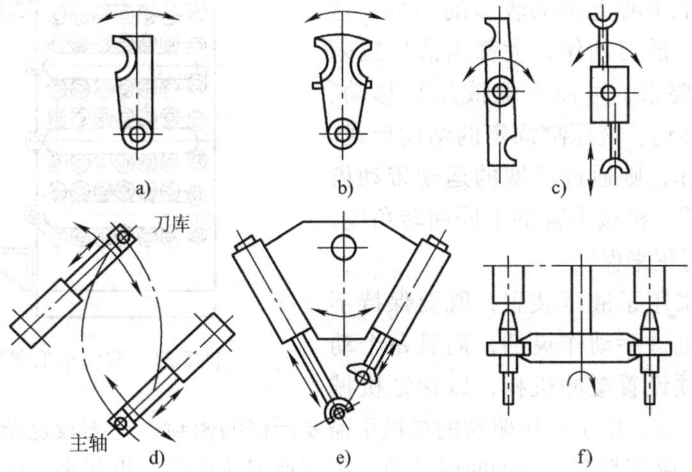

图5-30 机械手的形式

（2）单臂双爪摆动式机械手 如图5-30b所示，这种机械手的手臂上有两个夹爪，两个夹爪有所分工，一个夹爪只执行从主轴上取出“旧刀”送回刀库的任务，另一个爪则执行由刀库取出“新刀”送到主轴的任务。其换刀时间较上述单爪回转式机械手要少。

（3）单臂双爪回转式机械手 如图5-30c所示，这种机械手的手臂两端各有一个夹爪，两个夹爪可同时抓取刀库及主轴上的刀具，回转180°后，又同时将刀具放回刀库及装入主轴。换刀时间较以上两种单臂机械手均短，是最常用的一种形式。图 6-20c 右边的一种机械手在抓取刀具或将刀具送入刀库及主轴时，两臂可伸缩。

（4）双机械手　如图 5-30d 所示，这种机械手相当两个单爪机械手，相互配合起来进行自动换刀。其中一个机械手从主轴上取下“旧刀”送回刀库；另一个机械手由刀库里取出“新刀”装入机床主轴。

（5）双臂往复交叉式机械手　如图 5-30e 所示，这种机械手的两手臂可以往复运动，并交叉成一定的角度。一个手臂从主轴一上取下“旧刀”送回刀库，另一个手臂由刀库取出“新刀”装入主轴。整个机械手可沿某导轨直线移动或绕某个转轴回转，以实现刀库与主轴间的运刀运动。

（6）双臂端面夹紧机械手　如图 6-28f 所示，这种机械手只是在夹紧部位上与前几种不同。前几种机械手均靠夹紧刀柄的外圆表面以抓取刀具，这种机械手则夹紧刀柄的两个端面。

5.4.3　机械手结构原理

1. 机械手的形式

1）双臂单爪交叉型机械手：由北京机床研究所开发和生产的 JCS013 卧式加工中心，所用换刀机械手就是双臂单爪交叉型机械手，如图 5-31 所示。

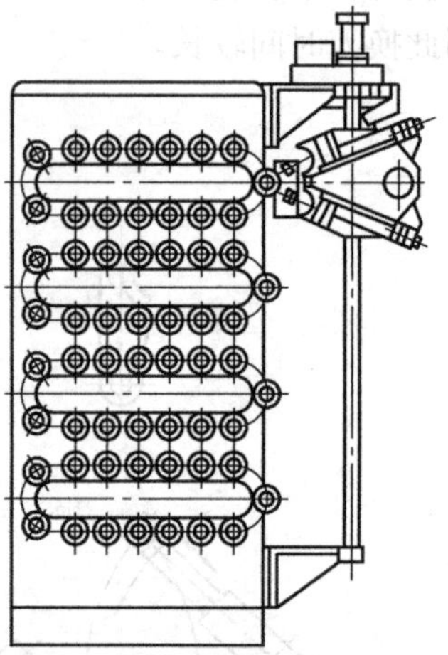

图 5-31　双臂单爪交叉机械手

2）单臂双爪式机械手，也叫扁担式机械手，它是目前加工中心上用的较多的一种。这种机械手的拔刀、插刀动作，大都由液压缸来完成。根据结构要求，可以采取液压缸移动、活塞固定或活塞移动、液压缸固定的结构形式。而手臂的回转动作，则通过活塞的运动带动齿条齿轮传动来实现。机械手臂的不同回转角度，是由活塞的可调行程来保证。

这种机械手采用了液压装置，既要保持不漏油，又要保证机械手动作灵活，而且每个动作结束之前均必须设置缓冲机构，以保证机械手的工作平衡、可靠。由于液压驱动的机械手需要严格的密封，还需较复杂的缓冲机构，控制机械手动作的电磁阀都有一定的时间常数，因而换刀速度慢。近年来，国内外先后研制凸轮联动式单臂双爪机械手，其工作原理如图 5-32 所示。

这种机械手的优点是：由电动机驱动，不需较复杂的液压系统及其密封、缓冲机构，没有漏油现象，结构简单，工作可靠。同时，机械手手臂的回转和插刀、拔刀的分解动作是联动的，部分时间可重叠，从而大大缩短了换刀时间。

3）单臂双爪且手臂回转轴与主轴成 45°的机械手，机械手结构如图 5-33 所示。这种机械手换刀动作可靠，换刀时间短。缺点是刀柄精度要求高，结构复杂，联机调整的相关精度要求高，机械手离加工区较近。如 SOLON3-1 型加工中心的机械手。

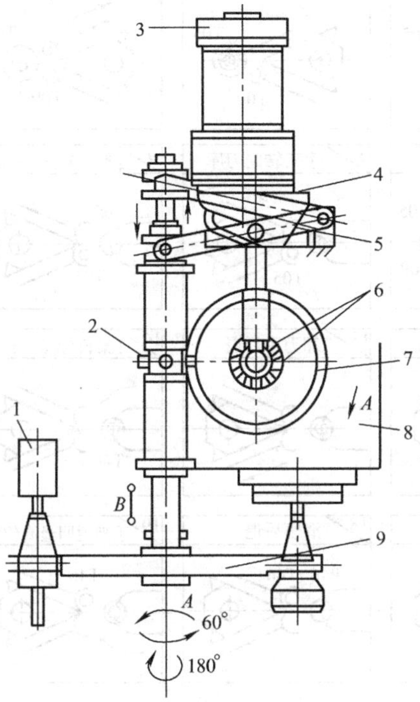

图 5-32　凸轮式执刀机械手

1—刀套　2—十字轴　3—电动机　4—圆柱槽凸轮（手臂上下）　5—杠杆　6—锥齿轮　7—凸轮滚子（平臂旋转）　8—主轴　9—换刀手臂

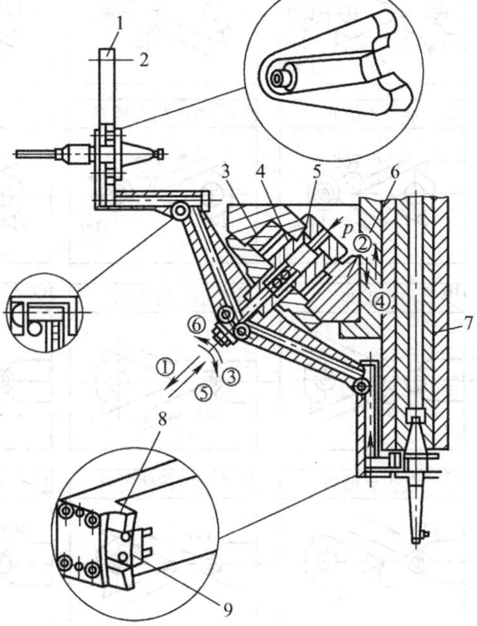

图 5-33　斜 45°机械手

1—刀库　2—刀库轴线　3—齿条　4—齿轮　5—抓刀活塞　6—机械手托架　7—主轴　8—抓刀定块　9—抓刀动块

①抓刀　②拔刀　③换位（旋转 180°）　④插刀　⑤松刀　⑥返回原位（旋转 90°）

【实例 5-5】　JCS-013 型卧式加工中心双臂单爪交叉型机械手

JCS-013 型卧式加工中心双臂单爪交叉型机械手的自动换刀过程，如图 5-34 所示。

2. 手爪形式

(1) 钳形手的杠杆手爪　如图 5-35 所示，锁销 2 在弹簧（图 5-35 中未画出此弹簧）作用下，其大直径外圆顶着止退销 3，杠杆手爪 6 就不能摆动张开，手中的刀具就不会被甩出。当抓刀和换刀时，锁销 2 被装在刀库主轴端部的撞块压回，止退销 3 和杠杆手爪 6 就能够摆动、放开，刀具就能装入和取出。这种手爪均为直线运动抓刀。

(2) 刀库夹爪　刀库夹爪既起着刀套用，又起着手爪的作用。如图 5-36 所示为刀库夹爪图。

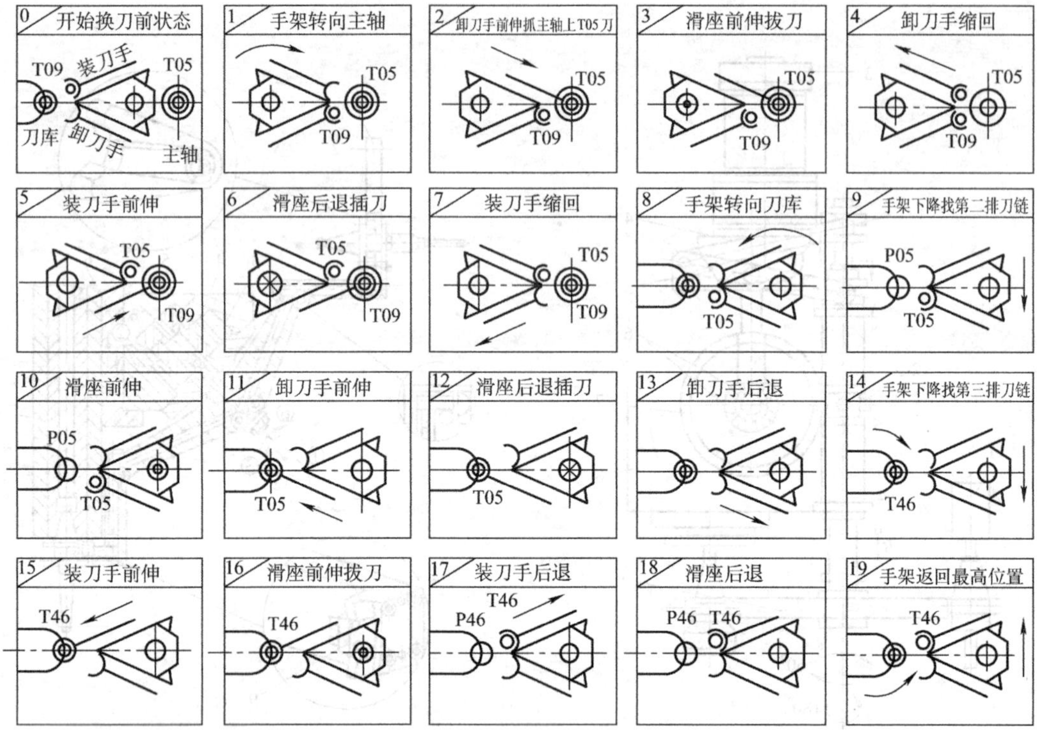

图 5-34　双臂单爪交叉机械手换刀过程

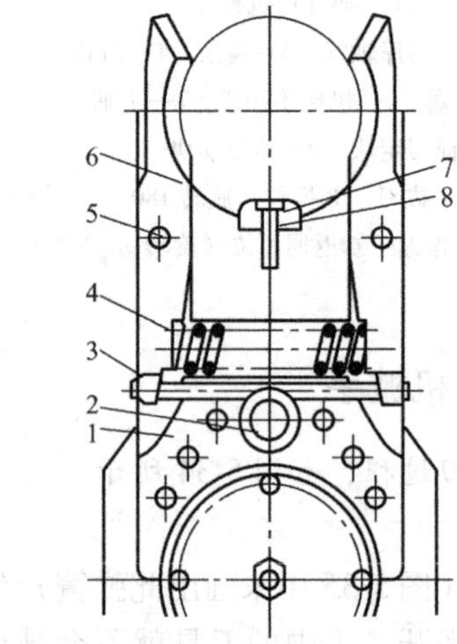

图 5-35　钳形机械手手爪

1—手臂　2—锁销　3—止退销　4—弹簧

5—支点轴　6—手爪　7—键　8—螺钉

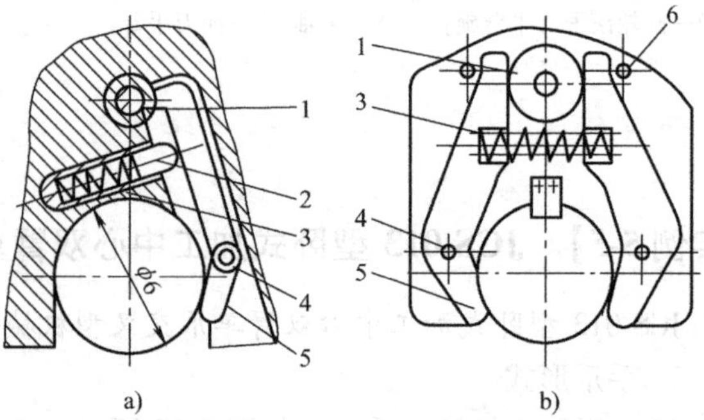

图 5-36　刀库夹爪

1—锁销　2—顶销　3—弹簧

4—支点轴　5—手爪　6—挡销

3. 机械手结构原理

如图 5-37 所示，机械手结构及工作原理如下：机械手有两对抓刀爪，分别由液压缸 1 驱动其动作。当液压缸推动机械手抓刀爪外伸时（图 5-37 中上面一对抓刀爪），抓刀爪上的销轴 3 在支架上的导向槽 2 内滑动，使抓刀爪绕销 4 摆动，抓刀爪合拢抓住刀具；当液压缸回缩时（图 5-37 中下面的抓刀爪），支架 2 上的导向槽迫使抓刀爪张开，放松刀具。由于抓刀动作由机械机构实现，且能自锁，因此工作安全、可靠。

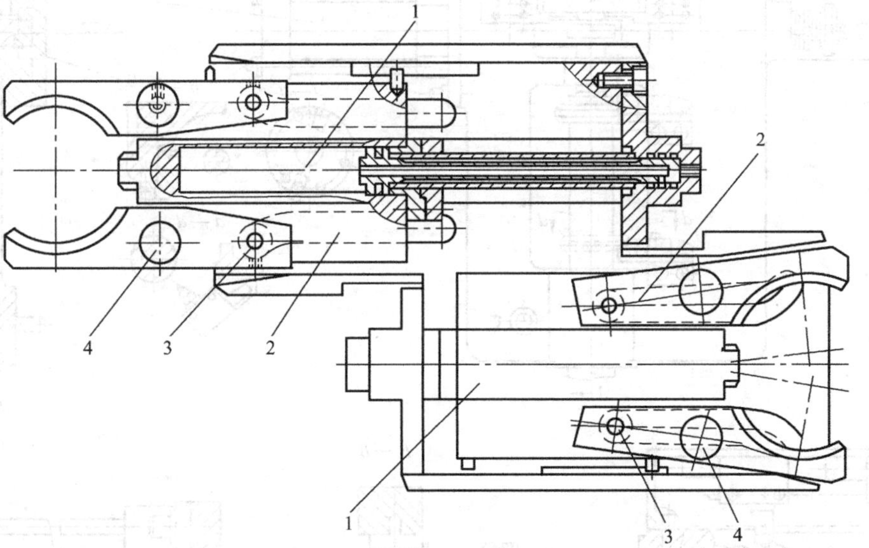

图 5-37　机械手结构原理图

1—液压缸　2—支架导向槽　3—销轴　4—销

4. 机械手的驱动机构

图 5-38 为机械手的驱动机构。气缸 1 通过杆 6 带动机械手臂升降。当机械手在上边位置时（图示位置），液压缸 4 通过齿条 2、齿轮 3、传动盘 5、杆 6 带动机械手臂回转；当机械手在下边位置时，气缸 7 通过齿条 9、齿轮 8、传动盘 5 和杆 6，带动手臂回转。图 5-39 为机械手臂和手爪结构图。手臂的两端各有一手爪。刀具被带弹簧 1 的活动销 4 紧靠着固定爪 5。锁紧销 2 被弹簧 3 弹起，使活动销 4 被锁位，不能后退，这就保证了在机械手运动过程中，手爪中的刀具不会被甩出。当手臂在上方位置从初始位置转过 75°时，锁紧销 2 被挡块压下，活动锁 4 就可以活动，使得机械手可以抓住（或放开）主轴和刀套中的刀具。

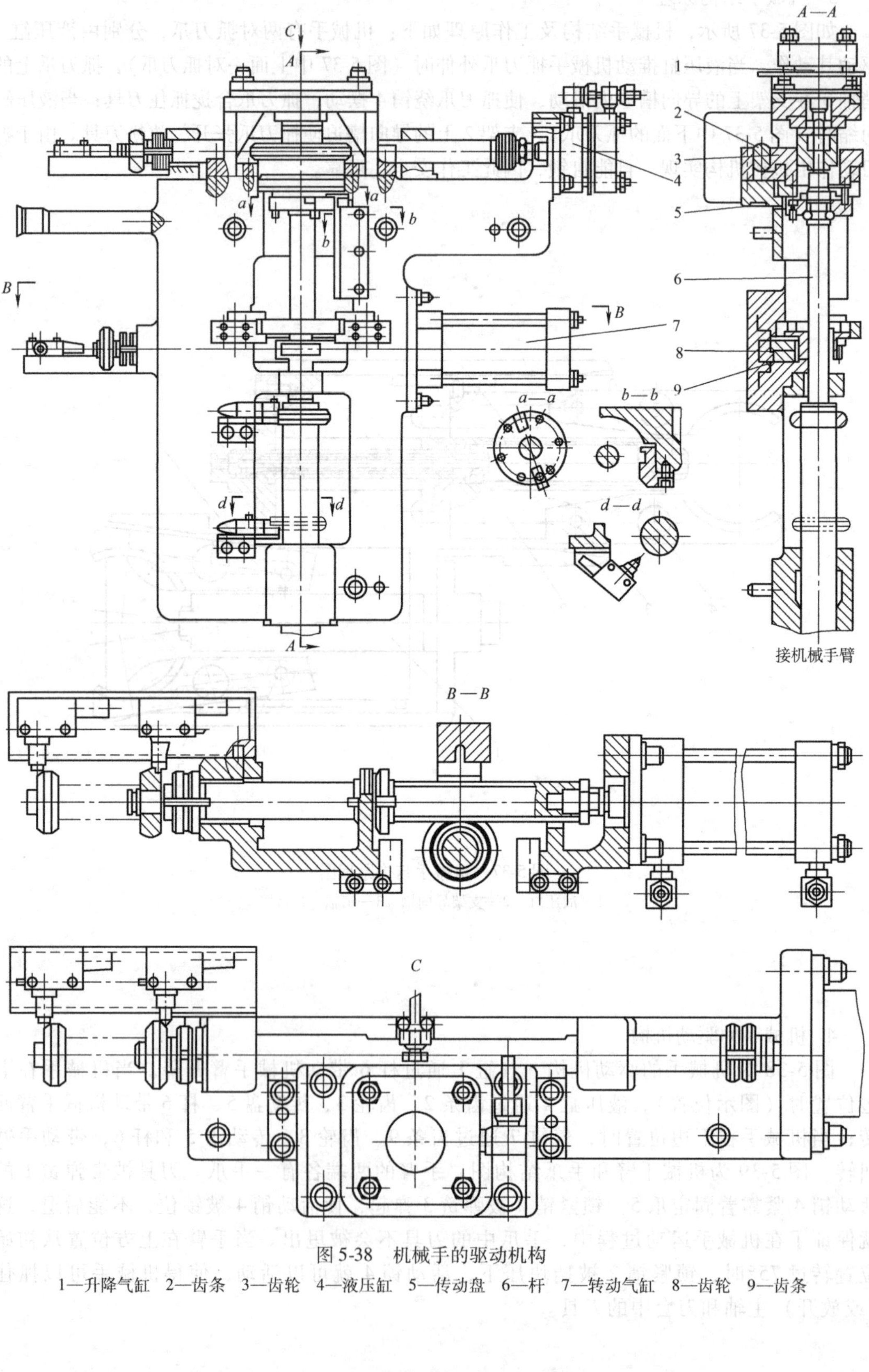

图 5-38　机械手的驱动机构

1—升降气缸　2—齿条　3—齿轮　4—液压缸　5—传动盘　6—杆　7—转动气缸　8—齿轮　9—齿条

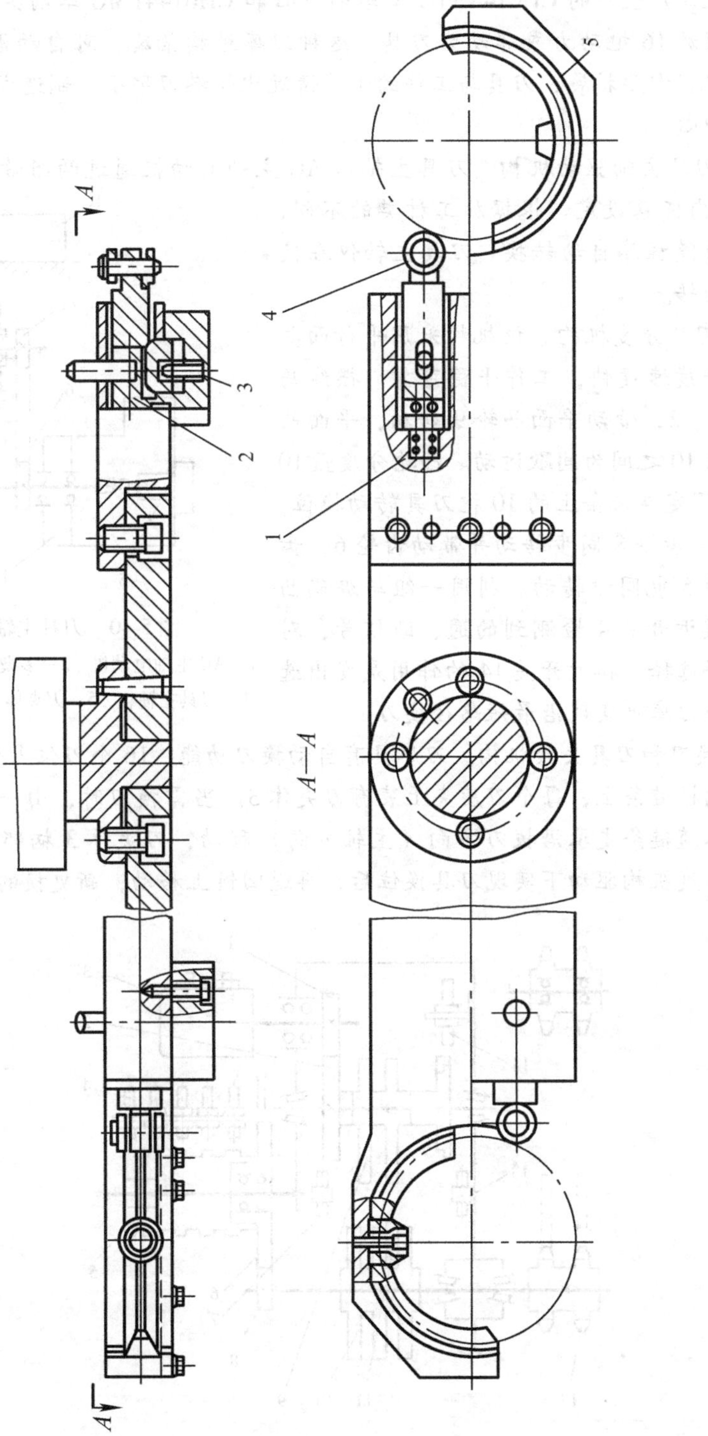

图 5-39　机械手臂和手爪结构图

【实例 5-6】 CH6144ATC 型车削中心链式刀库的驱动、分度和夹紧机构

济南第一机床厂生产的 CH6144ATC 型车削中心和 CH6144FMC 车削柔性加工单元的链式刀库，它可存放16把动力或非动力刀具。这种刀库结构紧凑，可自动沿最短路径换刀，动力刀具数可根据需要扩展，刀具与工件的干涉情况比转塔刀架小，制造成本较低，适用于中、小型车削中心。

图5-40为刀具主轴驱动机构。刀具主轴由AC主轴电动机通过两组带传动，转速可在16～1600r/min内任意设定。根据加工种类的不同，刀具主轴转速可随程序自动转换。刀具主轴仅在使用动力刀具时旋转。

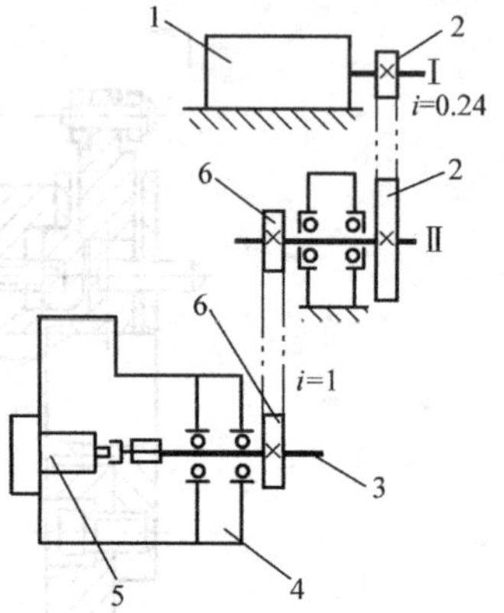

图5-40　刀具主轴驱动机构

1—AC主轴电动机　2—多楔带轮　3—刀具主轴　4—刀具主轴箱　5—刀夹体　6—同步齿形带轮

图5-41为刀具分度机构。该机构采用平行面共轭凸轮分度，分度速度快，工作平稳可靠。摆线马达3驱动齿轮1、2，带动平面凸轮9转动，平面凸轮与凸轮分度盘10之间为间歇运动。凸轮分度盘10通过链轮12使固定在链条上的10把刀具转动换位。凸轮分度盘10与齿轮8同步转动并带动齿轮6，齿轮6与编码凸轮5也同步转动。利用一组与编码凸轮一一对应的接近开关4检测到的通、断信号，对刀位号进行编码选择。接近开关14的作用是发出选通同步信号，使刀库可实现沿最短路径换刀。

图5-42为换刀和刀具夹紧机构。刀库具有自动换刀功能，16个刀位上分别装有刀座夹，刀座夹固定在两根链条上，每个刀座夹上装有刀夹体3。当需换刀时，由一液压缸驱动，使刀座夹同刀夹体随链条支承沿拔刀方向（主轴方向）移动，刀夹体3柄部即脱离刀具主轴孔。当刀具在分度机构驱动下实现刀具换位后，再返回链上移动，新更换的刀夹体即可置入刀具主轴孔中。

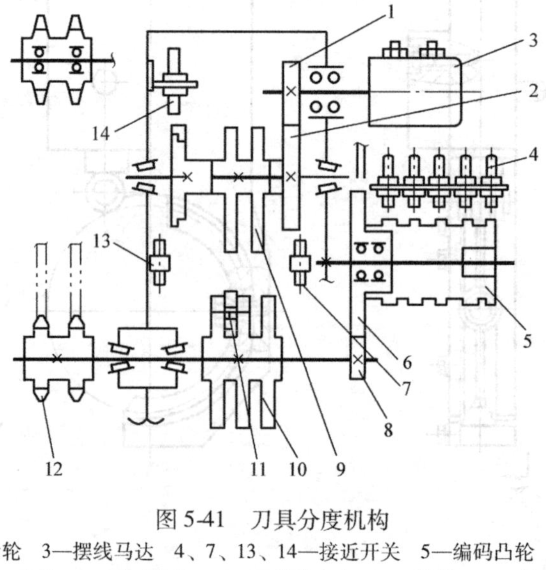

图5-41　刀具分度机构

1、2—齿轮　3—摆线马达　4、7、13、14—接近开关　5—编码凸轮　6—齿轮
8—齿轮　9—平面凸轮　10—凸轮分度盘　11—滑轮　12—链轮

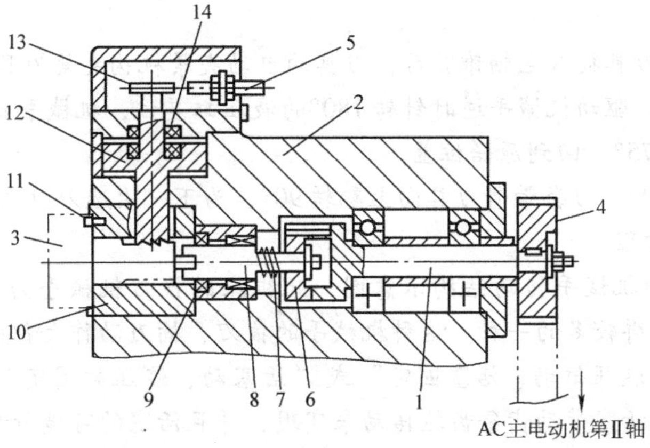

图5-42　换刀和刀具夹紧机构

1—刀具主轴　2—刀具主轴箱　3—刀夹体　4—同步带轮　5—接近开关　6—花键块　7—弹簧　8—花键传动轴　9—密封圈　10—刀柄套　11—刀夹体定位销　12—活塞　13—夹紧定位块　14—碟形弹簧

实现刀具换位后，刀夹体还需处于夹紧状态下才可进入加工状态。夹紧动作是由夹紧机构来实现的。

装有动力刀具的刀夹体插入刀具主轴孔后，首先由定位销11初定位，然后在液压缸活塞12和碟形弹簧14的作用下完成精定位并夹紧。在靠近夹紧定位块的接近开关5检测确认已夹紧后，刀具主轴1才能起动。在弹簧力的作用下，刀夹体3尾部的扁键卡入花键传动轴8槽中，刀具开始旋转。对于非动力刀具，刀夹体尾部无扁键，刀具主轴也无需转动。确认夹紧后，机床主轴转动，即可进入加工状态。

【实例5-7】　JCS-018A型加工中心的自动换刀装置

1. 自动换刀工作过程

1）刀套转90°。本机床的刀库位于立柱左侧，刀具在刀库中的安装方向与主轴垂直，如图5-43所示。换刀之前，刀库2转动将待换刀具5送到换刀位置，之后把带有刀具5的刀套4向下翻转90°，使得刀具轴线与主轴轴线平行（如图5-43中虚线所示）。

2）机械手转75°。如K向视图所示，在机床切削加工时，机械手1的手臂与主轴中心到换刀位置的刀具中心线的连线成75°，该位置为机械手的原始位置。机械手换刀的第一个动作是顺时针转75°，两手爪分别抓住刀库中和主轴3上的刀柄。

3）刀具松开。机械手抓住主轴刀具的刀柄后，刀具的自动夹紧机构松开刀具。

4）机械手拔刀。机械手下降，同时拔出两把刀具。

5）交换两刀具位置。机械手带着两把刀具逆时针转180°（从K向观察），使主轴刀具与刀库刀具交换位置。

6）机械手插刀。机械手上升，分别把刀具插入主轴锥

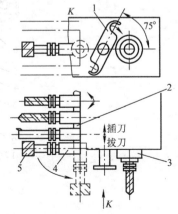

图5-43　自动换刀过程示意图

1—机械手　2—刀库　3—主轴　4—刀套　5—刀具

孔和刀套中。

7）刀具夹紧。刀具插入主轴锥孔后，刀具的自动夹紧机构夹紧刀具。

8）液压缸复位。驱动机械手逆时针转180°的液压缸复位，机械手无动作。

9）机械手反转75°。回到原始位置。

10）刀套上转90°。刀套带着刀具向上翻转90°，为下一次选刀做准备。

2. 机械手传动过程

如图5-44所示为机械手传动结构示意图，此机床的换刀机械手为双臂回转式机械手，是目前加工中心上用得较多的一种。这种机械手的拔刀、插刀动作大都由液压缸完成。根据结构要求可以采取“液压缸动、活塞固定”或“活塞动、液压缸固定”的结构形式。它的手臂的回转动作通过活塞带动齿条齿轮传动来实现，并且活塞的可调行程能保证机械手臂的不同回转角度。

3. 刀库结构

如图5-45所示为本机床盘式刀库的结构简图。如图5-45a所示，当数控系统发出换刀指令后，直流伺服电动机1接通，其运动经过联轴器2、蜗杆4、蜗轮3传到如图5-44b所示的刀盘14，刀盘带动其上面的16个刀套13转动，完成选刀的工作。每个刀套尾部有一个滚子11，当待换刀具转到换刀位置时，滚子11进入拨叉7的槽内。同时气缸5的下腔通压缩空气（如图5-45a所示），活塞杆6带动拨叉7上升，放开位置开关9，用以断开相关的电路，防止刀库、主轴等有误动作。如图5-45b所示，拨叉7在上升的过程中，带动刀套绕着销轴12逆时针向下翻转90°，从而使刀具轴线与主轴轴线平行。

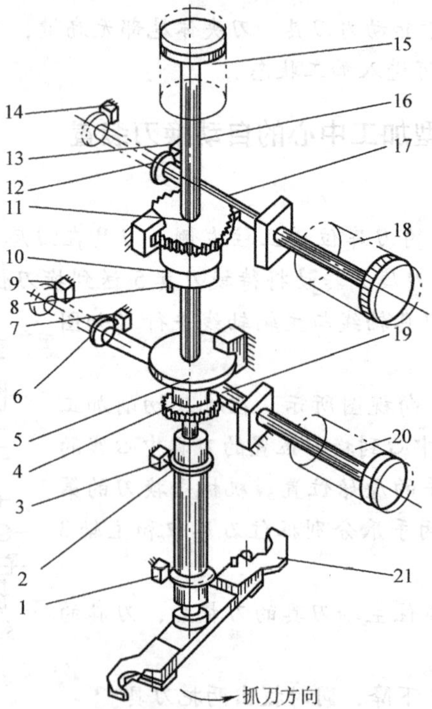

图5-44　JCS-018A机械手传动结构示意图

1、3、7、9、13、14—位置开关　2、6、12—挡环　4、11—齿轮　5—联接盘　8—销钉　10—传动盘　15、18、20—液压缸　16—手臂轴　17、19—齿条　21—机械手

刀套下转90°后，拨叉7上升到终点，压住定位开关10，发出信号使机械手抓刀。通过图5-44a中的螺杆8，可以调整拨叉的行程，而拨叉的行程又决定刀具轴线相对主轴轴线的位置。

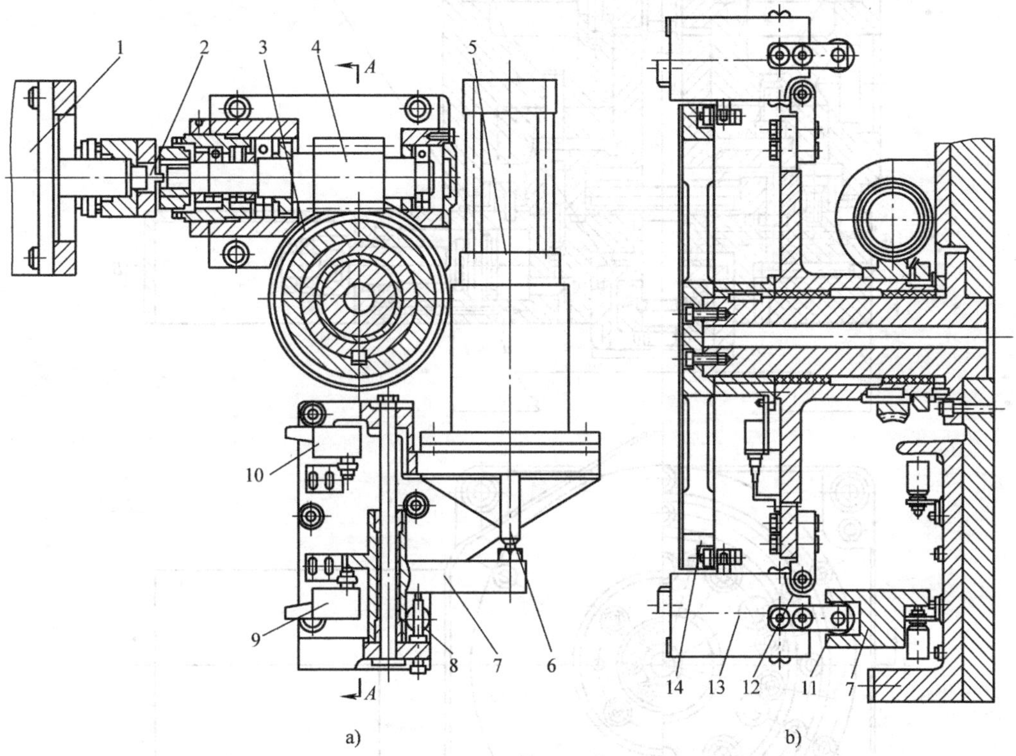

图5-45 JCS-018A 刀库结构简图

1—电动机 2—联轴器 3—蜗轮 4—蜗杆 5—气缸 6—活塞杆 7—拨叉 8—螺杆 9—位置开关 10—定位开关 11—滚子 12—销轴 13—刀套 14—刀盘

【实例5-8】 MOC200MS3型车削加工单元自动换刀装置

这种自动换刀装置由轮鼓刀库、换刀机械手、转塔刀架和控制系统组成。

图5-46为沈阳第一机床厂生产的MOC200 MS3型车削柔性加工单元的换刀系统布置图。转塔刀架1是容量为12刀位的动力刀架。它与一般数控车床的刀架一样，也是安装在刀架滑板上，夹持刀具进行切削。轮鼓形刀库3位于机床右侧，其回转定位通过交流伺服电动机和一个蜗杆副来实现。刀库上的刀具座在轮鼓形圆柱上呈行列布置，刀库可容纳60把刀具，并有刀具输入显示装置进行管理。刀库一上方为一框架机械手2，用于转塔刀架1和刀库3之间刀具的交换。刀具机械手的移动由交流伺服电动机驱动，刀具的夹紧、松开则由液压系统控制。刀库上配置的刀具编号输入管理系统后，由控制系统记忆下来，根据加工过程的需要，刀具机械手按照相应的程序（刀具装卸及换刀程序）指令，执行装卸刀具动作。刀库也按给定的程序自动转位，以配合机械手的装卸刀具动作。

这种自动换刀装置结构比较复杂，但柔性程度较高，刀库容量可扩展，并可与刀具监控系统联接，在刀具磨损、破损后，自动更换刀具，因此，适用于自动化水平较高的车削中心和柔性加工单元。

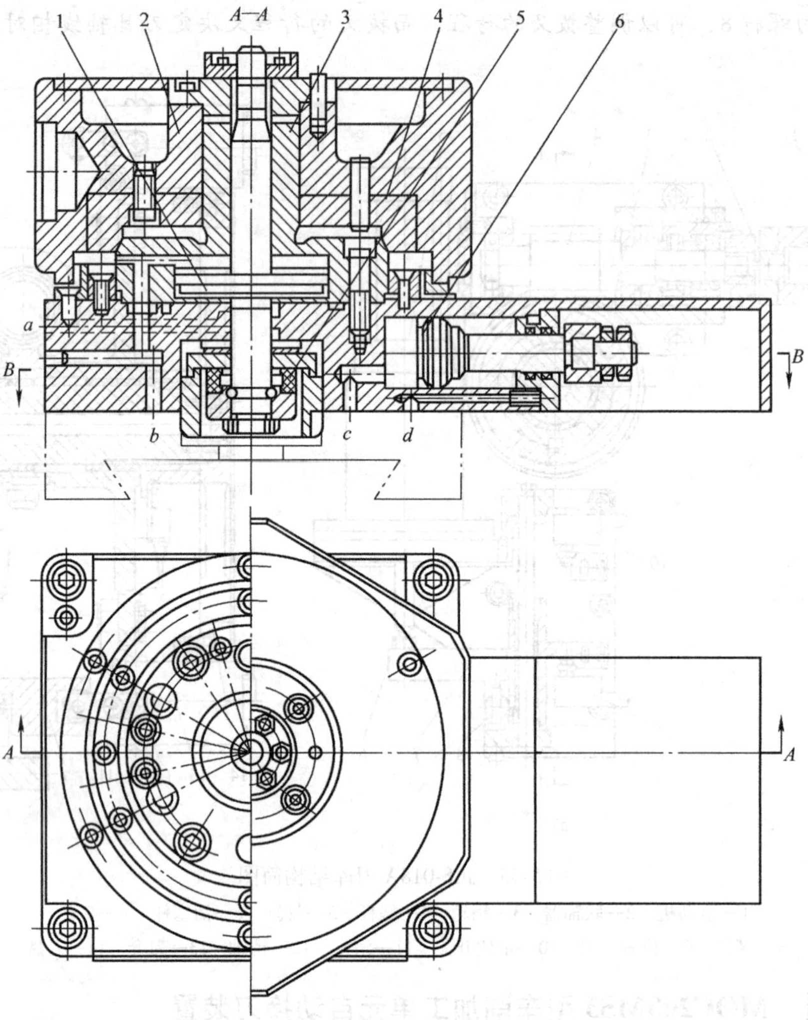

图 5-46　MOC200 MS3 车削柔性加工单元换刀系统构成图

1—转塔刀架　2—刀具机械手　3—轮鼓形刀库　4—刀具机械手操纵台　5—排屑器　6—主轴卡盘

【实例 5-9】 带刀库自动换刀系统实例

以北京机床研究所生产的 TH6350 型卧式加工中心为例。该加工中心的自动换刀系统由链式刀库和换刀机械手组成。

1. 刀库

该机床的链式方刀库为一独立部件，置于机床左侧，通过地脚螺钉及调整装置，使刀库与机床的相对位置能保证准确换刀。

刀库存刀数有 30、40、60 把三种，由用户自选。链条 3 上有联接板 2 与刀套 1 相连（图 5-47），刀套供存放刀具用。伺服电动机 5 经联轴器 6 带动蜗杆 7 旋转，蜗杆带动蜗轮 8，再经过两个齿轮 9、10 传动链轮 11，带动链条作选刀运动。刀库的结构如下：

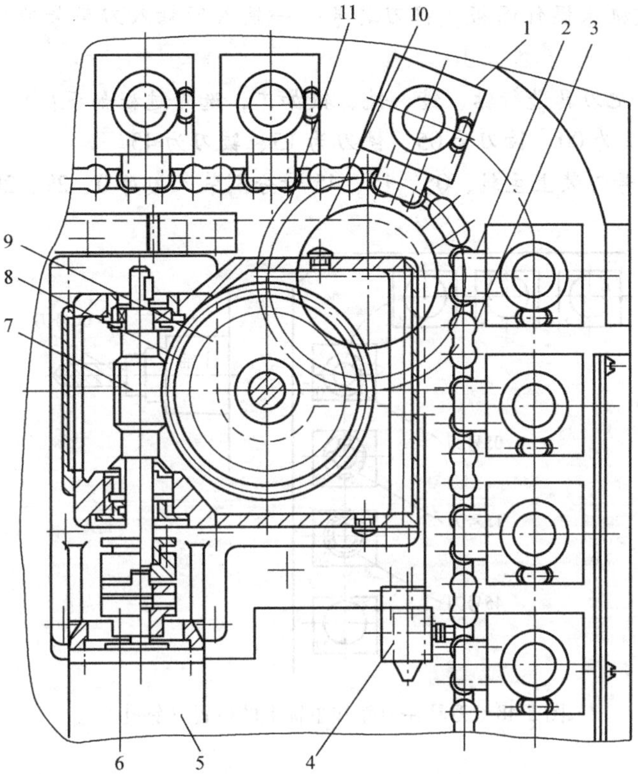

图5-47 刀库部分传动结构

1—刀套 2—联接板 3—链条 4—链条张紧装置 5—伺服电动机 6—联轴器 7—蜗杆 8—蜗轮 9、10—齿轮 11—链轮

(1) 刀具锁紧装置 在弹簧力作用下，刀套下部两夹紧块处于闭合状态，夹住刀具尾部拉紧螺钉使刀具固定。换刀时，松开液压缸活塞伸出将夹紧打开，即可进行插刀、拔刀。

(2) 刀库回零 刀库回零时，刀套沿顺时针转动，当刀套压上回零开关时，刀套开始减速，超过回零开关后实现准确停机，此时0号刀套停在换刀位置上。

(3) 手动换刀装置 新的刀具装入刀库中以及在加工过程中磨损报废的刀具需由刀库中清除，在更换加工零件时，也需更换刀具，这些都需人工取下旧刀，装上新刀。往刀库上装刀和从刀库上卸刀，必须将要卸刀的刀套转到手动操作位置上，按压装刀销，即可取下旧刀，装上新刀。

2. 刀具的选择方式

该机床的选刀方式为任意选刀。刀具号和刀库上的存刀位置地址对应地记忆在计算机存储器内或可编程序控制器的存储器内。刀库上装有位置检测装置（如旋转变压器）以检测每个地址，这样，刀具可以任意取出、送回。这种任意选刀方式不仅节省换刀时间，而且刀具本身不必设置编码元件，省去编码识别装置，使数控系统简化。刀库上设有机械原点(零点)，每次选刀运动正转或反转不超过180°，实现刀库回转最小路径的逻辑判断，使刀库选刀时以捷径到达换刀位置。具体选刀过程如下：

将刀具用两位数进行编号，可以是任意两位数，但不能重复。编好刀号后，将刀具一一插入刀套，然后通过机床操作面板，将刀具号一一输入所插入刀套号地址中，下面举例说明。

设有一工件需4把刀具进行钻、镗、铣、铰加工，选刀过程如下：

1）编刀号　钻头为00、镗刀为05、铣刀为15、铰刀为45。

2）装刀具　00号刀装上主轴，05、15、45号分别装入刀库0、29、28三个位置，如图5-48所示。

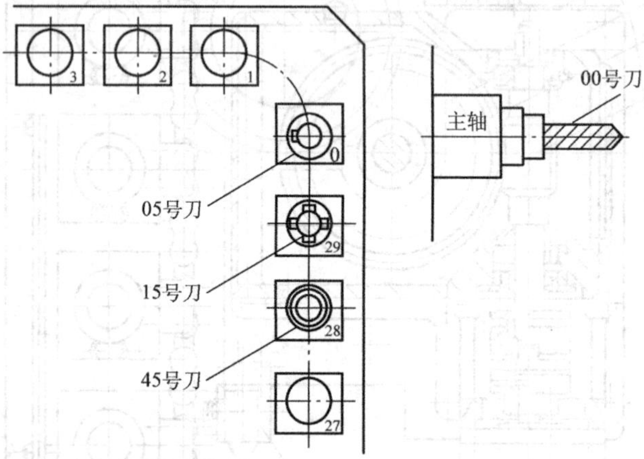

图5-48　刀具在刀库和主轴上的位置（钻孔）

3）将刀号输入刀套地址和主轴上的刀号地址，见表5-2。

表5-2　刀套地址和刀号表

地址	输入二位BCD数据								说　明
0号刀套	0	0	0	0	0	1	0	1	0号刀套上已装入05号刀
29号刀套	0	0	0	1	0	1	0	1	29号刀套上已装入15号刀
28号刀套	0	1	0	0	0	1	0	1	28号刀套上已装入45号刀
主轴	0	0	0	0	0	0	0	0	主轴上的刀具是00号刀

4）起动机床进行加工，机床执行钻孔程序后接到M06指令，便进行换刀。换刀后，主轴上00号刀到了0号刀套上，0号刀套上的05号刀换到了主轴上，如图5-49所示。此时CRT上显示刀具地址的状态见表5-3。

表5-3　刀套地址和刀号表

地址	输入二位BCD数据								说　明
0号刀套	0	0	0	0	0	0	0	0	0号刀套上已装入00号刀
29号刀套	0	0	0	1	0	1	0	1	29号刀套上已装入15号刀
28号刀套	0	1	0	0	0	1	0	1	28号刀套上已装入45号刀
主轴	0	0	0	0	0	1	0	1	主轴上的刀具是05号刀

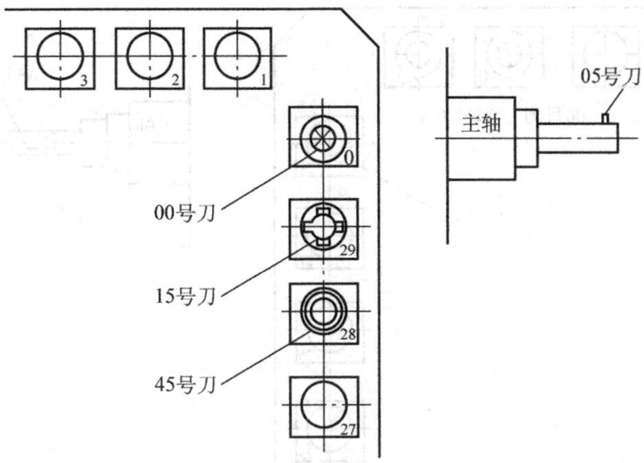

图 5-49　刀具在刀库和主轴上的位置（镗孔）

5）机床在执行镗孔程序后接到 T15 指令，刀库便将装有 15 号刀的 29 号刀套旋转到换刀位置，再接到 M06 指令，便进行换刀。换刀后主轴上的 05 号刀到 29 号刀套上，29 号刀套上的 15 号刀换到主轴上，如图 5-50 所示。此时 CRT 显示刀具地址状态见表 5-4。

6）机床在执行铣削加工程序后接到 T45 指令，刀库便将有 45 号刀的刀套 28 旋转到换刀位置，再接到 M06 指令，便进行换刀。换刀后主轴上的 15 号刀换到为 28 号刀套上，28 号刀套上的 45 号刀换到了主轴上，如图 5-51 所示，此时 CRT 显示刀具地址状态见表 5-5。

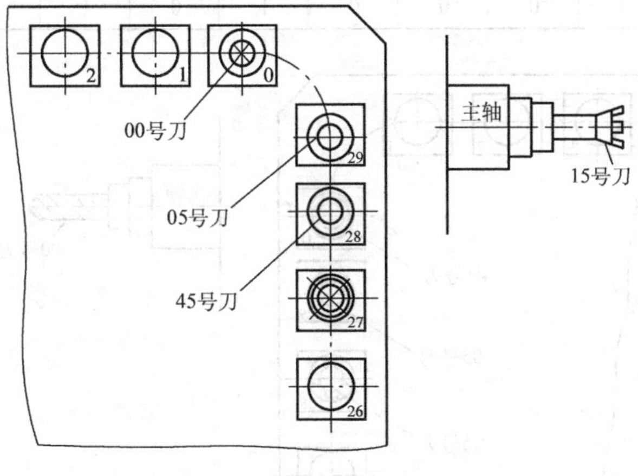

图 5-50　刀具在刀库和主轴上的位置（铣削）

表 5-4　刀套地址和刀号表

地址	输入二位 BCD 数据								说　明
0 号刀套	0	0	0	0	0	0	0	0	0 号刀套上已装入 00 号刀
29 号刀套	0	0	0	0	0	1	0	1	29 号刀套上已装入 5 号刀
28 号刀套	0	1	0	0	0	1	0	1	28 号刀套上已装入 45 号刀
主轴	0	0	0	1	0	1	0	1	主轴上的刀具是 15 号刀

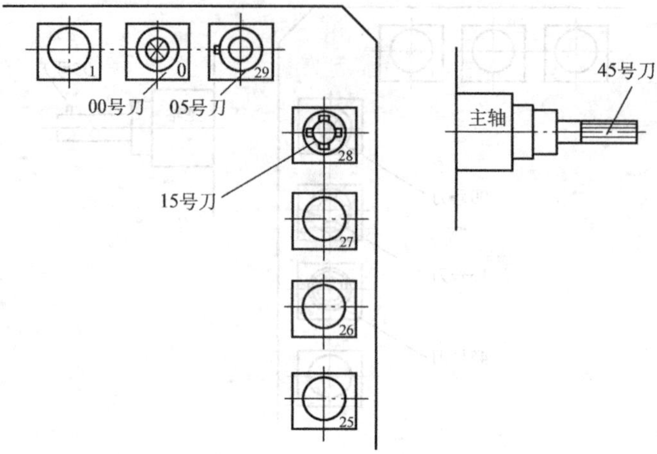

图 5-51　刀具在刀库和主轴上的位置（铰孔）

表 5-5　刀套地址和刀号表

地址	输入二位 BCD 数据								说　明
0 号刀套	0	0	0	0	0	0	0	0	0 号刀套上已装入 00 号刀
29 号刀套	0	0	0	0	0	1	0	1	29 号刀套上已装入 5 号刀
28 号刀套	0	0	0	1	0	1	0	1	28 号刀套上已装入 15 号刀
主轴	0	1	0	0	0	1	0	1	主轴上的刀具是 45 号刀

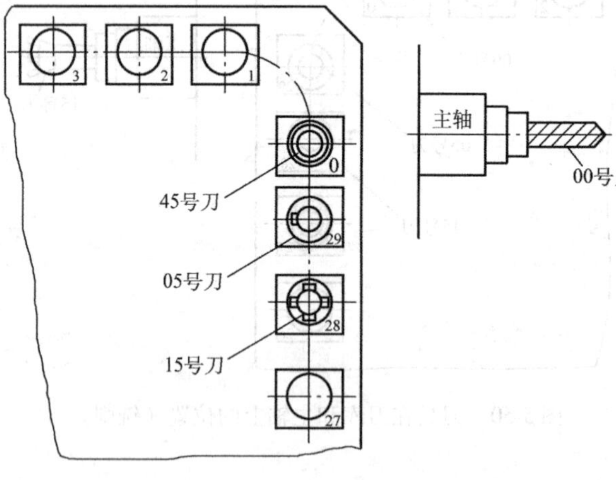

图 5-52　刀具在刀库和主轴上的位置（钻孔）

由上面的选刀换刀过程可知，任意选刀时，不论刀具放在哪个地址，计算机始终都记忆它的踪迹。当加工下一个工件时，又按上述过程进行选刀和换刀。

机床在执行铰削加工程序后再接到 T00 指令加工下一个零件时，刀库便将装有 00 号刀的 0 号刀套旋转到换刀位置，接 M06 指令后换刀，换刀后刀具在主轴上和刀库中的位置如图 5-52 所示。此时 CRT 显示刀具的地址状态见表 5-6。

表 5-6　刀套地址和刀号表

地址	输入二位 BCD 数据								说　明
0 号刀套	0	1	0	1	0	1	0	1	0 号刀套上已装入 00 号刀
29 号刀套	0	0	0	0	0	1	0	1	29 号刀套上已装入 5 号刀
28 号刀套	0	0	0	1	0	1	0	1	28 号刀套上已装入 15 号刀
主轴	0	0	0	0	0	0	0	0	主轴上的刀具是 00 号刀

3. 机械手

该机床采用回转式双臂机械手，如图 5-53 所示。机械手的手爪为径向夹持刀柄的夹持槽，上有一活动手指一直处于伸出顶紧（刀柄凸缘）状态。机械手回转、刀具交换时，为避免刀具甩脱，手爪上有锁紧机构，在主轴箱、刀库上装有撞块导板。当装卸刀具时，撞块导板将顶销打开（压缩），手指便可自由伸缩，离开导板后，手指就自锁。

机械手手臂装在液压缸筒上，活塞杆固定（图中未示出），手臂同液压缸套一起移动。改变液压缸的进油状态，手臂同液压缸套可实现插刀和拔刀运动。

（1）机械手手臂的回转　利用四位双层液压缸中的活塞带动齿条、齿轮副带动手臂回转。大小液压缸活塞行程相差一倍，分别可带动手臂作 90°、180°的回转。

（2）机械手座的转向　刀库放置在床身左侧，而刀库上的刀套中心和主轴中心成 90°。机械手在刀库换刀时，机械手面向刀库；主轴交换刀具时，机械手面向主轴。机械手 90°的回转由回转液压缸完成（图中未示出）。

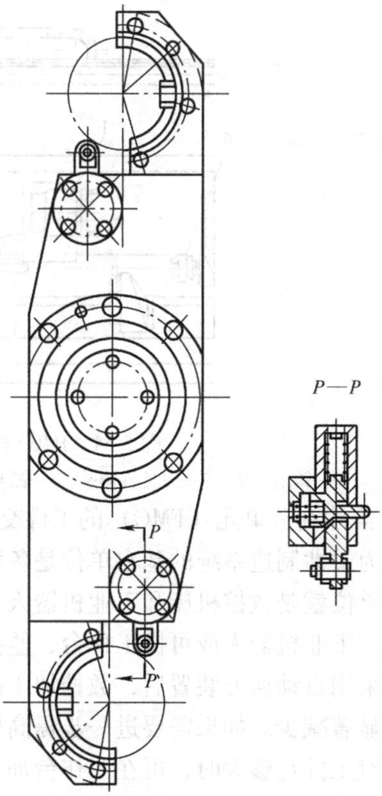

图 5-53　机械手手臂

5.5　辅助机构

5.5.1　工件交换系统和 FMC 的工件交换装置

1. 工件交换系统

所谓工件交换，即在加工第一个工件时，工人开始安装调整第二个工件，当第一个工件加工完后，第二个工件进入加工区加工，从而使工件的安装调整时间与加工时间重合，达到进一步提高加工效率的目的。目前常用的工件交换方式为工作台直接交换和采用自动随行夹具等方式。

图 5-54 为 H400 教学型加工中心工作台交换系统。整个交换过程可分为工作台抬起、交换、夹紧三个过程。一个零件加工完成后，根据控制系统指令，升降、下腔通气，活塞带动工作台托叉向上移动，同时插销拔出。当托叉上位感应开关产生信号，表明托叉升起到位。然后，起动转位电动机，通过同步带、蜗杆副带动托叉回转。在交换台支承轴的下方，安装着 4 个接近开关感应块，当托叉带动工作台回转 180°时，感应开关产生信号，表明回转到位，电动机停转制动。升降缸下缸回气，托叉带动工作台下降，插销插入，托叉准确定位，当托叉下位感应开关产生信号，表明托叉到位，工作台已放置到鞍座上。工作台与鞍座由 4 个定位锥定位，通过气缸拉紧拉钉使工作台与鞍座固连。

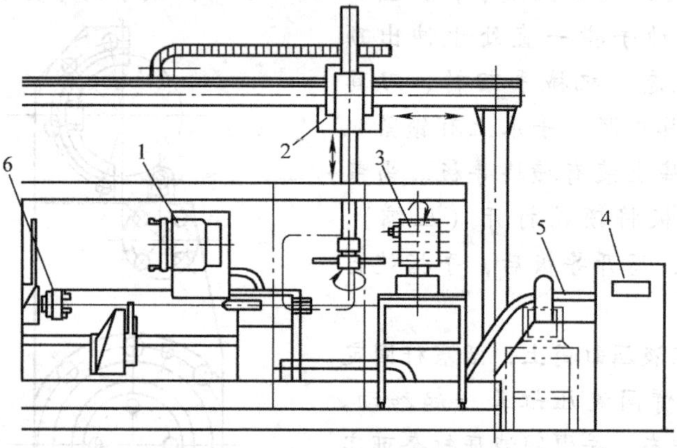

图 5-54　H400 教学型加工中心工作台交换系统

1—转塔刀架　2—刀具机械手　3—鼓形刀库　4—刀具机械操纵台　5—排屑台　6—主轴卡盘

2. 柔性制造单元（FMC）的工件交换装置

作为柔性制造系统的基本单位是各种“制造单元”，例如在加工型柔性制造系统中，它的基本单位就是数控机床和工业机器人等组成的“加工单元”。制造单元是由数控机床、工件台架、工业机器人或可换工作台、监控装置、检验装置及加工单元的控制器六部分组成。

在采用自动换刀装置后，数控加工的辅助时间主要用于工件安装及调整，因此，辅助时间可以显著减少。如果需要进一步提高生产率，就必须设法减少工件安装调整的时间，如工作台相对工件足够大时，可在工作台加工第一个工件时，在工作台的另一端安装调整第二个工件。待第一个工件加工完后，工作台快速移动使第二个工件进入加工区进行加工，即工件安装调整时间与加工时间重合。但这种方法并不理想，因为在加工第一个工件时，由于切削液的飞溅，同时又在工作台移动中安装调整工件，工作起来困难很大。若工件加工时间很短，仍然要停机安装调整工件，因此，可如图 5-55 所示，采用工业机器人从数控机床上装卸工件。目前普遍采用自动随行夹具（亦称托盘）的方式来减少工件安装调整时间。如图 5-56 所示为工件装、卸工位分开的自动更换随行夹具的方案，可预先在随行夹具上将坯件安装调整好。随行夹具有标准的滑行导轨和定位夹紧结构，便于在工件台面上传送、定位和夹紧。图 5-56 所示结构的工件装、卸工位和工作台串行排列，分别置于工作台两端，其优点是坯件与成品堆栈分开，便于管理。

如图 5-57 所示为工件装、卸工位和工作台垂直排列，此时旋转工作台必须先移到卸荷工位，将随行夹具连同成品卸下，然后移到安装工位，接受装有坯件的随行夹具。

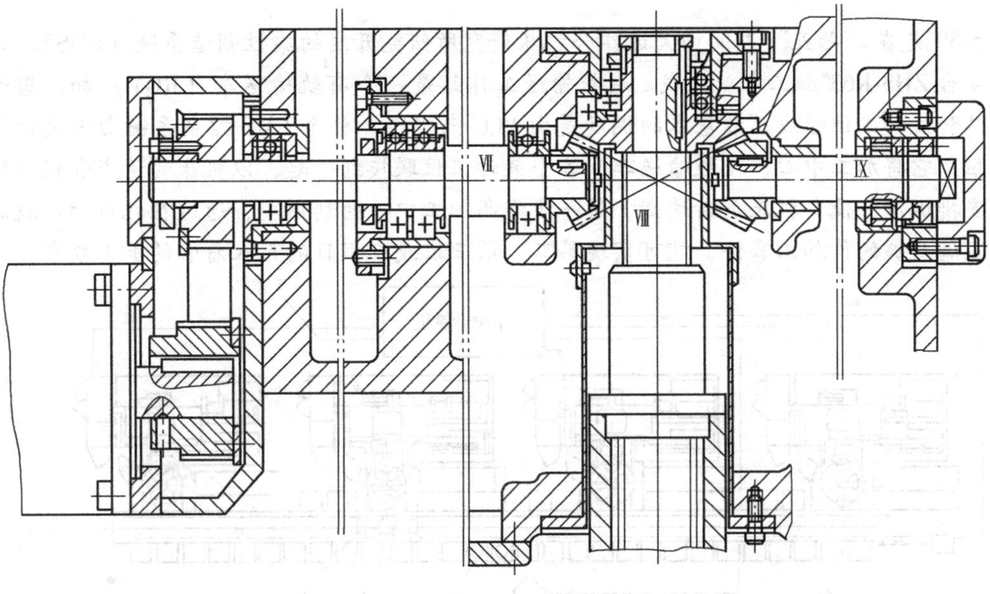

图 5-55　FMC 示意图

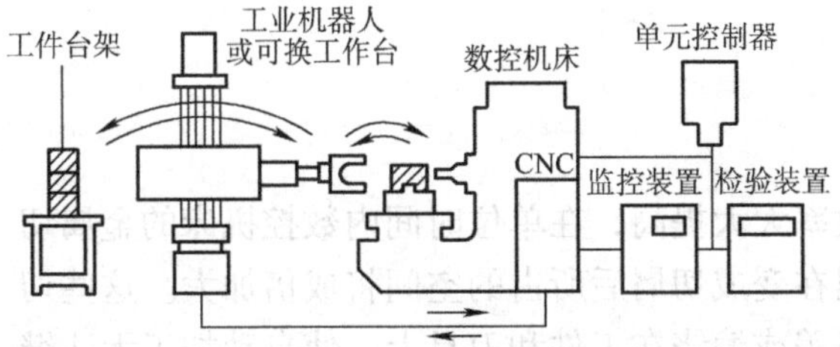

图 5-56　随行夹紧与托盘

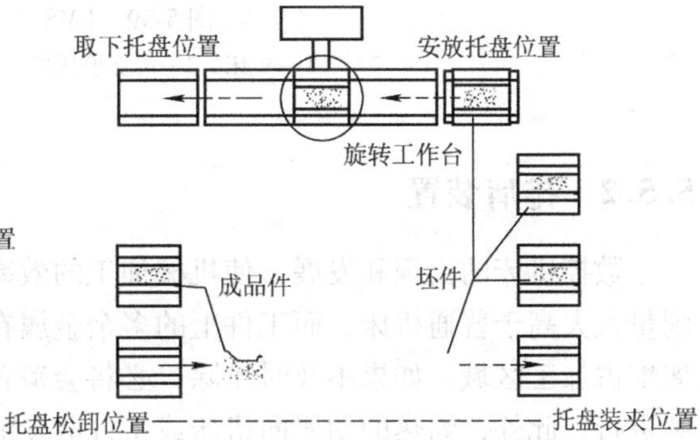

图 5-57　工件装、卸工位和工作台垂直

图 5-58 为摆动工作台更换随行夹具的方案，这种方案操作者无需来回走动。当加工完毕，成品随行夹具卸于装卸工作台的空位处后，工作台转 180°，坯件随行夹具移向加工工位，进行加工。同时，操作者卸下成品，装上待加工坯件。

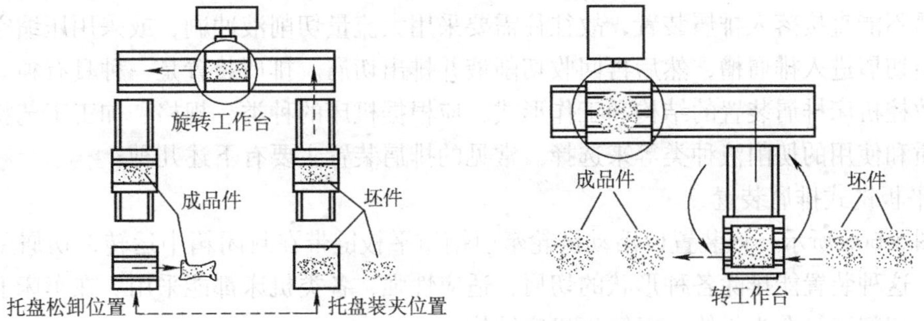

图 5-58　摆动工作台

【实例 5-10】 具有托板交换工作站的柔性制造系统（FMS）

图 5-59 是在“七五”期间由大连组合机床研究所研究开发的柔性制造系统（FMS）。该系统由 4 台 ZHS-K63 加工中心组成。托板输送工作站是一个有轨输送车（RGV）加上若干个托盘站和装卸工位组成。最基本的调度是由 PLC 来实现。整个 FMS 控制系统由中央计算机来承担。它将加工中心、托板输送车和各个装卸工位联接到一起，以机床的请求和优先级的原则安排调度，使各机床负荷均衡，进一步提高加工中心的利用率，通过在托板站存放的托板上装满足够的待加工零件，就可实现第二、第三班或者假日的无人看管的加工要求。

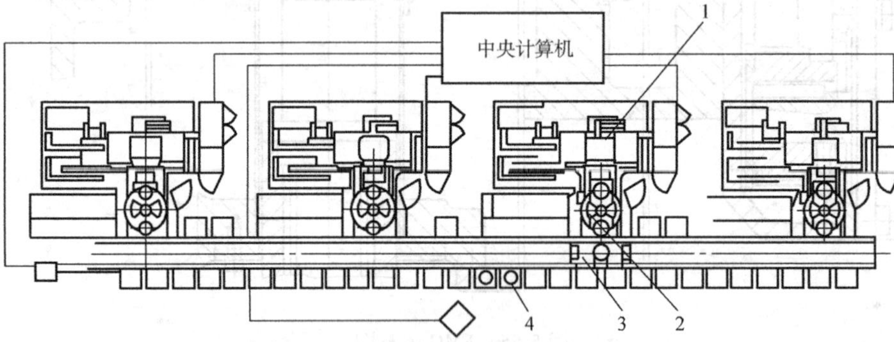

图 5-59　FMS（柔性制造系统）
1—机床　2—可交换托板　3—托板运输　4—托板站

5.5.2　排屑装置

数控机床的出现和发展，使机械加工的效率大大提高，在单位时间内数控机床的金属切削量大大高于普通机床，而工件上的多余金属在变成切屑后所占的空间将成倍加大。这些切屑堆占加工区域，如果不及时排除，必将会覆盖或缠绕在工件和刀具上，使自动加工无法继续进行。此外，灼热的切屑向机床或工件散发的热量，会使机床或工件产生变形，影响加工精度。因此，迅速而有效地排除切屑，对数控机床加工而言是十分重要的，而排屑装置正是完成这项工作的一种数控机床的必备附属装置。

排屑装置的主要作用是将切屑从加工区域排出至数控机床之外，在数控车床和磨床上的切屑中往往混合着切削液，排屑装置从其中分离出切屑，并将它们送入切屑收集箱（车）内，而切削液则被回收到切削液箱。数控铣床、加工中心和数控镗铣床的工件安装在工作台上，切屑不能直接落入排屑装置，故往往需要采用大流量切削液冲刷，或采用压缩空气吹扫等方法使切屑进入排屑槽，然后再回收切削液并排出切屑。排屑装置是一种具有独立功能的附件。数控机床排屑装置的结构和工作形式，应根据机床的种类、规格、加工工艺特点、工件的材质和使用的切削液种类等来选择。常见的排屑装置主要有下述几种：

1. 平板链式排屑装置

如图 5-60a 所示，该装置以滚动链轮牵引钢质平板链带在封闭箱中运转，切屑用链带带出机床。这种装置能排除各种形状的切屑，适应性强，各类机床都能采用。在车床上使用时要与机床切削液箱合为一体，以简化机床结构。

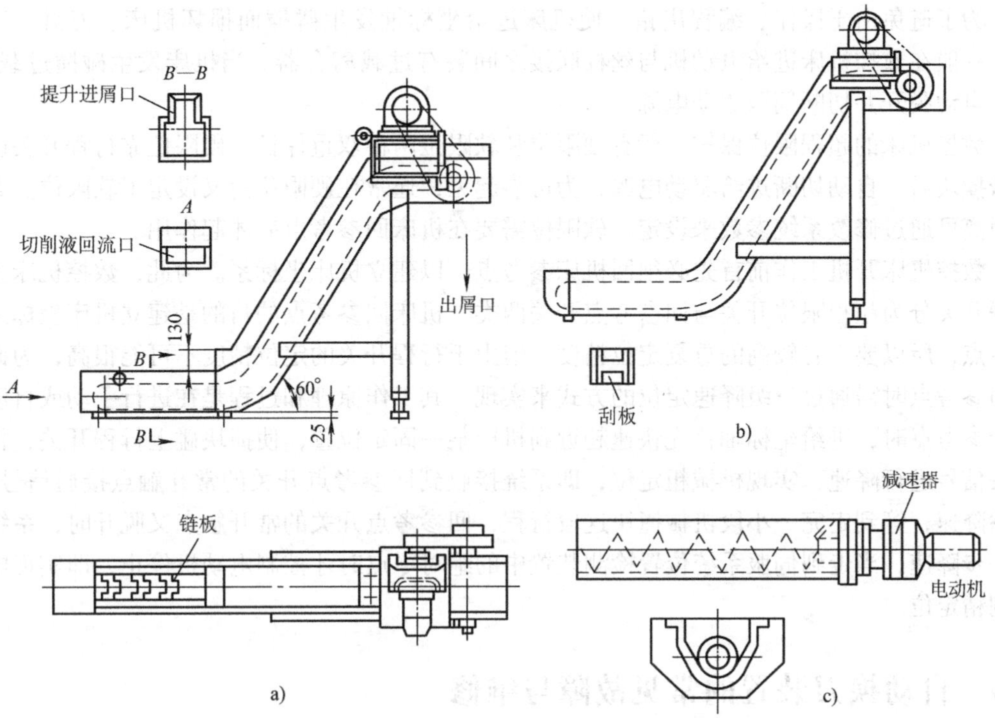

图5-60　排屑装置
a）平板链式　b）刮板式　c）螺旋式

2. 刮板式排屑装置

如图5-60b所示，该装置的传动原理与平板链式基本相同，只是链板不同，它带有刮板链板。这种装置常用于输送各种材料的短小切屑，排屑能力较强。因负载大，故需采用较大功率的驱动电动机。

3. 螺旋式排屑装置

如图5-60c所示，该装置是利用电动机经减速装置驱动安装在沟槽中的一根绞龙式螺旋杆进行工作的。螺旋杆工作时，沟槽中的切屑即由螺旋杆推动连续向前运动，最终排入切屑收集箱。螺旋杆有两种结构形式：一种是用扁形钢条卷成螺旋弹簧状；另一种是在轴上焊有螺旋形钢板。这种装置占据空间小，适于安装在机床与立柱间空隙狭小的位置上。螺旋式排屑结构简单、性能良好，但只适合沿水平或小角度倾斜的直线方向排运切屑，不能大角度倾斜、提升和转向排屑。排屑装置的安装位置一般尽可能靠近刀具切削区域，如车床的排屑装置装在旋转工件下方，铣床和加工中心的排屑装置装在床身的回水槽上或工作台边侧位置，以利于简化机床和排屑装置结构，减小机床占地面积，提高排屑效率。排出的切屑一般都落入切屑收集箱或小车中，有的直接排入车间排屑系统。

5.5.3 过载保护、超程限位和回机床参考点装置

为了避免由于操作、编程出错，使机床进给坐标轴发生碰撞而损坏机床、刀具、工件等，一般在数控机床进给电动机与丝杠联接之间装有过载离合器。当机床发生碰撞过载时，它能自动脱开并切断伺服驱动电源。

数控机床的超程限位保护一般有硬限位和软限位两种双重保护。硬限位靠行程开关碰撞机械撞块后，自动切断进给驱动电源，为可靠起见，通常在硬限位前又设定了软限位。其尺寸距离可通过修改系统参数来设定，软限位需要在机床回参考点后才起作用。

数控机床开机工作前首先必须回机床参考点，以建立机床坐标系。为此，数控机床上的行程开关分为超程限位开关与回参考点开关两类。机床回参考点的目的是建立机床坐标系绝对零点，所以要求有较高的重复定位精度。但由于行程开关的定位精度不可能很高，为此机床回参考点时需通过三级降速定位的方式来实现。其工作原理和过程是在进行手动或自动回机床参考点时，进给坐标轴首先快速趋近到机床某一固定位置，使撞块碰上行程开关，根据开关信号进行降速，实现机械粗定位，即系统接收到回参考点开关的常开触点接通信号时，开始降速，等到走完一小段机械撞块这段行程，回参考点开关的常开触点又脱开时，系统再进一步降速，当走到伺服系统位置检测装置中的绝对零点时才控制电动机停止，即实现电气检测精定位。

5.6 自动换刀装置的常见故障与维修

自动换刀装置的常见故障有：刀库运动故障；定位误差过大；机械手夹持刀柄不稳定；机械动作误差过大等。这些故障最后都造成换刀动作卡位，整机停止工作。对于机械、液压（或气动）方面的故障，主要应重视对现场设备操作人员的调查，由于 ATC 装置是由 PLC 通过应答信号控制的，因此大多数故障出现在反馈环节（电路或反馈元件）。需通过电路分析与信号—动作—定位—限位等有关环节的综合分析来判断故障所在，故难度较大。下面主要就刀库和换刀机械手的故障做简要介绍。

1. 刀库及换刀机械手的维护

刀库与换刀机械手的维护要点：

1）严禁把超重、超长的刀具装入刀库，防止在机械手换刀时掉刀或刀具与工件、夹具等发生碰撞。

2）顺序选刀方式必须注意刀具放置在刀库中的顺序要正确。其他选刀方式也要注意所换刀具是否与所需刀具一致，防止换错刀具导致事故发生。

3）用手动方式往刀库上装刀时，要确保装到位、装牢靠。检查刀座上的锁紧是否可靠。

4）经常检查刀库的回零位置是否正确，检查机床主轴回换刀点位置是否到位，并及时调整，否则不能完成换刀动作。

5）要注意保持刀具刀柄和刀套的清洁。

6）开机时，应先使刀库和机械手空运行，检查各部分工作是否正常，特别是各行程开关和电磁阀能否正常动作。检查机械手液压系统的压力是否正常，刀具在机械手上锁紧是否

可靠，发现不正常时应及时处理。

2. 刀库的故障

刀库的主要故障有：刀库不能转动或转动不到位；刀库的刀套不能夹紧；刀具、刀库上不到位等。

（1）刀库不能转动或转动不到位

1）刀库不能转动的可能原因有：

①联接电动机轴与蜗杆轴的联轴器松动。

②变频器故障，应查变频器的输入输出电压正常与否。

③PLC 无控制输出，可能是接口板中的继电器失效。

④机械联接过紧或黄油黏涩。

⑤电网电压过低（不应低于 370V）。

2）刀库转动不到位的可能原因有：电动机转动故障，传动机构误差。

（2）刀套不能夹紧刀具　可能原因是刀套上的调整螺母松动，或弹簧太松，造成卡紧力“不足”；或刀具超重。

（3）刀套上下不到位。可能原因是装置调整不当或加工误差过大而造成拨叉位置不正确；因限位开关安装不准或调整不当而造成反馈信号错误。

（4）刀套不能拆卸或停留一段时间才能拆卸　应检查操纵刀套 90°上下的气缸、气阀是否松动，气压是否足，刀套的转动轴是否锈蚀等。

3. 换刀机械手故障

（1）刀具夹不紧　可能原因有风泵气压不足，增压漏气，刀具卡紧气压漏气，刀具松开弹簧上的螺母松动。例如 VMC-65A 型加工中心使用半年出现主轴拉刀松动，无任何报警信息。分析主轴拉不紧刀的原因：

①主轴拉刀碟簧变形或损坏。

②拉刀液压缸动作不到位。

③拉钉与刀柄夹头间的螺纹联接松动。

经检查，发现拉钉与刀柄夹头的螺纹联接松动，刀柄夹头随着刀具的插拔发生旋转，后退了约 1.5mm。该台机床的拉钉与刀柄夹头间无任何联接防松的锁紧措施。在插拔刀具时，若刀具中心与主轴锥孔中心稍有偏差，刀柄夹头与刀柄间就会存在一个偏心摩擦。刀柄夹头在这种摩擦和冲击的共同作用下，时间一长，螺纹松动退丝，出现主轴拉不住刀的现象。若将主轴拉钉和刀柄夹头的螺纹联接用螺纹锁固密封胶锁固及锁紧螺母锁紧后，故障消除。

（2）刀具夹紧后松不开　可能原因有松锁刀的弹簧压合过紧，应调节松锁刀弹簧上的螺钉，使最大载荷不超过额定数值。

（3）刀具从机械手中脱落　应检查刀具是否超重，机械手卡紧锁是否损坏或没有弹出来。

（4）刀具交换时掉刀　换刀时主轴箱没有回到换刀点或换刀点漂移，机械手抓刀时没有到位，就开始拔刀等都会导致换刀时掉刀。这时应重新操作主轴箱运动，使其回到换刀点位置，重新设定换刀点。

（5）机械手换刀速度过快或过慢。可能是因气压太高或太低和换刀气阀节流开口太大或太小，应调整气压大小和节流阀开口的大小。

【实例 5-11】 从换刀装置的结构、换刀过程来分析和判断换刀过程中出现的故障

某数控机床的换刀系统在执行换刀指令时不动作，机械臂停在行程中间位置上，CRT 显示报警号，查阅手册得知该报警号表示：换刀系统机械臂位置检测开关信号为“0”及“刀库换刀位置错误”。

根据报警内容，可诊断故障发生在换刀装置和刀库两部分，由于相应的位置检测开关无信号送至 PLC 的输入接口，从而导致机床中断换刀。造成开关无信号输出的原因有两个：一是由于液压或机械上的原因造成动作不到位而使开关得不到感应；二是电感式开关失灵。

首先检查刀库中的接近开关，用一薄铁片去感应开关，以排除刀库部分接近开关失灵的可能性；接着检查换刀装置机械臂中的两个接近开关，一是“臂移出”开关 SQ21，一是“臂缩回”开关 SQ22。由于机械臂停在行程中间位置上，这两个开关输出信号均为“0”，经测试，两个开关均正常。

机械装置检查：“臂缩回”动作是由电磁阀 YV21 控制的，手动电磁阀 YV21 把机械臂退回至“臂缩回”位置，机床恢复正常，这说明手动电磁阀能使换刀装置定位，从而排除了液压或机械上阻滞造成换刀系统不到位的可能性。

由以上分析可知，PLC 的输入信号正常，输出动作执行无误。问题在 PLC 内部或操作不当。经操作观察，两次换刀时间的间隔小于 PLC 所规定的要求，从而造成 PLC 程序执行错误引起故障。

对于只有报警号而无报警信息的报警，必须检查数据位，并与正常数据相比较，明确该数据位所表示的含义，以采取相应的措施。

技能实训题

认识转位刀架的结构及相关零、部件

1. 实验目的与要求

对照实物了解转位刀架换刀机构的组成及其工作原理，并建立所学机构的感性认识。

2. 实验仪器与设备

（1）转位刀架一台。

（2）活动扳手两个。

（3）木柄螺钉旋具两个。

（4）内六角扳手一套。

3. 实验内容

拆装一个四工位或六工位的转位刀架，了解其内部结构；仔细观察刀具位置与分度机构之间的关系。

4. 实验报告

绘制转位刀架的结构原理图，并给出必要的文字说明。

5. 拓展训练

（1）选择一台数控车床与普通车床进行操作并比较其操作面板，小结数控车床的组成结构特点。

（2）选一合适的数控回转工作台，按其具体结构及说明书上的要求与方法，调整其回转间隙。

（3）参与一台数控车床的安装与调试工作。

认识加工中心的刀库及换刀机构的相关零、部件

1. 实验目的与要求

对照实物了解自动换刀机构的组成及其工作原理，并建立所学机构的感性认识。

2. 实验仪器与设备

（1）刀库一台。

（2）机械手一套。

（3）活动扳手两个。

（4）木柄螺钉旋具两个。

（5）内六角扳手一套。

3. 实验内容

（1）拆装（或观察）一个圆盘刀库（或链式刀库），了解转位定位机构的工作原理，以及刀具在刀库中的安装基准或固定方法。

（2）拆装任一种换刀机械手，掌握它的工作原理和工作过程。

4. 实验报告

（1）绘制刀库的结构原理图，给出简要的文字说明。

（2）根据拆装的机械手绘制原理图，给出简要的文字说明。

（3）转位刀架与刀库在功能上有何区别？

（4）机械手的手爪如何保证抓取的刀具既不掉下来，又能方便地取出来？

5. 拓展训练

选一加工中心，试编排其自动换刀装置的安装程序。

本 章 小 结

（1）加工中心常用的回转工作台有分度工作台和数控回转工作台。分度工作台通常又有定位销式、齿盘定位式、鼠牙盘式和带有交换托盘式分度工作台。

（2）数控回转工作台是数控铣床、数控镗床、加工中心等数控机床上不可缺少的重要部件，数控回转工作台分为开环和闭环两种。

（3）自动换刀装置的形式包括排刀式刀架、一般转塔回转刀架和双排回转刀架。掌握自动换刀装置（ATC）的自动换刀过程、刀库结构、机械手及抓刀部分等结构及工作原理。目前在加工中心上用得较普遍的有盘式刀库、链式刀库、格子式刀库。

（4）数控机床辅助机构有工件交换系统，FMC 的工件交换装置，排屑装置，过载保护、超程限位和回机床参考点装置。

（5）自动换刀装置的常见故障有：刀库运动故障；机械手夹持刀柄不稳定等，应采取措施进行维修。

思考与练习题

1. 单项选择题（只有 1 个选项是正确的，请将正确答案的代号填入括号）

(1)（　　）内设有自动松拉刀装置，能在短时间内完成装刀、卸刀，使换刀较方便。

A. 数控铣床的主轴套筒　　B. 加工中心的主轴

C. 加工中心的主轴套筒　　D. 数控铣床的刀架

(2) 回转刀架的工位数最多可达（　　）多个，但最常用的是 8、10、12 和 16 工位 4 种。

A. 16　　B. 18　　C. 20　　D. 22

(3) 加工中心上的数控回转工作台不是机床的一个旋转坐标轴，（　　）与其他坐标轴联动。

A. 不能　　B. 能　　C. 都不对　　D. 一个旋转坐标轴

(4) 齿盘定位式分度工作台能达到很高的分度定位精度，一般为 ±3″，最高可达 ±（　　）。

A. 4″　　B. 5″　　C. 6″　　D. 7″

(5) 一般当刀具数量在（　　）把时，多采用链式刀库。

A. 10～100　　B. 20～110　　C. 30～120　　D. 40～130

2. 判断题（正确的打“✓”，错误的打“×”）

(1) 只有加工中心机床能实现自动换刀，其他数控机床都不具备这一功能。（　　）

(2) 在四轴数控加工中，回转工作台的转轴既可平行于 X 轴，也可以平行于 Y 轴和 Z 轴。（　　）

(3) 数控回转工作台的主要作用是按照控制装置的信号或指令做回转分度或连续回转进给运动，以使数控机床完成指定的加工工序。（　　）

(4) 单臂双爪式机械手的拔刀、插刀动作，不是由液压缸来完成。（　　）

(5) 更换的每一把刀具或刀套都能准确地停在换刀位置上。一般要求综合定位精度达到 0.1～0.5mm。（　　）

3. 简答题

(1) 简述数控回转工作台的工作原理。

(2) 试述定位销式分度工作台的工作原理。

(3) 简述鼠牙盘式分度工作台的工作原理。

(4) 试述开环数控转台的工作原理。

(5) 简述回转刀架换刀装置的换刀过程。

(6) 简述转塔头换刀装置的换刀过程。

(7) 带刀库的自动换刀系统由哪几部分组成？

(8) 试述圆盘式刀库的工作原理。

(9) 简述 JCS—018A 型立式加工中心自动换刀装置的结构、功能及特点。

(10) 简述 JCS—018A 型立式加工中心自动换刀的过程。

(11) 数控机床对自动换刀装置的基本要求是什么？

(12) 简述常见刀具的选择方式。

(13) 简述刀库的类型。

(14) 简述机械手换刀的形式与种类。

(15) 在数控机床中，自动换刀装置应当满足的基本要求是什么？

第6章　数控机床液压与气动系统

学习目的与要求

- 了解液压和气压传动系统在数控机床中的功能；
- 了解液压和气压传动系统的构成；
- 掌握液压和气压传动的工作原理；
- 熟悉液压和气压传动系统在数控机床中的应用；
- 了解数控机床的液压与气压系统的维护。

【学习导引示例】　CK3225数控车床液压系统

CK3225数控车床可以车削内圆柱、外圆柱和圆锥及各种圆弧曲线，适用于形状复杂、精度高的轴类和盘类零件的加工。

图6-1所示为CK3225系列数控机床的液压系统。它的作用是用来控制卡盘的夹紧与松开；主轴变挡、转塔刀架的夹紧与松开；转塔刀架的转位和尾座套筒的移动。

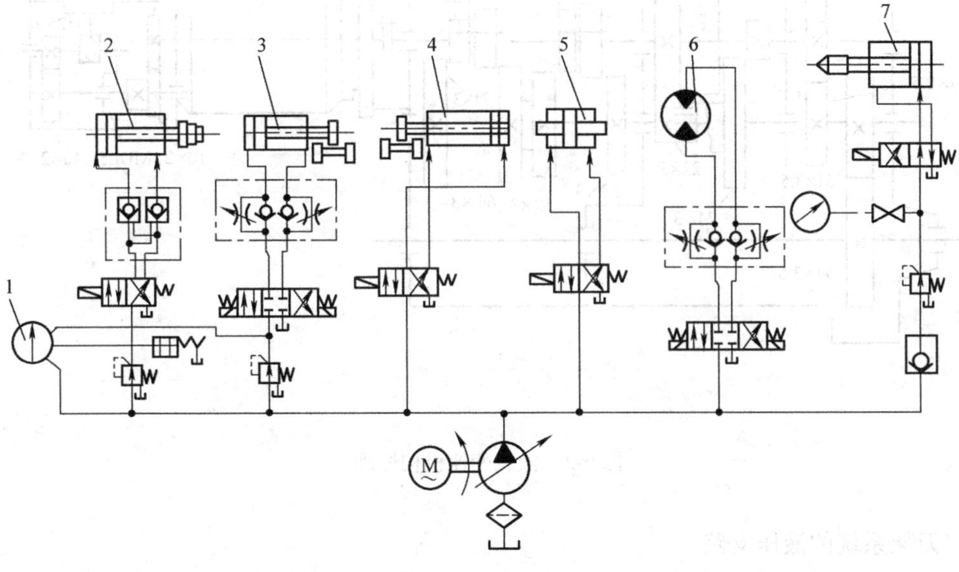

图6-1　CK3225数控车床的液压系统图

1—压力表　2—卡盘液压缸　3—变挡液压缸Ⅰ　4—变挡液压缸Ⅱ
5—转塔夹紧缸　6—转塔转位液压马达　7—尾座液压缸

1. 卡盘支路

支路中减压阀的作用是调节卡盘夹紧力。压力继电器的作用是当液压缸压力不足时，立即使主轴停转，以免卡盘松动。该支路还采用液控单向阀的锁紧回路。

2. 液压变速机构

变挡液压缸Ⅰ回路中，减压阀的作用是防止拨叉在变挡过程中滑移齿轮和固定齿轮端部接触（没有进入啮合状态）。图6-2为一个典型液压变速机构的原理图。3个液压缸都是差动液压缸，用Y型三位四通电磁阀来控制。滑移齿轮的拨叉与变速油缸的活塞杆连接。自动变速的过程是：起动传动链慢速运转→根据指令接通相应的电磁换向阀和主电动机 M_1 的调速信号→齿轮块滑移和主电动机的转速接通→相应的行程开关被压下发出变速完成信号→断开传动链慢速转动→变速完成。

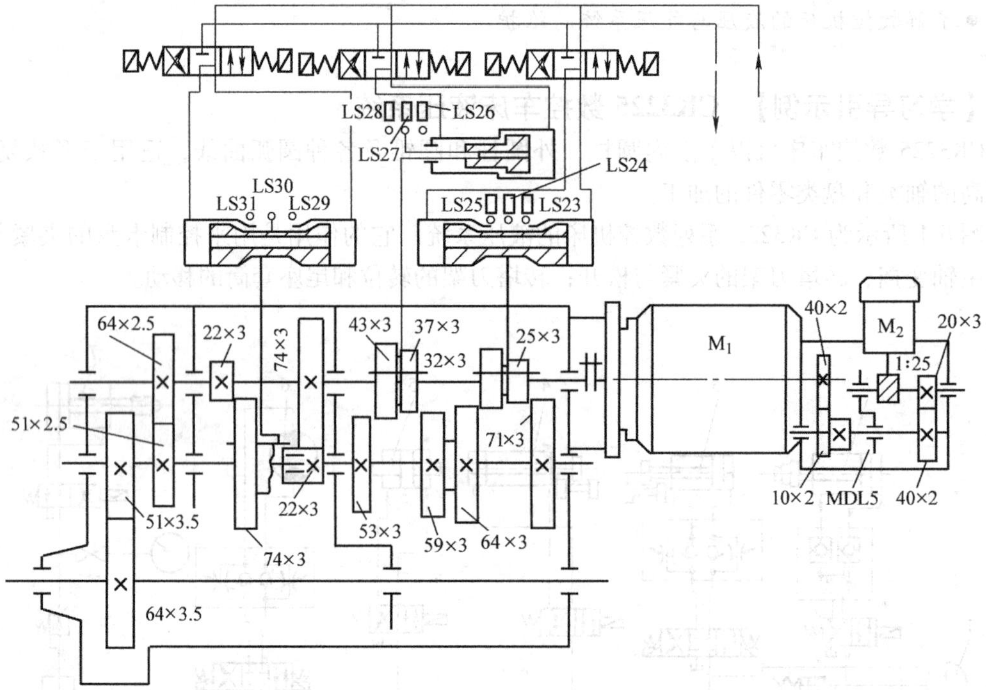

图6-2 液压变速机构原理

3. 刀架系统的液压支路

根据加工需要，CK3225型数控车床的刀架有8个工位可供选择。如图6-3所示，刀架的夹紧和转动均由液压驱动。当接到转位信号后，液压缸6后腔进油，将中心轴2和刀盘1抬起，使鼠牙盘12和11分离；随后液压马达驱动凸轮5旋转，凸轮5拨动回转盘3上的8个柱销4，使回转盘带动中心轴2和刀盘旋转。凸轮每转一周，拨过一个柱销，使刀盘转过一个工位；同时，固定在中心轴2尾端的八面选位凸轮9相应压合计数开关10一次。当刀盘转到新的预选工位时，液压马达停转。液压缸6前腔进油，将中心轴和刀盘拉下，两鼠牙盘啮合夹紧，这时盘7压下开关8，发出转位停止信号。

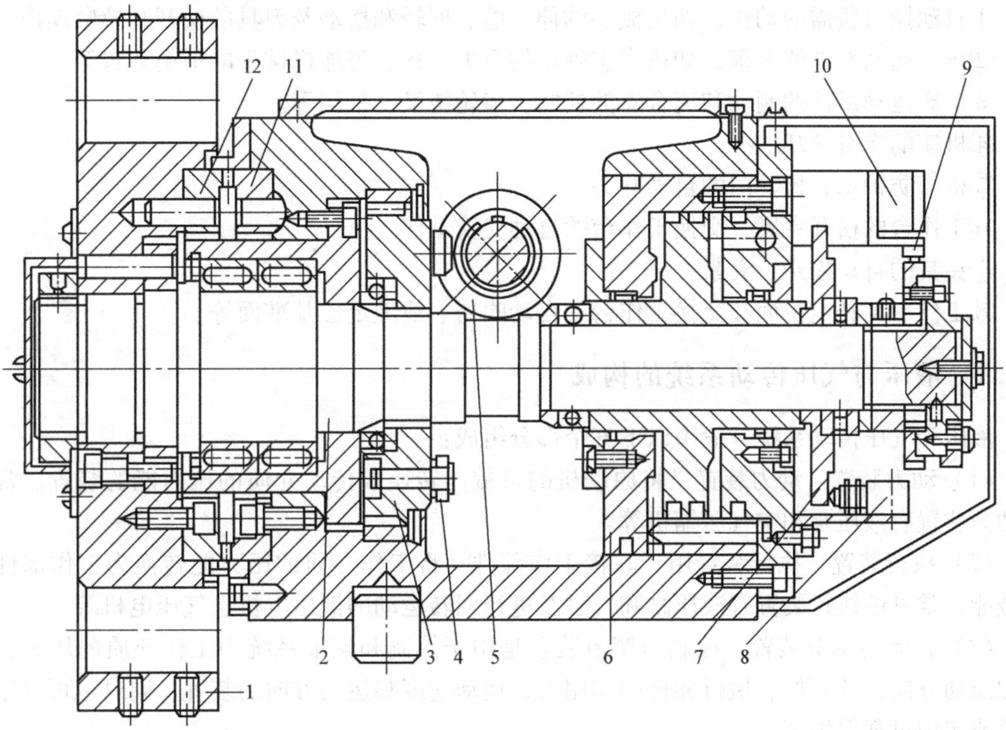

图 6-3　CK3225 数控车床刀架结构

1—刀盘　2—中心轴　3—回转轴　4—柱销　5—凸轮　6—液压缸　7—盘

8—开关　9—选位凸轮　10—计数开关　11、12—鼠牙盘

6.1　液压与气动系统的概述

近年来，随着现代制造、密封等技术的发展，液压传动技术在高压、高速、大功率、低噪声、节能、高效和提高使用寿命等方面取得了巨大进展，而气压传动技术在向小型化、集成化、无油化（由不供油润滑和无润滑元件组成的系统）、提高元器件和系统的可靠性及使用寿命、节能化、电气一体化（如压力比例阀、流量比例阀、数字控制气缸等气、电技术相结合的自适应控制气动元件等）、提高气动系统的机电一体化和自动化水平（如 PLC 控制气动系统）等方面得到很大的发展，在工程实际中也开始应用推广。现代数控机床领域也不例外，在实现整机的全自动化控制中，除数控系统外，还需要配备液压和气动装置来辅助实现整机的自动运行功能。

液压传动装置由于使用工作压力高的油性介质，因此机构输出力大，机械结构更紧凑、动作平稳可靠，易于调节，噪声较小，但要配置液压泵和油箱，当油液渗漏时会污染环境。

气动装置的气源容易获得，机床可以不必再单独配置动力源，装置结构简单，工作介质不污染环境，工作速度快，动作频率高，适合于完成频繁起动的辅助工作。过载时比较安全，不易发生过载损坏机件等事故。这些装置在机床中具有如下辅助功能：

①自动换刀所需的动作，如机械手的伸、缩、回转和摆动及刀具的松开和拉紧动作。

②机床运动部件的平衡，如机床主轴箱的重力平衡、刀库机械手的平衡装置等。

③机床运动部件的制动和离合器的控制，齿轮拨叉、挂挡等。

④机床的润滑冷却。

⑤机床防护罩、板、门的自动开关。

⑥工作台的松开夹紧，交换工作台的自动交换动作。

⑦夹具的自动松开、夹紧。

⑧工件、工具定位面和交换工作台的自动吹屑、清理定位基准面等。

6.1.1　液压与气压传动系统的构成

液压和气压传动系统一般由以下五个部分组成：

（1）动力装置　动力装置是将原动机的机械能转换成传动介质的压力能的装置。常见的动力装置有液压泵和空气压缩机等。

（2）执行装置　执行装置用于联接工作部件，将工作介质的压力能转换为工作部件的机械能，常见的执行装置有液压缸和气缸及进行回转运动的液压电机、气压电机等。

（3）控制与调节装置　控制与调节装置是用于控制和调节系统中工作介质的压力、流量和流动方向，从而控制执行元件的作用力、运动速度和运动方向的装置，同时也可以用来卸载或实现过载保护等。

（4）辅助装置　辅助装置是对过载介质起到容纳、净化、润滑、消声和实现元件之间联接等作用的装置。

（5）传动介质　传动介质是用来传递动力和运动的过载介质，即液压油或压缩空气。

6.1.2　液压与气压传动的主要元件应用

1. 动力元件

（1）液压泵概述　液压泵是系统的动力元件，它是一种能量转换装置，将原动机的机械能转换成液压力能，为液压系统提供动力，是液压系统的重要组成部分。常见的类型有齿轮泵、叶片泵和柱塞泵等。下面主要介绍液压泵、齿轮泵、叶片泵的工作原理。

液压泵是靠密封容积的变化来实现吸油和排油的，其输出油量的多少取决于柱塞往复运动的次数和密封容积变化的大小，故液压泵又称为容积式泵。液压泵的类型和特点见表6-1。

表6-1　液压泵的类型和特点

	特　点	类　型
齿轮泵	具有结构简单、体积小、重量轻、工作可靠、成本低、对油的污染不敏感、便于维修等优点；其缺点是流量脉动大、噪声大、排量不可调	外啮合齿轮泵、内啮合齿轮泵
叶片泵	具有体积小、重量轻、运转平稳、输出流量均匀、噪声小等优点，在中、高压系统中得到了广泛使用。但它也存在结构较复杂、对油液污染较敏感、吸入特性不太好等缺点	单作用叶片泵、限压式变量叶片泵等

（续）

	特　点	类　型
柱塞泵	优点是:效率高,工作压力高,结构紧凑,且在结构上易于实现流量调节等;其缺点是结构复杂,价格高,加工精度和日常维护要求高,对油液的污染较敏感	轴向柱塞泵、径向柱塞泵

（2）空气压缩机　空气压缩机是气压传动系统的动力源，也是气压系统的心脏部分，是把电动机输出的机械能转换成传动介质压力能的能量转换装置。

气压传动系统中最常用的空气压缩机为往复活塞式压缩机，压缩机工作原理就是完成“吸气—压缩—排气”的一个工作循环。空气压缩机常见类型为活塞式、转子式、离心式和轴流式。表 6-2 为空气压缩机的类型与性能比较。

表 6-2　空气压缩机的类型与性能比较

类　型	额定压力/MPa	气量/(L/min)	驱动动力/kW
单级往复式	1.0	20 ~ 1000	0.2 ~ 75
双级往复式	1.5	50 ~ 10000	0.7 ~ 75
油冷螺杆式	0.7 ~ 0.85	180 ~ 12000	1.5 ~ 75
无油单级往复式	0.7 ~ 0.85	20 ~ 8000	0.2 ~ 75
无油双级螺杆式	0.9	2000 ~ 300000	20 ~ 1800
离心式	0.7	>10000	>500

2. 液压马达和气马达

液压马达和气马达是将工作介质的压力能转换为机械能，输出转速和转矩的装置。液压马达的种类很多，常用的有齿轮式、叶片式等，其结构如图 6-4 所示。如果不用原动机，而

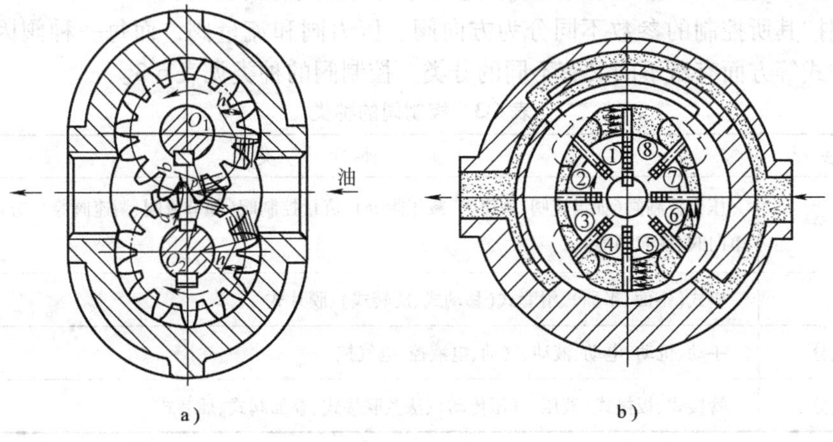

图 6-4　常用液压马达结构
a）齿轮式　b）叶片式

将液压油输入齿轮泵的右侧油口时，处于进油腔的所有齿轮均受到压力油的作用。图 6-4a 所示，则压力油作用在齿轮上的转矩将使齿轮旋转，并可在齿轮轴上输出一定的转矩，这时齿轮泵就成为齿轮马达了。当压力油输入到齿轮马达的左侧油口时，马达反向旋转。

如图 6-4b 所示为叶片电机的结构，当压力油输入到进油腔后，在叶片①、③、⑤、⑦上，一面作用有压力油，另一面则为排油腔的低压油，由于叶片①、⑤受力面积大于叶片③、⑦，从而由叶片受力差构成的转矩推动转子顺时针方向旋转。改变压力油的输入方向，马达就反向旋转。

为使叶片马达正常工作，其结构与叶片泵有一些重要区别。根据液压马达有双向旋转的要求，叶片马达的叶片既不前倾也不后倾，而是径向放置。叶片应始终紧贴定子内表面，以保证正常起动，因此，在吸、压油腔通入叶片根部的通路上应设置单向阀，保证叶片底部总能与压力油相通。此外还应另设弹簧，使叶片始终处于伸出状态，保证初始密封。

叶片马达的转子惯性小，动作灵敏，可以频繁换向，但泄漏量较大，不宜在低速下工作。因此叶片马达一般用于转速高、转矩小、动作要求灵敏的场合。气压传动中使用最广泛的是叶片式和活塞式气压电机。

3. 液压执行元件

液压缸是液压执行元件它将压力能转换成机械能的能量转换装置。液压缸输出直线运动（其中包括输出摆动运动）。用来带动运动部件，将液体压力能转变成使工作部件运动的机械能。

液压缸是液压系统中的执行元件，它是一种把液体的压力能转变为直线往复运动机械能的装置。它可以很方便地获得直线往复运动和很大的输出力，结构简单，工作可靠，制造容易，因此应用广泛，是液压系统中最常用的执行元件。液压缸按结构特点的不同可分为活塞缸、柱塞缸和摆动缸 3 类，活塞缸和柱塞缸用以实现直线运动，输出推力和速度；摆动缸（或称摆动马达）用以实现小于 360°的转动，输出转矩和角速度。

4. 控制元件

在液压与气压传动系统中，控制阀是用来控制与调节系统工作介质的压力、流量和流向的控制元件，对于不同的控制阀，经过适当的组合，可以达到控制液压系统的执行元件（液压缸与液压马达）的输出力或力矩、速度与运动方向等的目的。

控制阀按其所控制的参数不同分为方向阀、压力阀和流量阀，而每一种阀因在阀口结构、联接方式等方面有所不同又有不同的分类。控制阀的种类见表 6-3。

表 6-3　控制阀的种类

分类方法	种　类
按控制参数分	压力控制阀（如溢流阀、顺序阀、减压阀等）、流量控制阀（如节流阀、调速阀等）、方向控制阀（如单向阀、换向阀等）
按结构分	座式（锥面、平面）、滑套式（移动式、旋转式）、膜片式
按操纵方式分	手动、机动、电动、液动、气动、电液控、电气控
按联接方式分	管接式、板接式（液压、气压传动）、法兰联接式、叠加阀式、插装式

压力控制阀用于控制液压、气压传动系统中工作介质的压力，使系统能够安全、可靠、

稳定地运行。常用的压力控制阀有溢流阀、减压（调压）阀、顺序阀等。其中溢流阀的作用是稳定液压系统中某一点（溢流阀的进口）处的压力，实现稳压、调压、限压、产生背压、卸荷等作用。

流量控制阀是通过改变阀口的通流面积来改变流量从而调节执行元件速度的控制阀。流量控制阀具有足够的调节范围和调节精度；温度和压力的变化对流量的影响小；调节方便，泄漏小，液压传动用流量控制阀应能保证稳定的最小流量。常用的流量控制阀有普通节流阀、调速阀、溢流节流阀等。其中气压传动的节流阀结构更为简单，松开锁紧螺母，转动阀杆后再锁紧即可完成调节，因气压较低，阀芯动作无需考虑压力平衡的问题。

方向控制阀是控制液压、气压传动系统中必不可少的控制元件，它通过控制阀口的通、断来控制液体流动的方向，主要有单向控制阀和换向控制阀两大类。换向阀是借助于阀芯和阀体之间的相对移动来控制油路的通、断关系，改变油液的流动方向，从而控制执行元件的运动方向；换向阀具有工作可靠性、压力损失小、换向和复位时间少和内泄漏量小；得到广泛的应用。

5. 辅件部分

液压辅助元件包括过滤器、油箱、管道及管接头、密封件等。从这些元件在液压系统中的作用看，仅起辅助作用，但从保证完成液压系统的任务看，它们是非常重要的，它们对系统的性能、效率、温升、噪声和寿命影响极大，必须给予足够的重视。除油箱常需自行设计外，其余的辅助元件已标准化和系列化，皆为标准件，但应注意合理选用。

6.1.3　液压与气压传动的工作原理

液压传动的工作原理如图 6-5 所示。图中杠杆 1、活塞 2、液压缸 3 和单向阀 4、5 组成手动液压泵；液压缸 6 和活塞 7 组成升降液压缸。千斤顶工作时，向上提起杠杆 1，则活塞 2 被提起，液压缸 3 下腔中压力减小，单向阀 5 关闭，单向阀 4 导通，油箱里的油液被吸入到液压缸 3 中，这是吸油过程；随后，压下杠杆 1，活塞 2 下移，液压缸 3 下腔中压力增大，迫使单向阀 4 关闭，单向阀 5 导通，高压油液经油管 11 流入液压缸 6 的下腔中，推动活塞 7 向上移动，这是压油过程。如此反复操作便可将重物 8 提升到需要的高度。在此过程中，控制阀 9 始终处于截止状态。若打开控制阀 9，则液压缸 6 下腔中的油液将在重物的重力作用下排回油箱。

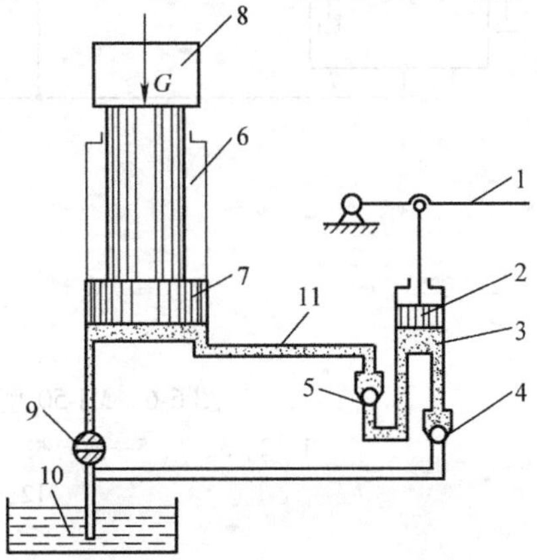

图 6-5　液压传动的工作原理
1—杠杆　2、7—活塞　3、6—液压缸
4、5—单向阀　8—重物　9—控制阀
10—油箱　11—油管

如果将图 6-5 所示系统中的油液换成空气，去掉油箱及与之相连的油管，将液压缸改为气缸，那么该系统便可视为一个气压传动系统。生活中常用的打气筒就与活塞 2 的工作原理完全相同。

通过以上的分析不难看出，液压与气压传动是以密封容积中的受压工作介质来传递动力和运动的。它先将机械能转换成工作介质的压力能，并通过由各种元件组成的控制回路实现能量的控制与调节，最终将传动介质的压力能还原为机械能，使执行机构实现预定的动作，并按照程序完成相应的动力与运动输出。

6.2 数控机床典型液压回路的分析

【实例 6-1】 MJ-50 型数控车床液压系统

MJ-50 型数控车床液压系统主要承担卡盘、回转刀架与刀盘及尾座套筒的驱动与控制。它能实现卡盘的夹紧与放松及两种夹紧力（高与低）之间的转换；回转刀盘的正反转及刀盘的松开与夹紧；尾座套筒的伸缩。液压系统的所有电磁铁的通、断均由数控系统用 PLC 来控制。整个系统由卡盘、回转刀盘与尾座套筒三个分系统组成，并以一变量液压泵为动力源。系统的压力调定为 4MPa。图 6-6 是 MJ-50 型数控车床液压系统的原理图，各分系统的工作原理如下：

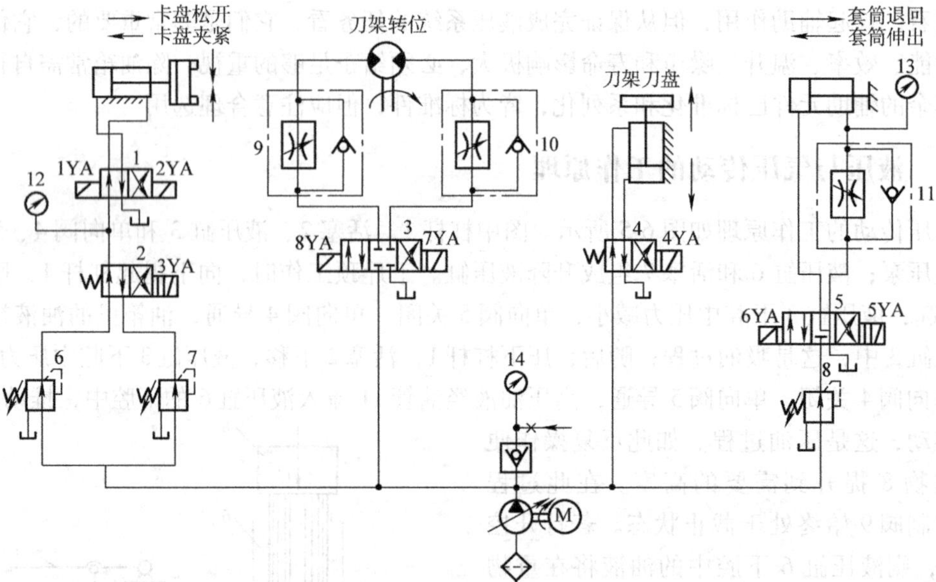

图 6-6　MJ-50 型数控车床液压系统的原理图
1、2、3、4、5—换向阀　6、7、8—减压阀　9、10、11—调速阀
12、13、14—压力表

1. 卡盘分系统

执行元件是一个液压缸，控制油路则由一个有两个电磁铁的二位四通换向阀 1、一个二位四通换向阀 2、两个减压阀 6 和 7 组成。

高压夹紧：3YA 失电、1YA 得电，换向阀 2 和 1 均位于左位。分系统的进油路：液压泵

→减压阀6→换向阀2→换向阀1→液压缸右腔。回油路：液压缸左腔→换向阀1→油箱。这时活塞左移使卡盘夹紧（称正夹或外夹），夹紧力的大小可通过减压阀6调节。由于阀6的调定值高于阀7，所以卡盘处于高压夹紧状态。

低压夹紧的油路与高压夹紧状态基本相同，唯一的不同是，这时3YA得电而使阀2切换至右位，因而液压泵的供油只能经减压阀7进入分系统。通过调速阀7便能实现低压夹紧状态下的夹紧力。

卡盘松开时,2YA得电、1YA失电,阀1切换至右位。进油路:液压泵→减压阀6→换向阀2→换向阀1→液压缸左腔。回油路:液压缸右腔→换向阀→油箱。活塞右移,卡盘松开。

2. 回转刀盘分系统

回转刀盘分系统有两个执行元件，刀盘的松开与夹紧由液压缸执行，而液压马达则驱动刀盘回转。因此，分系统的控制回路也有两条支路。

第一条支路由三位四通换向阀3和两个调速阀9和10组成。通过三位四通换向阀3的切换控制液压马达使刀盘正、反转，而两个调速阀9和10与变量液压泵则使液压马达在正、反转时都能通过进油路容积节流调速来调节旋转速度。

第二条支路控制刀盘的松开与夹紧，它是通过二位四通换向阀的切换来实现的。刀盘的完整旋转过程是：刀盘松开→刀盘通过左转或右转就近到达指定刀位→刀盘夹紧。因此电磁铁的动作顺序是：4YA得电(刀盘松开)→8YA(正转)或7YA(反转)得电(刀盘旋转)→8YA(正转时)或7YA(反转时)失电(刀盘停止转动)→4YA失电(刀盘夹紧)。

3. 尾座套筒分系统

尾座套筒通过液压缸实现顶出与缩回。控制回路由减压阀8、三位四通换向阀5和调速阀11组成。分系统通过调节减压阀8，将系统压力降为尾座套筒顶紧所需的压力。调速阀11用于在尾座套筒伸出时实现回油节流调速控制伸出速度。所以，尾座套筒伸出时，6YA得电，其油路为：系统供油经阀8、阀5左位进入液压缸的无杆腔，而有杆腔的液压油则经调速阀11和阀5回油箱。尾座套筒缩回时，5YA得电，系统供油经换向阀5右位、阀11的单向阀进入液压缸的有杆腔，而无杆腔的油则经阀5直接回油箱。

通过上述系统的分析，可以发现数控机床液压系统的特点为：

1）数控机床控制的自动化程度要求较高，类似于机床的液压控制，它对动作的顺序要求较严格，并有一定的速度要求。液压系统一般由数控系统的PLC或CNC来控制，所以动作顺序直接用电磁换向阀切换来实现的较多。

2）由于数控机床的主运动已趋于直接用伺服电动机驱动，所以液压系统的执行元件主要承担各种辅助功能，虽其负载变化幅度不是太大，但要求稳定。因此，常采用减压阀来保证支路压力的恒定。

【实例6-2】 VP1050型加工中心液压系统

VP1050型加工中心为工业型龙门结构立式加工中心，它利用了液压系统传动功率大、效率高、运行安全可靠的优点，实现链式刀库的刀链驱动、上下移动主轴箱的配重、刀具的安装和主轴高低速的转换等辅助动作的完成。图6-7所示为VP1050型加工中心的液压系统工作原理图。整个液压系统采用变量叶片泵为系统提供压力油，并在泵后设置止回阀2用于减小系统断电或其他故障造成的液压泵压力突降而对系统的影响，避免机械部件的冲击损坏。压力开关 YK1 用以检测液压系统的状态，如压力达到预定值，则发出液压系统压力正常的信号，该信号作为 CNC 系统开启后 PLC 高级报警程序自检的首要检测对象，如 YK1 无信号，则 PLC 自检发出报警信号，整个数控系统的动作将全部停止。

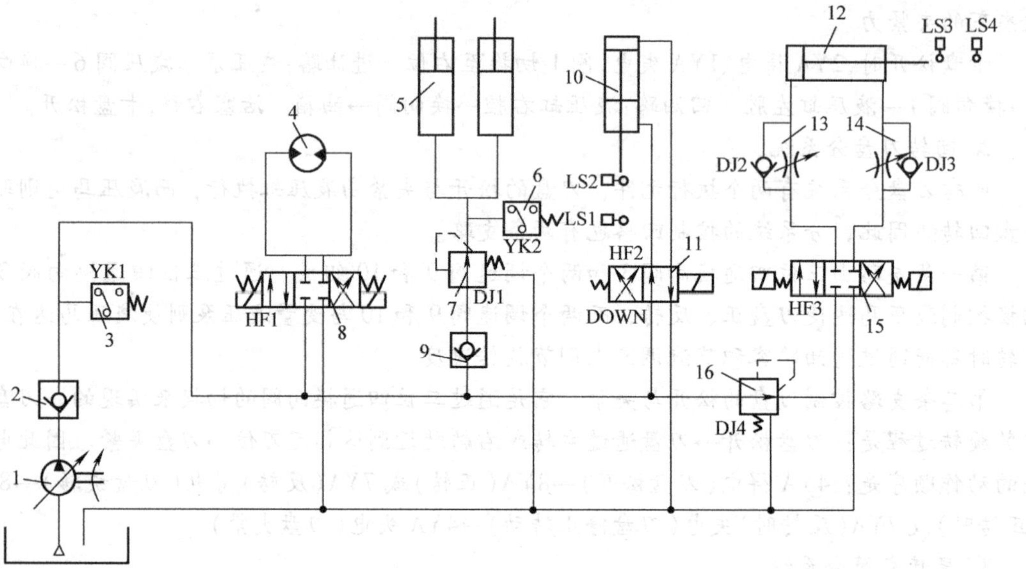

图 6-7 VP1050 型加工中心的液压系统工作原理图

1—液压泵 2、9—止回阀 3、6—压力开关 4—液压马达 5—配重液压缸
7、16—减压阀 8、11、15—换向阀 10—松刀缸 12—变速液压缸
13、14—单向节流阀 LS1、LS2、LS3、LS4—行程开关

1. 刀链驱动支路

VP1050 型加工中心配备 24 刀位的链式刀库，为节省换刀时间，选刀采用就近原则。在换刀时，由双向液压马达 4 拖动刀链使所选刀位移动到机械手抓刀位置。液压马达的转向控制由双电控三位电磁阀 HF1 完成，具体转向由 CNC 进行运算后，发信号给 PLC 控制 HF1，用 HF1 不同的得电方式控制液压马达 4 的不同转向。刀链不需驱动时，HF1 失电，处于中位截止状态，液压马达 4 停止。刀链到位信号由感应开关发出。

2. 主轴箱平衡支路

VP1050 型加工中心 Z 轴进给是由主轴箱做上下移动实现的。为消除主轴箱自重对 Z 轴伺服电动机驱动 Z 向移动的精度和控制的影响，机床采用两个液压缸进行平衡。主轴箱向上移动时，高压油通过止回阀 9 和直动型减压阀 7 向配重缸下腔供油，产生向上的配重力；当主轴箱向下移动时，液压缸下腔高压油通过减压阀 7 进行适当减压。压力开关 YK2 用于检测配重支路的工作状态。

3. 松刀缸支路

VP1050 型加工中心采用 BT40 型刀柄使刀具与主轴联接。为了能够可靠地夹紧与快速地更换刀具，采用碟形弹簧拉紧机构使刀柄与主轴联接为一体，采用液压缸使刀柄与主轴脱开。机床在不换刀时，单电控两位四通电磁换向阀 HF2 失电，控制高压油进入松刀缸 10 下腔，松刀缸 10 的活塞始终处于上位状态，感应开关 LS2 检测松刀缸上位信号；当主轴需要换刀时，通过手动或自动操作使单电控两位四通电磁阀 HF2 得电换位，松刀缸 10 上腔通入高压油，活塞下移，使主轴抓刀爪松开刀柄拉钉，刀柄脱离主轴，松刀缸运动到位后感应开关 LS1 发出到位信号并提供给 PLC 使用，协调刀库、机械手等其他机构完成换刀操作。

4. 高低速转换支路

VP1050 型加工中心主轴传动链中，通过一级双联滑移齿轮进行高低速转换。在由高速向低速转换时，主轴电动机接收到数控系统的调速信号后，降低电动机的转速到额定值，然后进行齿轮滑移，完成进行高低速的转换。在液压系统中该支路采用双电控三位四通电磁阀 HF3 控制液压油的流向，变速液压缸 12 通过推动拨叉控制主轴变速箱的交换齿轮的位置，来实现主轴高低速的自动转换。高速、低速齿轮位置信号分别由感应开关 LS3、LS4 向 PLC 发送。当机床停机时或控制系统故障时，液压系统通过双电控三位四通电磁阀 HF3 使变速齿轮处于原工作位置，避免高速运转的主轴传动系统产生硬件冲击损坏。单向节流阀 DJ2、DJ3 用以控制液压缸的速度、避免齿轮换位时的冲击振动。减压阀 16 用于调节变速液压缸 12 的工作压力。

【实例 6-3】 TH6350 型卧式加工中心液压系统

图 6-8 为 TH6350 型卧式加工中心外观图。该机床的链式方刀库为一个独立部件置于机床左侧，通过地脚螺钉及调整装置，使刀库与机床的相对位置能保证准确换刀。

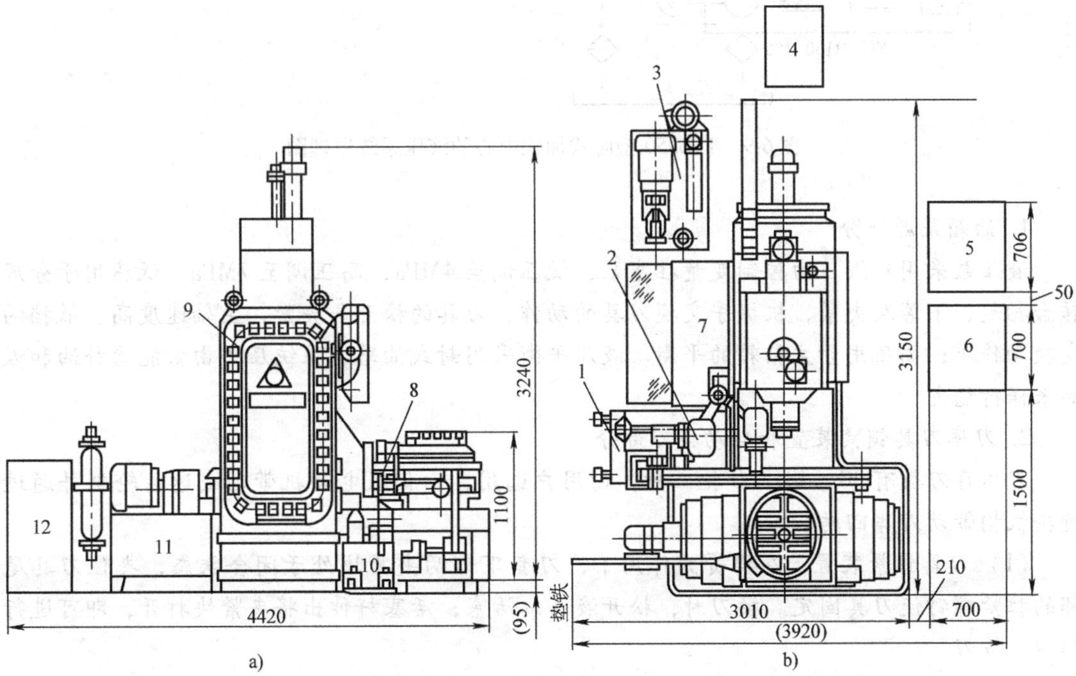

图 6-8　TH6350 型卧式加工中心外观图

1—冷却水箱　2—机械手　3、11—液压油箱　4—油温自动控制箱　5—强电柜

6—数控柜　7、9—刀库　8—排屑器　10—冷却液箱　12—油温自动控制器

图6-9为TH6350型卧式加工中心的液压系统原理图。系统由液压油箱、管路和控制阀等组成。控制阀采取分散布局，分别装在刀架和立柱上，电磁控制阀上贴上磁铁号码，便于用户维修。

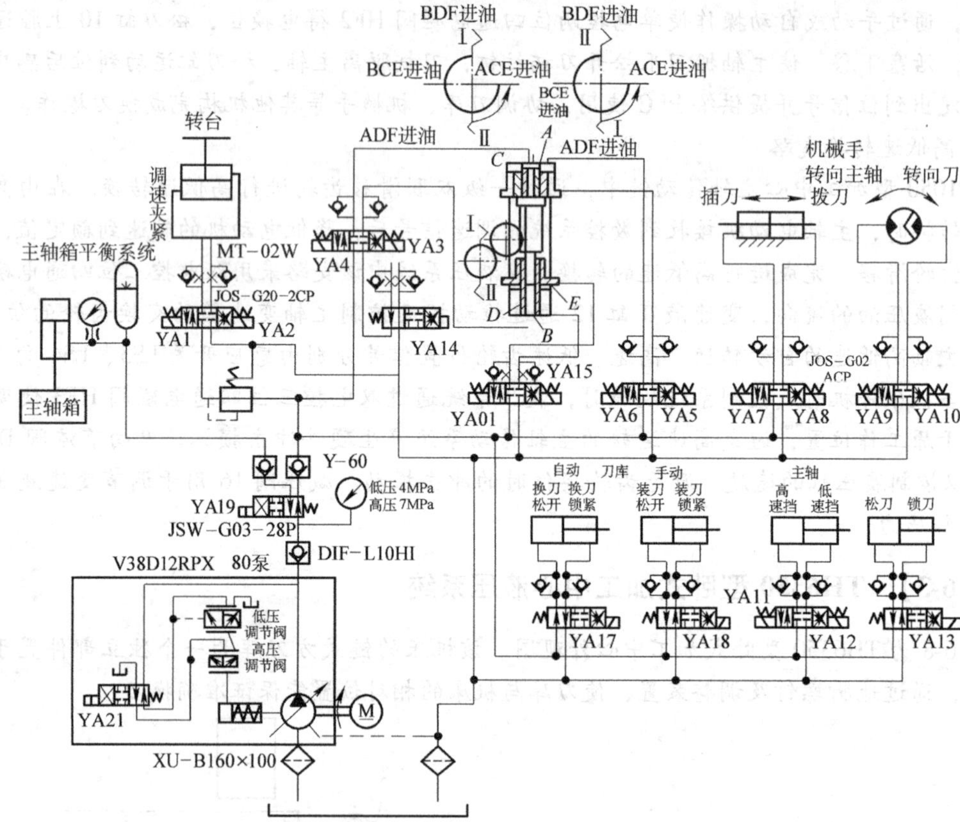

图6-9 TH6350型卧式加工中心的液压系统原理图

1. 油箱泵源部分

液压泵采用双级压力控制变量柱塞泵，低压调至4MPa，高压调至7MPa。低压用于分度转台抬起、下落及夹紧，机械手交换刀具的动作，刀具的松开与夹紧，主轴速度高、低挡的变换动作等；高压用于主轴箱的平衡。液压平衡采用封式油路，系统压力由蓄能器补油和吸油来保持稳定。

2. 刀库刀具锁紧装置和自动换刀部分

刀库存刀数有30、40、60把三种，由用户选用，由伺服电动机带动减速齿轮副并通过链轮机构带动刀库回转。

(1) 刀具锁紧装置　在弹簧力作用下，刀套下部两夹紧块处于闭合状态，夹住刀具尾部的拉紧螺钉使刀具固定。换刀时，松开液压缸活塞，活塞杆伸出将夹紧块打开，即可进行插刀、拔刀。

(2) 机械手　机械手是完成主轴与刀库之间刀具交换的自动装置，该机床采用回转式双臂机械手。机械手手臂装在液压缸套筒上，活塞杆固定，由进入液压缸的压力油使手臂同液压缸一起移动，实现不同的动作。液压缸行程末端可进行节流调节，可使动作缓冲。改变

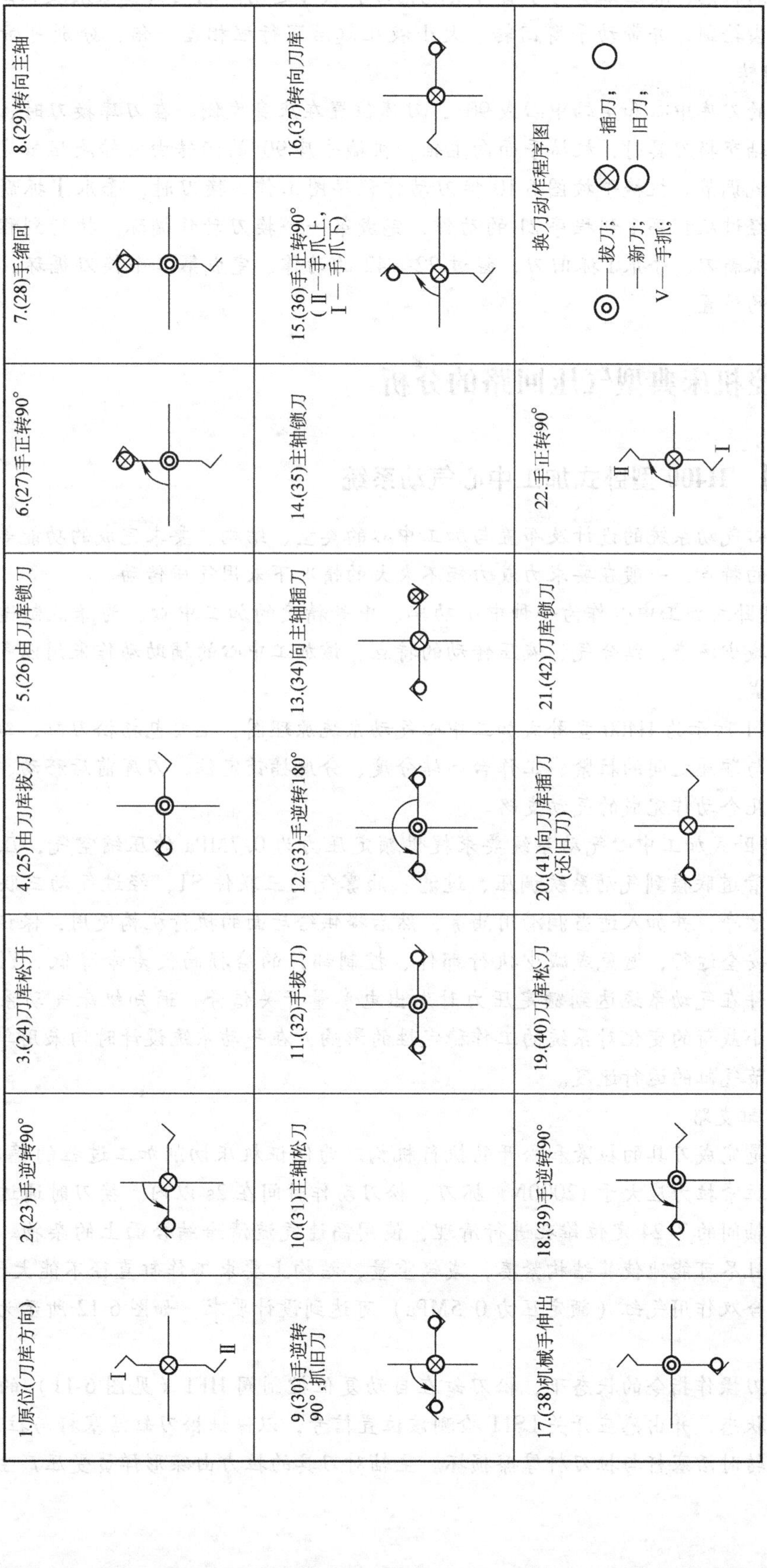

图 6-10　换刀动作程序图

液压缸的进油状态，液压缸套与手臂可实现插刀和拔刀运动。利用四位双层液压缸中的活塞带动齿条、齿轮副，并带动手臂回转。大小液压缸活塞行程相差一倍，分别可带动手臂作90°、180°回转。

刀库上的刀库中心和主轴中心成90°，刀库位置在床身左侧。在刀库换刀时，机械手面向刀库；主轴交换刀具时，机械手面向主轴。机械手座90°的回转由回转液压缸完成，回转缓冲可用节流调节。机械手按图6-10换刀动作程序图工作。换刀时，手爪Ⅰ抓新刀，手爪Ⅱ抓旧刀，经过从程序1到程序21的动作，完成第一个换刀动作循环。执行到程序22时，变为手爪Ⅱ抓新刀、手爪Ⅰ抓旧刀，经过22→42的动作，完成第二个换刀循环，使手爪Ⅰ回到程序1的位置。

6.3　数控机床典型气压回路的分析

【实例6-4】　H400型卧式加工中心气动系统

加工中心气动系统的设计及布置与加工中心的类型、结构、要求完成的功能等有关，结合气压传动的特点，一般在要求力或力矩不太大的情况下采用气压传动。

H400型卧式加工中心作为一种中小功率、中等精度的加工中心，为降低制造成本，提高安全性，减少污染，结合气、液压传动的特点，该加工中心的辅助动作采用以气压驱动装置为主来完成。

如图6-11所示为H400型卧式加工中心气动系统原理图，主要包括松刀缸、双工作台交换、工作台与鞍座之间的拉紧、工作台回转分度、分度插销定位、刀库前后移动、主轴锥孔吹气清理等几个动作完成的气动支路。

H400型卧式加工中心气动系统要求提供额定压力为0.7MPa的压缩空气，压缩空气通过ϕ8mm的管道联接到气动系统调压、过滤、油雾气动三联件ST，经过气动三联件ST后，得以干燥、洁净，并加入适当润滑用油雾，然后提供给后面的执行机构使用，保证整个气动系统的稳定安全运行，避免或减少执行部件、控制部件的磨损而使寿命降低。YK1为压力开关，该元件在气动系统达到额定压力时发出电参量开关信号，通知机床气动系统正常工作。为了减小载荷的变化对系统的工作稳定性的影响，在气动系统设计时均采用单向出口节流的方法调节气缸的运行速度。

1. 松刀缸支路

松刀缸是完成刀具的拉紧和松开的执行机构。为保证机床切削加工过程的稳定、安全、可靠，刀具拉紧拉力应大于12000N，抓刀、松刀动作时间在2s以内。换刀时通过气动系统对刀柄与主轴间的7∶24定位锥孔进行清理，使用高速气流清除结合面上的杂物。为达到这些要求，并且尽可能地使其结构紧凑，减轻重量，结构上要求工作缸直径不能大于150mm，所以采用复合双作用气缸（额定压力0.5MPa）可达到设计要求。如图6-12所示为主轴气动结构图。

在无换刀操作指令的状态下，松刀缸在自动复位控制阀HF1（见图6-11）的控制下始终处于上位状态，并由感应开关LS11检测该位置信号，以保证松刀缸活塞杆与拉刀杆脱离，避免主轴旋转时活塞杆与拉刀杆摩擦损坏。主轴对刀具的拉力由碟形弹簧受压产生的弹力提

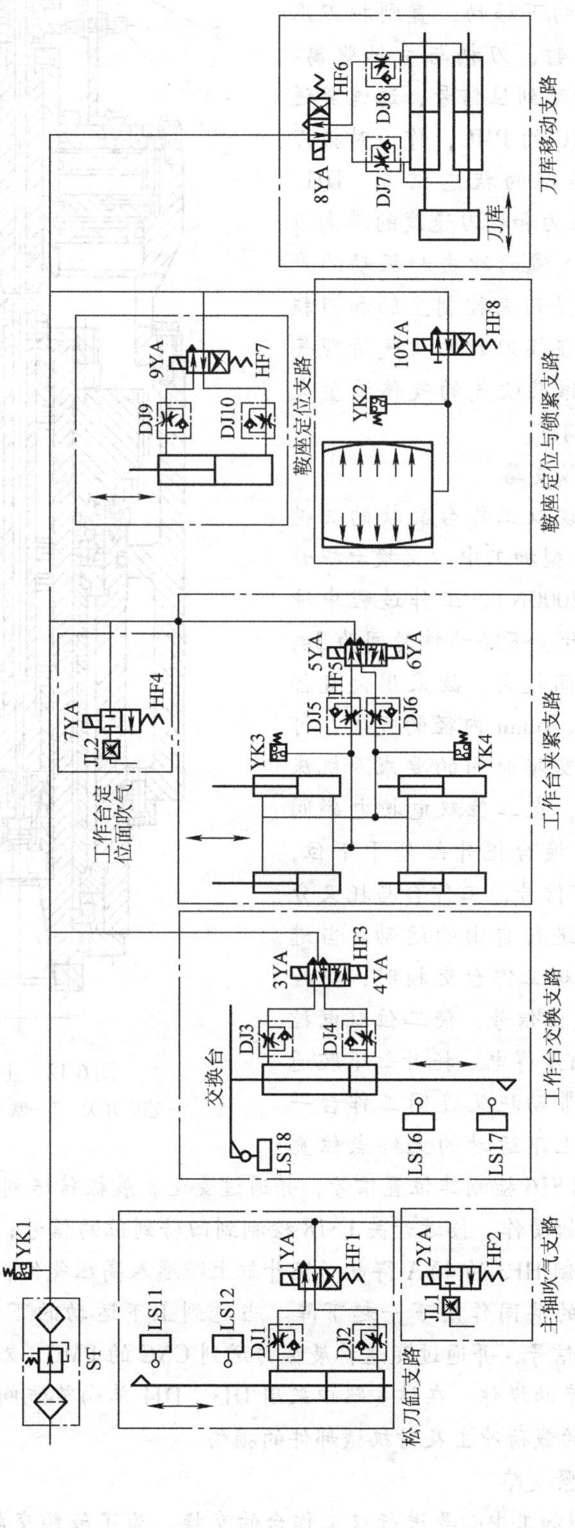

图 6-11　H400 型卧式加工中心气动系统原理图

供。当进行自动或手动换刀时，二位四通电磁阀 HF1 线圈 1YA 得电，松刀缸上腔通入高压气体，活塞向下移动，活塞杆压住拉刀杆克服弹簧弹力向下移动，直到拉刀爪松开刀柄上的拉钉，刀柄与主轴脱离。感应开关 LS12 检测到位信号，通过变送扩展板传送到 CNC 的 PMC，作为对换刀机构进行协调控制的状态信号。DJ1、DJ2 是调节气缸压力和松刀速度的单向节流阀，用于避免气流的冲击和振动的产生。电磁阀 HF2 是用来控制主轴和刀柄之间的定位锥面在换刀时的吹气清理气流的开关，主轴锥孔吹气的气体流量大小用节流阀 JL1 调节。

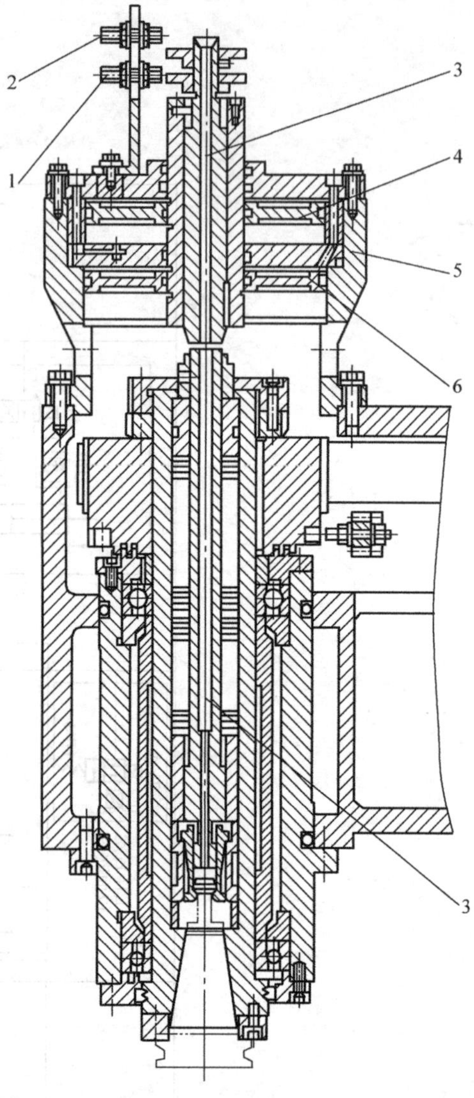

图 6-12　主轴气动结构图
1、2—感应开关　3—吹气孔　4、6—活塞　5—缸体

2. 工作台交换支路

交换台是实现双工作台交换的关键部件，由于 H400 型加工中心交换台提升载荷较大（达 12000N），工作过程中冲击较大，设计上升、下降动作时间为 3s，且交换台位置空间较大，故采用大直径气缸（ϕ350mm）、6mm 内径的气管，可满足设计载荷和交换时间的要求。机床无工作台交换时，在二位双电控电磁阀 HF3 的控制下交换台托升缸处于下位，感应开关 LS17 有信号，工作台与托叉分离，工作台可以进行自由的运动。当进行自动或手动的双工作台交换时，数控系统通过 PMC 发出信号，使二位双电控电磁阀 HF3 的 3YA 得电。托升缸下腔通入高压气，活塞带动托叉连同工作台一起上升，当达到上下运动的上终点位置时，由接近开关 LS16 检测其位置信号，并通过变送扩展板传送到 CNC 的 PMC，控制交换台回转 180°运动开始动作。接近开关 LS18 检测到回转到位的信号，并通过变送扩展板传送到 CNC 的 PMC，控制 HF3 的 4YA 得电。托升缸上腔通入高压气体，活塞带动托叉连同工作台在重力和托升缸的共同作用下一起下降。当达到上下运动的下终点位置时，由接近开关 LS17 检测其位置信号，并通过变送扩展板传送到 CNC 的 PMC，双工作台交换过程结束，机床可以进行下一步的操作。在该支路中采用 DJ3、DJ4 单向节流阀调节交换台上升和下降的速度，避免较大的载荷冲击及对机械部件的损伤。

3. 工作台夹紧支路

由于 H400 型加工中心要进行双工作台的交换，为了节约交换时间，保证交换的可靠，所以工作台与鞍座之间必须具有能够快速、可靠的定位、夹紧及迅速脱离的功能。可交换的工作台固定于鞍座上，由四个带定位锥的气缸夹紧，并且为了达到拉力大于 12000N 的可靠工作要求，以及受位置结构的限制，该气缸采用了弹簧增力结构，在气缸内径仅为 $\phi 63$mm 的情况下就达到了设计拉力要求。该支路采用二位双电控电磁阀 HF5 进行控制，当双工作台交换将要进行或已经进行完毕时，数控系统通过 PMC 控制电磁阀 HF5，使线圈 5YA 或 6YA 得电，分别控制气缸活塞的上升或下降，通过钢珠拉套机构放松或拉紧工作台上的拉钉，完成鞍座与工作台之间的放松或夹紧。为了避免活塞运动时的冲击，在该支路采用具有得电动作、失电不动作、双线圈同时得电不动作特点的二位双电控电磁阀 HF5 进行控制，可避免在动作进行过程中突然断电造成的机械部件冲击损伤，并采用单向节流阀 DJ5、DJ6 来调节夹紧的速度，避免较大的冲击载荷。该位置由于受结构限制，用感应开关检测放松与拉紧信号较为困难，故采用可调工作点的压力继电器 YK3、YK4 检测压力信号，并以此信号作为气缸到位信号。

4. 鞍座定位与锁紧支路

H400 型卧式加工中心工作台具有回转分度功能。与工作台联结为一体的鞍座采用蜗轮蜗杆机构使之可以进行回转，鞍座与床鞍之间具有了相对回转运动，并分别采用插销和可以变形的薄壁气缸实现床鞍和鞍座之间的定位与锁紧。当数控系统发出鞍座回转指令并做好相应的准备后，二位单电控电磁阀 HF7 得电，定位插销缸活塞向下带动定位销从定位孔中拔出，到达下运动极限位置后，由感应开关检测到位信号，通知数控系统可以进行鞍座与床鞍的放松，此时二位单电控电磁阀 HF8 得电动作，锁紧薄壁缸中高压气体放出，锁紧活塞弹性变形回复，使鞍座与床鞍分离。该位置由于受结构限制，检测放松与锁紧信号较困难，故采用可调工作点的压力继电器 YK2 检测压力信号，并以此信号作为位置检测信号。该信号送入数控系统，控制鞍座进行回转动作，鞍座在电动机、同步带、蜗轮蜗杆机构的带动下进行回转运动。当达到预定位置时，由感应开关发出到位信号，停止转动，完成回转运动的初次定位。电磁阀 HF7 断电，插销缸下腔通入高压气，活塞带动插销向上运动，插入定位孔，进行回转运动的精确定位。定位销到位后，感应开关发信通知锁紧缸锁紧，电磁阀 HF8 失电，锁紧缸充入高压气体，锁紧活塞变形，YK2 检测到压力达到预定值后，即是鞍座与床鞍夹紧完成。至此，整个鞍座回转动作完成。另外，在该定位支路中，DJ9、DJ10 是为避免插销冲击损坏而设置的调节上升、下降速度的单向节流阀。

5. 刀库移动支路

H400 型加工中心采用盘式刀库，有 10 个刀位。加工中心自动换刀时，由气缸驱动刀盘前后移动，与主轴的上下左右方向的运动进行配合来实现刀具的装卸，并要求在运行过程中稳定、无冲击。如图 6-11 所示，在换刀时，当主轴到达相应位置后，通过对电磁阀 HF6 得电和失电使刀盘前后移动，到达两端的极限位置，并由位置开关感应到位信号，与主轴运动、刀盘回转运动协调配合完成换刀动作。其中 HF6 断电时，刀库部件处于远离主轴的原位。D17、DJ8 是为避免冲击而设置的单向节流阀。

该气动系统中，在工作台交换支路和工作台夹紧支路采用二位双电控电磁阀（HF3、HF4），以避免在动作进行过程中突然断电造成的机械部件的冲击损伤，并且系统中所有的控制阀完全采用板式集装阀联接。该种安装方式结构紧凑，易于控制、维护与故障点检测方便，为避免气流放出时所产生的噪声，在各支路的放气口均加装了消声器。

【实例 6-5】 数控车床用真空卡盘气动系统

车削薄的加工件时很难夹紧，很久以来这已成为从事工艺工作的技术者的一大难题。虽然对钢铁材料的工件可以使用磁性卡盘，但是加工件容易被磁化，这是一个很麻烦的问题，而真空卡盘则是较理想的夹具。真空卡盘的结构原理如图 6-13 所示。

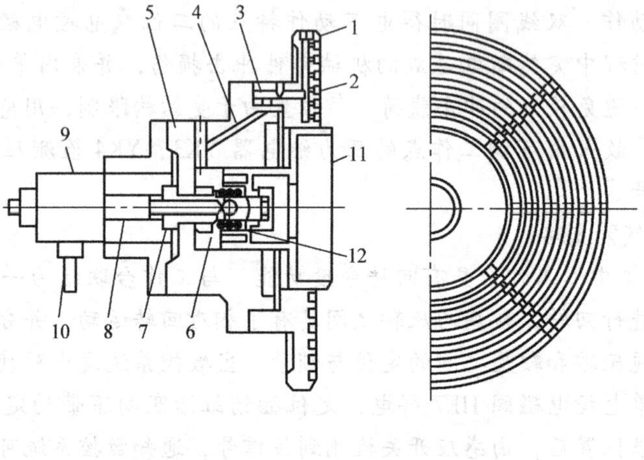

图 6-13　真空卡盘的结构简图

1—卡盘本体　2—沟槽　3—小孔　4—孔道　5—转接件　6—腔室
7—孔　8—连接管　9—转阀　10—软管　11—活塞　12—弹簧

在卡盘的前面装有吸盘，盘内形成真空，而薄的被加工件就靠大气压力被压在吸盘上以达到夹紧的目的。一般在卡盘本体 1 上开有数条圆形的沟槽 2，这些沟槽就是前面提到的吸盘。这些吸盘是通过转接件 5 的孔道 4 与小孔 3 相通，然后与卡盘体内气缸的腔室 6 相连接。另外，腔室 6 通过气缸活塞杆后部的孔 7 通向连接管 8，然后与装在主轴后面的转阀 9 相通。通过软管 10 同真空泵系统相联接，按上述的气路造成卡盘本体沟槽内的真空，以吸附工件。反之，要取下被加工的工件时，则向沟槽内通以空气。气缸腔室 6 内有时真空有时充气，所以活塞 11 有时缩进有时伸出。此活塞前端的凹窝在卡紧时起到吸附的作用，即工件被安装之前缸内腔室与大气相通，所以在弹簧 12 的作用下活塞伸出卡盘的外面。当工件被卡紧时缸内造成真空则活塞缩进。一般真空卡盘的吸力与吸盘的有效面积和吸盘内的真空度成正比例。在自动化应用时，有时要求夹紧速度要快，而夹紧速度则由真空卡盘的排气量来决定。

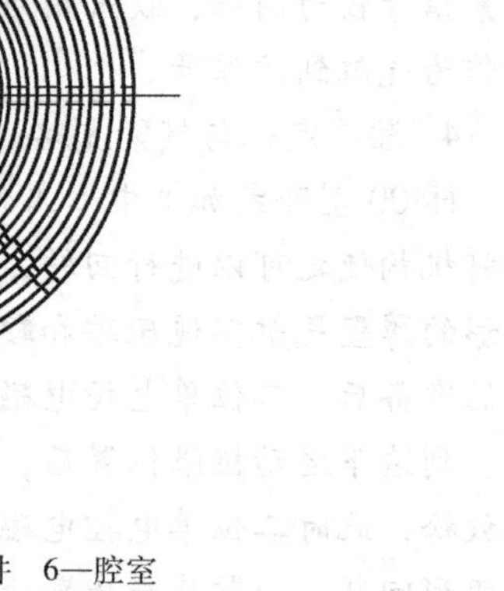

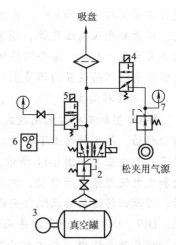

图 6-14　真空卡盘的气动回路

1、4、5—电磁阀　2—调节阀
3—真空罐　6—继电器　7—压力表

真空卡盘的夹紧与松开是由图 6-14 中电磁阀 1 的换向来进行的，即打开包括真空罐 3 在内的回路以造成吸盘内的真空，实现夹紧动作。松开时，在关闭真空回路的同时，通过电磁阀4迅速地打开气源回路，以实现真空下瞬间松开的动作。电磁阀5是用以开闭压力继电器6的回路。在夹紧的情况下此回路打开，当吸盘内真空度达到压力继电器的规定压力时，给出夹紧完了的信号。在松开的情况下，回路已换成气源的压力了，为了不损坏检测真空的压力继电器，将此回路关闭。如上所述，夹紧与松开时，通过上述的三个电磁阀自动地进行操作，而夹紧力的调节是由真空调节阀2来进行的，根据被加工工件的尺寸、形状可选择最合适的夹紧力数值。

【实例6-6】　HT6350型卧式加工中心气压系统

图6-15为该加工中心的气动原理。气压系统用于刀具或工件的夹紧、安全防护门的开关以及主轴锥孔的吹屑。气动装置的气源容易获得，工作介质不污染环境，工作速度快，动作频率高，适合于完成频繁起动的辅助工作。

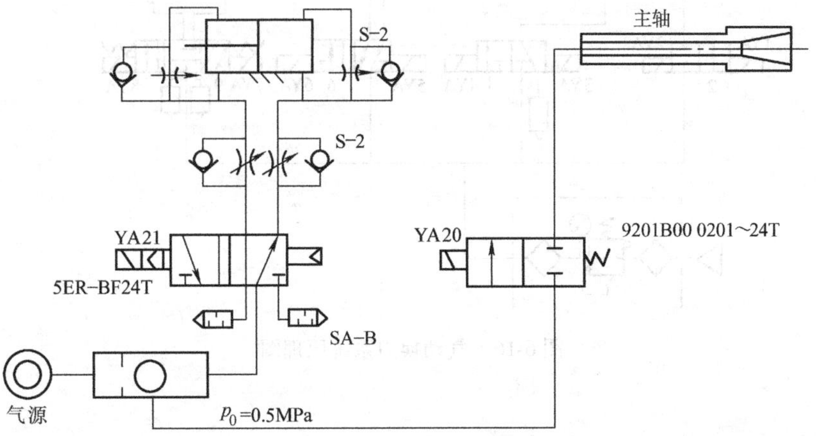

图6-15　气动原理图

【实例6-7】　数控加工中心气动换刀系统

如图6-16所示为某数控加工中心气动换刀系统原理图，该系统在换刀过程中实现主轴定位、松刀、拔刀、向主轴锥孔吹气和插刀动作。具体工作原理如下：

当数控系统发出换刀指令时，主轴停止旋转，同时4YA通电，压缩空气经气动三联件1、换向阀4、单向节流阀5进入主轴定位缸A的右腔，缸A的活塞左移，使主轴自动定位。定位后压下无触点开关，使6YA通电，压缩空气经换向阀6、快速排气阀8进入气液增压器B上腔，增压腔的高压油使活塞伸出，实现主轴松刀，同时使8YA通电，压缩空气经换向阀9、单向节流阀11进入缸C的上腔，缸C的下腔排气，活塞下移实现拔刀。由回转刀库交换刀具，同时1YA通电，压缩空气经换向阀2、单向节流阀3向主轴锥孔吹气。稍后1YA断电、2YA通电，停止吹气，8YA断电、7YA通电，压缩空气经换向阀9、单向节流阀10

进入缸C的下腔，活塞上移，实现插刀动作。6YA断电、5YA通电，压缩空气经阀6进入气液增压器B的下腔，使活塞退回，主轴的机械机构使刀具夹紧。4YA断电、3YA通电，缸A的活塞在弹簧力复位，回复到开始状态，换刀结束。

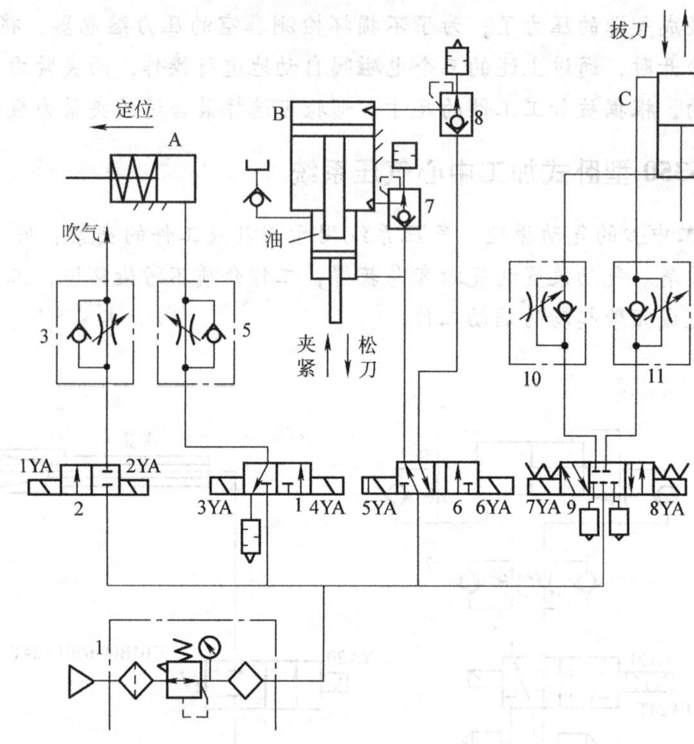

图6-16　气动换刀系统原理图

6.4　数控机床液压系统的维护和液压故障的维修

数控机床上液压系统的主要驱动对象有液压卡盘、静压导轨、液压拨叉、变速液压缸主轴箱的液压平衡油缸、液压驱动机械手和主轴上的松刀液压缸等。液压系统的维护对数控机床的正常工作十分重要。

6.4.1　液压系统的维护要点

1. 液压设备的使用维护要求

设备的正确使用与精心保养维护，可以防止机件过早磨损和遭受不应有的损坏，从而延长使用寿命。对设备进行有计划的维护修理，也可使设备经常处于良好的技术状态，发挥应有的效能。

1）按设计规定和工作要求，合理调节液压系统的工作压力和工作速度。当压力阀和调速阀调节到所要求的数值后，应将调节螺钉紧固牢靠，以防松动。对设有锁紧件的元件，调节后应把调节手柄锁住。

2）按使用说明书规定的油品牌号选用液压油，在加油之前，油液必须过滤。同时，要定期对油质进行取样化验，若发现油质不符合使用要求，则必须更换。

3）机床液压系统油液的工作温度不得超过60℃，一般应控制在35～55℃范围内。若超过规定范围，应检查原因，并予以排除。控制液压系统中油液的温升是减少能源消耗、提高系统效率的一个重要环节。一台机床的液压系统，若油温变化范围大，其后果是：①影响液压泵的吸油能力及容积效率；②系统工作不正常，压力、速度不稳定，动作不可靠；③液压元件内外泄漏增加；④加速油液的氧化变质。

4）为保证电磁阀正常工作，必须保证电压稳定，其波动值不应超过额定电压的5%～15%。

5）不准使用有缺陷的压力表或在无压力表的情况下工作或调压。

6）电气柜、电气盒、操作台和指令控制箱等应有盖子或门，不得敞开使用，以免积污。

7）当液压系统某部位产生故障时（例如油压不稳，油压太低、振动等），要及时分析原因并处理，不要勉强运转，以免造成大事故。

8）定期检查润滑管路是否完好，润滑元件是否可靠，润滑油质量是否达到要求，油量是否充足，若有异常，应及时排除。

9）经常观察蓄能器工作性能，若发现气压不足或油气混合时，应及时充气和修理。

10）经常检查和定期紧固管件接头、法兰盘等，以防松动。液压设备在工作过程中，由于冲击振动、磨损和污染等因素，会使管件松动，金属件和密封件磨损，因此必须对液压件及油箱等实行定期清洗和维修，对油液、高压软管、密封件执行定期更换制度。

11）控制液压系统泄漏极为重要，因为泄漏是液压系统常见的故障。要控制泄漏，首先是提高液压元件零部件的加工精度和元件的装配质量以及管道系统的安装质量；其次是提高密封件的质量，注意密封件的安装使用与定期更换，密封件的使用寿命，一般为一年半到两年；最后是加强日常维护。

12）定期对主要液压元件进行性能测定或实行定期更换维修制。

2. 液压设备的维护、保养规程

液压设备的操作保养，除应满足对一般机械设备的保养要求外，还有它的特殊要求，其内容如下：

1）操作者必须熟悉本设备所用的主要液压元件的作用，熟悉液压系统原理，掌握系统动作顺序。

2）操作者要经常监视液压系统工作状况，观察工作压力和速度，检查工件尺寸及刀具磨损情况，防止液压系统振动与噪声。振动会影响液压件的性能，使螺钉松动、管接头松脱，从而引起漏油。因此要防止和排除振动现象，以保证液压系统工作稳定可靠。

3）在开动设备前，应检查所有运动机构及电磁阀是否处于原始状态，检查油箱油位。若发现异常或油量不足，则不准起动液压泵电动机，并找维修人员进行处理。

4）冬季当油箱内油温未达到25℃时，各执行机构不准开始按顺序工作，而只能起动液压泵电动机使液压泵空运转。夏季工作过程中，当油箱内油温高于60°C时，要注意液压系统工作状况，并通知维修人员进行处理。

5）停机4h以上的液压设备，在开始工作前，应先起动液压泵电动机5～10min（泵进行空运转），然后才能带压力工作。

6）操作者不准损坏电气系统的互锁装置，不准用手推动电控阀，不准损坏或任意移动各操纵挡块的位置。

7）未经主管部门同意，操作者不准对各液压元件私自调节或拆换。

8）当液压系统出现故障时，操作者不准私自乱动，应立即报告维修部门。维修部门有关人员应尽快到现场，对故障原因进行分析并排除。

9）液压设备应经常保持清洁，防止灰尘、切削液、切屑、棉纱等杂物进入油箱。避免油液污染，保持油液清洁，是确保液压系统正常工作的重要措施。据统计，液压系统的故障有80%是由于油液污染引发的，油液污染还会加速液压元件的磨损。

10）严格执行日常点检制度，操作者要按设备点检卡上规定的部位和项目进行认真点检。液压系统故障存在着隐蔽性、可变性和难以判断性。因此应对液压系统的工作状态进行点检，把可能产生的故障现象记录在日检维修卡上，并将故障排除在萌芽状态，减少故障的发生。

6.4.2　维护、保养计划的安排

1. 点检

液压设备的点检，是按规定的点检项目，检查液压设备是否完好，工作是否正常，从外观进行观察，听运转声音或用简单工具、仪器进行测试，以便及早发现问题，提前进行处理，避免因突发事故而影响生产和产品质量。通过点检可以把液压系统中存在的各种不良现象排除在萌芽状态。如点检中发现泵打不上油或油液变质等问题，可以及时排除。通过点检还可以为设备维护提供第一手资料，从中可以确定修理项目，安排检修计划，并可以从这些资料中找出液压系统产生故障的规律，以及油液、密封件和液压元件的使用寿命和更换周期。液压设备点检的主要内容如下：

1）各液压阀、液压缸及管接头处是否有外漏。

2）液压泵或液压马达运转时是否有异常噪声等现象。

3）液压缸移动时工作是否正常平稳。

4）液压系统的各测压点压力是否在规定的范围内，压力是否稳定。

5）油液的温度是否在允许的范围内。

6）液压系统工作时有无高频振动。

7）电气控制或撞块（凸轮）控制的换向阀工作是否灵敏可靠。

8）油箱内油量是否在油标刻线范围内。

9）行程开关或限位挡块的位置是否有变动，固定螺钉是否牢固可靠。

10）液压系统手动或自动工作循环时是否有异常现象。

11）定期对油箱内的油液进行取样化验，检查油液质量，定期过滤或更换油液。

12）定期检查蓄能器工作性能。

13）定期检查冷却器和加热器的工作性能。

14）定期检查和紧固重要部位的螺钉、螺母、接头和法兰螺钉。

15）定期检查、更换密封件。

16）定期检查、清洗或更换液压件。

17）定期检查、清洗或更换滤芯。

18）定期检查、清洗油箱和管道。

点检的方法是听、看、试。检查结果可以用四种符号表示：完好“✓”，异常“△”，待修“×”和修好“⊗”，并记在点检卡内，见表 6-4。

表 6-4　点检维修卡

设备编号：　　　　型号：　　　　年　　月

	点检内容	1	2	3		点检内容	1	2	3
1					11				
2					12				
3					13				
4					14				
5					15				
6					16				
7					17				
8					18				
9					19				
10					20				
点检方法	机				点检方法	机			
	电					电			
	液					液			
	润					润			
处理意见					处理意见				

注：完好“✓”，异常“△”，待修“×”和修好“⊗”。

2. 维护检修周期表（见表 6-5）

表 6-5　维护检修周期表

检修重点与检修项目	维护、检修周期	检修方法与检修目的
泵的声音异常	1 次/日	听检。检查油中混入空气和滤网堵塞情况；检查异常磨损等
泵的吸入真空度	1 次/3 个月	靠近吸油口安装真空计，检查滤网堵塞情况
泵壳温度	1 次/3 个月	检查内部机件的异常磨耗；检查轴承是否烧坏等
泵的输出压力	1 次/3 个月	检查异常磨耗

（续）

检修重点与检修项目	维护、检修周期	检修方法与检修目的
联轴器声音异常	1次/1个月	听检。检查异常磨耗和定心的变化
清除过滤网的附着物	1次/3个月	用溶剂冲洗，或从内侧吹风清除
液压马达的声音异常	1次/3个月	听检。检查异常磨耗等
各个压力计指示情况	1次/6个月	查明各机件工作不正常情况和异常磨耗等。压力表指针的异常摆动也要检查、校正
液压执行部件的运动速度	1次/6个月	查明各工作部件的动作不良情况以及异常磨耗引起的内部漏油增大情况等
液压设备循环时间和泵卸荷时间的测定	1次/6个月	查明各工作机构的动作不良情况以及异常磨耗引起的内部漏油增大情况等
轴承温度	1次/6个月	轴承的异常磨损
蓄能器的封入压力	1次/3个月	如压力不足，则应用肥皂水检查，有无泄漏等情况
压力表、温度计和计时器等的校正	1次/年	与标准仪表作比较校正
胶管类检查	1次/6个月	查明破损情况
各元件和管道及密封件	1次/3个月	检查各密封处的密封状态
液压泵的轴封、液压缸活塞杆的密封、漏油情况	1次/6个月	检查各密封处的密封状态
各元件安装螺栓和管道支承松动情况	1次/1个月	检查振动特别大的装置更为重要
全部液压设备	1次/1年	各元件和执行部件拆卸、清洗，冲洗管道
工作油液一般性能和油的污染状态	1次/3个月	如不合标准，则应予更换
油温	1次/日	超出规定值，应即查明原因并进行修理
油箱内油面位置	1次/月	油面低于标记时应加油，并查明漏油处所
测定电源电压	1次/3个月	因电压有异常变动，会烧坏电气元件和电磁阀，还有可能导致绝缘不良等
测定电气系统的绝缘阻抗	1次/年	如阻抗低于规定值，应对电动机、线路、电磁阀和限位开关等进行逐项检查

6.4.3 液压系统常见故障的特征

设备调试阶段的故障率较高，存在问题较为复杂，其特征是设计、制造、安装以及管理等问题交织在一起。除机械、电气问题外，一般液压系统常见故障有：

1）接头联接处泄漏。

2）运动速度不稳定。

3）阀芯卡死或运动不灵活，造成执行机构动作失灵。

4）阻尼小孔被堵，造成系统压力不稳定或压力调不上去。

5）阀类元件漏装弹簧或密封件，或管道接错而使动作混乱。

6）设计、选择不当，使系统发热或动作不协调，位置精度达不到要求。

7）液压件加工或安装质量差，造成阀类动作不灵活。

8）长期工作，密封件老化以及易损元件磨损等，造成系统中内外泄漏量增加，系统效率明显下降。

6.4.4 液压元件常见的故障及排除

1. 液压泵故障

液压泵主要有齿轮泵、叶片泵等，下面以齿轮泵为例介绍故障及其诊断。齿轮泵最常见的故障是泵体与齿轮的磨损、泵体的裂纹和机械损伤。出现以上情况一般必须大修或更换零件。

在机器运行过程中，齿轮泵常见的故障有噪声严重及压力波动；输油量不足；液压泵不正常或有咬死现象。

（1）噪声严重及压力波动可能原因及排除方法

1）泵的过滤器被污物阻塞不能起滤油作用，应用干净的清洗油将过滤器去除污物。

2）油位不足，吸油位置太高，吸油管露出油面，应加油到油标位，降低吸油位置。

3）泵体与泵盖的两侧没有加纸垫；泵体与泵盖不垂直密封；旋转时吸入空气；泵体与泵盖间加入纸垫；泵体用金刚砂在平板上研磨，使泵体与泵盖垂直度误差不超过0.005mm，紧固泵体与泵盖的联接，不得有泄漏现象。

4）泵的主动轴与电动机联轴器不同心，有扭曲摩擦，应调整泵与电动机联轴器的同心度误差，使其不超过0.2mm。

5）泵齿轮的啮合精度不够，应对研齿轮达到齿轮啮合精度。

6）泵轴的油封骨架脱落，泵体不密封，应更换合格泵轴油封。

（2）输油不足的可能原因及排除方法

1）轴向间隙与径向间隙过大。齿轮泵的齿轮两侧端面在旋转过程中与轴承座圈产生相对运动会造成磨损，轴向间隙和径向间隙过大时必须更换零件。

2）泵体裂纹与气孔泄漏现象。泵体出现裂纹时需要更换泵体，泵体与泵盖间加入纸垫，紧固各联接处螺钉。

3）油液黏度太高或油温过高。用全损耗系统用油合适的温度，一般20号全损耗系统用油适用于10～50℃，如果三班工作，应装冷却装置。

4）电动机反转，应纠正电动机旋转方向。

5）过滤器有污物，管道不畅通，应清除污物，更换油液，保持油液清洁。

6）压力阀失灵，应修理或更换压力阀。

（3）液压泵运转不正常或有咬死现象的可能原因及排除方法

1）泵轴向间隙及径向间隙过小，应更换零件或调整间隙。

2）滚针转动不灵活，应更换滚针轴承。

3）盖板和轴的同心度不好，应更换盖板，使其与轴同心，调整轴向或径向间隙。

4）压力阀失灵，应检查压力阀弹簧是否失灵，阀体小孔是否被污物堵塞，滑阀和阀体是否失灵；更换弹簧，清除阀体小孔污物或更换滑阀。

5）泵和电动机间联轴器同心度不够，应调整泵轴与电动机联轴器同心度，使其误差不超过0.20mm。

6）泵中有杂质，可能在装配时有切屑遗留，或油液中吸入杂质；用细铜丝网过滤全损耗系统用油，去除污物。

2. 整体多路阀常见故障的可能原因及排除方法

（1）工作压力不足

1）溢流阀调定压力偏低，应调整溢流阀压力。

2）溢流阀的滑阀卡死，应拆开清洗，重新组装。

3）调压弹簧损坏，应更换新产品。

4）系统管路压力损失太大，应更换管路，或在许用压力范围内调整溢流阀压力。

（2）工作油量不足

1）系统供油不足，应检查油源。

2）阀内泄漏量大，作如下处理：如油温过高，黏度下降，则应采取降低油温措施；油液选择不当，则应更换油液；如滑阀与阀体配合间隙过大，则应更换新产品。

（3）复位失灵　复位弹簧损坏与变形，更换新产品。

（4）外泄漏

1）Y形圈损坏，更换Y形圈。

2）油口安装法兰面密封不良，检查相应部位的紧固和密封。

3）各结合面紧固螺钉、调压螺钉的锁紧螺母松动或堵塞，紧固相应部件。

3. 电磁换向阀常见故障的可能原因和排除方法

（1）滑阀动作不灵活

1）滑阀被拉坏，应拆开清洗，或修整滑阀与阀孔的毛刺及拉坏表面。

2）阀体变形，应调整安装螺钉的压紧力，安装力矩不得大于规定值。

3）复位弹簧折断，应更换弹簧。

（2）电磁线圈烧损

1）线圈绝缘不良，应更换电磁铁。

2）电压太低，使用电压应在额定电压的90%以上。

3）工作压力和流量超过规定值，应调整工作压力，或采用性能更高的阀。

4）回油压力过高，检查背压，应在规定值16MPa以下。

4. 液压缸故障及排除方法

（1）外部漏油

1）活塞杆碰伤拉毛用极细的砂纸或油石修磨，不能修的，更换新件。

2）防尘密封圈被挤出，应拆开检查，重新更新。

3）活塞和活塞杆上的密封件磨损与损伤，应更换新密封件。

4）液压缸安装时定心不良，使活塞杆伸出困难：拆下来检查安装位置是否符合要求。

（2）活塞杆爬行和蠕动

1）液压缸内进入空气或油中有气泡，应松开接头，将空气排出。

2）液压缸的安装位置偏移，在安装时必须检查，使之与主机运动方向平行。

3）活塞杆全长和局部弯曲，活塞杆全长校正，其直线度误差应小于等于0.03/100mm；或更换活塞。

【实例6-8】　速度控制回路的故障维修

故障现象：速度控制回路中速度不稳定。

分析及处理过程：节流阀前后压差小致使速度不稳定，在图6-17所示的系统中，液压泵为定量泵，属于进口节流调速系统，采用三位四通电动换向阀，中位机能为O型。系统回油路上设置单向阀以起背压阀作用。系统的故障是液压缸推动负载运动时，运动速度达不到调定值。经检查，系统中各元件工作正常，油液温度属正常范围。但发现溢流阀的调节压力只比液压缸工作压力高0.3MPa，压力差值偏小，即溢流阀的调节压力较低，再加上回路中，油液通过换向阀的压力损失为0.2MPa，这样造成节流阀前后压差值低于0.2～0.3MPa，致使通过节流阀的流量达不到设计要求的数值，于是液压缸的运动速度就不可能达到调定值。提高溢流阀的调节压力，使节流阀的前后压差达到合理压力值后，故障消除。

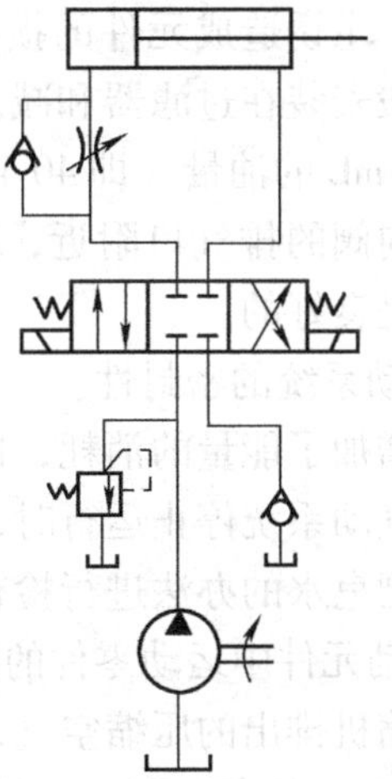
图6-17　进口节流调速回路示意图

【实例6-9】　方向控制回路的故障维修

故障现象：方向控制回路中滑阀没有完全回位。

分析及处理过程：在方向控制回路中，换向阀的滑阀因回位阻力增大而没有完全回位是最常见的故障，将造成液压缸回程速度变慢。排除故障首先应更换合格的弹簧：如果是由于滑阀精度差，而使径向卡紧，应对滑阀进行修磨或重新配制。一般阀芯的圆度和锥度公差为0.003～0.005mm，最好使阀芯有微量的锥度，并使它的大端在低压腔一边，这样可以自动减小偏心量，从而减小摩擦力，减小或避免径向卡紧力。引起卡紧的原因还可能有脏物进入滑阀缝隙中而使阀芯移动困难：间隙配合过小，以致当油温升高时阀芯膨胀而卡死；电磁铁推杆的密封圈处阻力过大，以及安装紧固电动阀时使阀孔变形等。找到卡紧的原因，故障就好排除了。

6.5　数控机床气动系统的维护和气压故障的维修

6.5.1　气动系统维护的要点

1. 保证供给洁净的压缩空气

压缩空气中通常都含有水分、油分和粉尘等杂质。水分会使管道、阀和气缸腐蚀；油分会使橡胶、塑料和密封材料变质；粉尘造成阀体动作失灵。选用合适的过滤器，可以清除压缩空气中的杂质，使用过滤器时应及时排除积存的液体，否则，当积存液体接近挡水板时，气流仍可将积存物卷起。

2. 保证空气中含有适量的润滑油

大多数气动执行元件和控制元件都要求适度的润滑。如果润滑不良将会发生以下故障：①由于摩擦阻力增大则造成气缸推力不足，阀芯动作失灵；②由于密封材料的磨损而造成空气泄漏；③由于生锈造成元件的损伤及动作失灵。润滑的方法一般采用油雾器进行喷雾润滑，油雾器一般安装在过滤器和减压阀之后。油雾器的供油量一般不宜过多，通常每 $10m^3$ 的自由空气供 1mL 的油量（即 40 到 50 滴油）。检查润滑是否良好的一个方法是找一张清洁的白纸放在换向阀的排气口附近，如果阀在工作三到四个循环后，白纸上只有很轻的斑点时，表明润滑是良好的。

3. 保持气动系统的密封性

漏气不仅增加了能量的消耗，也会导致供气压力的下降，甚至造成气动元件工作失常。严重的漏气在气动系统停止运行时，由漏气引起的响声很容易发现；轻微的漏气则应利用仪表，或用涂抹肥皂水的办法进行检查。

4. 保证气动元件中运动零件的灵敏性

从空气压缩机排出的压缩空气，包含有粒度为 0.01～0.8μm 的压缩机油微粒，在排气温度为 120～220°C 的高温下，这些油粒会迅速氧化，氧化后油粒颜色变深，黏性增大，并逐步由液态固化成油泥。这种微米级以下的颗粒，一般过滤器无法滤除。当它们进入到换向阀后便附着在阀芯上，使阀的灵敏度逐步降低，甚至出现动作失灵。为了清除油泥，保证灵敏度，可在气动系统的过滤器之后，安装油雾分离器，将油泥分离出来。此外，定期清洗阀也可以保证阀的灵敏度。

5. 保证气动装置具有合适的工作压力和运动速度

调节工作压力时，压力表应当工作可靠，读数准确。减压阀与节流阀调节好后，必须紧固调压阀盖或锁紧螺母，防止松动。

6.5.2　气动系统的点检与定检

1. 管路系统点检

主要内容是对冷凝水和润滑油的管理。冷凝水的排放一般应当在气动装置运行之前进行，但是当夜间温度低于0℃时，为防止冷凝水冻结，气动装置运行结束后，就应开启放水阀门将冷凝水排出。补充润滑油时，要检查油雾器中油的质量和滴油量是否符合要求。此外，点检还应包括检查供气压力是否正常、有无漏气现象等。

2. 气动元件的定检

主要内容是彻底处理系统的漏气现象，如更换密封元件、处理管接头或联接螺钉的松动等，定期检验测量仪表、安全阀和压力继电器等。气动元件的定检见表 6-6。

表 6-6　气动元件的定检

元件名称	定检内容
气缸	1. 活塞杆与端盖之间是否漏气 2. 活塞杆是否划伤、变形 3. 管接头、配管是否松动、损伤 4. 气缸动作时有无异常声音 5. 缓冲效果是否合乎要求
电磁阀	1. 电磁阀外壳温度是否过高 2. 电磁阀动作时，阀芯工作是否正常 3. 气缸行程到末端时，通过检查阀的排气口是否有漏气来确诊电磁阀是否漏气 4. 紧固螺栓及管接头是否松动 5. 电压是否正常，电线有否损伤 6. 通过检查排气口是否被油润湿，或排气是否会在白纸上留下油雾斑点来判断润滑是否正常
油雾器	油杯内油量是否足够，润滑油是否变色、混浊，油杯底部是否沉积有灰尘和水
减压阀	1. 压力表读数是否在规定范围内 2. 调压阀盖或锁紧螺母是否锁紧 3. 有无漏气
过滤器	1. 储水杯中是否积存冷凝水 2. 滤芯是否应该清洗或更换 3. 冷凝水排放阀动作是否可靠
安全阀及压力继电器	1. 在调定压力下动作是否可靠 2. 校验合格后，是否有铅封或锁紧 3. 电线是否损伤，绝缘是否合格

【实例 6-10】　TH5840 型立式加工中心刀柄和主轴的故障及维修

故障现象：TH5840 型立式加工中心换刀时，主轴锥孔吹气，把含有铁锈的水分子吹出附着在主轴锥孔和刀柄上，刀柄和主轴接触不良。

分析及处理过程：TH5840 型立式加工中心气动控制原理图如图 6-18 所示。故障产生的原因是压缩空气中含有水分。如采用空气干燥机，使用干燥后的压缩空气，问题即可解决。若受条件限制，没有空气干燥机，也可在主轴锥孔吹气的管路上进行两次分水过滤，设置自动放水装置，并对气路中相关零件进行防锈处理，故障即可排除。

【实例 6-11】 TH5840 型立式加工中心松刀动作缓慢的故障及维修

故障现象：TH5840 型立式加工中心换刀时，主轴松刀动作缓慢。

分析及处理过程：根据图 6-18 所示的气动控制原理图分析，主轴松刀动作缓慢的原因有：①气动系统压力太低或流量不足；②机床主轴拉刀系统有故障，如碟形弹簧破损等；③主轴松刀气缸有故障。根据分析，首先检查气动系统的压力，压力表显示气压为 0.6MPa，压力正常；将机床操作转为手动，手动控制主轴松刀，发现系统压力下降明显，气缸的活塞杆缓慢伸出，故判定气缸内部漏气。拆下气缸，打开端盖，压出活塞和活塞环，发现密封环破损，气缸内壁拉毛。更换新的气缸后，故障排除。

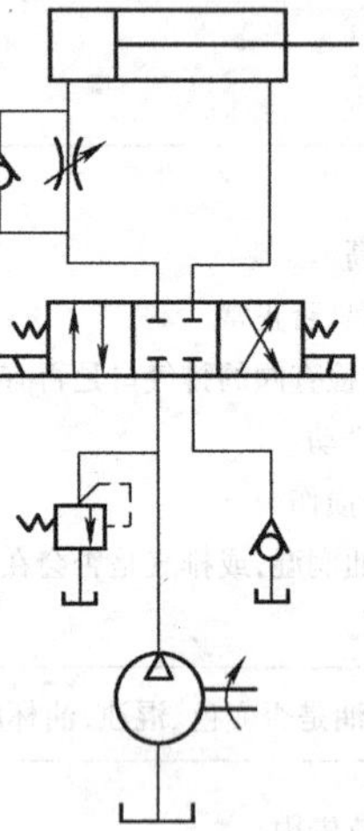

图 6-18 TH5840 型立式加工中心气动控制原理图

技能实训题

数控机床齿轮泵的拆装实验

1. 实验目的

（1）掌握齿轮泵的内部结构。

（2）掌握齿轮泵的工作原理。

（3）学习齿轮泵的拆卸及安装方法。

2. 实验内容

（1）齿轮泵

1）指出密封工作容积。

2）分析工作原理。

3）确定齿轮泵内泄漏的 3 个部位：轴向泄漏、径向泄漏、啮合线泄漏。

4）分析泄漏油的去向。

5）指出齿轮泵的卸荷槽。

注：为消除困油现象，在前、后端盖上各铣两个卸荷槽。不同的泵，卸荷槽的大小和形状不一样，特别是两槽之间的距离，要仔细观察、比较。

（2）注意事项

1）要有顺序地放置拆卸零件，以免混淆。

2）不要乱用工具。

3）拆卸、观察完毕后，应按原样复原。

3. 思考题

1）齿轮泵的旋转方向与吸、压油口的位置怎样？

2）简述齿轮泵的工作原理。

3）齿轮泵是怎样解决困油问题和径向力不平衡问题的？通过观察油泵的结构加以说明。

液压系统基本回路的搭接

1. 实验目的

1）熟悉常用液压元件的结构、性能及用途。

2）学习正确搭接液压系统基本回路。

3）正确分析各种基本回路的工作原理，掌握基本回路的组成、功能。

2. 实验内容

（1）方向控制回路

1）用手动换向阀的换向回路。

2）用O型机能换向阀的闭锁回路。

3）用液控单向阀的闭锁回路。

（2）压力控制回路

1）压力调定回路。

2）二级压力控制回路。

3）用减压阀的减压回路。

4）用增压卸的增压回路。

5）用换向阀的卸载回路。

（3）速度控制回路

1）调速回路

①进油节流调速回路。

②回油节流调速回路。

③容积调速回路（变量泵调速回路）。

④容积、节流复合调速回路（用变量泵调速阀组成的复合调速回路）。

2）速度换接回路。

①流量阀短接的速度换接回路。

②二次进给回路。

3. 实验步骤

1）从方向控制回路、压力控制回路、速度控制回路中各选择2~3种回路，分析其工作原理，绘出所要搭接回路的液压系统图。

2）识别常用液压元件，并了解其结构、用途。

3）利用液压元件，参照回路图进行基本回路搭接。

4）调试回路，观察并分析此搭接回路的工作过程及原理。

4. 思考题

给出 MJ-50 型数控车床液压系统图，并分析其工作原理。

本 章 小 结

（1）液压与气压传动的工作原理及组成，它一般是由动力装置、执行装置、控制与调节装置、辅助装置、传动介质五个部分组成的。

（2）液压与气压传动的主要元件为液压泵、空气压缩机、液压电机和电机马达、动力缸、控制阀等。

（3）典型压力控制回路、速度控制回路、方向控制回路的组成及原理。

（4）MJ-50 型数控车床液压系统、VP1050 型加工中心液压系统和 TH6350 型卧式加工中心液压系统的组成及原理。

（5）HT400 型卧式加工中心气动系统、数控车床用真空卡盘气动系统、HT6350 型卧式加工中心气压系统和数控加工中心气动换刀系统的组成及原理。

（6）数控机床上液压与气压系统的一般维护和故障维修常识。

思考与练习题

1. 判断题

（1）溢流阀在液压系统中通常有定压、限压、卸荷作用。（　　）

（2）压力控制阀有溢流阀、顺序阀、减压阀等类型。（　　）

（3）液压泵是液压系统的执行元件。（　　）

2. 简答题

（1）数控机床的液压与气压传动系统一般由哪几部分组成？

（2）与其他传动相比，液压与气压传动有何特点？

（3）简述齿轮泵的工作原理。

（4）简述空气压缩机的工作原理。

（5）什么是滑阀的“位”、“通”？

（6）简述 TND360 型机床的尾座液压系统部分是如何工作的。

（7）机床上有哪几种润滑形式？它们各有什么特点？

（8）数控机床上定时定量润滑是如何实现的？

（9）液压泵完成吸油和压油，需具备什么条件？

（10）限压式变量叶片泵的限定压力和最大流量如何调节？

（11）如图 6-19 所示，三个液压缸筒和活塞杆的直径都是 D 和 d，当输入压力油的流量都是 g 时，试说明各缸筒的移动速度、移动方向和活塞杆的受力情况。

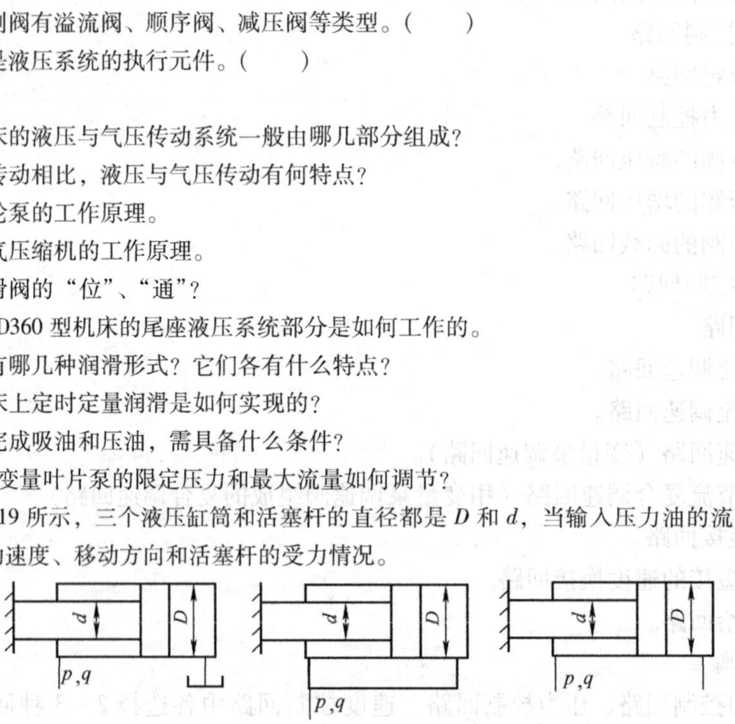

图　6-19

3. 计算题

如图 6-20 所示的液压系统，各溢流阀的调整压力分别为 $p_1 = 7\text{MPa}$，$p_2 = 5\text{MPa}$，$p_3 = 3\text{MPa}$，$p_4 = 2\text{MPa}$，

当系统的负载趋于无穷大时，电磁铁在通电和断电的情况下，液压泵出口压力各为多少？

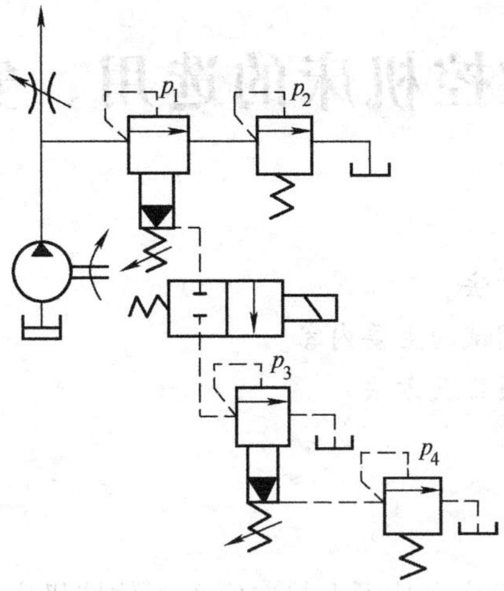

图　6-20

第 7 章　数控机床的选用、安装和验收

学习目的与要求

- 了解数控机床的选用方法。
- 熟悉数控机床安装、调试的主要内容。
- 了解数控机床的验收项目及方法。

7.1　数控机床的选用

21 世纪以来，随着数控机床在技术上趋向完善，数控机床广泛地应用在工业生产各个领域，并在发展国民经济中发挥着重要的作用。数控机床确实具有普通机床所不具备的许多优点，目前如何从品种繁多、价格昂贵的设备中选择适用的设备，如何使这些设备在制造中充分发挥作用而且又能满足企业以后的发展，如何正确、合理地选购与主机配套的附件、工具、软件技术、售后技术服务等，已成为广大用户十分关注的问题。

选用数控机床时应考虑的主要因素有以下几个方面：

1. 典型零件的确定与机床的选择

由于数控机床的类型、规格繁多，不同类型的数控机床都有其不同的使用范围和要求，只有在一定条件下加工一定的工件，才能达到最佳的效果。因此，在选购数控机床时首先要明确被加工对象，即确定典型零件。

每一种数控机床都有其最佳典型零件的加工，例如：加工箱体类——箱体、泵体、壳体等零件，则应选用卧式加工中心；加工板类——箱盖、壳体和平面凸轮等零件，则应选用立式加工中心或数控铣床。当工件只需要钻削或铣削时，就不要购买加工中心；能用数控车床加工的零件就不要用车削中心；能用三轴联动的机床加工零件就不要选用四轴、五轴联动的机床。总之，选择数控机床应紧紧围绕本企业的实际需要，功能上以够用为度，尽可能做到不闲置、不浪费，在投资增加不多的情况下可适当考虑发展余地，但不要盲目追求“高、精、尖”，以免造成财力的浪费。

2. 数控机床规格的选择

应结合确定的典型零件尺寸，选用相应的数控机床规格以满足加工典型零件的需要。数控机床的主要规格包括工作台面的尺寸、坐标轴数及行程范围、主轴电动机功率和切削力矩等。选用工作台面尺寸一般应大于工件的最大轮廓尺寸，保证工件在其上能顺利找正及安装；各坐标轴行程应满足加工时进刀、退刀的要求；工件和夹具的总重量不能大于工作台的额定负载。例如，450mm × 600mm × 450mm 的箱体，应选用工作台面尺寸 800mm × 500mm 的加工中心。其 X 轴行程约为 850mm，Y 轴行程约为 650mm，Z 轴行程约为 600mm，这样就可以满足零件的加工要求。因此，工作台面的大小基本上确定了加工空间的大小。个别情况下也允许零件尺寸大于坐标行程，这时必须要求零件上的加工区域在行程范围之内，而且要考虑机床工作台的允许承载能力，以及零件是否与机床交换刀具的空间干涉、与机床防护

罩等附件发生干涉等系列问题。

数控机床的主轴电动机功率一般情况下反映了数控机床的切削效率和切削时的刚性。在现代数控机床中一般加工中心都配置了功率较大的直流或交流高速电动机，可用于高速切削。但在低速切削中转矩受到一定限制，这是由于调速电动机在低速时功率输出下降造成的。因此，当需要加工大直径和余量很大的零件时（如镗削），必须对低速转矩进行校核以满足切削的要求。

3. 数控机床精度的选择

选择数控机床的精度等级应根据典型零件关键部位加工精度的要求来决定。影响机械加工精度的因素很多，如机床的制造精度、插补精度、伺服系统的随动精度以及切削温度、切削力、各种磨损等。而用户在选用机床时，主要应考虑综合加工精度是否能满足加工要求。

目前，世界各国都制订了数控机床的精度标准。机床生产厂商在数控机床出厂前大都按照相应标准进行了严格的控制和检验。实际上机床制造精度都是很高的。实际精度均有相当的储备量，即实际允差比标准的允差大约压缩 20%。在诸项精度标准中，人们最关心的是定位精度、重复定位精度，对于加工中心和数控铣床，还有一项铣圆精度。依此三项精度值，可将数控机床分为普通型和精密型。表 7-1 为加工中心的精度比较。

表 7-1　加工中心的精度比较

精度指标 \ 机床类型	普通型	精密型
直线定位精度	±0.01mm/全程	±0.005mm/全程
重复定位精度	±0.006mm	±0.002mm
铣圆精度	0.03～0.04mm	0.02mm

（1）机床定位精度和重复定位精度

1）定位精度是指数控机床工作台或其他运动部件，实际运动位置与指令位置的一致程度，其不一致的差量即为定位误差。引起定位误差的因素包括伺服系统、检测系统、进给系统误差，以及运动部件导轨的几何误差等。定位误差直接影响加工零件的尺寸精度。

2）重复定位精度是指在相同的操作方法和条件下，在完成规定操作次数过程中得到结果的一致程度。它反映了该轴在有效行程内任意定位点的定位稳定性，这是衡量该数控轴能否稳定、可靠工作的基本指标。加工中心数控系统的软件功能比较丰富，它可以对控制轴的螺距误差进行补偿和反向间隙补偿，也可对进给传动链上各环节的系统误差稳定地进行补偿。各轴的积累误差与丝杠螺距积累误差有直接关系，可以用控制系统螺距补偿功能来补偿。进给传动链中反向死区（也称为反向矢动量）也可用反向间隙补偿功能来补偿。例如，一个数控坐标轴正向给予的运动指令移动 20mm，实际测量距离为 19.985mm，由于它没有达到规定值，因此，可称反向死区（矢动量）为 0.015mm，由数控系统给予补偿 0.015mm 的运动量，便可使坐标移到规定的数值。

（2）铣圆精度

1）铣圆精度综合反映了机床两轴联动时，伺服运动特性和控制系统的插补功能。对加工中心、数控铣床来说，铣圆精度反映了工件轮廓加工（如加工凸轮、模具型腔等）所能达到的最好加工精度。对于大直径的圆柱面、大圆弧面，可在具有这种功能的机床上采用高性能的立铣刀对其进行加工，能达到较好效果。

2）测定铣圆精度的方法：用立铣刀先铣一个标准圆柱试件，中小型机床的试件直径为200～300mm，大型机床则相应增大测试件的直径。加工完毕后，用圆度仪测量该圆柱的轮廓线，绘出轮廓线的最大包络圆和最小包络圆，其二者的差值即为该圆柱面的圆度精度。用户在选择购买机床时，可根据典型零件的加工要求，阅读有关机床出厂检验单的内容，有助于判断所选用机床的该项指标性能，做到“有的放矢”。

4. 数控系统的选择

数控技术经过半个世纪的发展，世界上数控系统的种类、规格非常多。机床制造商往往提供同一种机床可配置多种数控的选择或数控系统中多种功能的选择。目前世界上比较著名的数控系统有日本的FANUC系统、德国的SIEMENS系统、法国的NUM系统、意大利的FIDIA系统、西班牙的FAGOR系统、美国的A-B系统等。各大机床制造厂商也有自己的一些系统，如MAZAK、OKUMA等。国内也有华中科技大学、航天集团、机电集团、南京大方集团等数控系统供应商，每家公司也都有一系列各种规格的产品。为了使数控系统与机床相匹配，在选择数控系统时可遵循以下几条原则：

（1）根据数控机床类型选择相应的数控系统　一般来说，不同的机型设备适合配置不同型号的数控系统，数控钻、镗、冲压等机床的数控系统只需点位或直线控制系统，而数控车床则需两轴联动的轮廓控制数控系统，数控铣床一般需三轴两联动的轮廓控制数控系统。

（2）根据加工精度的需要选择数控系统　数控机床的加工精度较高，但随着机床精度的提高，机床的制造成本也会大大地提高，因此要恰当地选择机床精度和与之相配套的数控系统。对于精度要求不高的经济型数控机床（尤其是数控钻床、数控冲床），可采用步进电动机驱动的开环系统，分辨率可达0.01mm；而对于精度要求较高的数控镗铣床，可采用交、直流伺服电动机驱动的半闭环系统，分辨率可达0.001mm；如果零件的加工精度要求很高，则应考虑闭环系统的数控机床，真正做到物尽其用。

（3）根据数控机床的设计指标选择数控系统　在可供选择的数控系统中，其性能高低差别很大。如FANUC公司生产的15系统，它的最高切削进给速度可达240m/min，而FANUC 0系统，只能达到24m/min。它们的价格也相差数倍。如果设计的是一般数控机床，最高进给速度为20m/min左右，那么选择FANUC 0系统就可以了。因此，不能片面地追求高水平、新系统，而应该对性能和价格等作一综合分析，选用适合的系统。

（4）根据数控机床的性能选择数控系统功能　一个数控系统具有许多功能可供选择。有些属于基本功能，如冷却防护装置、排屑装置、主轴温控装置等；有些属于选择性功能，只有当用户特定选择了这些功能之后才能提供的。数控系统生产厂商对系统的定价往往是具备基本功能的系统较便宜，而选择功能却较昂贵。所以，对选择功能一定要根据机床性能的需要来选择。

（5）选择数控系统应尽量集中购买少数几家公司的产品　因为每一家公司生产的数控系统都需要有相应的操作者、维修者、维修备件、外联维修网络等一系列技术后勤支持条件，所以相对集中地购买少数几家公司的数控系统对以后长期使用和维修是有利的。

（6）订购数控系统时要考虑周全　订购时应把所需的系统功能一起考虑，不能遗漏，对于那些价格增加不多，但对使用会带来方便的功能，应当配置齐全，保证机床到位后可立即投入生产使用，切忌因漏订了一些功能而使机床功能降低或无法使用。另外，用户选用数控机床及系统、种类不宜过多、过杂，否则会给使用、维修带来极大困难。

当前，数控系统的功能和附属装置发展很迅速，如自动测量装置、刀具监测系统、切削状态监测装置、温度监控装置、自适应控制装置、各种故障诊断装置等大量出现。选用适当附件配合主机发挥出大的效能是可取的，因为增加某种附件对提高加工质量和增加加工的可靠性大有益处。

5. 数控机床驱动电动机的选择

机床的驱动电动机包括主轴电动机和进给伺服电动机两大类。

（1）进给驱动伺服电动机的选择　原则上应根据负载条件来选择伺服电动机。在电动机轴上所加的负载有两种，即负载转矩和负载惯量转矩。对这两种负载都要正确计算，其值应满足下述条件：

1）当机床做空载运行时，在整个速度范围内，加在伺服电动机轴上的负载转矩应在电动机连续额定转矩范围之内，即应在转矩—速度特性曲线的连续工作区。

2）最大负载转矩、加载周期以及过载时间都应在提供的特性曲线的允许范围以内。

3）电动机在加速或减速过程的转矩应在加减速区（或间断工作区）之内。

4）对要求频繁起动、制动以及周期性变化的负载，必须检查它在一个周期中的转矩均方根值，应小于电动机的连续额定转矩。

5）加在电动机轴上的负载惯量大小对电动机的灵敏度和整个伺服系统精度惯量达到甚至超过转子惯量的3倍时，会使灵敏度和响应时间受到很大影响，甚至会使伺服放大器不能在正常调节范围内工作，所以对这类惯量应避免使用。

（2）主轴电动机的选择　应按下列几条原则综合考虑来选择主轴电动机的功率：

1）所选电动机应能满足机床设计的切削功率的要求。

2）根据要求的主轴加减速时间计算出的电动机功率不应超过电动机的最大输出功率。

3）在要求主轴频繁起动、制动的场合，必须计算出平均功率，其值不能超过电动机连续额定输出功率。

4）在要求恒表面速度控制的场合，则恒表面速度控制所需的切削功率和加速所需功率这两者之和应在电动机能够提供的功率范围之内。

6. 自动换刀装备（ATC）、自动交换工作台（APC）和刀柄的选择配置

（1）ATC的选择　自动换刀装置（ATC）的工作质量直接影响到数控机床投入使用的质量，ATC的主要质量指标为换刀时间和故障率。据统计，加工中心有50%以上的故障与ATC的状况有关。通常对ATC的投资占整机投资的30%～50%，为了降低总投资，在满足使用需要的前提下，尽量选用结构简单和可靠性高的ATC。在具备综合加工能力的一些数控机床上，如加工中心、车削中心和带交换冲头的数控冲床等，自动交换装置是这些设备的基本特征附件，它的工作质量直接关系到整机的质量。因此，在选择主机设备时必须得重视所配ATC自动换刀装置的工作质量和刀具储存量。目前加工中心自动换刀装置的配套较为规范，下面以加工中心的ATC装置为例来说明其选择原则。

1）刀柄型号。刀柄型号取决于机床主轴装刀柄孔的规格。现在绝大多数加工中心的机

床主轴孔都是采用ISO规定的7:24锥孔，常用的有40号、45号、50号等，个别的还有30号和35号。机床规格越小，刀柄规格也应选小些，但小规格的刀柄对加工大尺寸孔和长孔很不利，所以对一台机床来说，如果有大规格的刀柄可选择时，应该尽量选择大的，但刀库容量和换刀时间都要受到影响。近年来，加工中心和数控铣床都向高速化方向发展，许多实验数据表明：当主轴转速超过10000r/min时，7:24锥孔由于离心力的作用会有一定胀大，影响刀柄的定位精度。为此，一种观点是建议用德国VDI推荐的短锥刀柄HSK系列，另一种是用日本的锥面和端面同时接触的过定位锥面刀柄，但在定心精度方面，HSK系列要好一些，目前在国内还很少有厂家生产。对同一种锥面规格的刀柄有德国VDI标准、美国CAT标准、日本BT标准等，他们规定机械手爪夹持的尺寸不一样，刀柄的拉钉尺寸也不一样，所以选择时必须考虑齐全，对已经拥有一定数量数控机床的用户或即将采购一批数控机床的用户，应尽可能选择互相通用的、单一标准的刀柄系列。

2）换刀时间。换刀时间是指刀柄交换时间，即从主轴上换下用过的刀具、装上新的刀具的总时间。细分又有两种规定方式，即刀对刀时间（Tool to tool）和总换刀时间（Chip to chip），总换刀时间包含了旧刀具加工完毕离开加工区域到刀具交换完毕主轴上装上新刀具进入新的加工前之间的时间。目前最快的换刀时间可达0.5s，总换刀时间在3～12s之间，换刀时间越短意味着机床的生产率越高。

3）刀库容量。根据典型零件在一次装夹中所需要的刀具数来确定刀库容量。即使是大型加工中心的刀库容量也不宜选得太大，因为刀库容量越大，结构越复杂，刀具量也越大，受到人为差错影响的机会越多，刀具管理相应复杂化，会使成本和故障率提高。同一型号的加工中心通常预设有2～3种不同容量的刀库。例如，卧式加工中心的刀库容量有30、40、60、80把等，立式加工中心的刀库容量有16、20、24、32把等。用户在选择刀库容量时，要反复比较被加工工件的工艺分析资料，对近期数控机床需要进一步适应的发展作出预测，仔细权衡投资与效益的最佳比例，在此基础上再确定所需刀具数量。在卧式加工中心上一般选用40把左右刀具的刀库容量较为适宜。对于所需刀具数超过刀库容量的复杂工件，可利用将粗、精加工分开进行或插入消除内应力的热处理工序和调换工件装夹工艺基准等手段，将复杂工件分工序分别编制加工程序进行加工，这样每个加工程序所需的刀具数就不会超过刀库容量。

如果选用的加工中心准备用于柔性加工单元（FMC）或柔性制造系统（FMS）中，其刀库容量则应相对选取得大一些，甚至需要配置可交换刀库。

4）最大刀具质量。最大刀具质量是指在自动刀具交换情况下允许的最大刀具质量，锥度40号左右的刀柄最大允许质量为7～8kg，50号刀柄应在15kg，一些重型刀具可达25～30kg，但这时换刀速度要减慢。最大刀具直径和长度主要受刀库尺寸空间的限制。

（2）APC自动交换工作台　自动交换工作台是在主机上配置的附件，配置的数量有2、4、6、10个等，除双交换工作台以外，主要用柔性制造单元配置。双交换工作台的配置可以大大节省复杂零件装卸定位夹紧的辅助时间，提高机床开动率，但增加该功能设备，投资至少要加10万元以上。多数交换工作台用于柔性制造单元，适用于24小时少人或无人化管理，适应多品种工件交替投产加工，这里应注意增加质量检查措施，否则投资增长20%～50%是不经济的。例如，工艺要求钻一个直径6mm的小孔，则刀具选用直径6mm直柄麻花钻头，然后还要选用一个能夹持钻头的刀柄。现在有一部分刀柄本身也配置专用的刀具，如精镗刀柄等。总之，这些附件绝大部分都已标准化，由专业化生产厂提供，机床用户要根据具体加工对象合理选用。

(3) 刀柄和刀具的选择　在主机和自动换刀装置（ATC）确定后，要选择所需的刀柄和刀具（刃具）。数控机床所用刀柄系列基本都已标准化，尤其是加工中心所用刀柄，如美国的 CAT、日本的 BT 和我国的 JT 等。数控机床加工工件最终要靠切削刀具，但刀具和机床的联接、在自动交换刀具时提供给机械手的夹持部位等都要靠刀柄来解决，所以选择刀具实质上还包括刀具和刀柄的配置。刀具选择取决于加工工艺要求，刀具确定后还必须配置相应刀柄。

1）选用整体式刀柄还是选用模块式刀柄。整体式刀柄装夹刀具的工作部分与它在机床上安装定位用的柄部做成一体。这种刀柄对机床与零件的变换适应能力较差，因此刀柄的规格品种非常多，以备零件变换或机床变换（主要指机床主轴孔尺寸、机械手抓拿部位尺寸和主轴内拉紧机构尺寸的改变）时选用。但这样会造成用户刀柄储备量增多，刀柄利用率降低的弊病。为了克服这一缺点，近年来国内外都致力于开发模块式工具系统，即工具系统中的每把刀柄都可以通过各种系列化的模块组装而成，针对不同的加工零件或使用的机床，可以有不同的组装方案，从而提高了刀柄的适应能力，提高了这些工具的利用率，属于比较先进的工具系统。

但是，这并不是说在机床上全部配备模块式刀柄就是最佳方案。这其中有技术上的原因，也有经济上的原因，需要综合考虑。

对一些长期使用，不需要拼装的简单刀柄，如在零件外廓上加工用的面铣刀刀柄、弹簧夹头刀柄及钻夹头刀柄等以配备整体式刀柄为宜。这样刀具刚性好，价格便宜。对于一个只要求镗特定尺寸孔的大批量加工的零件，买整体式镗刀刀柄 400 元左右就够了，而买几个模块组装成的镗刀刀柄恐怕要近千元。当加工的孔径、孔长常常变化的多品种、小批量零件时，以选用模块式工具系统为宜，这样可以取代大量整体式镗刀刀柄。对于那些数控机床较多（尤其是机床主轴端部、机械手都各不相同）的用户，多选用模块式工具会取得比较明显的经济效益。因为选用整体式刀柄必须对各台机床都进行配置，而采用模块式刀柄各台机床所用的中间模块（接杆）和工作模块（装刀模块）都可以通用。总之，选用哪种工具系统，用户要根据自己的情况认真对待，选择得当可以减少设备投资，提高工具利用率，避免频繁地补充工具，同时也利于工具的管理与维护。

2）根据机床上典型零件的加工工艺来选择刀柄。加工中心上使用的进行钻、扩、铰、镗孔、铣削及攻螺纹等各种用途的刀柄，总称为工具系统。整体式的 TSG 工具系统中包括了 20 种刀柄，其规格达数百种之多。具体到某一台或某几台数控机床是没必要买下整个 TSG 工具系统的，用户只能根据在这台机床上加工的典型零件的加工工艺来选取。这样选择的结果既能满足加工需要，也不致造成积压，是最经济、最合理的方法。

3）刀柄配置数量。新机床最初的刀柄配置数量与机床所要加工的零件品种和规格的数量有关，也与零件的复杂程度和机床的负荷有关，一般是所需刀柄的 2～3 倍。这是因为：在考虑到机床工作的同时，还有一定数量的刀柄正在预调或刀具修磨。只有当机床负荷不足时，才取 2 倍或少于 2 倍的量。一般加工中心的刀库只用来装载正在加工零件所需的刀柄。因为典型零件的复杂程度与刀库容量有一定关系，所以配置数量也大约为刀库容量的 2～3 倍。在没有具体确定加工对象以前，想要订一套能满足各种零件要求的刀柄是困难的。例如台 900mm × 900mm 的卧式加工中心，刀库容量为 60 把，在多年的使用中陆续添置到近 200 套刀柄，外加少量专用刀柄才能满足通常零件的加工要求。

4）注意所选刀柄的柄部形式是否正确。为了便于换刀，镗铣类数控机床及加工中心的主轴孔多选定为不自锁的 7∶24 锥度，但是，刀柄与机床相配的柄部（除锥角以外的部分）并没有完全统一。尽管刀柄已经有了相应的国际标准 ISO7388，可在有些国家并未得到贯彻。如有的柄部在 7∶24 锥度的小端带有圆柱头而另一些就没有。对于自动换刀机床用工具柄部，有几个与国际标准 ISO7388 不同的国家标准，要切实弄清楚选用的机床应配用符合哪个标准的工具柄部，不能含糊。要知道主轴孔为 ISO50 号 7∶24 锥度，可能需要的不一定是 ISO7388 所规定的柄部，而是日本标准 JIS—B6339 所规定的柄部或美国标准 ANS/ASME—B5.50 所规定的柄部。这些柄部由于机械手抓拿槽的形状、位置，拉钉的形状、尺寸或键槽尺寸而都不相同，如果在不弄清楚所选定的主机对刀柄柄部要求的情况下，就去选择刀柄的话，会造成所订购的刀柄都不能用的严重后果。因此，一定要注意刀柄要与机床主轴孔规格（是 30 号、40 号、45 号，还是 50 号）相一致；刀柄抓拿部位要能适应机械手的形态、位置要求；拉钉的形状、尺寸要与主轴里的拉紧机构相匹配。

5）尽量选用加工效率较高的刀柄和刀具。如在粗镗孔时选用双刃镗刀刀柄代替单刃粗镗刀刀柄，可以取得提高加工效率、减少加工振动的效果；如选用强力弹簧夹头不仅可以夹持直柄刀具，而且可以通过接杆夹持带孔刀具等；又如选用带有 7∶24 锥柄的焊接螺旋立铣刀或可转位螺旋立铣刀，可以达到较高的刚性，从而增大切削用量等。

6）复合刀柄的选用。对于一些批量较大（千件以上）的零件，某些工序的刀具可考虑复合在一起成为一把复合刀柄。这样就减少了加工时间和换刀次数。当加工一批零件可因此而减少几十小时的加工时间时，就可以考虑采用专门设计的复合刀柄。一般数控机床的主电动机功率较大，机床刚度较好，能够承受较大切削力。在设计专用的复合刀柄时，应尽量采用标准化的刀具模块，这样能有效地减少设计与加工的工作量。

7）注意单刃钻孔工具的键槽方位。在数控机床上选用单刃镗孔刀具可以避免退刀划伤，但应注意刀尖相对于刀柄上键槽的方位要求。有些机床要求刀尖与键槽方位一致，有些机床则要求与键槽方位垂直。

8）注意刀具与刀柄的配套问题。在 TSG 工具系统中有许多刀柄是不带刀具的（如面铣刀、丝锥、钻头等），需要另外去订刀具。选用攻螺纹刀柄时，注意配用的丝锥传动方头的尺寸。现在市面上供应的同一规格的丝锥可能有不同尺寸的方头（新、老标准不同），如选择不当就装不上去。

7. 数控机床选择功能及附件的选择

在选购数控机床时，除了认真考虑它应具备的基本功能及基本件外，还应选用一些选择件、选择功能及附件。选择的基本原则是全面配置、长远综合考虑。对一些价格增加不多，但对使用带来很多方便的，应尽可能配置齐全。附件也应配置成套，保证机床到现场后能立即投入使用，对可以多台机床合用的附件（如输入、输出装置等），只要接口通用，应多台机床合用，这样可减少投资。一些功能的选择应进行综合比较，以经济、实用为目的。例如，现代数控系统都有一些随机程序编制、运动图形显示、人机对话程序编制等功能，这些确实会给在机床上快速程序编制带来很大方便。近年来，在质量保证措施上也发展了许多附件，如自动测量装置、接触式测头、红外线测头、刀具磨损和破损检测等附件。

8. 技术服务

数控机床作为一种高科技产品，包含了多学科的专业内容，对这样复杂的技术设备，要应用好、维修好单靠应用单位自身努力是远远不够的，而且也很难做到，必须依靠和利用社会上的专业队伍。因此，在选购设备时还应综合考虑选购其围绕设备的售前、售后技术服务，其宗旨就是要使设备尽快、尽量地发挥作用。

对一些新的数控机床用户来说，最困难的不是缺乏资金购买设备，而是缺乏一支高素质的技术队伍，因此，新用户从开始选择设备时起，包括以后的设备到货安装验收、设备操作、程序编制、机械和电气维修等，都需要人才和技术支持。

这些条件在短时间内由用户解决是很困难的，当前，各机床制造商已普遍重视商品的售前、售后服务，协助用户对典型工件进行工艺分析、加工可行性工艺试验以及承担成套技术服务，包括工艺装备研制、程序编制、安装调试、试切工件，直到全面投入生产后快速响应保修服务，为用户举办各类技术人员培训等。

总之，凡重视技术队伍建设、重视职工素质提高的企业，数控机床就能得到合理使用。所以在选择机床时，建议用户花一部分资金选购针对自己短缺的技术服务，使设备尽快发挥作用。

7.2 数控机床的安装、调试和运行

数控机床的安装与调试是使机床恢复和达到出厂时的各项性能指标的重要环节，是指机床由制造厂经运输商运送到用户，安装到车间工作场地后，经过检查、调试，直到机床能正常运转、投入使用等一系列的工作过程。数控机床属于高精度、自动化的机床，安装、调试时必须严格按照机床制造商提供的使用说明书及有关的标准进行。机床安装、调试效果的好坏，直接影响到机床的性能、正常使用和寿命。其工作内容及步骤如图 7-1 所示。

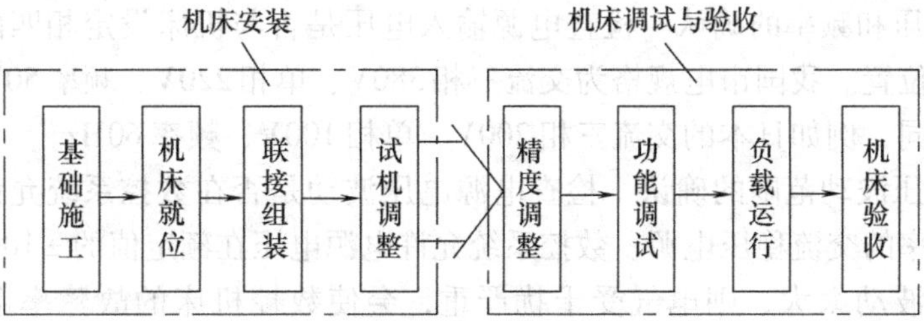

图 7-1　数控机床的安装、调试工作内容及步骤

7.2.1 数控机床的安装

对于小型数控机床，这项工作比较简单，机床到位固定好地脚螺栓后，应可以联接机床

总电源线，调整机床水平。大、中型数控机床的安装比较复杂，一般都是解体后分别装箱运输的，到用户后要进行组装和重新调试。现以组装数控机床为例介绍安装过程。

1. 数控机床的基础处理和初就位

按照机床厂对机床基础的具体要求，做好机床安装基础，并在基础上留出地脚螺栓的孔，以便机床到厂后及时就位安装。

数控机床到货后应及时开箱检查，按照装箱单清点技术资料、零部件、备件和工具等是否齐全无损，核对实物与装箱单及订货合同是否相符，如发现有损坏或遗漏问题，应及时与供货厂商联系解决，尤其注意不要超过索赔期限。

仔细阅读机床安装说明书，按照说明书的机床基础图或《动力机器基础设计规范》做好安装基础。在基础养护期满并完成清理工作后，将调整机床水平用的垫铁、垫板逐一摆放到位，然后安装机床的基础件（或整机）就位，同时将地脚螺栓放进预留孔内，并完成初步找平工作。

2. 机床部件的组装

机床部件的组装是指将分解运输的机床重新组合成整机的过程。组装前注意做好部件表面的清洁工作，将所有联接面、导轨、定位和运动面上的防锈涂料清洗干净，然后准确可靠地将各部件联接组装成整机。

在组装立柱、数控柜、电气柜、刀具库和机械手的过程中，机床各部件之间的联接定位均要求使用原装的定位销、定位块和其他定位元件，这样各部件在重新联接组装后，能够更好地还原机床拆卸前的组装状态，保持机床原有的制造和安装精度。

在完成机床部件的组装之后，按照说明书标注和电缆、管道接头的标记，连好电缆、油管、气管和水管。将电缆、油管和气管可靠地插接，要防止出现漏油、漏气和漏水问题，特别要防止异物和避免污染物从接口中进入管路，造成整个液压、气压系统故障。电缆和管路接完后，要做好各管线的就位固定，安装好防护罩壳，保证整齐的外观。力求使机床部件的组装达到定位精度高、联接牢靠、构件布置整齐等良好的安装效果。

数控机床的检查与调试，包括电源的检查、数控系统电参数的确认和设定、机床几何精度的调整等，检查与调试工作关系到数控机床能否正常投入使用。

3. 机床电源的检查

（1）电源电压和频率的确认　检查电源输入电压是否与机床设定相匹配，频率转换开关是否置于相应位置。我国市电规格为交流三相380V、单相220V、频率50Hz。通常各国的供电制式各不相同，例如日本的交流三相200V、单相100V、频率60Hz。

（2）电源电压波动范围的确认　检查电源电压波动是否在数控系统允许范围内，否则需要配置相应功率的交流稳压电源。数控系统允许电源电压在额定值的±10% ~ ±15%之间波动，如果电压波动太大，则电气受干扰严重，会使数控机床的故障率上升而稳定性下降。

（3）输入电源相序的确认　检查伺服变压器原边中间抽头和电源变压器副边抽头的相序是否正确，否则接通电源时会烧断速度控制单元的熔丝。可以用相序表检查或用示波器判断相序，若发现不对，则将T、S、R中任意两条线对调一下就行了。

（4）检查直流电源输出端对地是否短路　数控系统内部的直流稳压单元提供+5V、±15V、±24V等输出端电压，如有短路现象则会烧坏直流稳压电源，通电前要用万用表测量输出端对地的阻值，如发现短路必须查清原因并予以排除。

（5）检查直流电源输出电压　用数控柜中的风扇是否旋转来判断其电源是否接通。通过印制电路板上的检测端子，确认电压值 +5V、±15V 是否在 ±5%、而 ±24V 是否在 ±10% 允许波动的范围之内。超出范围要进行调整，否则会影响系统工作的稳定性。

（6）检查各熔断器　电源主线路、各电路板和电路单元都有熔断器装置。当超过额定负荷，电压过高或发生意外短路时，熔断器能够马上自行熔断切断电源，起到保护设备系统安全的作用。检查熔断器的质量和规格是否符合要求，要求使用快速熔断器的电路单元不要用普通熔断器，特别要注意所有熔断器都不允许用铜丝等代替。

4. 数控系统的联接

数控系统的联接主要有以下两个方面。

（1）外部电缆的联接　数控系统外部电缆的联接是指数控装置与 MDI/CRT 单元、强电柜、机床操作面板、进给伺服电动机和主轴电动机动力线、反馈信号线的联接等，这些联接必须符合随机提供的联接手册的规定。最后还要进行数控机床的地线联接。数控机床地线的联接十分重要，良好的接地不仅对设备和人身安全十分重要，同时能减小电气干扰，保证机床的正常运行。地线一般都采用辐射式接地法，即数控柜中的信号地、强电地、机床地等联接到公共接地点上，公共接地点再与大地相连。数控柜与强电柜之间的接地电缆要足够粗，截面积要在 5.5mm^2 以上。地线必须与大地接触良好，接地电阻一般要求小于 4 ~ 7Ω。

（2）电源线的联接　数控系统电源线的联接是指数控柜电源变压器输入电缆的联接和伺服变压器绕组抽头的联接。国外机床生产厂家为了适应各国不同的供电情况，无论是数控系统的电源变压器，还是伺服变压器都有多个抽头，必须根据我国供电的具体情况，正确地联接。

5. 参数的设定和确认

（1）短接棒的设定　在数控系统的印制电路板上有许多待联接的短路点，可以根据需要用短接棒进行设定，用以适应各种型号机床的不同要求。对于整机购置的数控机床，其数控系统出厂时就已经设定，只需要通过检查确认已经设定的状态即可。如果是单独购置的数控系统，就要根据所配套的机床自行设定。通常数控系统出厂时是按标准方式设定的，根据实际需要自行设定时，一般不同的系统所要设定的内容不一样，设定工作要按照随机的维修说明书进行。数控系统需要设定的主要内容有以下三个部分：

1）控制部分印制电路板上的设定。包括主板、ROM 板、联接单元、附加轴控制板、旋转变压器或感应同步器的控制板等，这些设定与机床返回参考点的方法、速度反馈用检测元件、检测增益调节、分度精度调节等有关。

2）速度控制单元电路板上的设定。这些设定用于选择检测反馈元件、回路增益以及是否产生各种报警等。

3）主轴控制单元电路板上的设定。这些设定用于直流或交流主轴控制单元，选择主轴电动机电流极限和主轴转速等。

（2）参数的设定　数控系统的许多参数（包括可编程序控制器参数）能够根据实际需要重新设定，以使机床获得最佳的性能和最方便的状态。对于数控机床出厂时就已经设定的各种参数，在检查与调试数控系统时仍要求对照参数表进行核对。参数表是随机附带的一份很重要的技术资料，当数控系统参数意外丢失或发生错乱时，它是完成恢复工作不可缺少的依据。可以通过 MDI/CRT 单元上的 PARAM 参数键，显示存入系统存储器的参数，并按照机床维修说明书提供的方法进行设定和修改。

（3）确认数控系统与机床间的接口　完成上述步骤，可以认为数控系统已经调整完毕，具备了机床联机通电试机的条件。此时，可切断数控系统的电源，联接电动机的动力线，恢复报警设定，准备通电试机。

6. 通电试机

在通电试机前要对机床进行全面润滑。给润滑油箱、润滑点灌注规定的油液或油脂，为液压油箱加足规定标号的液压油，需要压缩空气的要接通气压源。调整机床的水平，粗调机床的主要几何精度。如果是大中型设备，要在初就位和已经完成组装的基础上，重新调整主要运动部件与机床主轴的相对位置。比如机械手、刀具库与主机换刀位置的校正，APC 托架与工作台交换位置的找正等。

通电试机按照先局部分别供电试验，然后再作全面供电试验的秩序进行。这样便于观察各通电部位有无故障报警，然后再用手动方式陆续启动各部件，检查安全装置是否起作用，能否正常运转向数控装置供电，确认数控装置是否正常工作，接口信号是否有误，然后进一步校核机床参数的设置是否符合机床说明书的规定。接通伺服系统电源，若 CRT 上无报警信号，可手动操作测试各坐标轴的运动是否正常、倍率开关是否起作用。检查各轴运动极限软件限位和限位开关工作情况，系统急停、复位按钮能否起作用，再进一步测试主轴正、反转及停止是否正常，以及换刀动作、夹紧装置、润滑装置、排屑装置的工作是否正常等。

机床初步运转后，对机床进行粗调整，主要包括对机床床身水平及垂直的调整、机床几何精度的调整、经过拆装的主要运动部件和主机相对位置的调整。这些工作完成后，对于用地脚螺栓固定的机床，可用快干水泥混凝土将各地脚螺栓预留孔灌平，待 3～5 天水泥固化后即可进行机床的精调。

7.2.2　数控机床的调试和运行

1. 数控机床精度和功能调试

利用固化地基和地脚螺栓垫铁精调机床床身水平。在这个基础上，移动床身上各运动部件，在各坐标轴全行程内观察机床水平的变化情况，并调整相应的机床几何精度，使之达到允差范围。对中型以上的数控机床，应采用多点垫铁支承，将床身在自由状态下调整水平。各支承点都顶住床身后，对称地压紧各地脚螺栓，以防产生额外的扭曲和变形，提高与保持机床的几何精度。

机床自动运动到刀具交换的位置，以手动操作方式调整装刀机械手和卸刀机械手相对于主轴的位置。在调整中常用一个校对心轴来检验，有误差时，可以调整机械手的行程，修正换刀时主轴位置的坐标点等。调整后，紧固各调整环节的紧固螺钉，然后装上几把接近规定重量的刀柄，进行多次从刀库到主轴位置的自动交换，动作正确，不撞击、不掉刀则为合格。

对于带有交换工作台的机床，首先调整自动交换托盘装置与工作台托盘交换处的相对位置，达到托盘自动交换动作平稳。然后，进行加载试验，即在工作台上装上允许负载的70% ~80%的重物，进行多次反复地自动交换，完全正确无误后可固定各有关螺钉。

仔细检查数控系统和可编程序控制器的设定参数是否符合随机文件中规定的数据，然后试验各主要操作功能、运行行程、常用指令执行情况，如手动操作方式、点动方式、自动运行方式、行程极限保护、主轴指令及其他指令等。执行应准确、无误。检查辅助功能及附件的工作是否正常。对机床的上述检查和调试完成后，即为机床全面运行试验做好了充分准备。

2. 机床运行试验

为了全面地检查机床功能及工作可靠性，数控机床在安装、调试后，应在一定负载或空载下进行较长一段时间的自动运行考验。自动运行考验的时间，国家标准规定：数控车床为16h，加工中心为32h，都要求连续运转。在自动运行期间，不应发生除操作失误以外的任何故障。如故障排除时间超过了规定时间，则应重新调整后再次从头进行运转试验。这项试验，国内外生产厂家都不太愿意进行，但用户理应坚持。

主运动和进给运动系统的空运行试验，其试验内容应按国家标准进行。机床的功能试验分为手动功能试验和自动功能试验。负载试验包括承载工作最大重量试验、最大切削力矩试验、最大切削抗力试验和最大切削功率试验。

7.3　数控机床的验收

在生产实际中，数控机床要在开箱检验和外观检查合格后才能进行安装。机床的试运行就是机床性能及数控功能检验的过程。由于验收工作是数控机床交付使用前的重要环节，因此有必要专门进行介绍。

一台数控机床的全部检测验收是一项复杂的工作，对试验检测手段及技术要求也很高，它需要使用各种高精度仪器，对机床的机、电、液、气各部分及整机进行综合性能及单项性能检测，包括运行刚度和热变形等一系列试验，最后得出对该机床的综合评价。对一般数控机床用户，其验收工作主要根据机床出厂检验合格证上规定的验收条件，及实际能提供的检测手段，来部分或全部测定机床合格证上各项技术指标。检测的结果作为该机床的原始资料存入技术档案中，作为今后维修时的技术指标依据。数控机床的检测验收工作主要包括以下几个方面：

7.3.1　数控机床外观的检查

机床外观的检查，是指机床出厂经运输部门运送到用户后，在进行实地安装前进行的一种直观性检查。它包括对机床各种防护罩、油漆质量、照明、电线和气、油管走线的固定防护等进行检查；对数控柜、操作控制面板的外观检查。通过检查可以及早发现问题，分清责任，避免不必要的损失。

7.3.2　数控机床精度的验收

1. 机床的几何精度检查

数控机床的几何精度综合反映了机床的关键机械零、部件及其组装后的几何形状误差。

数控机床的几何精度检查和普通机床的几何精度检查基本类似，使用的检测工具、仪器和方法基本相似，质量检测要求更高。普通立式加工中心主要检测以下几项：

1）工作台面的平面度误差。

2）各坐标方向移动的相互垂直度误差。

3）X，Y 坐标方向移动时工作台面的平行度误差。

4）X 坐标方向移动时工作台面 T 形槽侧面的平行度误差。

5）主轴的轴向窜动误差。

6）主轴孔的径向圆跳动误差。

7）主轴箱沿 Z 坐标方向移动时主轴轴心线的平行度误差。

8）主轴回转轴心线对工作台面的垂直度误差。

9）主轴箱在 Z 坐标方向移动的直线度误差。

普通卧式加工中心几何精度检测内容与立式加工中心几何精度检测内容大致相似，可按照执行。不过，卧式加工中心还多几项与平面转台有关的几何精度。

2. 机床定位精度的检查

数控机床的定位精度是表明所测量的机床各运动部件在数控装置控制下，运动所能达的精度。因此，根据实测的定位精度数值，可以判断出机床自动加工过程中能达到的最好工件加工精度。机床定位精度主要检测内容如下：

1）直线运动定位精度（包括 X、Y、Z、U、V、W 轴）。

2）直线运动重复定位精度。

3）直线运动轴机械原点的返回精度。

4）直线运动矢动量（反向间隙）的测定。

5）回转运动定位精度（转台 A、B、C 轴）。

6）回转运动重复定位精度。

7）回转轴原点的返回精度。

8）回转运动矢动量（反向间隙）的测定。

测量直线运动的检测工具有：测微仪、成组量块规、标准长度刻度尺、光学读数显微镜、双频激光干涉仪等。回转运动检测工具：360 齿精确分度的标准转台或角度多面体、高精度圆光栅及平行光管等。

应当指出，现有定位精度的检测是以快速、定位测量的，对某些进给系统刚度不太好的数控机床，采用不同进给速度定位时，会得到不同的定位精度值。另外，定位精度的测定结果与环境温度和该坐标轴的工作状态有关，目前大部分数控机床采用半闭环系统，位置检测元件大多安装在驱动电动机上，对滚珠丝杠的热伸长还没有有效的识别措施。因此，当测量定位精度时，快速往返数次之后，在 1m 行程内产生（0.01～0.02）mm 的误差是不奇怪的。这是由于丝杠快速移动数次之后，表面温度有可能上升 0.5～1℃，从而使丝杠产生热伸长所致。这种热伸长产生的误差，有些机床便采用预拉伸（预紧）的方法来减小这方面的影响。

每个坐标轴的重复定位精度是反映该轴的最基本精度指标，它反映了该轴运动精度的稳定性，不能设想精度差的机床能稳定地用于生产。目前，由于数控系统功能越来越多，对每个坐标运动精度的系统误差如螺距积累误差、反向间隙误差等都可以进行系统补偿，只有随机误差没法补偿，而重复定位精度正是反映了进给驱动机构的综合随机误差，它无法用数控系统补偿来修正，当发现它超差时，只有对进给传动链进行精调修正。因此，如果允许对机床进行选择，则应选择重复定位精度高的机床为好。

3. 机床切削精度的检查

机床切削精度检查实质上是对机床的几何精度和定位精度在切削加工条件下的一项综合指标。机床切削精度检查可以采用单项加工、也可以加工一个标准的综合性工件来试机。对于普通立式加工中心，主要单项加工有：

1）镗孔精度。

2）面铣刀铣削平面的精度（*X-Y* 平面）。

3）镗孔的孔距精度和孔径分散度。

4）直线铣削精度。

5）斜线铣削精度。

6）圆弧铣削精度。

对于普通卧式加工中心，则还应该测试：

1）箱体调头镗孔的同轴度误差。

2）水平转台回转 90°铣四方加工精度。

被切削加工试件的材料除特殊要求外，一般都采用 HT200，使用硬质合金刀具按标准的切削用量进行切削。

4. 机床性能及数控系统性能检查

（1）主轴系统性能的检查　用手动方式选择高、中、低三个主轴转速，连续进行 5 次正、反转的起动和停止动作，试验主轴动作的灵活性和可靠性。用数据输入方式，主轴从最低一级转速开始运动，逐级提到允许的最高转速，实测各级转速数值，允许误差为设定值的 ±10%，同时观察机床的振动。主轴在长时间高速运转后（一般为 2h）允许温升 15℃。主轴准停装置连续操作 5 次，试验动作的可靠性和灵活性。

（2）进给系统性能的检查　分别对各坐标进行手动操作，试验正、反向的低、中、高速进给和快速移动的起动、停止、点动等动作的平衡性和可靠性。

用数据输入方式或 MDI 方式测定 G00 和 G01 下各种进给速度，允差为 ±5%。

（3）自动换刀系统的检查　检查自动换刀的可靠性和灵活性，包括手动操作及自动运行时刀库装满各种刀柄条件下的运行平稳性，机械手抓取最大允许质量刀柄的可靠性，刀库内刀号选择的准确性等。同时测定自动交换刀具的时间。

（4）机床噪声的检查　机床空运转时总噪声不得超过标准规定的 80dB。由于数控机床采用电调速装置，所以主轴箱的齿轮并不是最大的噪声源，而主轴电动机的冷却风扇和液压系统液压泵等处噪声可能成为最大噪声源。电气装置在机床运转试验前最后要分别作一次绝缘检查，检查接地线质量，确认绝缘的可靠性。

（5）电气装置的绝缘检查　在机床运转试验前、后要分别进行一次绝缘检查，检查接地线的质量，确认绝缘的可靠性。

（6）数字控制装置的检查　检查数控柜的各种指示灯，检查纸带阅读机、操作面板、电气柜冷却风扇和密封性等动作及功能是否正常可靠。

（7）安全装置的检查　检查对操作者的安全性和机床保护功能的可靠性。如各种安全防护罩、机床各运动坐标行程保护自动停止功能，各种电流电压过载保护和主轴电动机过热过负荷时紧急停止功能等。

（8）润滑装置的检查　检查定时定量润滑装置的可靠性，检查润滑油路有无渗漏，到各润滑点的油量分配等功能和可靠性。

（9）气、液装置的检查　检查压缩空气和液压油路的密封、调压功能及液压油箱的正常工作情况。

（10）附属装置的检查　检查机床各附属装置机能的工作可靠性，如切削液装置能否正常工作，排屑器的工作质量，冷却防护罩有无泄漏，APC 交换工作台工作是否正常，试验带重负载的工作台面自动交换，配置接触式测头的测量装置能否正常及有无相应的测量程序等。

（11）数控系统使用功能的检查　按照机床数控系统说明书，用手动或自动编程的检查方法，逐项检查系统主要的使用功能。如定位、直线插补、圆弧插补、暂停、坐标选择、平面选择、刀具位置补偿、刀具半径补偿、刀具长度补偿、固定循环、行程停止、选择停止、程序结束、切削液的开启和停止、单程序段、跳读程序段、进给保持、紧急停止等机能的准确性及可靠性。

（12）连续无载荷运转　机床长时间连续运行（一般为 8～16h）是检查整台机床自动实现各种功能可靠性的有效办法。在连续运行中应编制一个功能比较齐全的程序，输入到机床的数控系统当中，让机床周而复始地循环这段程序，直至到达规定的时间为止。这段程序应具备如下特点：

①主轴的转动要包括机床标称的最低、中间及最高转速在内五种以上速度的正、反转及停止等运动。

②各坐标轴的运动要包括机床标称的最低、中间及最高进给速度和快速移动，进给移动范围应接近全行程，快速移动的距离应在各坐标全行程的一半以上。

③一般自动加工所用的一些功能和代码要尽量用到。

④自动换刀应至少交换刀库中 2/3 以上的刀号，而且都尽量装上质量在中等以上的刀柄进行实际交换。

⑤必须使用一些特殊功能，如测量功能、APC 交换和用户宏程序等。

数控机床连续无载荷运转，不仅是对整台机床自动实现各种功能可靠性的有效试验，更重要的是通过这种无载荷各种运转，实现对数控机床各运动部件的有机磨合，这种有机磨合也是提高机床耐用度及机床使用寿命的有效途径。随着连续无载荷运转的顺利完成，意味着本次检查验收工作的结束。一台经过安装、调试、检查、验收合格的数控机床，将可以全面地投入正常使用。但是，经验表明，80% 已经投入生产使用的机床在使用一段时间后，处在非正常运行状态，甚至它超出其潜在的承受能力。因此，通常新机床在使用半年后需要再进行半年检测一次。定期检测机床误差并及时校正螺距、反向间隙等，可改善生产使用的机床精度，改善零件加工质量，并合理进行生产调度和机床的加工任务分配，不至于产生废品。

总之，在机床安装、调试、检查验收使用后，合理地采用最新的数控标准，依靠先进的数控测量仪，及时发现机床问题，可避免机床精度的过度损失及破坏性地使用机床，从而得到更为理想的生产效益。

【实例 7-1】 CJK6023-1 型数控车床主要几何精度检验项目及方法（表 7-2）

表 7-2　CJK6032-1 型数控车床主要几何精度检验项目及方法

（$D\leqslant 800$mm，$500\text{mm}<DC\leqslant 1000$mm）

序号	检验项目	允差/mm	检验工具	检验方法
G1	导轨精度（无床身或 $DC<500$mm 的机床，此项检验用 G10 代替） a. 纵向：导轨在垂直平面内的直线度 b. 横向：导轨的平行度	斜导轨：0.03/1000 水平导轨：0.04/1000 （只许凸） 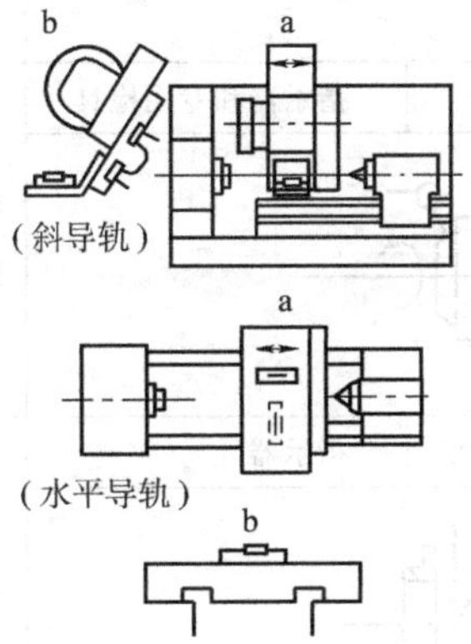	精密水平仪、专用支架、专用桥板或其他光学仪器	a. 将水平仪纵向放置在桥板（或溜板）上，等距离移动桥板（或溜板），每次移动距离小于或等于 500mm。在导轨的两端和中间至少三个位置上进行检验。误差以水平仪读数的最大代数差值计 b. 将水平仪横向放置在桥板（或溜板）上，等距离移动桥板或溜板进行检验。误差以水平仪读数的最大代数差值计
G2	溜板移动在主平面内的直线度（只适用于有尾座的机床）	$DC\leqslant 500$：0.015 $500<DC\leqslant 1000$：0.02 最大允差：0.03 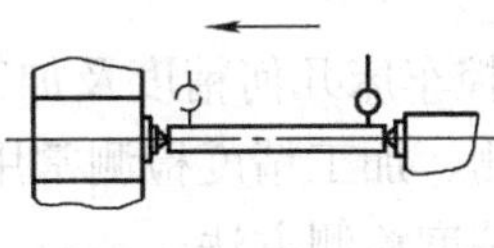	指示器和检验棒或平尺	将检验棒支承在两顶尖间，指示器固定在溜板上，使其测头触及检验棒表面，等距离移动溜板进行检验。每次移动距离小于或等于 250mm。将指示器的读数依次排列，画出误差曲线 将检验棒转 180° 再同样检验一次。检验棒调头，重复上述检验 误差以曲线相对两端点连线的最大坐标值计 也可在检验棒两端 $\frac{2}{9}L$（L 为检验棒长度）处用支架支承进行检验
G3	溜板移动对主轴和尾座顶尖轴线的等距度： a. 在主平面内 b. 在次平面内 平导轨只检验次平面（只适用于主轴有锥孔和有尾座的机床）	a. $DC\leqslant 500$：0.015 $500<DC\leqslant 1000$：0.02 b. 0.04（只许尾座高） 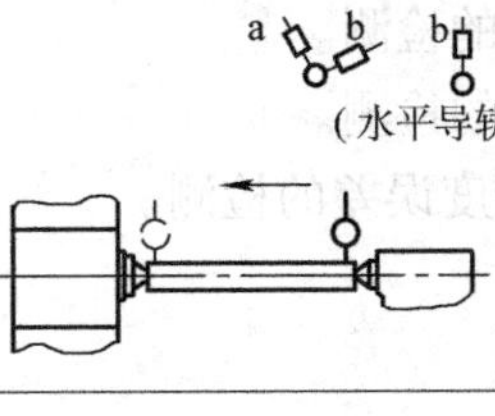	指示器和检验棒	将指示器固定在溜板上，使其测头触及支承在两顶尖间的检验棒表面：a. 在主平面内；b. 在次平面内。移动溜板在检验棒的两端进行检验 将检验棒旋转 180°，再同样检验一次 a，b 误差分别计算。误差以指示器在检验棒两端的读数差值计（$DC\leqslant 1000$mm 时，检验棒长度等于 DC）

（续）

序号	检验项目	允差/mm	检验工具	检验方法
G4	主轴端部的跳动： a. 主轴的轴向窜动 b. 主轴轴肩的跳动	a. 0.01 b. 0.015 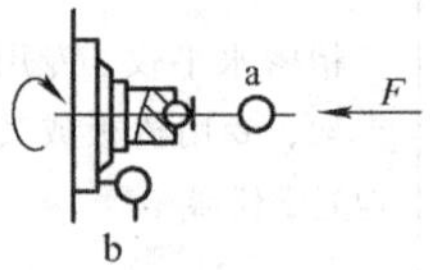	指示器和专用检具	固定指示器，使其测头触及：a. 固定在主轴端部的检验棒中心孔内的钢球上；b. 主轴轴肩靠近边缘处。沿主轴轴线施加力 F，旋转主轴进行检验 a，b 误差分别计算。误差以指示器读数的最大差值计 F 为消除主轴轴向游隙而施加的恒定力，其值由制造厂规定
G5	主轴定心轴颈的径向圆跳动	0.01 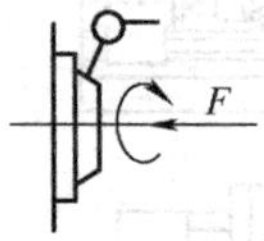	指示器和专用检具	固定指示器，使其测头垂直触及主轴定心轴颈上，沿主轴轴线施加力 F，旋转主轴进行检验 误差以指示器读数的最大差值计
G6	主轴定位孔的径向圆跳动（只适用于主轴有定位孔的机床）	0.01 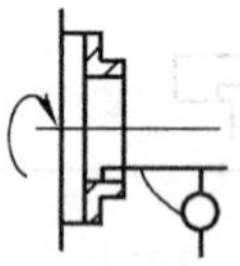	指示器	固定指示器，使其测头触及主轴定位孔表面，旋转主轴进行检验 误差以指示器读数的最大差值计

技能实训题

数控车床几何精度检测

1. 实验目的

（1）了解 ISO、GB 标准中常见的数控车床几何精度及加工精度检测项目标准数据。

（2）了解进行数控车床几何精度检测、加工精度检测常用的工具及其使用方法。

（3）掌握数控车床几何精度、加工精度检测方法。

2. 实验内容

（1）主要几何精度及加工精度检测。

1）床身导轨的直线度和平行度误差的检测。

2）溜板在水平面内移动的直线度误差的检测。

3）尾座移动对溜板移动的平行度误差的检测。

4）主轴跳动误差的检测。

5）主轴定心轴颈的径向圆跳动误差的检测。

6）主轴锥孔轴线的径向圆跳动误差的检测。

7）主轴轴线（对溜板移动）的平行度误差的检测。

8）主轴顶尖的跳动误差的检测。

9）工作精度检验。

（2）数控车床水平调整。

3. 实验报告

（1）整理记录实验数据，填写表7-3。

（2）试分析数控车床“刀架横向移动与主轴轴线的垂直度误差”对车削出的端面的平面度误差的影响。

表7-3　数控车床几何精度检测数据记录

机床型号		机床编号	环境温度	检验人	实验日期	
序号	检验项目			公差范围/mm	检验工具	实测/mm
G1	导轨调平	①床身导轨在垂直平面内的垂直度误差		0.020凸		
		②床身导轨在水平平面内的平行度误差		0.04/1000		
G2	溜板移动在水平面内的直线度误差			$DC \leqslant 500$ 时，0.015；$500 < DC \leqslant 1000$ 时，0.02		
G3	①垂直平面内尾座移动对溜板移动的平行度误差			$DC \leqslant 100$ 时，0.03；在任意500mm测量长度上为0.02		
	②水平平面内尾座移动对溜板移动的平行度误差					
G4	①主轴的轴向窜动误差			0.010		
	②主轴轴肩支承面的跳动误差			0.020		
G5	主轴定心轴颈的径向圆跳动误差			0.01		
G6	①靠近主轴端面主轴锥孔轴线的径向圆跳动误差			0.01		
	②距主轴端面 L（$L = 300$mm）处主轴锥孔轴线的径向圆跳动误差			0.02		
G7	①垂直平面内主轴轴线对溜板移动的平行度误差			0.02/300（只许向上向前偏）		
	②水平平面内主轴轴线对溜板移动的平行度误差					
G8	主轴顶尖的圆跳动误差					
P1	①精车圆柱试件的圆度误差			0.005		
	②精车圆柱试件的圆柱度误差			0.03/300		
P2	精车端面的平面度误差			直径为300mm，0.025（只许凹）		

本章小结

（1）根据加工零件选择合适的数控机床的规格、精度，数控系统，驱动电动机，自动换刀装置，刀柄和附件等。

（2）数控机床一般先进行基础处理和初定位；再检查机床部件、机床电源、数控系统的连接，并设定数控参数；最后通电试车。

（3）数控机床通过外观检查、精度验收、机床性能检查合格后，投入使用。

思考与练习题

1. 填空题

（1）数控机床的加工精度包括__________精度、__________精度、__________精度，以及__________误差。

（2）数控机床的定位精度包括__________、__________、__________和__________。

（3）除了机床本身的误差之外，数控机床的工作精度还受到__________精度、__________精度、__________精度、__________精度和__________精度的影响。

（4）在精度检验时，通常将检验棒旋转 180° 或相隔 90° 取四个位置进行检测，目的是为了________________。取多次测量的平均值是为了________________。

（5）卧式数控车床几何精度检验时，主平面为__________的平面，该平面对工件直径尺寸产生__________影响；次平面为__________的平面，该平面对工件直径尺寸产生__________影响。

（6）为保证百分表的准确测量，其测杆与被测表面__________，这样可以__________。

（7）进行几何精度检验时，使用施加外力装置是为了________________。

（8）溜板移动在主平面内的直线度误差影响__________，且影响__________，即在车内、外圆时，刀具纵向移动过程中__________位置发生变化。

（9）溜板横向移动对主轴轴线的垂直度误差，在车__________时影响__________。

（10）数控机床的调试包括__________、__________以及__________。

2. 判断题（正确的打“✓”，错误的打“×”）

（1）数控车床床身导轨在垂直平面内的直线度误差对工件母线的直线度影响很大。(　　)

（2）床身导轨的平行度对工件母线的直线度影响较大。(　　)

（3）机床精度调整时首先要精调机床床身的水平。(　　)

（4）数控车床上转塔刀架工具孔轴线对溜板移动的平行度误差影响镗孔的垂直度精度。(　　)

（5）数控铣床的主轴箱垂直移动的直线度误差影响镗孔轴线的垂直度精度。(　　)

（6）数控铣床 T 形槽对纵向移动的平行度误差将直接影响零件的加工精度。(　　)

（7）百分表是一种精度比较高的测量工具，能测出绝对数值。(　　)

（8）水平仪测量时，读数的符号习惯上规定：气泡移动的方向与水平仪相同时为负，相反时为正。(　　)

（9）数控机床通电试机无须进行返回机床参考点的检查。(　　)

3. 单项选择题（只有一个选项是正确的，请将正确答案的代号填入括号）

（1）在数控车床加工时，发现工件端面的平行度超差，则机床(　　)误差影响最大。

A. 主轴轴线的径向圆跳动　　B. 主轴定心轴颈的径向圆跳动

C. 溜板横向移动对主轴轴线的垂直度　　D. 主轴轴肩支承面的跳动

（2）在数控车床加工时，发现工件外圆的圆柱度超差，则机床(　　)误差影响最大。

A. 主轴定心轴颈的径向圆跳动　　B. 溜板横向移动对主轴轴线的垂直度

C. 溜板移动在水平面的直线度　　D. 床身导轨在垂直平面内的直线度

（3）数控铣床的主轴箱垂直移动的直线度主要影响(　　)精度。

A. 镗孔轴线的垂直度　　B. 孔的圆柱度

C. 加工零件的平面度　　D. 被加工孔的圆度

（4）数控铣床工作台 T 形槽的直线度误差影响(　　)。

A. 夹具的精度　　B. 夹具的安装精度

C. 刀具的安装精度　　D. 工件加工时的轨迹运行

（5）数控铣床上工作台面对主轴垂直移动的垂直度误差主要影响加工(　　)精度。

A. 孔的轴线对基准面的垂直度　　B. 孔的圆柱度

C. 零件的平面度　　D. 在水平面内孔的圆度

(6) 测量数控车床尾座套筒轴线对溜板移动的平行度误差时，必须(　　)。

A. 在主平面内向上偏，在次平面内向刀具偏

B. 在主平面内向下偏，在次平面内向刀具偏

C. 在主平面内向刀具偏，在次平面内向上偏

D. 在主平面内向刀具偏，在次平面内向下偏

(7) 转塔刀具转位的重复定位精度(　　)。

A. 对单个加工零件的精度有影响　　B. 对成批加工零件的尺寸分散度有影响

C. 对单个与成批零件的精度均有影响　　D. 对单个与成批零件的精度均无影响

(8) (　　)是属于静态精度。

A. 矢动量　　B. 加工零件的夹具精度

C. 跟随误差　　D. 编程精度

(9) 用水平仪测量倾斜方向时，在 A 位置右移到 B 位置时，气泡左移 0.5 格，再向右移至 C 位置时，气泡右移 1.5 格，则(　　)。

A. A 点比 C 点高，B 点最低　　B. A 点比 B 点高，C 点最低

C. A 点比 C 点低，B 点最高　　D. A 点比 C 点低，B 点最低

(10) 机床性能检验时，主轴转速与进给速度允许有误差，其允差(　　)。

A. 均为 10%　　B. 前者为 5%，后者为 10%

C. 均为 5%　　D. 前者为 10%，后者为 5%

(11) 机床的(　　)检查，实质上是对机床几何精度和定位精度在切削加工条件下的一项综合检查。

A. 综合精度　　B. 主轴精度　　C. 刀具精度　　D. 切削精度

(12) 数控机床精度检验主要包括机床的几何精度检验和坐标精度及(　　)精度检验。

A. 综合　　B. 运动　　C. 切削　　D. 工作

(13) 按国家标准“数字控制机床　位置精度的评定方法”(GB/T 10931—1989)规定，数控坐标轴定位精度的评定项目有(　　)。

A. 定位精度和重复定位精度　　B. 机械原点的返回精度

C. 运动的反向误差　　D. 回转运动定位精度

(14) 如果机床数控系统长期不用，最好(　　)通电 1 ~ 2 次。

A. 每周　　B. 每月　　C. 每季　　D. 每年

4. 简答题

(1) 什么是数控机床的几何精度？主要包括哪些方面？其各自的内容是什么？

(2) 什么是数控机床的定位精度？主要包括哪些方面？其各自的含义是什么？

(3) 什么是数控机床的工作精度？主要包括哪些方面？其各自的内容是什么？

(4) 数控机床性能检验主要包括哪些项目？数控功能包括哪些内容？其各自的内容是什么？

(5) 合理选用数控机床需要考虑哪几方面的因素？

5. 计算题

表 7-4 是测量定位精度得到的位置数据，试计算表中空白处的数值，最后计算出定位精度误差 A、重复定位精度误差 R 和平均反向偏差 B_j，并画出误差曲线。

表 7-4 机床定位误差检测表

目标位置序号 j			1		2		3		4		5		6	
目标位置/mm			0		171231		342.352		513.473		684.594		1026.759	
趋近方向			↑	↓	↑	↓	↑	↓	↑	↓	↑	↓	↑	↓
位置偏差 $X_{ij}/\mu m$	i	1	1.20	0	−1.50	−3.80	−1.30	−5.60	−3.40	−5.80	−3.80	−5.60	−0.70	−1.70
		2	3.30	0	−0.60	−4.60	−1.70	−5.60	−3.10	−4.40	−1.60	−3.60	−0.60	−2.30
		3	3.70	0.30	−0.20	−3.50	−1.90	−4.40	−3.30	−5.50	−0.90	−5.50	−0.10	−120
		4	2.70	−1.70	0.30	−4.30	−2.10	−5.30	−2.10	−4.60	−2.40	−3.60	−0.50	−0.90
		5	3.40	−0.20	−0.80	−4.10	−2.00	−4.20	−2.00	−4.50	−0.30	−5.60	0.50	−2.50
		6	1.30	0.10	0.20	−2.50	−1.50	−3.70	−2.40	−4.96	−1.90	−4.20	0.30	−1.80
		7	2.10	−0.15	−0.13	−3.00	−1.30	−4.00	−2.90	−4.20	−2.20	−4.70	0.35	−2.10
平均位置偏差 $\overline{X}_j$														
标准偏差 S_j														
$3S_j$														
$\overline{X}_j+3S_j$														
$\overline{X}_J-3S_j$														
反向偏差														
$6S_j$														
误差/μm	定位精度 A													
	重复定位精度 R													
	平均反向偏差 $\overline{B}_j$													

第 8 章　数控机床的维修管理与维护

学习目的与要求

- 了解数控机床的维修管理任务及内容。
- 理解数控机床使用要点和安全生产要求。
- 了解数控机床修理计划的内容和计划预防修理制度。
- 掌握数控机床的日常维护与保养。
- 了解数控机床常见故障的分类、诊断与维修。

8.1　数控机床的维修管理

数控机床是现代化企业进行生产的一种重要物质基础，是完成生产过程的重要技术手段。数控机床具有加工精度高、自动化程度高、操作使用方便的特点，现今已得到广泛的应用。但是就目前的使用情况而言，数控机床的维修率仍然居高不下，就连美国等使用情况较好的国家，其平均无故障时间也就六成左右，即有四成左右的时间是维修或闲置。造成需要维修的原因是多方面的，其中多数是使用问题造成的。因此，强化管理是关键。

8.1.1　数控机床的管理

为了提高生产能力，企业不仅需要拥有先进的技术装备，同时对装备也要合理地使用、维护、保养和及时地检修，保持其良好的技术状态，才能达到充分发挥效率、增加生产量的目的。数控机床在使用中随着时间的推移，电子器件的老化和机械部件的疲劳也随之加重，设备故障有可能接踵而来，因而数控机床的修理工作量也随之加大，设备维修的费用在生产支出中可能就要增加。随着现代化程度的提高，各种数控机床的结构将更复杂、操作与维修的难度也随之提高，维修的技术要求、维修工作量、维修费用都会随着增加。因此，必须不断改善数控机床管理工作，做到合理配置、正确使用、精心保养和及时修理才能延长有效使用时间，减少停机，以获得良好的经济效益，体现先进技术的经济意义。

1. 数控机床管理的任务及内容

数控机床的管理要规范化、系统化并具有可操作性。数控机床管理工作的任务概括为“三好”，即“管好、用好、修好”。

企业经营者必须掌握数控机床的数量、质量及其变动情况，合理配置数控机床。严格执行关于设备的移装、调拨、借用、出租、封存、报废、改装及更新的有关管理制度，操作工必须管好自己使用的机床，未经上级批准不准他人使用，杜绝无证操作现象。企业管理者应教育本部门工人正确使用和精心维护，安排生产时应根据机床的能力，不得有超性能和拼设备之类的短期化行为。操作工必须严格遵守操作维护规程，认真进行日常保养，使数控机床保持“整齐、清洁、润滑、安全”。车间安排生产时应考虑和预留计划维修时间，防止带病运行。操作工要配合维修工修好设备，及时排除故障。实行计划预防修理制度，广泛采用新技术、新工艺，保证修理质量，缩短停机时间，降低修理费用，提高数控机床的各项技术经济指标。

数控机床管理工作的主要内容就是正确使用，计划预修、搞好日常管理等。

2. 数控机床使用的初期管理

数控机床使用初期管理是指数控机床在安装试运转后到稳定生产这一时期（一般约半年左右）对机床的调整、保养、维护、状态监测、故障诊断，以及操作、维修人员的培训教育，维修技术信息的收集、处理等全部管理工作。其主要内容有：

1）作好初期使用中的调试，以达到原设计预期功能。

2）对操作、维修工人进行使用维修技术的培训。

3）观察机床使用初期运行状态的变化，作好记录与分析。

4）查看机床结构、传动装置、操纵控制系统的稳定性和可靠性。

5）跟踪加工质量、性能是否能达到设计规范和工艺要求。

6）考核机床对生产的适用性和生产效率情况。

7）考核机床的安全防护装置及能耗情况。

8）对初期发生故障部位、次数、原因及故障间隔期进行记录分析。

9）要求使用部门作好实际开动台时、使用条件、零部件损伤和失效记录。对典型故障和零部件的失效进行分析，提出对策。

10）发现机床原设计或制造的缺陷，采取改善维修和措施。

11）对使用初期的费用、效果进行技术经济分析和评价。

12）将使用初期所收集信息分析结果向有关部门反馈。

数控机床使用部门及其维修单位对新投产的机床要作好使用初期运行情况记录，填写使用初期信息反馈记录表送交设备管理部门，并由设备管理部门根据信息反馈和现场核查作出设备使用初期技术状态鉴定表，按照设计、制造、选型、购置、安装调试等方面分别向有关部门反馈，以改进今后的工作。

8.1.2　数控机床的使用要点

1. 数控机床电源要求

数控机床用的电源电压应保持稳定，其波动范围应在10%～15%以内，否则应增设交流稳压器。因电源不良会造成数控系统不能正常工作，甚至引起系统内电子部件的损坏。

2. 数控温度条件要求

数控机床的环境温度应低于30℃，相对湿度应不超过80%。一般来说，数控电气柜内有排风扇或空调机，以保持电子元件特别是中央处理器的工作温度恒定或温度变化小。过高的温度和湿度容易导致各种电子元器件寿命降低，故障增多，还会使灰尘增多，在集成电路板产生黏结，导致短路。

3. 数控机床位置的环境要求

机床的位置应远离振源，避免阳光直接照射和热辐射的影响，避免潮湿和气流的影响，避免有焊机、高频设备等工作的干扰。机床附近有振源，则机床四周应设置防振装置，否则将直接影响机床的加工精度及稳定，还容易使电子元器件接触不良、发生故障，影响数控机床的可靠性。

4. 数控机床的设备要求

数控机床所需压缩空气的压力应符合标准，并保持清洁。润滑装置要清洁，油路要畅通，各部位润滑应良好，所加油液必须符合规定的质量标准，并经过滤。电气系统的控制柜和强电柜的门应尽量少开。经常清理数控装置的散热通风系统，使数控系统能可靠地工作。

5. 建立使用数控机床的岗位责任制

1）数控机床操作工必须严格按“数控机床操作维护规程”、“五项纪律”的规定正确使用与精心维护设备。

2）实行日常点检，认真记录。做到班前正确润滑设备，班中注意运转情况，班后清扫擦拭设备，保持清洁，涂油防锈。

3）在做到“三好”要求下，练好“四会”基本功，搞好日常维护和定期维护工作；配合维修工人检查修理自己操作的设备；保管好设备附件和工具，并参加数控机床修后验收工作。

4）认真执行交接班制度和填写好交接班及运行记录。

5）发生设备事故时立即切断电源，保持现场，及时向生产组长和车间机械员（师）报告，听候处理。分析事故时应如实说明经过。对违反操作规程等造成的事故应负直接责任。

6. 建立交接班制度

连续生产和多班制生产的设备必须实行交接班制度。交班人除完成设备日常维护作业外，必须把设备运行情况和发现的问题，详细记录在“交接班簿”上，并主动向接班人介绍清楚，双方当面检查，在交接班簿上签字。接班人如发现异常或情况不明，记录不清时，可拒绝接班。如交接不清，那么设备在接班后发生问题，由接班人负责。

企业对在用设备均需设“交接班簿”，不准涂改撕毁。区域维修部（站）和机械员（师）应及时收集分析，掌握交接班执行情况和数控机床技术状态信息，为数控机床状态管理提供资料。

7. 操作工使用数控机床的“四会”和“五纪律”

一个合格的数控机床操作者应具有良好的职业道德及较高的思想素质，掌握机械加工的工艺技术知识和一定的实践加工经验。

（1）数控机床操作工“四会”基本功

①会使用。操作工应先认真地阅读有关操作使用说明书，学习数控机床操作规程，熟悉设备结构性能、传动装置，懂得加工工艺和工装工具在数控机床上的正确使用。

②会维护。能正确执行数控机床维护和润滑规定，使工具、工件、附件摆放整齐；按时将设备内外清洁、清扫；按时加油、换油，油质符合要求；保持设备安全清洁完好。

③会检查。了解设备易损零件部位，知道完好检查项目、标准和方法，并能按规定进行日常检查。

④会排除故障。熟悉设备特点，能鉴别设备正常与异常现象，懂得其零、部件拆装注意事项，会做一般故障调整或协同维修人员进行排除。

（2）数控机床操作工的“五纪律”

①凭操作证使用设备，遵守安全操作维护规程。

②经常保持机床整洁，按规定加油，保证合理润滑。

③遵守交接班制度。

④管好工具、附件，不得遗失。

⑤发现异常立即通知有关人员检查处理。

8. 技术培训

为了正确合理地使用数控机床，操作工在独立使用设备前，必须经过对数控机床应用必要的基本知识和技术理论及操作技能的培训，并且在熟练技师指导下，实际上机训练，达到一定的熟练程度。同时要参加国家职业资格的考核鉴定，经过鉴定合格并取得资格证后，方能独立操作所使用数控机床。严禁无证上岗操作。

技术培训、考核的内容包括数控机床结构性能、数控机床工作原理、传动装置、数控系统技术特性、金属加工技术规范、操作规程、安全操作要领、维护保养事项、安全防护措施、故障处理原则等。

8.1.3 数控机床的安全生产要求

1）严禁取掉或挪动数控机床上的维护标记及警告标记。

2）不得随意拆卸回转工作台，严禁用手动换刀方式互换刀库中刀具的位置。

3）加工前应仔细核对工件坐标系原点以及加工轨迹是否与夹具、工件、机床干涉，新程序经校核后方能执行。

4）刀库门、防护挡板和防护罩应齐全，且灵活可靠。机床运行时严禁开电气柜门，环境温度较高时不得采取破坏电气柜门连锁开关的方式强行散热。

5）切屑排除机构应运转正常，严禁用手和压缩空气清理切屑。

6）床身上不能摆放杂物，设备周围应保持整洁。

7）安装数控加工中心刀具时，应使主轴锥孔保持干净。关机后主轴应处于无刀状态。

8）维修、维护数控机床时，严禁开动机床。发生故障后，必须查明并排除机床故障，然后再重新起动机床。

9）加工过程中应注意机床显示状态，对异常情况应及时处理，尤其应注意报警、急停超程等安全操作。

10）清理机床前，先将各坐标轴停在中间位置，按要求依序关闭电源，再清扫机床。

8.1.4 数控机床的维修管理

维修管理是一项系统工作，它根据企业的生产发展及经营目标，通过一系列技术、经济、组织措施来实现。维修管理包括设备的购买、安装、调试、使用、维修、改造、更新，直到设备报废的整个过程。尽管维修管理的内容比较多，但必须坚持做到设备使用上定人、定机、定岗制度，建立设备维修组织及各项规章制度，进行岗位培训，禁止无证操作。在设备的保养上要严格执行定期保养，每天、每月的保养应完全由操作者完成，而六个月、一年的保养则可在维修人员的协助下进行。故障维修人员应认真做好故障现象、原因、排除方法的工作记录，建立完整的维修档案。

1. 数控机床修理计划的内容

1）确定计划期内的数控机床修理的类别、日期与停机时间，计划修理工作量及材料、配件消耗的品名及数量，编制费用预算等。

2）根据数控机床修理的类别、周期结构与下一次修理的种类，确定本次应为何种修理。

3）由上一次修理时间确定本次修理的日期，根据数控机床修理复杂系数的劳动量定额、材料消耗定额及费用定额，计算出各项计划指标。

4）将计划年度需要的各种数控机床的劳动量总加，即为全年修理总工作量。

5）将总工作量除以全年工作日数与每人每天工作小时数，考虑出勤率的影响以后，即可求得完成计划任务所需工人数。

2. 计划预防修理制度

计划预防修理制度，简称计划预修制。实行计划预修制的主要特点是修理工作的计划性与预防性。在日常保养的基础上，将检查与修理根据磨损规律，制订数控机床的修理周期结构，以周期结构为依据编制修理计划，在修理周期结构中了解各种修理的次数与间隔时间。每一次修理都为下一次修理提供数控机床情况，并且应保证数控机床正常使用到下一次修理，同时结合保养和检查工作，起到预防的作用。因此，计划预修制是贯彻预防为主的较好的一种修理制度。

数控机床修理主要有大修、中修、小修三类，大修时需将数控机床全部解体，一般需要拆离基础，在专用场所进行。大修包括修理基准件、修复或更换所有磨损或已到期的零件、校正坐标、恢复精度及各项技术性能、重新油漆等。此外，结合大修可进行必要的改装。中修主要修复或更换已磨损或已到期的零件，校正坐标，恢复精度及各项技术性能，只需局部解体，并且仍然在现场就地进行。小修的主要内容在于更换易损零件，排除故障，调整精度，可能发生局部不太复杂的拆卸工作，在现场就地进行，以保证数控机床正常运转。中、小修的主要目的在于维持数控机床的现有性能，保持正常运转状态。通过中、小修之后，数控机床原有价值不发生增减变化，属于简单再生产性质，而大修的目的在于恢复原有一切性能。在更换重要部件时，并不都是等价更新，还可能有部分技术改造性质的工作，从而引起数控机床原有价值发生变化，属于扩大再生产性质。因此，大修与小修的款项来源应是不同的。

编制数控机床修理计划时，主要依据以下四种定额，即修理周期与周期结构、修理复杂系数、修理劳动量定额、修理停机时间标准定额，现分述如下：

（1）修理周期与周期结构　修理周期是指相邻两次大修之间的时间间隔。对一台机床的修理周期是根据重要零件的平均使用寿命来确定的，不同类型的数控机床，不同的工作班次，不同工作条件，周期也就不同，原则上应根据试验研究及实践经验得出的经验公式计算确定。一般规定，数控机床的修理周期为 3 ~ 8 年，个别为 9 ~ 12 年。

修理周期结构就是在一个修理周期内，所包括的各种修理的次数及排列的次序，是编制数控机床修理计划的主要依据。两次修理之间的间隔时间称为修理间隔期，这是修理计划中确定修理日期的根据，不同数控机床，不同的工作班次，以及生产类型、负荷程度、工作条件、日常维护状况等不同，数控机床的修理周期与周期结构也不同，应根据实际情况确定。

（2）修理复杂系数　数控机床的修理复杂系数，是用来表示不同数控机床的修理复杂程度的换算系数，作为计算修理工作量、消耗定额、费用以及各项技术经济指标的基本单位，用 R 表示。各种机床的复杂系数，是在机床分类的基础上，对每类设备选定一种代表设备，制订出代表设备的复杂系数，然后将其他设备与代表设备进行比较加以确定。

代表设备的复杂系数是根据其结构复杂情况、工艺复杂情况以及修理劳动量大小等方面综合分析选定的。如规定数控机床以 XK8140（FUNNC 0MA）型数控铣床为代表产品，将它的复杂系数定为 33，记为 33*R*。电气设备以 1kW 鼠笼式感应电动机为代表产品，其复杂系数定为 1，即 1*R*。其他各项设备的复杂系数，见有关行业规定。

（3）修理劳动量定额　修理劳动量定额是指修理 1 个复杂系数的设备所消耗的各个工种的工时标准。企业制订的标准见表 8-1 与表 8-2。

表 8-1　电气设备标准

种　类	电气设备/h			
	电　工	机　工	其　他	合　计
小修	5.5	0.5	0.3	6.3
中修	14	1.5	0.5	16
大修	20	2.5	1	23.5

表 8-2　机械设备标准

种　类	机械设备/h			
	钳　工	电　工	其　他	合　计
小修	10	2	1	13
中修	48	10	2	60
大修	55	30	5	90

（4）修理停留标准　设备修理停留时间是指从设备停止使用起到修理结束、经验收后转入使用止的全部时间，以小时或天数为计算单位。在备件齐备的情况下，修理停留时间长短，主要取决于主修工种工时及办理手续的时间。主修工种工时停修时间的计算公式如下

$$T = tR/(SCMK) + T_t$$

式中　T——停修时间（h）；

t——个复杂系数的修理工时定额；

R——机床复杂系数；

S——每个工作班修理该数控机床的工人数；

C——每班时间（h）；

M——每天工作班次；

K——修理定额完成系数（由统计资料确定）；

T_t——其他停机时间（除主修工种以外其他作业，如地基、涂漆、干燥时间）。

主修工种工作以外的其他时间，根据统计资料确定，从而可算出停留时间。

8.2　数控机床的维护保养、故障诊断与维修

8.2.1　数控机床的维护保养

各类数控机床因其系统、功能和结构的不同，各具不同的特性。其维护保养的内容和规则也各有其特色，要做好数控机床的维护保养工作，要求数控机床的操作人员必须经过专门

培训，具体应根据各类数控机床种类、型号及实际使用情况，并参照数控机床说明书的要求，制订和建立必要的定期、定级保养制度。下面列举一些常见、通用的日常维护保养的主要内容。

（1）保持良好的润滑 定期检查清洗自动润滑系统，添加或更换油脂、油液，使丝杠、导轨等各运动部位始终保持良好的润滑状态，降低机械磨损速度。

（2）定期检查液压、气压系统 对液压系统定期进行油质化验，检查和更换液压油，并定期对各润滑、液压、气压系统的过滤器或过滤网进行清洗或更换，对气压系统还要注意经常放水。

（3）定期检查电动机系统 对直流电动机定期进行电刷和换向器检查、清洗和更换，若换向器表面脏，应用白布沾酒精予以清洗；若表面粗糙，则应用细金相砂纸予以修整；若电刷长度为 10mm 以下时，则应予以更换。

（4）适时对各坐标轴进行超限位试验 由于切削液等原因使硬件限位开关产生锈蚀，平时又主要靠软件限位起保护作用。因此要防止限位开关锈蚀后不起作用，防止工作台发生碰撞，严重时会损坏滚珠丝杠，影响其机械精度。试验时只要按一下限位开关确认一下是否出现超程警报，或检查相应的 I/O 接口信号是否变化。

（5）定期检查电气部件 检查各插头、插座、电缆、各继电器的触点是否接触良好，检查各印制电路板是否干净。检查主变压器、各电动机的绝缘电阻应在 1MΩ 以上。平时尽量少开电气柜门，以保持电气柜内清洁，定期对电气柜和有关电器的冷却风扇进行卫生清洁，更换其空气过滤网等。电路板上太脏或受湿，可能发生短路现象，因此，必要时对各个电路板、电气元件采用吸尘法进行卫生清扫等。

（6）机床长期不用时的维护 数控机床不宜长期封存不用，购买数控机床以后要充分利用起来，尽量提高机床的利用率，尤其是投入的第一年，更要充分地利用，使其容易出现故障的薄弱环节尽早暴露出来，使故障的隐患尽可能在保修期内得以排除。数控机床闲置不用，反而会由于受潮等原因加快电子元器件的变质或损坏，如数控机床长期不用时要定期通电，并进行机床功能试验程序的完整运行。要求每 1～3 周通电试运行 1 次，尤其是在环境湿度较大的梅雨季节，应增加通电次数，每次空运行 1h 左右，以利用机床本身的发热来降低机内湿度，使电子元件不致受潮。同时，也能及时发现有无电池报警发生，以防系统软件、参数的丢失等。

（7）更换存储器电池 一般数控系统内对 CMOS RAM（存储器）器件设有可充电电池维持电路，以保证系统不通电期间保持其存储器的内容。在一般的情况下，即使电池尚未失效，也应每年更换一次，以确保系统能正常工作。电池的更换应在数控装置通电状态下进行，以防更换时 RAM 内信息丢失。

（8）印制电路板的维护 印制电路板长期不用是很容易出故障的。因此，对于已购置的备用印制电路板应定期装到数控装置上运行一段时间，以防损坏。

（9）监视数控装置用的电网电压 数控装置通常允许电网电压在额定值的 +10% ～ -15% 的范围内波动，如果超出此范围就会造成系统不能正常工作，甚至会引起数控系统内的电子元器件损坏。为此，需要经常监视数控装置用的电网电压。

（10）定期进行机床水平和机械精度检查 机械精度的校正方法有软、硬两种：软方法主要是通过系统参数补偿，如丝杠反向间隙补偿、各坐标定位精度定点补偿、机床回参考点位置校正等；硬方法一般要在机床大修时进行，如进行导轨修刮、滚珠丝杠螺母预紧、调整反向间隙等。

（11）经常打扫卫生　如果机床周围环境太脏、粉尘太多，均可以影响机床的正常运行；电路板太脏，可能产生短路现象；油水过滤网、安全过滤网等太脏，会发生压力不够、散热不好，造成故障。所以必须定期进行卫生清扫。

【实例 8-1】　数控机床的日常维护与保养（表 8-3）

表 8-3　数控机床日常维护与保养的主要内容

序号	检查部位	检查内容			
		每　天	每　月	六 个 月	一　年
1	切削液箱	观察箱内液面高度，及时添加	清理箱内积存切屑，更换切削液	清洗切削液箱、清洗过滤器	全面清洗、更换过滤器
2	润滑油箱	观察油标上油面高度，及时添加	检查润滑泵工作情况，油管接头是否松动、漏油	清洁润滑箱、清洗过滤器	全面清洗、更换过滤器
3	各移动导轨副	清除切屑及脏物、用软布擦净、检查润滑情况及划伤与否	清理导轨滑动面上刮屑板	导轨副上的镶条、压板是否松动	检验导轨运行精度，进行校准
4	压缩空气气泵	检查气泵控制的压力是否正常	检查气泵工作状态是否正常、滤水管道是否畅通	空气管道是否渗漏	清洗气泵润滑油箱、更换润滑油
5	气源自动分水器、自动空气干燥器	工作是否正常、观察分油器中滤出的水分，及时清理	擦净灰尘、清洁空气过滤网	空气管道是否渗漏、清洗空气过滤器	全面清洗、更换过滤器
6	液压系统	观察箱体内油面高度、油压力是否正常	检查各阀工作是否正常、油路是否畅通、接头处是否渗漏	清洗油箱、清洗过滤器	全面清洗油箱、各阀、更换过滤器
7	防护装置	清除切削区内防护装置上的切屑与脏物、用软布擦净	用软布擦净各防护装置表面、检查有无松动	折叠式防护罩的衔接处是否松动	因维护需要，全拆卸清理
8	刀具系统	刀具夹持是否可靠、位置是否准确、刀具是否损伤	注意刀具更换后，重新夹持的位置是否正确	刀夹是否完好、定位固定是否可靠	全面检查、有必要更换固定螺钉
9	换刀系统	观察转塔刀架定位、刀库送刀、机械手定位情况	刀架、刀库、机械手的润滑情况	检查换刀动作的圆滑性、以无冲击为宜	清理主要零部件，更换润滑油

（续）

序号	检查部位	检查内容			
		每天	每月	六个月	一年
10	CRT 显示屏及操作面板	注意报警显示、指示灯的显示情况	检查各轴限位及急停开关是否正常、观察 CRT 显示	检查面板上所有操作按钮、开关的功能情况	检查 CRT 电气线路、芯板等的联接情况、并清除灰尘
11	强电柜与数控柜	冷却风扇工作是否正常、柜门是否关闭	清洗控制箱散热风道的过滤网	清理控制箱内部、保持干净	检查所有电路板、插座、插头、继电器和电缆的接触情况
12	主轴箱	观察主轴运转情况，注意声音、温度的情况	检查主轴上卡盘、夹具、刀柄的夹紧情况，注意主轴的分度功能	检查齿轮、轴承的润滑情况，测量轴承温升是否正常	清洗零部件、更换润滑油。检查主传动带，及时更换。检验主轴精度，进行校准
13	电气系统与数控系统	运行功能是否有障碍，监视电网电压是否正常	直观检查所有电气部件及继电器、联锁装置的可靠性。机床长期不用，则需通电空运行	检查一个试验程序的完整运转情况	注意检查存储器电池、检查数控系统的大部分功能情况
14	电动机	观察各电动机运转是否正常	观察各电动机冷却风扇运转是否正常	各电动机轴承噪声是否严重、必要时可更换	检查电动机控制板情况、检查电动机保护开关的功能。对于直流电动机要检查电刷磨损，及时更换
15	滚珠丝杠	用油擦净丝杠暴露部位的灰尘和切屑	清理螺母防尘盖上的污物，丝杠表面涂油	测量各轴滚珠丝杠的反向间隙，予以调整或补偿	清洗滚珠丝杠上润滑油，涂上新脂

8.2.2　数控机床常见故障的分类、诊断与维修

数控机床是机电一体化紧密结合的典范，是一个庞大的系统，涉及机、电、液、气、电子、光等各项技术，在运行使用中不可避免地要产生各种故障。关键的问题是如何迅速诊断，确定故障部位，及时排除解决，保证正常使用，提高生产率。因此故障诊断是维修的先导。

1. 数控机床故障的分类

数控机床故障的分类有以下四种。

（1）按数控机床发生故障的部件分类。

1）主机故障。数控机床的主机部分，主要包括机械、润滑、冷却、排屑、液压、气动与防护等装置。

2）电气故障。电气故障分弱电故障与强电故障。弱电部分主要指 CNC 装置、PLC 控制器、CRT 显示器以及伺服单元、输入/输出装置等电子电路，这部分又有硬件故障与软件故障之分。强电部分是指断路器、接触器、继电器、开关、熔断器、电源变压器、电动机、电磁铁、行程开关等电气元件及其所组成的电路，这部分的故障特别常见，必须引起足够的重视。

（2）按数控机床发生的故障性质分类。

1）系统性故障。系统性故障通常是指只要满足一定的条件或超过某一设定的限度，工作中的数控机床必然会发生的故障。这一类故障现象极为常见。

2）随机性故障。随机性故障通常是指数控机床在同样的条件下工作时只偶然发生一次或两次的故障，有时称此为“软故障”。其原因分析与故障诊断较其他故障困难得多。

（3）按故障发生后有、无报警显示分类。

1）有报警显示的故障，这类故障又分为硬件报警显示与软件报警显示两种。

2）无报警显示的故障，这类故障发生时无任何硬件或软件的报警显示，因此分析诊断难度较大。

（4）按故障发生的原因分类

1）数控机床自身故障，这类故障的发生是由于数控机床自身的原因引起的，与外部使用环境条件无关。数控机床所发生的大多数故障均属此类故障。

2）数控机床外部故障，这类故障是由于外部原因造成的。

2. 故障诊断与维修的步骤和原则

（1）步骤　数控机床系统型号很多，所产生的故障原因往往较复杂，各不相同，这里介绍调查故障的一般方法和步骤。一旦故障发生，通常按以下步骤进行：

1）调查故障现场，充分掌握故障信息。

2）分析故障原因，确定检查的方法和步骤。

在故障诊断过程中，应充分利用数控系统的自诊断功能，如系统的开机诊断、运行诊断，PLC 的监控功能。根据需要随时检测有关部位的工作状态和接口信息。同时还应灵活应用数控系统故障检查的一些行之有效的方法，如交换法、隔离法等。

（2）原则　在诊断排除故障中还应掌握以下若干原则：

1）先外部后内部。数控机床是机械、液压、电气一体化的机床，故其故障的发生必然要从机械、液压、电气这三者综合反映出来。数控机床的检修要求维修人员掌握先外部后内部的原则，即当数控机床发生故障后，维修人员应先采用望、闻、听、问等方法，由外向内逐一进行检查。比如，数控机床的行程开关、按钮、液压气动元件以及印制电线路板插头座、边缘接插件与外部或相互之间的联接部位、电控柜插座或端子与这些机电设备之间的联接部位，因其接触不良造成信号传递失灵，是产生数控机床故障的重要因素。此外，由于工业环境中温度、湿度变化较大，油污或粉尘对元件及线路板的污染，机械的振动等，对于信号传送通道的接插件都将产生严重影响。在检修中重视这些因素，首先检查这些部位就可以迅速排除较多的故障。另外，尽量避免随意地启封、拆卸，不适当的大拆大卸，往往会扩大故障，使机床大伤元气，丧失精度，降低性能。

2）先机械后电气。由于数控机床是一种自动化程度高，技术复杂的先进机械加工设备。机械故障一般较易察觉，而数控系统故障的诊断则难度要大些。先机械后电气就是首先检查机械部分是否正常，行程开关是否灵活，气动、液压部分是否存在阻塞现象等等。因为数控机床的故障中有很大部分是由机械动作失灵引起的。所以，在故障检修之前，首先注意排除机械性的故障，往往可以达到事半功倍的效果。

3）先静后动。维修人员本身要做到先静后动，不可盲目动手，应先询问机床操作人员故障发生的过程及状态，阅读机床说明书、图样资料后，方可动手查找处理故障。其次，对有故障的机床也要本着先静后动的原则，先在机床断电的静止状态，通过观察测试、分析，确认为非恶性循环性故障或非破坏性故障后，方可给机床通电，在运行工作状况下，进行动态的观察、检验和测试，查找故障。然而对恶性的破坏性故障，必须先行处理排除危险后，方可通电，在运行工作状况下进行动态诊断。

4）先公用后专用。公用性的问题往往影响全局，而专用性的问题只影响局部。如机床的几个进给轴都不能运动，这时应先检查和排除各轴公用的 CNC、PLC、电源、液压等公用部分的故障，然后再设法排除某轴的局部问题。又如电网或主电源故障是全局性的，因此一般应首先检查电源部分，看看断路器或熔断器是否正常，直流电压输出是否正常。总之，只有先解决影响一大片的主要矛盾，局部的、次要的矛盾才有可能迎刃而解。

5）先简单后复杂。当出现多种故障互相交织掩盖、一时无从下手时，应先解决容易的问题，后解决较大的问题。常常在解决简单故障的过程中，难度大的问题也可能变得容易，或者在排除容易故障时受到启发，对复杂故障的认识更为清晰，从而也有了解决办法。

6）先一般后特殊。在排除某一故障时，要先考虑最常见的可能原因，然后再分析很少发生的特殊原因。例如一台 FANUC 系统数控车床 Z 轴回参考点不准常常是由于降速挡块位置走动所造成，一旦出现这一故障，应先检查该挡块位置，在排除这一常见的可能性之后，再检查脉冲编码器、位置控制等环节。

数控机床诊断技术的基本原理及工作程序如图 8-1 所示，它包括信息库和知识库的建立及信号检测、特征提取、状态识别和预报决策四个工作程序。

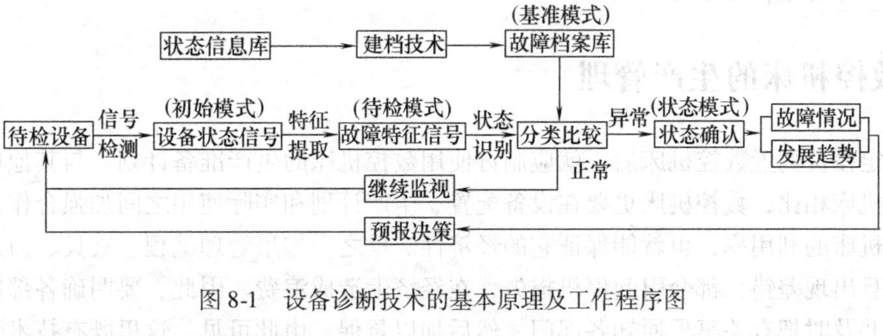

图 8-1　设备诊断技术的基本原理及工作程序图

3. CNC 系统故障检查的一般方法

（1）直观法　这是一种最基本的方法。维修人员通过对故障发生时的各种光、声、味等异常现象的观察以及认真查看系统的每一处，往往可将故障范围缩小到一个模块或一块印制电路板。

(2) 自诊断功能法　能显示出系统与主机之间接口信号的状态，从而判断出故障发生在机械部分还是数控系统部分，并指示出故障的大致部位。这个方法是当前维修数控系统时最有效的一种方法。

(3) 功能程序测试法　就是将数控系统的常用功能和特殊功能（如直线定位、圆弧插补、螺纹切削等）编制成一个功能测试程序，输入数控系统使之运行，借以检查机床执行这些功能的准确性和可靠性，进而判断出故障发生的可能起因。

(4) 交换法　就是在分析出故障大致起因的情况下，维修人员可以利用备用的印制电路板、模板、集成电路芯片或元器件替换有疑点的部分，从而把故障范围缩小到印制电路板或芯片一级。它实际上也是在验证分析的正确性。

(5) 测量比较法　CNC 系统生产厂在设计印制电路板时，为了调整、维修的便利，在印制电路板上设计了多个检测用的端子。用户也可以利用这些端子比较测量正常的印制电路板和有故障的印制电路板之间的差异。

(6) 原理分析法　根据 CNC 系统的组成原理，可从逻辑上分析各点的逻辑电平和特征参数（如电压值或波形），然后用万用表、逻辑笔、示波器或逻辑分析仪进行测量、分析和比较，从而对故障定位。

【实例 8-2】　数控机床故障诊断及维修实例

以刀架转位不正常的故障为例进行分析和处理。

故障设备：华中数控生产的 HED—21S 数控系统综合实验台，采用世纪星 HNC—21TF 数控系统。

故障现象：实验台调试过程中，手动、MDI 或自动循环，刀架转位正常，但就是不能到位，刀架无锁紧动作且没有任何报警。

故障检查与分析：给出换刀指令，刀架有动作但就是不能到位，而没有反向锁紧动作且反向接触器无动作。根据故障现象来看，主要是刀架电动机反向工作不正常。

故障处理：检查电路接线没有任何问题，检查接触器元件，发现反向接触器工作电压不正常，断电后拆下反向接触器检查其主触点有一边烧结在一起，无法分开，换了一个好的接触器后，故障排除，刀架转位正常。

8.3　数控机床的生产管理

在决定投资购置数控机床后，就应制订使用数控机床的生产准备计划。与其他单件、小批生产的机床相比，数控机床更要在设备配置、生产计划和实际使用之间加强合作，以保证提高数控机床的利用率，也就能保证它的经济性。反之，如果管理编程、夹具、刀具或毛坯等方面一旦出现差错，都会引起停机损失，在经济上造成浪费。因此，要明确各部门的权限和责任，并及时把有关事项通知各部门，然后加以督促。由此可见，这里既有技术管理，又有组织和人事的管理。从决定采用数控技术起到第一台数控机床安装为止的这段时间，是业务准备、人员准备和培训的时间。

(1) 初次应用数控机床的准备工作　执行复杂的计划时，可采用简便而有效的网络计划技术（即计划评审法）。这种方法只需画出简单的网络计划图，就可得出全部措施的概貌。通过这些措施，可将初次使用数控机床的准备工作组成有机的整体，从而既可明确各部门执行某些措施的权限，又可确定各项措施的时间和顺序。

设备投资项目计划是制订网络的基础。它是按全部具体任务列出的表，根据项目的性质、范围和子项目等分成几部分。表 8-4 是第一台数控机床的工程项目计划大纲，表 8-5 是其明细计划。为了用图解法表达工程项目的工作流程，可采用“过程节点法”，过程节点示例如图 8-2 所示。这种方法除了说明过程外，还指出了负责每一过程的部门以及计划完成的时间。此外，按照各项工作的相互关系和由此安排的时间顺序，把各过程节点连成网络计划图。采用第一台数控机床的网络计划，是总结了全过程的各项具体任务，如图 8-3 所示。初次采用数控机床，在生产准备阶段采用网络技术，就能使生产计划部门和生产部门之间密切配合起来。生产准备阶段的计划应包括从获准购置数控机床起到数控机床投入生产为止的整个时间，其中经过订购、交货和安装等步骤。机床安装后开始试运转。了解情况和决策两阶段安排在网络计划之前。

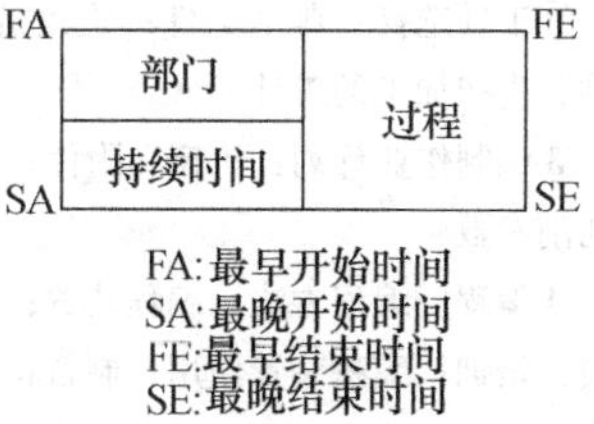

图 8-2　过程节点示例

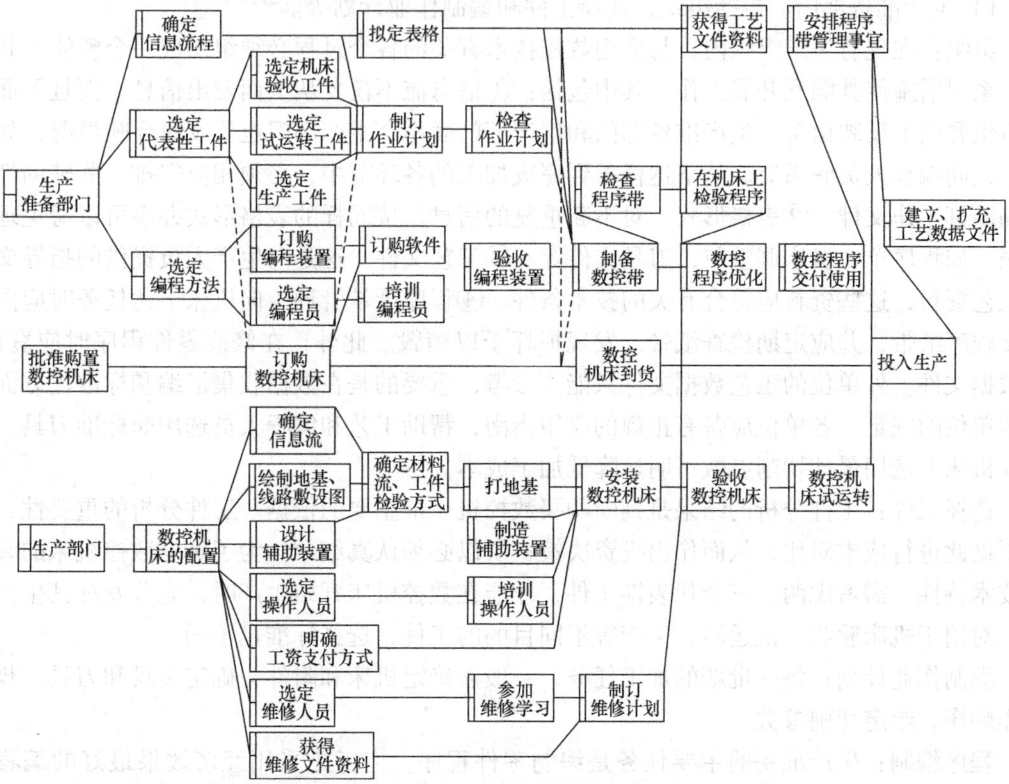

图 8-3　初次采用数控机床生产准备的网络计划

表 8-4　采用第一台数控机床计划大纲

生产计划部门	生 产 部 门
①组织；②选择工件；③编制作业计划；④编程；⑤检查	①组织；②安装；③辅助装置的安排；④操作；⑤维修

表 8-5 采用第一台数控机床明细计划

生产计划部门	生 产 部 门
①组织：信息流；订货处理；程序修改服务；表格；文件；纸带管理；数据文件	①组织：数控机床配置；信息流；材料流；检查
②工件选择：典型工件；验收机床用工件；试运转用工件；生产加工的工件	②安装：地基图，线路敷设图；打地基；安装数控机床；验收机床；试运转
③编制作业计划：机床和附件；夹具和刀具；操作顺序；切削参数	③辅助装置的安排：刀具调整；准备测量工具；冷却润滑循环；切屑输送；上料装置
④编程：编程方法；编程装置；工作程序（软件）；编程员；培训；编程装置使用；制备程序带；优化零件程序	④操作：操作人员培训；明确工资种类
⑤检查：作业计划；数控零件程序；第一条程序带；程序纸带复本；机床上第一次程序执行；零件程序交付生产使用	⑤维修：维修人员培训；维修文件；维修计划

对 CNC 系统有编程功能的机床，网络计划应有新的安排方法。

1）生产准备部门。包括组织、选择工件和编制作业计划等。

组织：在现有生产组织内，与采用数控技术有关的各个过程必须组织成一个整体，并采取一系列措施使其顺利开展工作。其中包括：①信息流不仅要从上面发出信息，而且下面的环节也要向上反映信息。生产准备部门和生产部门联系，生产部门也要及时反映情况，如操作工人同编程人员联系等。从下达任务到完成加工的各环节中，必须相应安排一些辅助性工作和制订工作文件。②表格形式。对不断重复的信息，按同样的表格形式办事可以避免理解错误，如程序单、机床调整单，刀具文件等。③工艺文件。这是向生产人员提供的指导文件和工艺资料，这些资料应符合有关的技术条件。④程序纸带管理。向机床下达任务时应同时提交程序纸带，并应定期检查纸带，发现损坏予以销毁。此外，在修改零件程序时应登记。⑤数据文件。外单位的工艺数据文件只能作参考，重要的是在数据收集汇编和标准化方面作出本单位的规定。各单位应备有正规的应用指南，帮助工艺和编程人员选用非标准刀具。在数控机床上选用最佳切削参数可明显降低加工成本。

选择工件：工件分析的结果是判断购买数控机床最主要的依据。工件分析的重要性，在于要据此进行成本对比，从而作出投资决策，所以必须认真细致。为了确定数控机床的装备和技术特性，需考虑两、三个代表性工件，才能在数控机床开始生产时，充分发挥其生产能力。对用于机床验收、试运转、生产等不同目的的工件，选择标准也不同。

编制作业计划：每一批新的加工任务，一般需确定机床和附件，确定夹具和刀具，规定操作顺序，给定切削参数。

程序编制：生产准备的主要任务是编制零件程序，应考虑采用经济效果最好的编程方法。编程员应先接受手工编程训练（这种训练通常在机床制造厂进行），然后学习计算机辅助编程（一般在编程系统供应单位进行）。采用数控机床的初期，应尽量进行数控编程，其优点是经验积累较快。因为这时编程员就是机床操作员，在过渡到生产准备部门编程后，这个机床操作者可作为编程员使用。此外，可以推迟作出在生产准备部门内选用何种编程方法的决定，待积累经验后再作出决定。除推迟编程方法投资时间外，还有利于选取更适宜的编程方式。然而这种方法也存在缺点，不能事先编制程序存放起来，编程时间占用机床时间，造成大量机床停机。此外，如果在没有标准和数据文件体系的情况下编出了大量数控程序，以后再建立必要的标准和数据文件体系就很困难。

检查：为了加工的经济性和保证编程的可靠性，必须进行中间检查。

2）生产部门。生产部门也应像生产准备部门一样，对数控应用进行充分的准备。

组织：数控机床正确的安装场地必须根据技术原则和组织原则来确定。考虑的因素，除了工件流以外，还有数控机床工作时产生的切屑及操作情况的变化（如操作多台机床）等因素。至于随加工任务下达的指令信息和对刀具、夹具的要求，应由信息流相应部门完成。此外，由于数控机床生产效率高，换刀时间短，因而必须妥善准备大量工件的运输存储，也要事先准备好相应的刀具和夹具，以便随加工任务的变化而及时更换。数控机床工件的检查必须与数控生产的全自动加工过程相适应。

地基和安装：现代数控机床的设计，通常是结构紧凑而刚度很大，必须有坚实的地基。对于较大的加工中心，则应安装在更可靠的地基上。数控机床的冷却、润滑由车间集中供应时，必须检查流量和压力。

辅助装置的安排：为保证数控机床加工的经济性和顺利实现其功能，必须在工作现场配备一系列专用辅助装置，如刀具专用的对刀仪，检测工件的测量工具，切屑的排除机构，工件的上、下料装置及各种备件等。

操作：这是应用数控机床的重要一环，应予以重视。

维修：使用单位的维修人员，应能对数控机床进行正常维护，对故障进行初步检查。使用单位应备有维修文件和检测仪器。为使数控机床安全运行，预防事故，应与生产数控机床的单位制订有约束力的维修计划。

从网络计划可以看出，生产部门的准备工作，应在数控机床到货后结束。生产计划部门必须为机床交付试运转的零件程序和机床调整文件。

（2）数控机床日常管理

1）编程、操作、刀具、维修人员的管理。工作中应职责分明，分工合作。编程人员应熟悉数控机床上加工的零件、工艺，并运用成组工艺概念，将适合在某类数控机床上加工的零件进行分类编码，编制出典型工艺。对纸带、加工参数等应集中、科学地保存和管理，逐步建立相应的数据库。操作人员应一专多能，深入了解数控机床的结构、性能、特点及国内外同类数控机床的优缺点，充分发挥机床的效能。刀具、维修人员应与编程人员、操作者紧密配合，使数控机床的使用和管理顺畅。

2）数控机床加工零件的计划安排。集中使用、管理数控机床，应对适于数控加工的工件作出周密的计划安排，便于做好编程、刀具、维护等的准备工作。成组工艺的采用，更好地安排数控机床加工零件族非常重要，可以提高加工质量，减少废品，缩短加工周期，减少成本。

3）刀具管理。数控机床离不开成套优质、先进刀具的及时供应。在数控机床使用刀具的过程中，对刀具的加工零件数、材料、寿命、质量等应作出详细记录。

4）强化日常维护管理。数控机床除自动换刀装置（ATC）、托盘自动更换装置（APC）等机械部分外，还有电气、液压、气压，电子、测量等基础零部件，特别是数控系统，应备有充分的备件，便于在出现故障时能及时修复。数控机床的日常维护工作，除了排除故障外，还应有必要的定期维修。各方面技术人员应密切配合，详细作好维护记录，并统计、归纳、分析故障的原因及修复方法。

（3）使用过程中的经济分析　数控机床使用的经济效果，取决于充分了解数控机床的特点和正确充分的使用。只有在技术上掌握、生产上使用、管理上正常的基础上，才能显示出数控机床的优越性和经济效果。表 8-6 是数控机床和仿形机床加工零件的时间对比，表 8-7 是在加工中心上和普通铣床上加工复杂零件的费用对比。工艺和编程对经济使用数控机床都有很大影响。

表 8-6　用数控机床和仿形机床加工零件的时间对比

<table>
<tr><th colspan="2">项　目</th><th>数控机床/h</th><th>仿形机床/h</th><th colspan="2">项　目</th><th>数控机床/h</th><th>仿形机床/h</th></tr>
<tr><td rowspan="5">准备工作</td><td>模型设计</td><td>—</td><td>250</td><td rowspan="5">制造加工</td><td rowspan="2">安装、调整</td><td rowspan="2">15</td><td rowspan="2">24.5</td></tr>
<tr><td>模型制造</td><td>—</td><td>1192</td></tr>
<tr><td>夹具设计</td><td>154</td><td>236</td><td rowspan="2">加工</td><td rowspan="2">3.5</td><td rowspan="2">4.5</td></tr>
<tr><td>夹具制造</td><td>277</td><td>392</td></tr>
<tr><td>编程</td><td>1231.5</td><td>—</td><td>合计</td><td>18.5</td><td>29</td></tr>
<tr><td></td><td>合计</td><td>1662.5</td><td>2770</td><td colspan="2">总计</td><td>1681</td><td>2799</td></tr>
</table>

表 8-7　在加工中心和普通铣床上加工复杂零件的费用对比

项　目	加 工 中 心		普 通 机 床	
	时间/h	费用/元	时间/h	费用/元
编程	112	61.6	520	286
数据准备	16.25	126	—	—
工具、夹具设计制造	—	596	—	6285
检验	26.5	97.25	176	345
加工准备合计	154.75	881.85	696	6926
划线	0.5	0.2	1	0.4
机床外调整(1 个)	0.606	0.266	—	—
机床上调整(1 个)	—	—	0.833	0.471
加工(1 个)	4.77	11.877	38	21.508
运输(1 个)	0.5	0.2	3.5	1.4
机外检验(1 个)	0.15	0.06	8.83	3.53
加工合计	6.526	12.603	52.163	27.309
每批件数/个	15		30	
一年生产批数/批	8		4	
预计生产总数/个	600		600	
一年费用/元	1688.68		4662.24	
一年加工效益差额/元	2973.56		—	
一年工资减少/元	13440		—	
运输资金每年减少/元	714		—	
机床占地减少/元	750		—	
全年总费用减少/元	117877.56		—	

单件加工时间是决定单件加工成本的关键。数控机床的单件加工时间与普通机床相比，其平均值为 1∶4。这不仅归因于辅助时间的减少，而且也由于切削时间的显著缩短。缩短切削时间，是采用合理的切削参数，主要是切削速度和进给量大大提高的结果。

编程费用和数控机床加工的单件工时之间有内在关系。若加工工件数量很多，则仔细编制程序在经济上是合算的，会导致刀具寿命缩短，故障增多等。程序质量对数控机床的经济性有决定性的影响。如果在经济计算中使用不准确的单件加工时间，就会产生虚假的结果。在保证程序质量的情况下，编程费用应尽量降低，这可通过改进使用编程辅助手段或向自动编程过渡来达到。

技能实训题

请对数控机床或数控铣床进行日常设备维护、保养及其管理。

本 章 小 结

（1）数控机床管理工作的任务为“管好、用好、修好”。其主要内容是正确使用，计划预修、搞好日常管理。

（2）数控机床的使用要点为要满足数控机床电源要求、数控温度条件要求、位置的环境要求、设备要求。

（3）数控机床的维修管理包括数控机床修理计划的内容、计划预防修理制度、数控机床日常的维护保养和故障诊断、维修。

（4）数控机床的生产管理主要包括制定使用数控机床的生产准备计划、使用过程中的经济分析等。

思考与练习题

1. 填空题

（1）所谓数控机床的故障诊断是指在机床运行中基本不拆卸的情况下，即可掌握__________的信息，查明______________，采取必要的措施和对策的技术。

（2）电气故障的弱电部分主要包括_________、_________、_________、_________和_________等电子电路。

（3）在数控机床出现故障时，操作人员应采取______________措施，保护好_________，应对故障做__________，这是__________的重要依据。

（4）机械故障的类型有_________、_________、_________和_________。

（5）一般规定，数控机床的修理周期为_______年。

2. 判断题（正确的打“√”，错误的打“×”）

（1）数控机床的维修原则之一是先公用后专用。（　　）

（2）在数控机床加工时要经常打开数控柜的门以便降温。（　　）

（3）数控机床以 XK8140（FUNNC 0MA）型数控铣床为代表产品，将它的复杂系数定为 35。（　　）

（4）可以随意拆卸回转工作台，严禁用手动换刀方式互换刀库中刀具的位置。（　　）

3. 单项选择题（只有一个选项是正确的，请将正确答案的代号填入括号）

（1）故障维修的一般原则是_______。

A. 先动后静　　B. 先内部后外部　　C. 先电气后机械　　D. 先一般后特殊

（2）数控系统出现“NOT READY”的显示，主要原因是________。

A. 伺服系统故障　　B. 数控装置故障　　C. PLC 有故障　　D. 程序出错

4. 简答题

（1）数控机床管理的任务及内容是什么？

（2）请说明数控机床使用要点。

（3）试举例说明数控机床安全生产要求。

（4）数控机床出现故障时，操作人员应该怎样做好快速处理工作？

（5）CNC 系统故障检查的一般方法有哪些？各自的内容是什么？

（6）简述数控机床主轴在强力切削时产生丢转或停转故障的原因及排除方法。

（7）试述数控机床使用的初期管理的主要内容。

（8）结合生产实践，说明数控机床日常维护与保养的主要内容。

第9章　普通机床的数控化改造

学习目的与要求

- 了解机床数控化改造的条件和原则。
- 理解机床数控化改造的方向和途径。
- 了解机床改造的一般步骤。
- 掌握数控化改造主要技术方案的选择。
- 了解车床和铣床的数控化改造方法。

【学习导引示例】　C616型普通车床的数控化改造

目前我国机床的拥有量约为400万台，其中40%以上是车床，而且多数役龄都很长。采用价格较低、性能适宜的经济型数控系统，容易实现对一般普通车床的改造，而且经济效果也比较明显。这种改造方法在许多工厂都已获得成功。以下通过介绍普通机床数控化改造方法来进行C616型卧式车床的数控化改造，如图9-1所示改造后的车床传动系统。

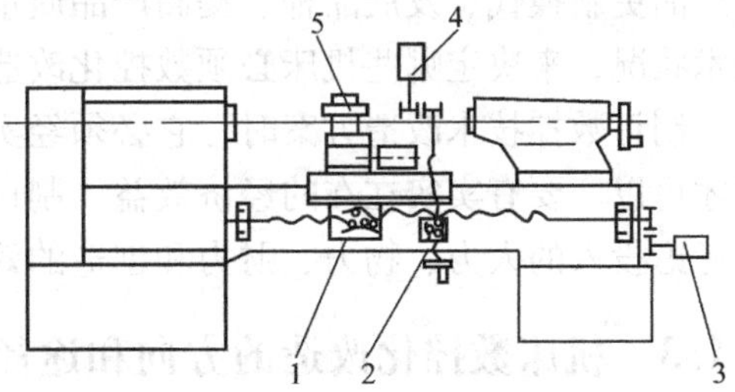

图9-1　改造后的车床传动系统

1—纵向滚珠丝杠副　2—横向滚珠丝杠副

3、4—步进电动机　5—自动刀架

9.1　机床改造的概述

目前，世界上一些工业发达国家，如美国、加拿大、法国、德国、日本、意大利、英国七个工业发达主要国家，目前役龄在15年以上的机床约占40%。由于企业资金缺乏，普遍重视对现有机床的改造，许多大企业都制定了机床改造的长远规划。自20世纪60年代以来，国外机床改造市场十分活跃，机床改造也正在逐步从机床制造业中分化出来，目前美国已有200多家专业机床改造公司。机床改造主要是实现数控化改造，数控化改造大体可分为两类：一类是在现有的普通机床上加装数控装置和可编程序控制器；另一类是采用更先进的数控系统代替现有数控机床的控制装置。

机床的技术改造是以应用新的技术，特别是微电子技术的成就和先进经验，改变原有机床的结构，装上或更换新部件、新附件、新装置，或将单台机组成流水线、自动线所采取的技术措施，以补偿机床的有形磨损和无形磨损。机床经过技术改造可以改善其原有的技术性能，增加机床的某种功能，提高可靠性，使之达到或局部达到新机床的技术水平；某些技术功能甚至还可以超过现有同类型机床的水平，而所需费用则比购置新机床的低。

9.1.1　机床数控化改造的条件

并不是所有的旧机床都适合数控化改造。机床的数控化改造主要应具备如下条件：

(1) 机床基础件必须有足够的刚性　数控机床属于高精度机床，工件或刀具的移动精度要求很高。通常闭环系统的脉冲当量为 0.001mm，开环系统的脉冲当量为 0.005mm 或 0.01mm。高的定位精度和轮廓加工精度要求机床的基础件具有很高的动、静刚度。若基础件刚性不好，则受力后容易变形，这种变形具有很大的不确定性，无法用数控系统的补偿机能进行补偿。因此，基础件刚性不好的机床不适宜进行数控化改造。

（2）改造费用合适、经济性好　机床改造费用分为机械与电气两部分。一方面是维修和改动原机械部分，更换已磨损的部件。另一方面是更换原机床控制柜，用新的数控系统和强电装置来代替。改造费用与原机床的零件的利用率有关，也与采用何种数控系统有关。出于经济上的考虑，目前国内除重型机床和有特殊要求的机床外，通常均采用功率步进电动机驱动的经济型数控系统进行机床改造。改造总费用要因用户而异，一般来说，如果不超过同类规格设备价格的一半，在经济上就算合适。

9.1.2　机床数控化改造的原则

机床数控化改造要遵循针对性、先进适用性、可能性和经济性的原则。

要从实际出发，按照生产工艺要求，针对生产中的薄弱环节，采用数控新技术，以企业的产品更新换代、发展品种、提高产品质量为目标，结合机床在生产过程中所处的位置及其技术状况，来决定哪些机床必须数控化改造以及怎样进行数控化改造。

制订数控技术改造方案时，它必须经实践证明是可行的，经技术论证适于数控化改造机床才可以。要有实实在在的经济效益。制订机床数控化改造方案时，要进行可行性分析，综合考虑投入的人力、物力、财力和创造的效益，力求以较少的投入获得较大的效益。

9.1.3　机床数控化改造的方向和途径

推广应用数控及微机、数显、可编程序控制器、静压（静动压）技术改造机床，重点是改造大型、中型机床，精密、关键技术和在生产中起重要作用的中小型机床。

普通车床、磨床、齿轮加工机床，可采用数控技术及微机加以改造。加工一定批量的轴、套、盘类零件的小型机床，一般可选用单片机控制步进电动机的经济型数控系统加以改造。

大批量流水线生产的自动线，自动、半自动机床和一些专用、高效精密机床，可用一位机等组成可编程序控制器加以改造。

大中型、重型机床改造时重复利用形状复杂、吨位重的基础件，如底座、工作台、床身、立柱、横梁等，大大缩短改造周期，降低成本费用。可安装数显装置（感应同步器、光栅等）加以改造。对于需要解决零件加工定位精度和进给精度的镗床、车床、铣床、磨床、钻床等，一般用数显技术改造。这在国外已被广泛采用，并取得了良好的效果。

大型机床导轨和磨床等的主轴，可根据加工工艺的需要，用静压和动压技术加以改造。机床也可根据生产工艺要求和机床本身条件，在进行技术经济分析后，同时加装经济型数控系统和数显装置，或选用直流、交流伺服电动机拖动的多功能数控系统，以提高生产效率和质量。

普通中小型车床、铣床在数控化改造时，其机械部分只作较小改动，再配以经济型数控系统和步进电动机即可满足普通数控车床、铣床上复杂零件的加工，并且价格便宜。这种较廉价的数控化改造方案具有很大的实用价值，目前在我国已得到了广泛的推广和使用。

随着数控系统的日益完善，如插补功能（直线和圆弧）、车螺纹功能、控制刀架转位与夹紧功能、刀具补偿和主轴转速功能的发展，可不断选择适用的新技术进行改造。

9.1.4　机床数控化改造的一般步骤

普通机床的数控化改造是根据生产的实际需要而提出来的，改造是为了使机床达到具有一定的柔性，提高生产效率和质量，解决复杂零件的加工问题的目的。机床改造的一般步骤是：

1）明确微机改造的任务和目标。在确定机床微机改造的总体方案时，首先要提出明确的技术经济指标，然后对加工对象进行工艺分析，确定工艺方案，进而初步选定被改装机床的类型，选择切削用量、刀具运动路线，计算（或估算）生产率、切削力及切削工具等，将具体的技术参数用文件形式固定下来，作为设计的原始依据。同时对选定的被改装机床进行认真分析，了解其技术规格，技术状况，各部分联系尺寸等，分析机床强度和刚度以及能否适应改装要求以及经济性等，将有关参数及要求一并写入设计任务书中。

2）总体方案设计。总体方案设计的内容包括：系统运动方式的确定，伺服系统的选择，执行机构的结构及传动方式的确定和计算机系统的选择等。应根据设计任务和要求进行调研，查阅技术资料，提出系统的总体方案，并对方案进行分析比较和论证，最后再确定总体方案。确定方案时，应仔细考虑机床与控制部分相互间的各种要求，作出合理的设计，不仅要考虑各种高效能、自动化要求，也要考虑被改造机床的具体条件，使技术的先进性与经济的合理性较好地统一起来。

3）设计计算及结构改装。根据设计任务书内容，计算出进给系统需要的功率和力矩等，以选择数控系统及驱动元件。多数的微机数控装置配用步进电动机，也有一些性能要求较高的系统采用直流伺服电动机。机床的工作台（或刀架）及其传动机构是机床改造的重点，改造的好坏直接影响到伺服系统的品质，可以说机床的微机改造是从机械部分改造的整体方案入手的，设计时可借鉴数控机床的结构特点及设计要求。随着数控机床的发展，许多数控机床的零配件也已经开始成批生产，形成了专门的配套供应，如滚珠丝杠螺母副、车床的自动换刀刀架等目前都有现成的产品供应，这给机床改造工作带来了很大的方便。

为防止出错，机械部件、液压气动回路、软件、接口电路和强电逻辑回路需交叉设计，还应充分注意信号检测元件的安装、联接设计。

4）绘制机床改装零件图和完成机床数控化改造的所有技术资料。

5）制造、安装、调试。制造、安装、调试是改造的关键之一，一般应预先将数控系统、接口电路等脱机运行，机械及液压气动装置也应单独运行，在确定无误后，才能联机调试。测试时应遵循先手动、后自动，先孔运行、后试切的原则。

调试合格后，要按设计要求进行负荷切削试验和各项精度指标的考核，直至加工出合格的产品为止，然后交付车间使用，并协助培训操作和维修人员。

6）设备投产后要及时总结，在可能的条件下，采用更新的技术，进一步完善原设计。

以上各步，并非一成不变，而是应根据实际情况，相互穿插，有时要反复进行，直到选择和设计出满意的方案为止。

9.2　机床的经济型数控技术改造

我国机械工业的制造水平与发达国家相比差距较大，逐步增加数控化率是机械行业发展的总趋势。由于各行业要求不同，零件的形状、尺寸、精度要求以及批量相差悬殊，这就要求有高、中、低档不同层次的数控机床，有时不能也没必要花费大量的资金添置许多全新的数控机床，因此，把普通机床改造为数控机床就成为一条提高数控化率的有效途径。其优点是机床改造花费少、改造针对性强、时间短，改造后的机床大多能够克服原机床的缺点和存在的问题，提高生产效率。

数控化改造主要技术方案的制订和选择是机床数控化改装中极为重要的一环，它不仅影响被改装后的机床性能要求，还影响到经济性和改装效果。因此，必须在调查研究的基础上，进行充分的论证、选择和确定技术方案。在选择技术方案时主要应考虑以下几个因素：

（1）数控系统　目前在市场上有各种经济型和标准型数控系统供应，其中，经济型数控系统具有结构简单，操作方便，技术容易掌握及制造成本低等优点，在中小型机床数控化改造中应用较多。随着生产和技术的发展，目前，标准型数控系统在大、中型机床的数控化改造中的应用亦日益广泛。总的来说，标准型数控系统性能完善，与机械、强电接合方便，可靠性高。而经济型数控系统性能相对较差，系统平均年无故障工作时间较短，适用于有一定修理能力的单位。

在选择数控系统时，应了解系统的控制轴数，特别是联动轴数。因为这于数控系统的价格有直接的关系。对于仅需实现点位控制的改装，就不要求控制轴联动，只有需要进行轮廓控制的场合，才需选用具有联动功能的数控系统。例如，改装钻床时，可选用两个控制轴的点位数控系统；改装车床时，若需加工圆锥、圆弧和其他曲面，则需控制二轴联动；改装铣床时，若只加工平面凸轮类轮廓，两轴联动就可以满足要求，加工空间曲面时，则至少要三轴以上联动。

（2）控制方式　通常控制系统的控制方式分为开环、闭环、半闭环三种。开环系统无位置检测反馈装置，其加工精度由执行元件和传动机构的精度来保证。定位精度较低（一般只能达到 ±0.02mm/300mm），且这种控制方式多以步进电动机为驱动元件，受步进电动机性能的影响，进给速度一般不高。但该控制方式投资少，安装调试方便，因此，适用于精度要求一般的中、小型机床改造，也是目前机床数控化改造中应用最为普遍的一种。半闭环控制方式虽然改装费用较大，但控制精度较高（可达 ±0.01mm/300mm 以上），且多以直流、交流伺服电动机为驱动元件，速度也比开环控制方式高，安装调试也比较方便，因此适用于控制精度要求高的大、中型机床的改造。闭环控制由于需直接测量出移动部件的实际位置，要在机床的相应部位安装直线检测元件，工作量大、费用高、调试困难。它的稳定性与机械部分的各种非线性因素有很大关系，因此在机床数控化改造中一般不采用这种控制方式。

（3）伺服驱动元件　目前在机床数控化改装中常用的驱动元件有步进电动机、直流伺服电动机、交流伺服电动机。这些驱动元件，配以适当的功放装置，即组成伺服驱动系统。

（4）主运动变速　普通机床的主传动一般都采用普通交流电动机拖动，主运动变速由变速箱内各滑移齿轮位置的转换来实现。如果要求主运动实现自动变速，则需采用液压拨叉和电磁离合器实现，但这往往需重新设计和制造主轴箱；也可用直流电动机代替原普通交流电动机，并配置相应的直流调速装置，实现宽范围无级平滑调速，但这种方法所需投资较大。总之，如果进行主运动自动变速的改装，必然使机床改装的总费用大幅度上升，改装周期也将延长，因此，在一般情况下，对原机床的主传动系统均维持不变，变速部分也不改装，除非有特别要求。

对要求具有螺纹切削功能的机床，应在主轴相应部位安装主轴位置编码器。

1）主传动系统。对普通机床进行数控化改造时，一般可保留原有的主传动系统和变速操纵机构。这样既保留了机床的原有功能，又简化了改造量。

如果要提高机床的自动化程度，或者所加工工件需在加工过程中自动变换切削速度，可用双速和四速电动机代替原机床的主电动机。由于多速电动机的功率是随着转速的变化而变化的，应选择功率大一些的电动机。

经济型数控车床加工螺纹或丝杠时，需配置主轴脉冲发生器作为车床主轴位置信号的反馈元件，它与车床主轴同步传动，发出主轴转角位置变化信号，输送到计算机。计算机按所需加工的螺距进行处理，控制机床纵向或横向步进电动机运转，实现加工螺纹的目的。其加工螺距为 0. 25mm、0. 3mm、0. 35mm、0. 4mm、0. 5mm、0. 6mm、0. 7mm、0. 75mm、1mm、1. 25mm、1. 5mm、1. 75mm、2mm、2. 5mm、3mm、3. 5mm、5mm、6mm，共 18 种。

在使用主轴脉冲发生器时，受到步进电动机频率的限制，如采用 1000Hz 工作频率，加工 3mm 螺距的螺纹时，步进电动机频率为 300Hz，而主轴脉冲发生器每分钟频率为 1000 × 60Hz，所以车床主轴转速 = 1000 × 60/300r/min = 200r/min，即车床主轴转速不得超过 200r/min。如果主轴脉冲发生器的频率提高到 2000Hz，主轴转速也仅达到 400r/min。由此可知，当螺距越大时，进给步进电动机的频率越高，允许的车床主轴转速也就越低。

主轴脉冲发生器的安装，通常采用两种方式：一是同轴安装，二是异轴安装。同轴安装的结构简单，缺点是安装后不能加工伸出车床主轴孔的零件；异轴安装较同轴麻烦一些，需配一对同步齿形带轮和同步齿形带，但却避免了同轴安装的缺点。

主轴脉冲发生器与传动轴的联接可分为刚性联接和柔性联接。刚性联接是指常用的轴套联接。此方式对联接件制造精度和安装精度有较高的要求，否则同轴度误差的影响会引起主轴脉冲发生器产生偏差而造成信号不准，严重时损坏光栅。柔性联接是较为实用的联接方式。常用的软件为波纹管或橡胶管，联接方式如图 9-2 所示。采用柔性联接，在实现角位移传递的同时又能吸收车床主轴的部分振动，从而使得主轴脉冲发生器传动平稳，传递信号准确。

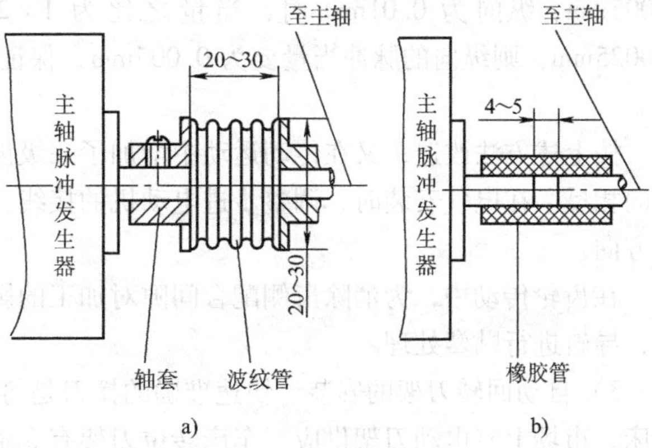

图 9-2　主轴脉冲发生器的柔性联接

a）波纹管联接图　b）橡胶管联接图

主轴脉冲发生器在选用时应注意主轴脉冲发生器的最高允许转速，在实际应用过程中，机床的主轴转速必须小于此转速，以免损坏脉冲发生器。

2）进给传动系统。经济型数控车床，适用微机控制的步进电动机来执行机床的进给运动。为使进给传动链最短，步进电动机应与进给运动的丝杠联接。

步进电动机与丝杠的联接方式有两种：一种是与丝杠直接联接，即步进电动机的输出轴通过联接套与丝杠直接联接在一起。此方法结构简单，但运行位移的脉冲当量不一定是五的倍数，编程计算时不方便。另一种是在步进电动机输出轴端配置减速器，使减速器输出轴通过联接套与丝杠直接联接在一起。一般改造常采用后一种联接方式。

普通机床进行数控化改造时，一般数控系统的脉冲当量为 0.01mm、0.005mm 或 0.001mm。改造后，机床的脉冲当量就是一定值。如果改装机床的控制精度高，需要的脉冲当量小于选定的数值；或对于特殊加工，单一的脉冲当量就显示出不足时，可采用图 9-3 结构形式的进给系统改造方案，以实现多脉冲当量的任意选择。

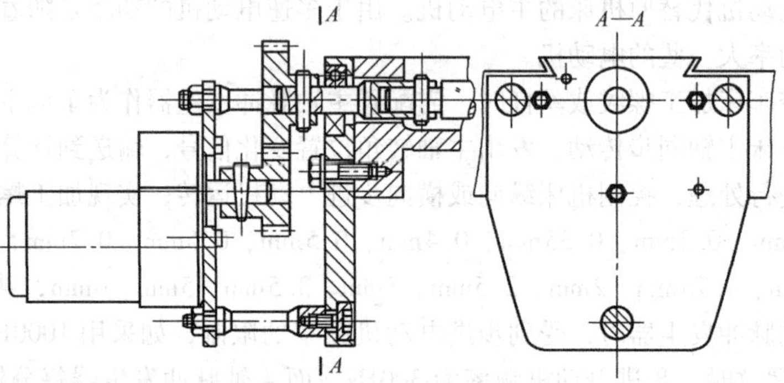

图 9-3　多脉冲当量的联接方式

设定中心距 $a=90\text{mm}$，$m=2\text{mm}$；

则

$$z_1 + z_2 = 90$$

以 0.01mm 脉冲当量计算为例：

$i = z_1/z_2 = 45/45$ 时，则脉冲当量为 0.01mm；

$i = z_1/z_2 = 40/50$ 时，则脉冲当量为 0.008mm；

$i = z_1/z_2 = 30/60$ 时，则脉冲当量为 0.005mm；

$i = z_1/z_2 = 18/72$ 时，则脉冲当量为 0.0025mm。

在改造时，各坐标轴的脉冲当量之比要恒定。如数控车床上的脉冲当量，横向为 0.005mm，纵向为 0.01mm 时，当量之比为 1∶2。提高精度后，横向的脉冲当量为 0.0025mm，则纵向的脉冲当量要为 0.005mm，保证当量之比为 1∶2。这样处理，有利于编程。

按上述方法改造，又在传动运动中增加了一级齿轮传动，所以移动方向与原系统设定的方向相反。在电气安装时，调整步进电动机的接线，使其方向变反，即可恢复系统约定的运行方向。

在齿轮传动中，为消除齿侧配合间隙对加工的影响，可采用齿轮消隙传动机构。在需要时，导轨进行贴塑处理。

3）自动回转刀架的安装。快速准确的换刀是每台数控机床所必须具备的功能，对数控车床，市场上有电动刀架供应。车床转位刀架有立轴式和卧轴式两种类型。立轴式转位刀架多为四工位，卧轴式转位刀架有六工位和八工位的。

图 9-4 是利用电动机驱动实现自动换刀的刀架结构图，图示位置为夹紧状态。工作过程

是：当电动机接到转位信号后，带动蜗轮1作逆向回转，蜗轮带动心轴9转动，其上的螺母7将四方刀架体6抬起。端齿脱开后，在回转轴套10（其上开有单向槽）和销8的作用下开始回转，其转过的方位数由手动和计算机控制。刀架每转过90°，即由装在刀架座2上的微动开关发出一次到位和反转夹紧信号。当计算机收到信号后，即由微动开关控制，使电动机反转，心轴9亦反向转动，刀架体6在预定销5的作用下下降，夹紧时由端齿盘3和4进行精密定位。当达到预定的夹紧力时切断电源（夹紧力可调），刀架转位过程结束。该刀架的定位精度小于0.005mm，完成90°（2转位）时间小于3.5s，且结构性较普通刀架好。

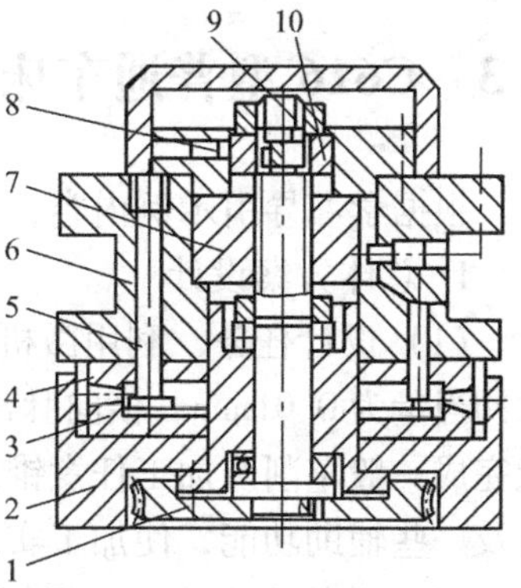

图9-4　刀架结构图
1—蜗轮　2—刀架座
3、4—端面齿盘　5—预定销
6—刀架体　7—螺母
8—销　9—心轴　10—轴套

电动刀架的安装较方便，产品出厂时已备有联接孔。改造时将普通车床上的原刀架拆下，将电动机刀架装上即可。但安装时应注意以下两点：一是电动刀台的两个侧面应与车床纵向和车床横向的进给方向平行；二是电动刀台与系统的连线可沿横向工作台右侧先走线到车床后面，再沿车床后导轨上拉出的铁丝滑线，走线到系统。这样可避免走线杂乱无章，并可对电线起到保护作用。

（5）机械系统　机械系统改装方案主要涉及提高移动部件灵活性，减少和消除传动间隙，特别是减少反向间隙，其改装工作量较大。通常的改装部位有导轨副、传动元件及联轴器等。

1）导轨副。普通机床的导轨多数采用滑动导轨，在低速时易出现爬行现象，直接影响运动部件的定位精度。若把滑动导轨改为滚动导轨和静压导轨，要求工艺复杂，许多相关零部件需进行更换或加工，改装工作量大，周期长，改装费用多，实现起来比较困难，在一般的机床数控化改造中应用较少。

另一种改装方案是采用贴塑导轨，即在原动导轨上粘接上聚四氟乙烯导轨软带，能有效地防止爬行，具有自润滑性，提高导轨寿命，且零部件不需更换，加工部位少，改装工作量小，周期短，费用低，在机床数控化改造中得到广泛用。当然，对要求不高的改造，也可保留原滑动导轨。

2）传动元件。在机床数控化改造中常涉及的传动元件是将旋转运动变为直线运动的传动副。普通机床常采用普通滑动丝杠副。而数控机床要求移动部件的灵敏度和精度高、反应快、无爬行，采用滚珠丝杠副可满足上述要求。在机床数控化改造中，凡希望角位移和实现位移精确转换的场合大多是用滚珠丝杠副。使用时应注意，由于滚珠丝杠副具有可逆传动特性，没有自锁能力，在垂直升降系统和高速大惯量系统中需设置制动机构。当然，滚珠丝杠副由于制造工艺复杂，加工精度要求高，故价格要比普通滑动丝杠副高出许多。

由于滚珠丝杠副的径向尺寸较大，在进行数控化改造时，许多相关的部位都需修改，因此，为使改装方案容易实现，在可能的情况下，往往仍用原普通滑动丝杠，但为消除丝杠与螺母间隙，应将原单螺母副改成可调间隙的双螺母副。如果在机床数控化改造中，需采用其他传动元件，应注意采用消隙措施，如双齿轮消隙机构或采用同步齿形带传动，以提高反向精度。

3）无键联接。为消除传动系统中的反向间隙，提高重复定位精度，伺服驱动元件所用联轴器（如果有的话）多数采用无键联接，如用锥销刚性联轴器、锥环联轴器等。

9.3 C616 型普通车床的数控化改造实例

根据学习导引示例内容，进行 C616 型普通车床的数控化改造如下：

1. 总体方案设计

（1）设计任务　利用微机对 C616 型卧式车床的纵、横向进给系统进行开环控制，纵向脉冲当量为 0.01mm，横向脉冲当量为 0.005mm，驱动元件采用步进电动机。改造后的机床能完成一般车削及加工任意锥面、球面、螺纹等加工工序，并能控制主轴开停变速、刀架转位及一些辅助功能，使加工实现自动化。

（2）总体方案确定。根据设计任务，系统应采用轮廓控制形式。控制系统硬件由微机部分、键盘及显示器、I/O 接口、光电隔离电路及步进电动机功率放大电路等组成。纵向、横向均采用步进电动机—减速齿轮—滚珠丝杠螺母—溜板的传动方式。刀架更换为四刀位自动回转刀架。改造后的车床传动系统如图 9-1 所示。

2. 机械部分改造设计与计算

机械部分设计内容包括：传动元件的设计计算及选用，运动部件的惯性计算，步进电动机的选择等。

3. 车床改造后的机械结构特点

（1）主传动系统　为保留原有的主传动系统和变速操纵机构，保留机床的原有功能，简化改造量，只选择了功率大一些的电动机。

（2）进给传动系统　它包括纵向进给系统、横向进给系统和导轨副等。

1）纵向进给系统。拆除原进给箱，在原机床进给箱的位置安装齿轮箱体，在原丝杠位置安装纵向进给滚珠丝杠。纵向滚珠丝杠采用三点支承形式。步进电动机的布置，可放在丝杠的一端。由于拆除了进给箱，可在原安装进给箱处布置步进电动机和减速齿轮，也可在滚珠丝杠的左端设计一个专用轴承支承座，而在丝杠托架处布置步进电动机和减速箱。我们采用后一种布置方案。车床纵向传动的支承结构如图 9-5 所示。

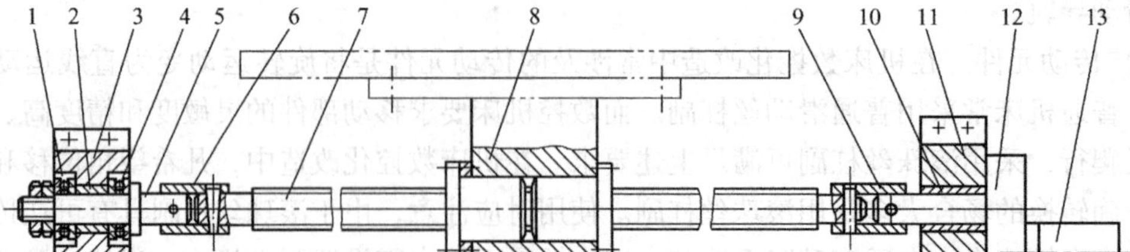

图 9-5　车床纵向传动的支承结构

1、4—推力球轴承　2、10—径向滑动轴承　3—左端轴承座　5—左接杆　6、9—联轴套
7—滚珠丝杠螺母副　8—螺母座　11—丝杠托架　12—消隙减速箱　13—步进电动机

在丝杠的左端设计一个专用轴承支承座，采用一个轴套式滑动轴承作为径向支承，在滑动轴承的两侧分别布置一对推力球轴承，承受两个方向的轴向力，支承短轴与滚珠丝杠通过

联轴会联接起来。滚珠丝杠的右端通过联轴套和减速箱的输出轴联接，在丝杠托架上布置一个轴套式滑动轴承作为径向支承，减速箱固定在丝杠托架上。滚珠丝杠的中间支承为滚珠螺母，它与床鞍直接联接。

2）横向进给系统。横向进给系统的横向滚珠丝杠也采用三点支承形式。步进电动机都安装在床鞍的后部。在靠近操作者一端，布置一根支承短轴，通过一个联轴套与滚珠丝杠联接起来。利用车床原横向进给丝杠的滑动轴套作为径向支承，并对原支承处进行适当改装，布置一对推力球轴承，以实现轴向支承。在远离操作者的一端，用一个联轴套和一根联接短轴把滚珠丝杠与减速箱输出轴联接起来。滚珠螺母直接同定在中滑板上。车床横向传动的支承结构如图 9-6 所示。

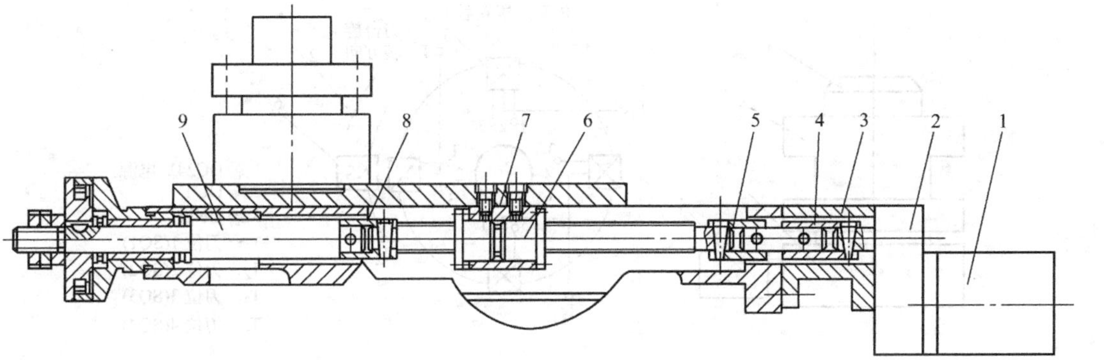

图 9-6　车床横向传动的支承结构

1—步进电动机　2—消隙减速箱　3—支承架　4、5、8—联轴套

6—滚珠丝杠螺母副　7—螺母座　9—支承短轴

3）导轨副　为减少运动部件移动时的摩擦阻力，尤其是减少阻力，床鞍和刀架移动部件的导轨上可粘贴摩擦因数低的聚四氟乙烯软带。

（3）交换齿轮箱　拆除原交换齿轮箱，在此位置安装主轴脉冲发生器。同轴安装方式如图 9-7 所示，联接方式如图 9-8 所示。主轴脉冲发生器作为主轴位置的信号反馈元件，目的是用来检测主轴转角的位置，并且将其变化情况输送给数控装置，在加工螺纹时能按照所需加工的螺距进行处理。主轴脉冲发生器为光学元件，安装、使用时应注意，以防损伤。车床主轴转速不能超过许用最高转速。

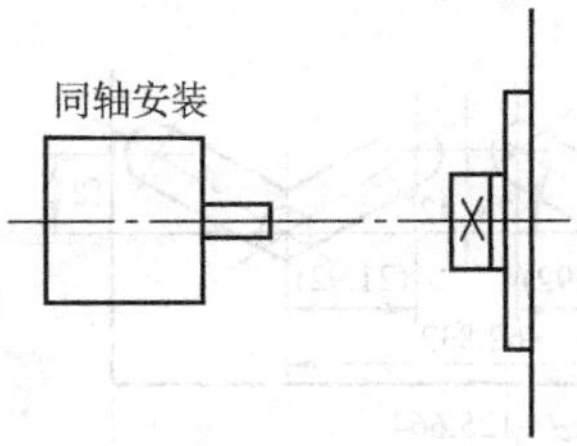

图 9-7　同轴安装方式

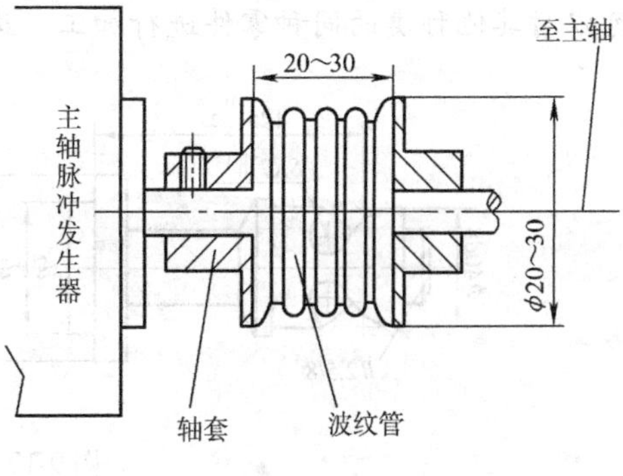

图 9-8　联接方式

（4）安装电动盘　为了提高经济型数控车床的加工效率，还可考虑安装电动三爪自定心卡盘装置。这种装置可与数控装置的收发信号电路相配合，实现自动夹紧、松开动作，以提高加工过程的自动化程度。

（5）自动回转刀架的安装　采用 LD4 系列电动刀架取代原手动四方刀架，如图 9-9 所示。刀架的定位过程如下：系统发生换刀信号→刀架电动机正转→刀台上升并转位→刀架到位发出信号→刀架电动机反转→初定位→精定位夹紧→刀架电动机停转→换刀应答。刀架的到位信号由刀架定轴上两端的 4 个霍尔开关和永久磁铁检测获得。4 个霍尔开关分别为 4 个刀位的位置，当刀台旋转时，带动磁铁一起旋转。当到达规定刀位时，通过霍尔开关输出到位信号。

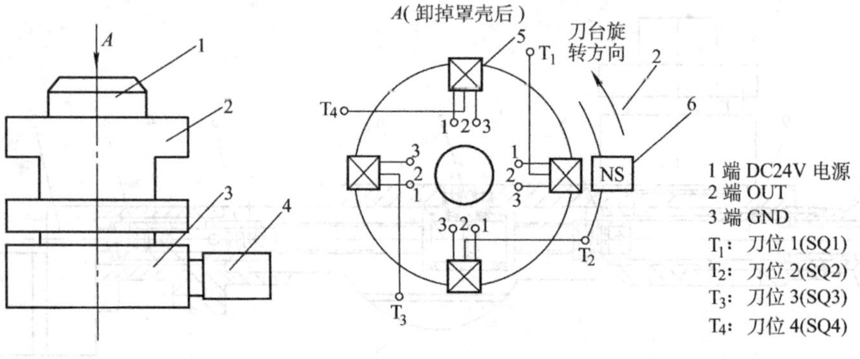

图 9-9　LD4 系列电动刀架

1—罩壳　2—刀台　3—刀架座　4—刀架电动机　5—霍尔开关　6—永久磁铁

【实例 9-1】　加工双人字槽的经济型数控铣床改造实例

1. 概述

在普通铣床上用常规方法是无法对图 9-10 所示的双人字槽零件进行加工的。经对人字槽加工特点和精度要求进行分析，需将普通铣床改造成控制三坐标数控机床，即平面内的纵向坐标、横向坐标及分度头的旋转坐标。选用 X62W 铣床进行改造，铣床回转盘可用来扩大机床功能，将铣刀水平装入主轴 7:24 孔即可免去繁琐改造垂直方向机构和所需力矩大等不足，再配上万能铣头等机床附件，使人字槽的轴类及套类零件的加工更加方便。铣床经数控化改造后，如图 9-11 所示，不但可对多种系列的轴套类双人字槽配合零件进行加工，而且还可以对其他种类的同种零件进行加工，达到一机多用的目的。

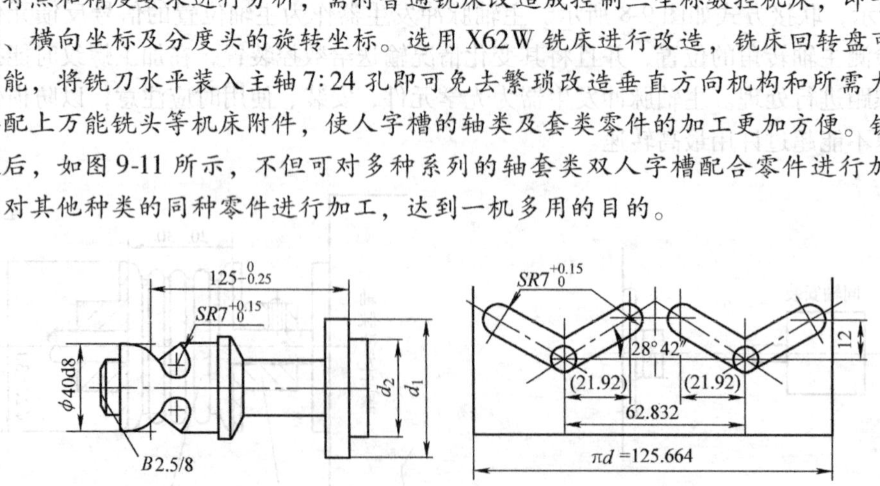

图 9-10　双人字槽零件

2. 数控系统的选择

（1）数控系统类型的选择　针对铣床特点可选用经济型数控系统，并根据需要控制坐标轴数和联动坐标数的多少和分辨率的高低选择数控系统的功能。如双人字槽加工应选择三坐标二联动较为合理。系统应具有编程、空行程、回零、手动、自动、MDI方式及G功能、M功能、T功能、刀具半径补偿、平面设定、尖角过渡等功能。在JBK-30M、BK-600等型号中选用了JBK-30M型。

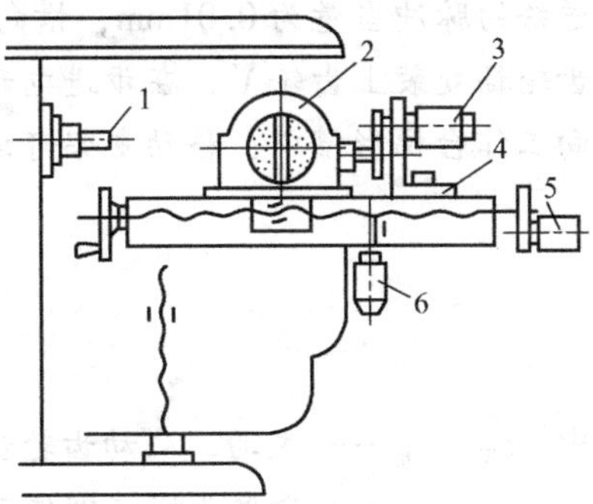

图9-11　改造后的铣床结构
1—铣刀　2—分度头
3、5、6—步进电动机　4—支架

（2）主轴驱动及进给驱动的选择及校核　驱动系统的选择可用估算法求其参数。对铣床主传动系统若实际转矩小于计算转矩，则安全；当实际转矩大于计算转矩，则危险。对机床进行经济型数控化改造时，一般仍采用原机床主传动系统，所以对本铣床的主传动系统不做改装。

对进给驱动系统的选择，用实测可得到符合实际情况的数据，充分利用原机床的有关技术参数资料，将大大简化改造方案的选择。

鉴于机床改造，用类比法可以加快确定相同主参数，如X52K、X62W、XA5032、XA6132型机床的纵向、横向、分度头、圆盘工作台数控化改造皆可用110BF型或130BF型步进电动机及配套减速器，以满足对力矩和传动比的要求。若需对垂直升降工作台进行数控化改造，可选择160BF型或160B型步进电动机，用1∶15齿轮过渡增大力矩，可满足要求。在使用滚珠丝杠情况下，选用步进电动机，则要根据能量守恒原理先求出步进电动机输出轴上的起动力矩T_q：

$$T_q = \frac{360°\delta_p[F_s + \mu(G + F_y)]}{2\pi\theta_b\eta}$$

式中　δ_p——脉冲当量（mm/s）；

F_s——铣削进给力（N）；

G——工作台与工件及夹具总重（N）；

F_y——切削力的垂直分力（N）；

θ_b——步进电动机步距角（°）；

η——进给机构总机械效率。

查步进电动机相数、拍数，对应的起动力矩表，如三相六拍：$T_q/J_{jm} = 0.866$，则步进电动机最大静矩$J_{jm} = T_q/0.866$。

由于其不同的起动转矩对应于不同的频率，选用步进电动机时，应根据起动所需负载矩频特性曲线中查出允许的最大起动频率f_t。工作时只要求起动频率f_q满足下式

$$f_q \leqslant f_t$$

在这次X62W铣床改造中，三轴均选用华中理工大学生产的130BF05A型步进电动机。最大静力矩为18N·m、步距角为0.6、三相六拍。

虽然分度头所需驱动力矩较小，由计算选用JBF-7型步进电动机，其最大静力矩为13N·m、步距角为0.6、三相六拍就可满足所需，但数控系统中功放板的互换性差，所以三轴

均选用同一型号步进电动机，便于数控系统的使用与维修。

（3）机床机械部分改造　铣床纵向丝杠和横向丝杠改为滚珠丝杠螺母副，改造后，纵向进给的脉冲当量为 0.01mm，横向进给脉冲当量为 0.005mm，对铣床分度头，在分度头交换齿轮轴处装上齿轮Ⅴ，在步进电动机输出轴上装上齿轮Ⅳ，电动机支架用螺栓固定在铣床纵向工作台梯形槽中，移动支架可调整齿轮的啮合齿隙，如图 9-12 所示。齿轮间传动比为

$$z_{\mathrm{IV}}/z_{\mathrm{III}} = \frac{360° i_f \delta_p}{\pi D \theta_p J}$$

或

$$z_{\mathrm{IV}}/z_{\mathrm{III}} = \frac{40t}{\pi D}$$

式中　z_{IV}、z_{III}——主动、从动齿轮齿数；

i_f——分度头蜗杆副传动比；

δ_p——步进电动机的脉冲当量；

D——零件加工直径；

J——减速步进电动机的减速比；

t——丝杠导程；

θ_p——步进电动机的步距角。

改造后的脉冲当量为 0.005mm（相对于加工工件直径方向而言）。

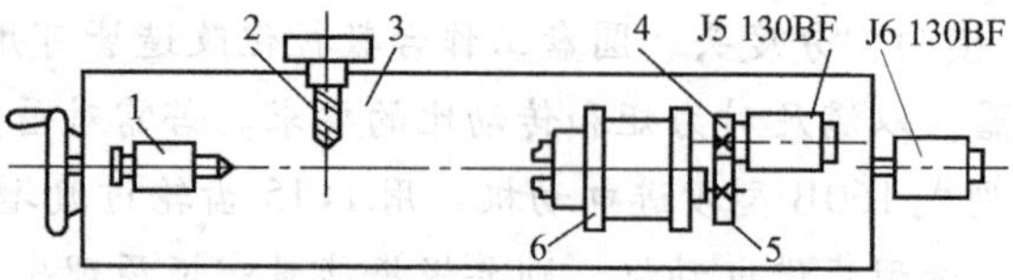

图 9-12　铣床分度头的安装

1—顶尖　2—铣刀　3—工作台　4—齿轮Ⅳ　5—齿轮Ⅴ　6—FW125 分度头

技能实训题

CA6140 型普通车床数控化改造

对一台 CA6140 型车床进行经济型数控化改造，试确定改造方案，选择进给电动机、设计变速机构、确定滚珠丝杠。

本 章 小 结

实现数控改造就是在现有的普通机床上加装数控装置和可编程序控制器或者采用更先进的数控系统代替现有数控机床的控制装置。为了达到数控化改造后机床性能要求，使机床改装周期短、费用低、见效快，通常数控化改造主要技术方案有以下几个方面需考虑：

（1）分析原设备的结构，确定需改造的部位。

（2）确定传动链的改造方案。

（3）确定电气控制方案。

（4）针对设备的应用场合，确定是采用自行开发的控制系统，还是采用现成的数控系统。若采用现成的数控系统，则要比较各品牌数控系统的性能特点。

（5）根据设备的技术资料，经必要的设计计算，确定驱动装置及驱动电动机的功率、

力矩等参数。在选择驱动装置时，需注意它和数控系统的信号联接方式。

（6）熟悉数控系统各接口信号的定义，根据机床的 I/O 功能，确定机床的操作开关及布置方式。

（7）根据各电气装置的功率、电压和电流等级，确定合适的电源配置。

（8）熟悉数控系统的有关参数，在机床调试时，通过优化参数设置，把机床调整到最佳状态。

思考与练习题

1. 填空题

（1）推广应用__________及__________、数显、__________、静压（静动压）技术改造机床，重点是改造__________机床，精密、关键技术和在生产中起重要作用的中、小型机床。

（2）机床的改造主要应具备如下条件是：机床基础件必须有足够的__________；改造____________、____________好。

（3）机床数控改造要遵循__________、__________、__________和__________原则。

（4）机械故障的类型有__________、__________、__________和__________。

2. 判断题（正确的打“✓”，错误的打“×”）

（1）在选择数控系统时，应了解系统的控制轴数，特别是联动轴数。因为这于数控系统的价格有直接的关系。（　　）

（2）经济型数控车床加工螺纹或丝杠时，不需配置主轴脉冲发生器作为车床主轴位置信号的反馈元件。（　　）

（3）普通机床常采用滚珠丝杠副，而数控机床要求移动部件灵敏度，精度高，反应快，无爬行普通滑动丝杠副。（　　）

（4）开环系统有位置检测反馈装置，其加工精度由执行元件和传动机构的精度来保证。（　　）

3. 单项选择题（只有一个选项是正确的，请将正确答案的代号填入括号）

（1）普通机床的导轨多数采用__________。

A. 滑动导轨　　B. 滚动导轨　　C. 静压导轨　　D. 导轨副

（2）大批量流水线生产的自动线，自动、半自动机床和一些专用、高效精密机床，可__________加以改造。

A. 加装经济型数控系统　　B. 用一位机等组成可编程序控制器

C. 加装数显装置　　D. 配以经济型数控系统和步进电动机

4. 简答题

（1）机床数控改造需考虑哪些方面的问题？

（2）当前，我国对旧机床进行数控化改造是否有必要？为什么？

（3）机床数控改造的条件是什么？

（4）对机床数控改造的对象有哪些类型？为什么？

（5）机床数控改造的原则是什么？

（6）机床数控改造的过程怎样？

参 考 文 献

[1]　邓三鹏．数控机床结构及维修［M］．北京：国防工业出版社，2008.
[2]　熊光华．数控机床［M］．北京：机械工业出版社，2003.
[3]　李善术．数控机床及应用［M］．北京：机械工业出版社，2003.
[4]　陈子银，陈为华．数控机床结构原理与应用［M］．北京：北京理工大学出版社，2006.
[5]　王侃夫．数控机床控制技术与系统［M］．北京：机械工业出版社，2003.
[6]　严爱珍．机床数控原理与系统［M］．北京：机械工业出版社，2003.
[7]　全国机床标准化委员会．中国机械工业标准汇编——数控机床卷［M］．北京：中国标准出版社，2003.
[8]　张柱银．数控原理与数控机床［M］．北京：化学工业出版社，2003.
[9]　王爱玲．数控机床结构及应用［M］．北京：机械工业出版社，2006.
[10]　李雪梅．数控机床［M］．北京：电子工业出版社，2004.
[11]　吴玉厚．数控机床电主轴单元技术［M］．北京：机械工业出版社，2006.
[12]　熊军．数控机床原理与结构［M］．北京：人民邮电出版社，2007.
[13]　李宏胜．机床数控技术及应用．［M］．北京：高等教育出版社，2003.
[14]　晏初宏．数控机床与机械结构［M］．北京：机械工业出版社，2005.
[15]　林宋，田建君．现代数控机床［M］．北京：化学工业出版社，2003.
[16]　韩鸿鸾，荣维芝．数控机床的结构与维修［M］．北京：机械工业出版社，2006.
[17]　蔡厚道．数控机床构造［M］．北京：北京理工大学出版社，2007.
[18]　孙汉卿．数控机床维修技术［M］．北京：机械工业出版社，2004.
[19]　姜佩东．液压与气动技术［M］．北京：高等教育出版社，2000.
[20]　许福玲，陈尧明．液压与气压传动［M］．北京：机械工业出版社，2004.
[21]　刘世杰，杨俊．最新国内外数控机床安全操作指南与机械维修及检测实用手册［M］．北京：机械工业出版社，2005.
[22]　龚仲华．数控机床故障诊断与维修500例［M］．北京：机械工业出版社，2005.
[23]　《机械设备维修问答丛书》编委会编．数控机床故障检测与维修问答［M］．北京：机械工业出版社，2003.
[24]　周兰，常晓俊．现代数控加工设备［M］．北京：机械工业出版社，2005.
[25]　卢斌．数控机床及其使用维修［M］．北京：机械工业出版社，2004.
[26]　陈婵娟．数控车床设计［M］．北京：化学工业出版社，2006.
[27]　劳动和社会保障部办公室，上海市职业培训指导中心．数控机床操作工（高级）［M］．北京：中国劳动社会保障出版社，2004.
[28]　宋天麟．数控机床及其使用维修［M］．南京：东南大学出版社，2003.